作者高升（网名：疯狂人生）作品欣赏

WARSZAfKA

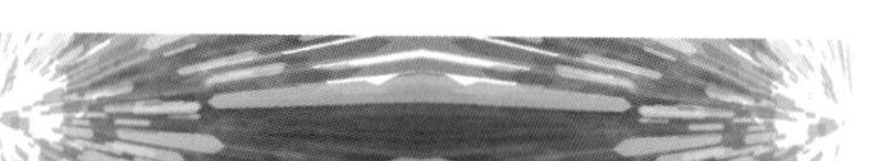

Corona渲染器全面解析

颠覆**效果图**行业的物理渲染引擎

高升 / 编著

清华大学出版社
北京

内容简介

本书是一本讲解Corona渲染器知识内容的参考工具书，全书共17章，每一章都由独立的知识内容组成，这17章依次向读者介绍了Corona渲染器的基础知识、常用选项、渲染重点、材质调节、灯光系统以及作者的从业经验。

本书不仅面向初学者，对于渲染行业的从业人员更是一本必备的工具参考书，同时也可以作为高等院校和培训机构艺术表现类专业的教材。

图书在版编目 (CIP) 数据

Corona 渲染器全面解析：颠覆效果图行业的物理渲染引擎 / 高升 编著 . —北京：清华大学出版社，2017

ISBN 978-7-302-47545-3

Ⅰ . ① C… Ⅱ . ①高… Ⅲ . ①三维动画软件 Ⅳ . ① TP317.48

中国版本图书馆 CIP 数据核字（2017）第 137208 号

责任编辑：陈绿春

封面设计：潘国文

责任校对：徐俊伟

责任印制：沈 露

出版发行：清华大学出版社

网　　址：http://www.tup.com.cn，http://www.wqbook.com

地　　址：北京清华大学学研大厦A座　　**邮　　编：**100084

社 总 机：010-62770175　　**邮　　购：**010-62786544

投稿与读者服务：010-62776969，c-service@tup.tsinghua.edu.cn

质 量 反 馈：010-62772015，zhiliang@tup.tsinghua.edu.cn

印 装 者：三河市铭诚印务有限公司

经　　销：全国新华书店

开　　本：188mm×260mm　　**印　张：**18.75　　**插　页：**4　　**字　数：**459千字

版　　次：2017年9月第1版　　**印　次：**2017年9月第1次印刷

印　　数：1～3000

定　　价：89.00元

产品编号：073989-01

前言

随着电脑硬件的不断更新，我们所应用的图形软件也在发生着革命性改变。单独以表现设计中的三维渲染引擎来说，常用的渲染引擎以模拟现实居多，这主要也是因为大家都想尽量地保持“品质”与“速度”这两方面的平衡与兼顾。硬件性能的不断升级，将以前人们不敢在项目中使用，只能在个人能力展示中才得以应用的物理渲染引擎，再一次被推到了人们面前。

Corona 渲染引擎作为目前较为流行的物理渲染器，以流畅的视口交互式渲染、操作上的简便以及对其他老牌渲染的兼容被行业所熟知，并且它也被行业人誉为当下物理渲染器中的黑马。随着版本的不断升级，Corona 渲染引擎一次又一次地带给行业人惊喜，同时也让我们对未来行业的改革方向产生了一系列的遐想与展望，例如：流程上的优化、客户的对接等。

在本书的编写过程中，在网上看到越来越多的行业人对 Corona 渲染引擎产生了强烈的兴趣，我想这些都源自于 Corona 那些无法遮蔽的优势以及引擎间的比较。其实我写这本书的原因很简单，尽我绵薄之力助力行业的改革与发展，希望行业人越来越轻松、高效、优质地完成图形制作工作。

2017 年，我非常有幸通过清华大学出版社这个优秀的平台，出版我所编写的这本 Corona 图书，希望给学习 Corona 渲染引擎的初学者一些指导与帮助。本书非常系统地讲解了 Corona 渲染引擎的诸多知识层面，并最终希望这些知识能有助于读者成就属于自己的渲染之路。

为激发读者的阅读兴趣，笔者借鉴小说类文体的写法，将知识重点阐述给读者朋友们，并配合图书相应的视频媒体教程，相信在此熏陶下读者可以很快地掌握书中重点以及所表达的内容。读者只要认真学习，不仅能快速地掌握Corona渲染引擎，而且可以制作出高品质的图形图像，并更好地应用到实践工作当中。

本书配套视频教学文件请扫描下面二维码进行下载，也可以登录下面的地址进行下载：

http://pan.baidu.com/s/1qXOZIPm

作者：高升（网名：疯狂人生）

2017年7月

目录

contents

第 1 章　Corona 基础

第 2 章　Corona 面板

第 3 章 Corona 材质

第 4 章 Corona 灯光

第 5 章 Corona 贴图

第6章 安装 / 问题

第7章 场景管理技法

第8章 室内体积光

第9章 单体案例

第 10 章　场景模型制作

第 11 章　北欧场景案例

第 12 章　复古室内案例

第 13 章　饰品渲染

第 14 章　材质参考

第 15 章　光线延伸

第 16 章　Corona 1.5 新加功能

第 17 章　经验书信

第1章 Corona基础

◆ **本章学习目标**

◎ Corona 渲染器入门基础
◎ Corona 渲染器基础体
◎ 掌握 Corona 渲染器涉及项
◎ 明确讲解实例中的知识重点

本章向读者介绍 Corona 渲染器的一些基础信息以及相关的功能选项，并通过进一步的内容学习和案例的说明讲解，让读者可以快速完成前期入门的基础学习。

1.1 Corona 渲染器介绍

Corona 渲染器于 2009 年开始研发，至今仍在不停歇地开发着更强大的新功能，并且 Corona 渲染器也是近几年来逐渐流行起来的渲染器之一。

1.1.1 Corona 渲染器版本

目前 Corona 渲染器最新版本为 1.5.1，作为众多三维渲染器当中的后起之秀，对比读者朋友所熟悉的其他老牌渲染器，Corona 渲染器不仅在软件操作和计算性能方面更加精细，也在整体制作流程上带来了新的技术革新与更替。

Corona1.5 版本渲染器当中包含着灯光混合、颜色速查表、光晕与眩光效果等等，这些图像特效之前需要在后期的编辑软件中制作，现在都被一一地植入到了 Corona 渲染器当中，让很多表现艺术家们吃惊，同时也让人们更加期待新版本的后续功能。

Corona 渲染器 Logo（图标），如图 1.1 所示。

图 1.1　Corona 渲染器 1.5 版本 Logo

Corona 渲染器的主要特色是交互式渲染、渲染速度以及材质灯光上的简便等。其中交互式渲染在实际工作中的应用效率非常高，在室内外装饰材质的快速模拟以及灯光效果的演示方面非常方便，如图 1.2 所示。

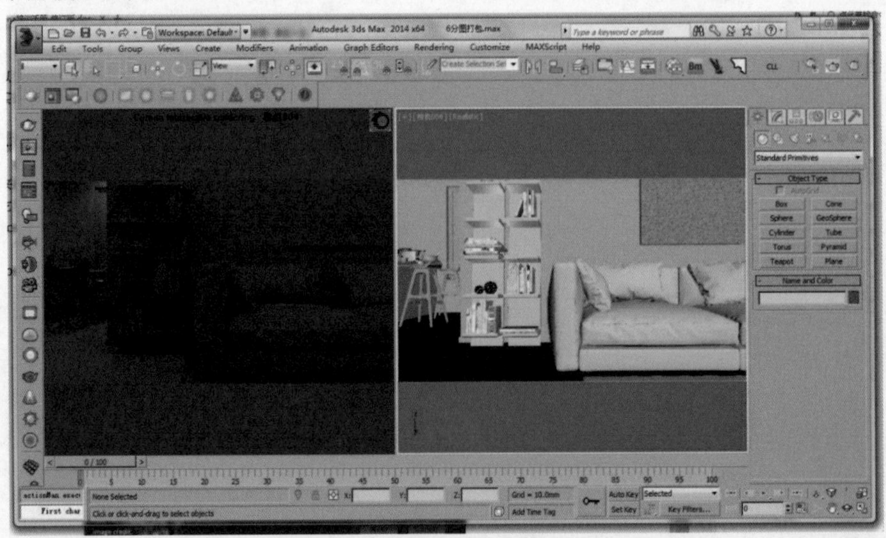

图 1.2　视图中的交互式渲染

学习一款新型渲染器前，首先要了解的就是它的内部核心和计算引擎。Corona 渲染器与读者所熟悉的老牌渲染器相同，都是使用 CPU（中央处理器）进行图形图像的计算，但在计算引擎方面就大不相同了。

Corona 渲染器的主要计算引擎为“路径跟踪”并且它也是首要的计算引擎，同时 Corona 渲染器在灯光效果的模拟上也非常真实，是一款基于真实的无偏差物理渲染器。正是因为 Corona 渲染器这些突出优势与特点，使得它和传统的渲染器有很大的不同。

Corona 室内渲染作品如图 1.3 所示。

图 1.3　Corona 室内渲染作品

1.1.2　Corona 渲染器硬件要求

想必有些读者会对 Corona 渲染器在硬件配置方面产生疑问，例如是否需要较高的电脑硬件等等。

说到硬件配置方面，Corona 渲染器不需要较高的硬件配置，当然电脑硬件配置较高对渲染速度方面是更好的，相信读者对此也有些了解。

Corona 渲染器对于“显卡”的 A 卡与 N 卡都是可以支持的，所以对于显卡将不会产生任何的限制，因此没有必要去担心。

笔者本人仍在用 5 年前的旧电脑使用 Corona 渲染器。

Corona 渲染器虽然对于硬件没有限制，但对于电脑系统方面必须是 64 位系统才可以成功安装 Corona 渲染器，因此如有读者遇到渲染器安装不成功的问题，不妨查看一下系统是否需要升级。

笔者电脑 CPU、内存数量和系统位数如图 1.4 所示。

系统

分级:	7.4 Windows 体验指数
处理器:	Intel(R) Core(TM) i7-3770 CPU @ 3.40GHz　3.40 GHz
安装内存(RAM):	16.0 GB
系统类型:	64 位操作系统
笔和触摸:	没有可用于此显示器的笔或触控输入

图 1.4　笔者电脑 CPU、内存数量和系统位数

1.2 认识 Corona 渲染器

前面已为读者讲解了很多关于 Corona 渲染器的知识，Corona 的中文是什么意思？它有什么含义？接下来我们进一步地了解一下这款渲染器以及它的安装界面和其他方面的内容。

可先从 Corona 名字开始。Corona 的含义有很多，读者可以将它理解为一个人名，当然也可以理解为象征炙热的太阳等。

Corona 渲染器的全称为 Corona Renderer，在国内一般被人们称之为 CR 渲染器或 CO 渲染器，当然也有一些朋友直接叫它的中文名称，电晕渲染器或日冕渲染器。

Corona 一词在有道词典中的英文汉化翻译如图 1.5 所示。

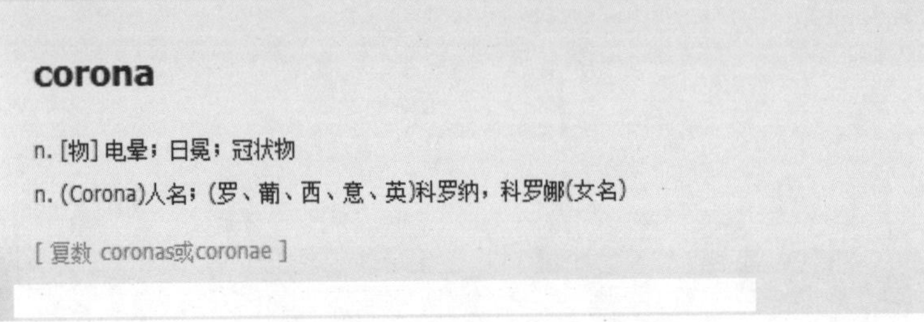

图 1.5 Corona 在有道词典中的英文汉化翻译

1.2.1 安装概述

下面简单地讲述一下 Corona 渲染器的安装与注册，后面的章节中还有更加具体的安装步骤以供读者做详细的案例步骤操作，本节仅对 Corona 渲染器的安装与注册进行说明，同时也是让读者更进一步地了解 Corona 渲染器的各个方面。

Corona1.5 渲染器安装启动界面如图 1.6 所示。

图 1.6 Corona1.5 渲染器安装启动界面

Corona 渲染器每个版本的安装启动界面都非常小巧，类似一些小型游戏的安装界面或启动界面，并且界面也是非常简洁直观。

Corona 渲染器一个安装程序可以同时安装多个版本的 3DS MAX 软件，但对于 3DS MAX 的某些版本是有限制的，如果是 2012 以下版本的 3DS MAX 软件是安装不了 Corona1.5

版本的渲染器的，而 1.4 版本是可以安装的，因此需要注意，目前 Corona 渲染器 1.5 版本只对 2012 ～ 2017 版本的3DS MAX软件安装支持，建议使用 3DS MAX 多国语言版。

3DS MAX 2014 多国语言版如图 1.7 所示。

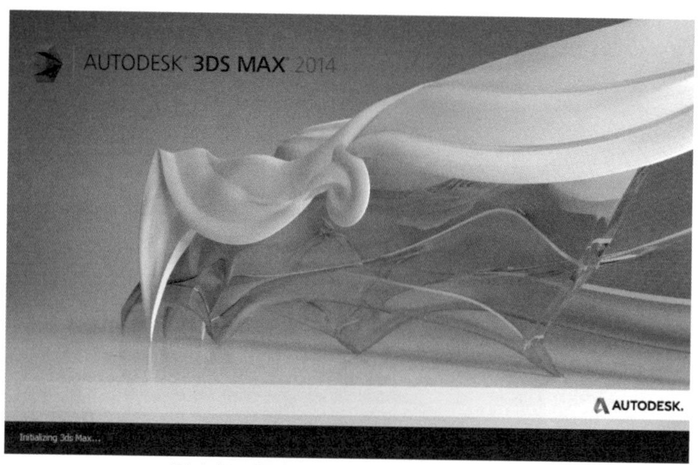

图 1.7　3DS MAX 2014 多国语言版

1.2.2　注册许可

Corona 渲染器安装完成后需要注册许可，不然渲染器是不可使用的，无法使用的模块主要体现在材质以及图像渲染这两个方面。

安装完成渲染器后，按照软件本身的注册许可提示完成相对应的信息。许可注册后，就可以正常使用 Corona 渲染器了。

注册许可界面如图 1.8 所示。

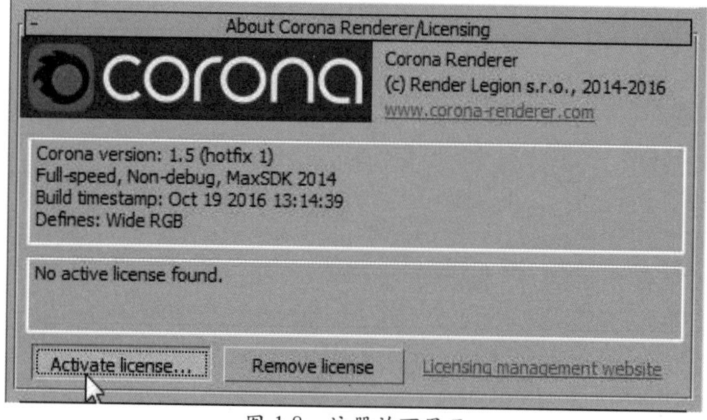

图 1.8　注册许可界面

Corona 渲染器的安装不会影响之前安装过的渲染器，例如 Vray 渲染器等，因此不必产生顾虑是否会影响之前安装过的渲染器，只不过是多一个渲染器到三维软件当中而已。

安装 Corona 渲染器的同时也建议安装一些与之相匹配的插件，例如 Corona 渲染助手、灯光列表等等，这些对于实际表现工作都有很大的帮助。

Corona 渲染助手如图 1.9 所示。

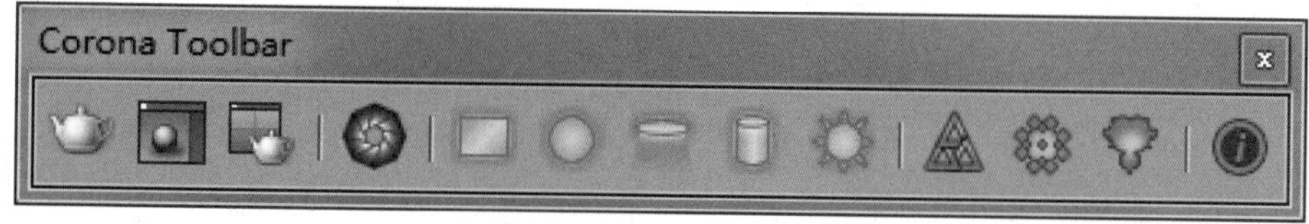

图 1.9　Corona 渲染助手

除了上述讲到的 Corona 渲染助手外，如果想对 Corona 渲染器的灯光进行批量地修改和设置等都需要使用到外挂插件，例如 Light Lister（灯光列表）。

Light Lister（灯光列表）如图 1.10 所示。

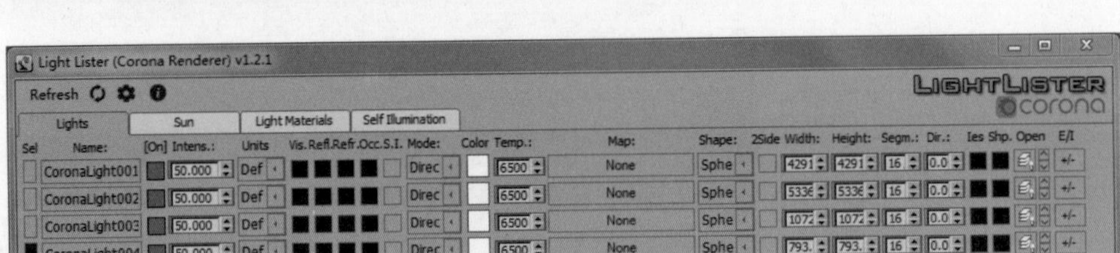

图 1.10　Light Lister（灯光列表）

1.3　渲染器涉及面板

Corona 渲染器在 3DS MAX 当中所涉及到的面板与传统渲染器相同，主要集中在创建、灯光、修改、渲染这四个部分，下面具体介绍。

创建几何体面板中包含着一些 Corona 常用的基础物体，例如散布、代理等等。

创建几何体面板如图 1.11 所示。

图 1.11　创建几何体面板

灯光作为渲染的重要组成部分当然是不可缺少的，Coroan 渲染器的灯光更是独一无二的精简，灯光的种类样式在创建灯光面板当中即可看到。

创建灯光面板如图 11.12 所示。

图 1.12　创建灯光面板

Corona 渲染器作为 3DS MAX 外挂渲染器之一，可以同时与其他外挂渲染或者 3DS MAX 本身自带的渲染在软件中并存，可以通过选择渲染器面板查看。

选择渲染器面板如图 1.13 所示。

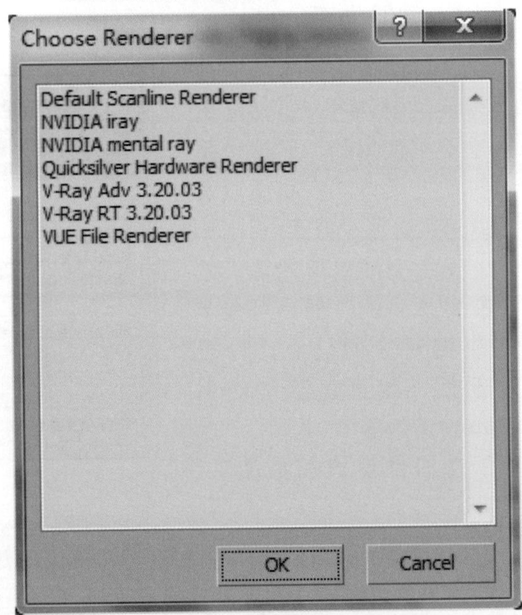

图 1.13　选择渲染器面板

对于 Corona 在 3DS MAX 中所涉及到的面板项，可以根据自己的喜好有针对性地学习，当然也可以跟着本书的讲解顺序对这几个板块进行系统学习。

希望本书可以帮助读者快速并完整地掌握 Corona 渲染器中的知识重点，达到快速掌握、完全掌握的学习目标。

最后建议在学习 Corona 渲染器之前，最好做一些相关专业术语的了解，例如光谱、色温、菲尼尔等等，可以帮助读者更好地学习 Corona 渲染器。

1.4　Corona 兼容性

Corona 渲染器除了前面所提到的优势与特点外，还有另一个强大功能就是对 Vray 渲染器的兼容，不知看到这里是否感到吃惊，如此一来国内很多的 Vray 模型以及材质库等都不需要更新了，读者硬盘中的许多模型素材与贴图素材都可以继续保留使用。

1.4.1　转换问题

Vray 渲染器的兼容有几个事项需要读者朋友注意一下，同时也是让读者多了解一下转换的知识与重点，以便出现问题时可以及时纠正以及避免不必要的问题出现。

常见问题有以下几种：

- Vray 渲染器不要使用翻译的汉化版，建议使用英文原版。
- Vray 渲染器版本不要过高，最好是常见的版本以便 Corona 渲染器可以更好地兼容，建议使用 Vray3.2 英文版或者以下版本的 Vray 渲染器。
- 如果使用 3DS MAX 中文版，建议更换为英文原版。

通过上述的讲解，不难看出 Corona 渲染器对于 Vray 渲染器的兼容问题主要集中在语言上，因此使用英文语言版的三维软件，在可以减少很多问题的同时也可以避免很多操作以及软件性能方面的烦恼。

转换时出现的错误提示如图 1.14 所示。

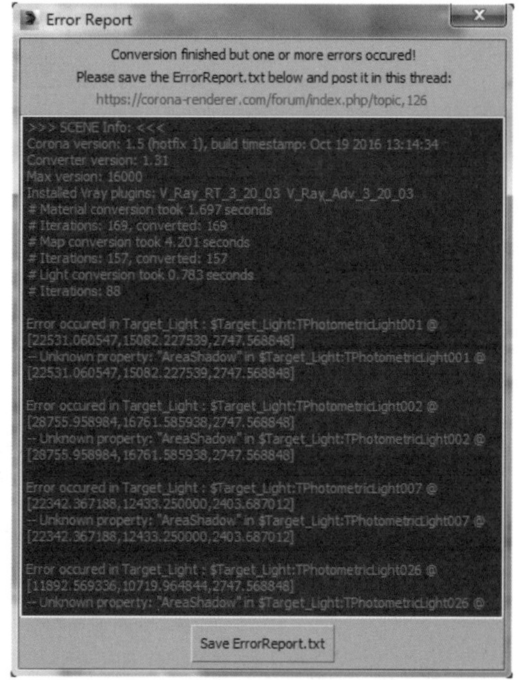

图 1.14　转换时出现的错误提示

1.4.2　Corona 转换器

转换问题讲解完后，下面讲解如何在 Corona 渲染器中兼容 Vray 渲染器的灯光与材质等等。

首先，在 3DS MAX 的菜单栏中单击 Maxscript（Max 脚本）→ Run Script（运行脚本）命令，并在弹出的窗口当中找到 Corona 的对应脚本插件。

Corona 渲染器安装完成后会有一些可用的脚本插件储存在 3DS MAX 的 Maxscript（Max 脚本）中，而这其中就包括对 Vray 渲染器可用的转换插件。

Corona 渲染器转换插件如图 1.15 所示。

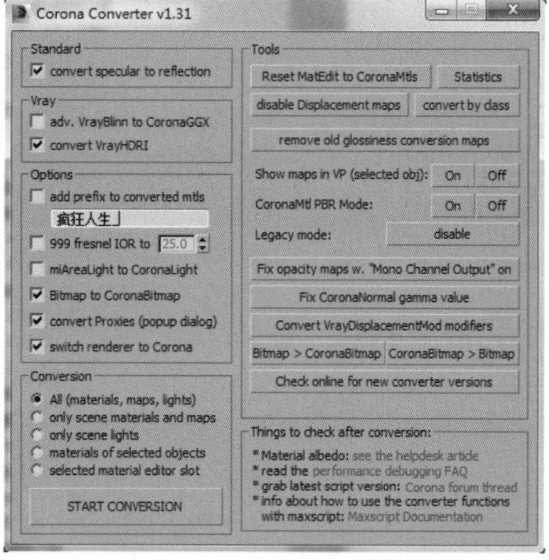

图 1.15　Corona 渲染器转换插件

1.5 Corona 基础体

Corona 基础体是指集中在 3DS MAX（创建面板）中的基础几何体，Corona 渲染器一共有三项基础体，它们分别是 CFractal（分形）、CScatter（散布）和 CProxy（代理）。

Corona 基础几何体如图 1.16 所示。

图 1.16　Corona 基础几何体

1.5.1　分形

CFractal（分形）简单地说是一种不规则的图形，常在影视特效方面使用，用于制作一些特效中具有强烈细节的物体，例如：尘埃、细胞、分子结构等等。

但 CFractal（分形）在室内表现设计方面可以说完全应用不到，并且 CFractal（分形）基础体的渲染呈现需要大量的渲染时间，哪怕场景中仅有一个 CFractal（分形）基础体，默认它有两个形态样式以提供用户选择使用。

分形基础体默认形态如图 1.17 所示

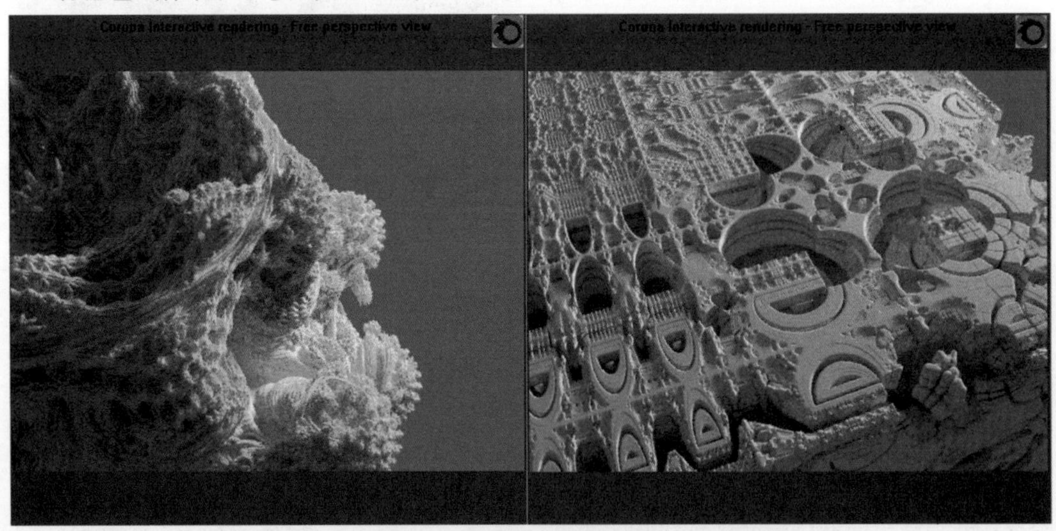

图 1.17　分形基础体默认形态

CFractal（分形）物体的内部参数较为简单并且配合 Corona 的交互式渲染，在视觉上的呈现会更加直观，下面来具体解析一下 CFractal（分形）基础体的常用参数。

- Iteration steps（迭代次数）：用于设置分形强度效果的参数项。
- Raymarching steps（细分次数）：用于控制分形纹理细节的参数项。
- Precision steps（精度次数）：设置该项可以控制分形的二次精度。
- Value adaptivity（适应性参数）：设置该项参数值可以随机控制体积样式。

CFractal（分形）参数面板如图 1.18 所示。

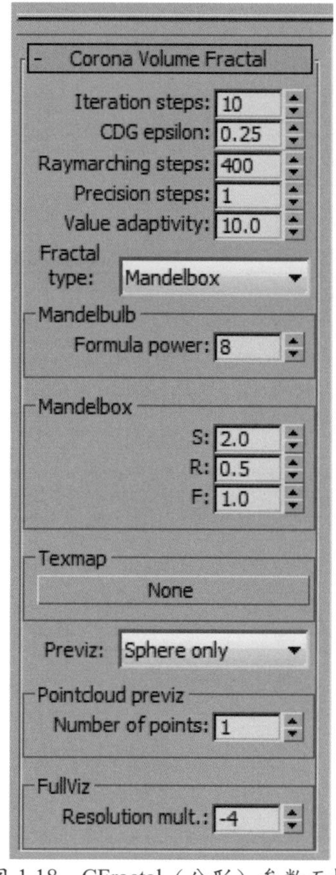

图 1.18　CFractal（分形）参数面板

1.5.2　散布

Corona 渲染器自带的 CScatter（散布）有些类似 Multiscatter（多重散布）的插件。

Multiscatter 同样也是一款需要安装和载入到 3DS MAX 中的外挂插件，它在制作大型的室外场景，例如森林、草地等方面会有很大的帮助，是一款非常不错的 3DS MAX 外挂插件。

Multiscatter 官方宣传图像如图 1.19 所示。

图 1.19　Multiscatter 官方宣传图像

因此在学习 CScatter（散布）基础体时，不会感到陌生，CScatter（散布）内部参数与设置项的布局安排都非常合理并且参数也非常简洁直观，可以快速完成大面积的场景布置工作，而且由于它是 Corona 渲染器本身内置的基础体项，在兼容性和渲染速度方面都会有非常大的优势。

通过 CScatter（散布）详细的参数设置面板，可以了解到该基础体一共有 4 大功能面板，分别是 Objects（几何物体）、Scattering（散布设置）、Transformations（自由变换）以及最后的 Display（显示）卷展栏。

CScatter（散布）参数设置面板如图 1.20 所示。

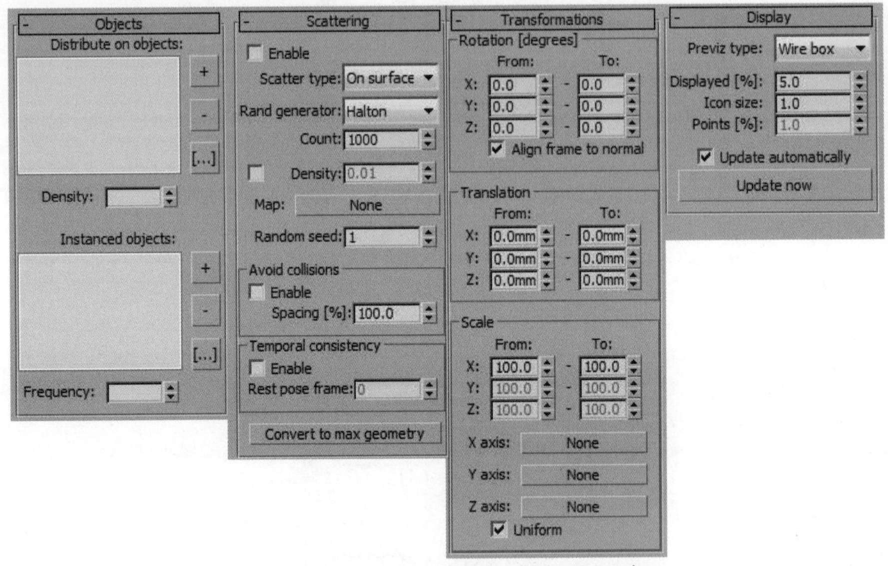

图 1.20　CScatter（散布）参数设置面板

只要根据本书所讲的参数设置，就会非常容易掌握 CScatter（散布）基础体，同时在 CScatter（散布）上也可以做技术上的拓展。

CScatter（散布）常用的参数设置项如下。

- Distribute on objects（分布物体）：在设置命令中可以添加散布物体的承载物体，例如一个地面。
- Instanced objects（实例化物体）：该命令用于设置一个或者多个散布物体，例如一个简单的茶壶模型。
- Count（计数）：该设置项是用来控制生成物体的数量，当然在 Scattering（散布设置）当中也有 Density（密度）参数控制项。

不仅如此，在散布设置中还可以利用黑白贴图来进行生成位置的效果处理。

CScatter（散布）应用效果如图 1.21 所示。

图 1.21　CScatter（散布）应用效果

1.5.3 代理

Cproxy（代理）为 Corona 渲染器中的基础体之一并且它与 VrayProxy 功能相同，都可以将面数较大的场景单体模型变为代理模型以方便模型的渲染呈现。

Cproxy（代理）可以应用到场景中进行模型渲染方面的优化处理，从而在渲染速度和工作效率的优化上给予非常大的帮助。

- Pick from scene...（拾取场景来源）：用于帮助我们将面数较大的单体，制作成代理模型。
- Load from file...（导入文件）：用于载入之前制作好的代理模型，以便参加到当前场景的渲染工作中。
- Stats（统计）：用以显示代理模型的相关信息，例如：点数、面数等，以便更好地了解代理模型的各项数据信息。
- Method（模式）：该项决定着代理模型在场景当中的显示方式，建议使用 Point cloud（点云）的方式，因为这类显示方式最节省电脑内存并且操作速度上也可以保证流畅性。

Point cloud（点云）显示方式如图 1.22 所示。

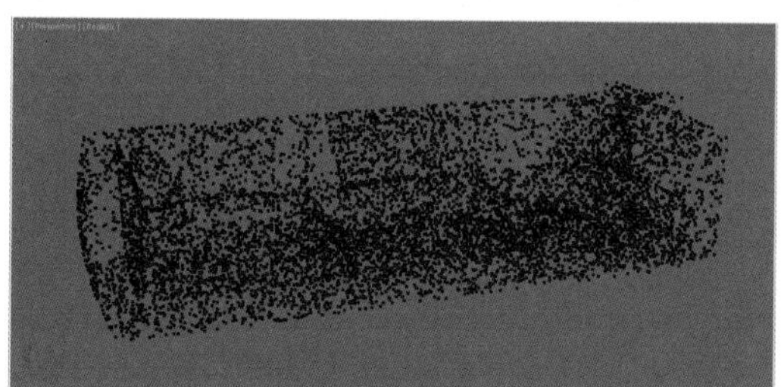

图 1.22 Point cloud（点云）显示方式

- Point cloud displayed[%]（点云显示百分比）：用来控制（点云）显示效果的比例多少。
- Keep in memory（保存在内存中）：用于将代理保存在缓存中。
- Reload from disk（从磁盘重新加载）：该设置项有些类似刷新的意思。
- Batch convert...（批量处理）：用于批量处理代理模型的设置。
- Duplicate to mesh（复制到网格）：通过该设置项可以将代理模型转为实体网格模型，以便用于二次编辑模型上。
- Enable animation（启用动画）：该卷展栏内部设置项是用于动画代理模型的设置，主要是时间上的控制以及播放循环的方式。

以上就是 Corona 渲染器内置的代理基础体的设置项，非常简洁直观。建议在制作代理中将 Keep in memory（从磁盘重新加载）勾掉，以便可以释放更多的内存进行场景的解算、代理的解析以及交互式渲染的呈现和流畅的操作等等。

Corona Proxy（代理）完整的设置面板如图 1.23 所示。

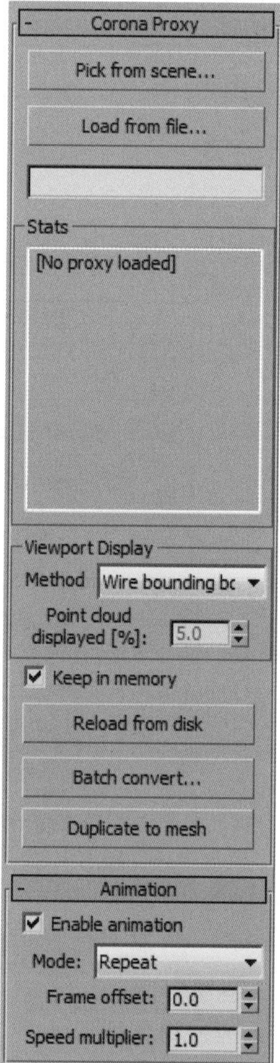

图 1.23 Cproxy（代理）完整的设置面板

1.6 代理案例讲解

通过上述的讲解，相信已对 CProxy（代理）有了一定的了解，比如：参数项以及命令项等等。

为了更加清楚 CProxy（代理）基础体在实际工作中的使用，下面通过实例的方式梳理与总结它在工作中的制作流程。

本案例制作一棵树，将树制作为 CProxy（代理）基础，通过这一小小的演示操作，全面地讲解应如何正确地制作或使用 Corona 渲染器所自带的 CProxy（代理）基础体。

1.6.1 合并模型

制作 CProxy（代理）之前需要检查应用模型是否符合制作要求，例如：模型是否完整，是否有叠面、破面等等。

当确认模型无误后，就可以进行合并模型这一个步骤了。

这里需要和读者说明 CProxy（代理）制作过程中的一个注意事项，那就是很多读者将 Utilities（工具）面板中的 Collapse（塌陷命令）当作“合并命令”来使用，如此操作只会得到错误的结果。

Collapse（塌陷命令）如图 1.24 所示。

合并模型这一步中的合并命令是指 Editable poly（编辑多边形）当中的 Attach（附加）命令，千万不要搞错。

Attach（附加）命令如图 1.25 所示。

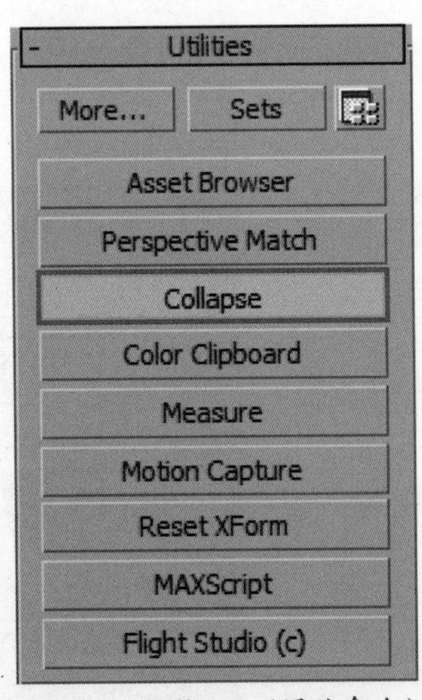

图 1.24 Collapse（塌陷命令）

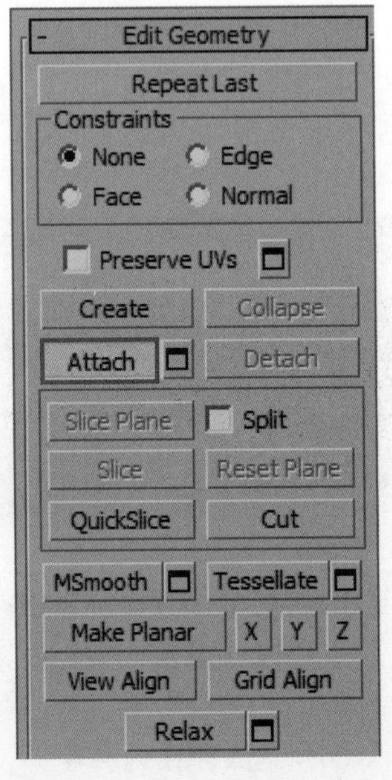

图 1.25 Attach（附加）命令

通过 Attach（附加）命令可以将树木所有的主体模型与局部散碎模型合并制成一体，形成整体的树木模型。

合并后的树木模型如图 1.26 所示。

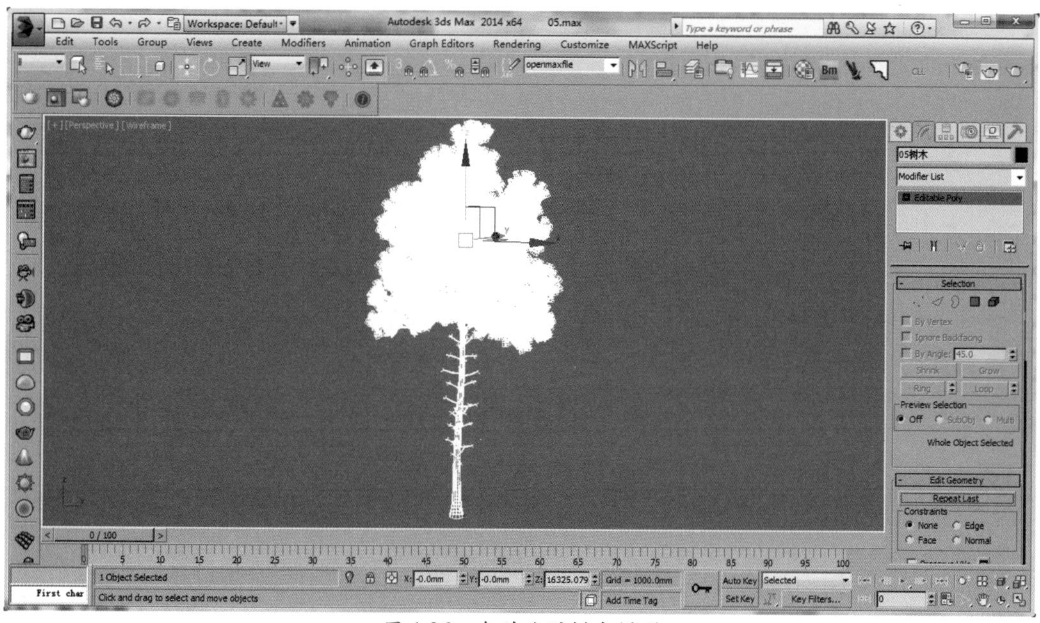

图 1.26　合并后的树木模型

1.6.2　坐标修改

一般在制作 CProxy（代理）时都会将物体的自身坐标修改到模型底部，这样做的好处是可以方便后期因大小比例等问题，配合使用“缩放工具”快速地修改调节模型大小尺寸。

修改坐标具体操作步骤如下。

1. 层级面板

物体保持在选择状态下，在最右侧的（命令面板）中找到 Hierarchy（层级面板）并通过内部的设置项来完成物体坐标的位置修改。

Hierarchy（层级面板）如图 1.27 所示。

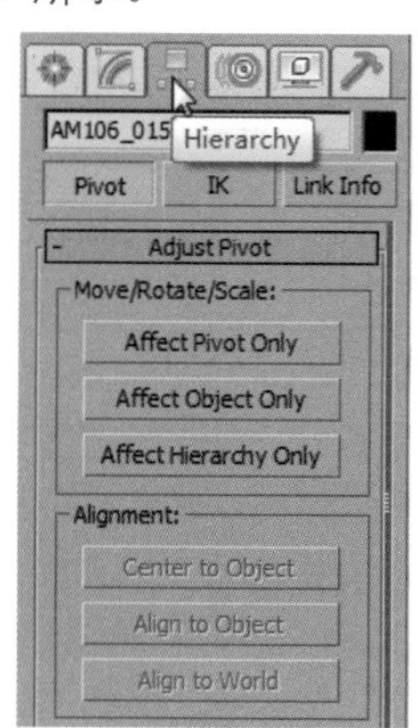

图 1.27　Hierarchy（层级面板）

2. 修改轴标

单击 Hierarchy（层级面板）→ Affect Pivot Only（仅影响轴命令）后，将会在模型上面看到可以自定义轴点的位置坐标。

这是使用移动工具配合的，将坐标手动移动到模型底部，此步骤的操作只要在 z 坐标轴上面做单轴移动即可。

最终完成效果，如图 1.28 所示。

图 1.28 最终完成效果

1.6.3 代理制作

首先在视图当中创建 CProxy（代理）基础体后，进入内部功能面板中，单击 Pick from scene...（拾取来源场景）按钮，并且拾取要生成为代理模型的场景物体树模型即可。

Pick from scene（拾取来源场景）按钮如图 1.29 所示。

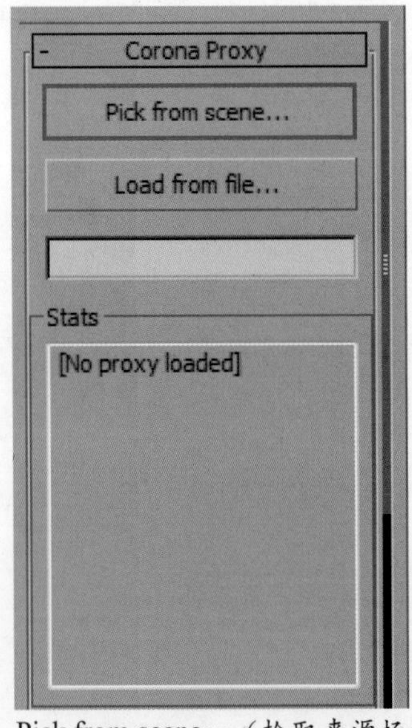

图 1.29 Pick from scene…（拾取来源场景）按钮

单击 Pick from scene（拾取来源场景）按钮后，会弹出相对的设置对话框面板，该对话框用以确定生成后的代理模型保存的位置路径。

代理保存位置路径如图 1.30 所示。

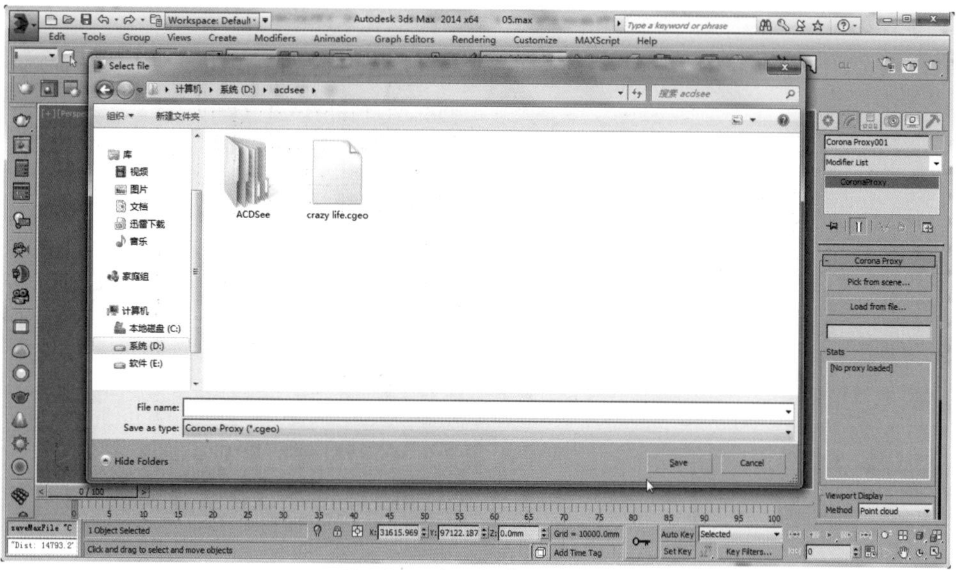

图 1.30 代理保存位置路径

当单击 Save（保存）按钮时也意味着代理模型已生成完成，此时会发现在场景中的原有模型上会有一个正方体显示的外框，同时相信读者也注意到了右侧“代理”面板的 Stats（信息）面板当中，已经有了代理模型的相关信息显示。

代理模型生成后的初始显示样式如图 1.31 所示。

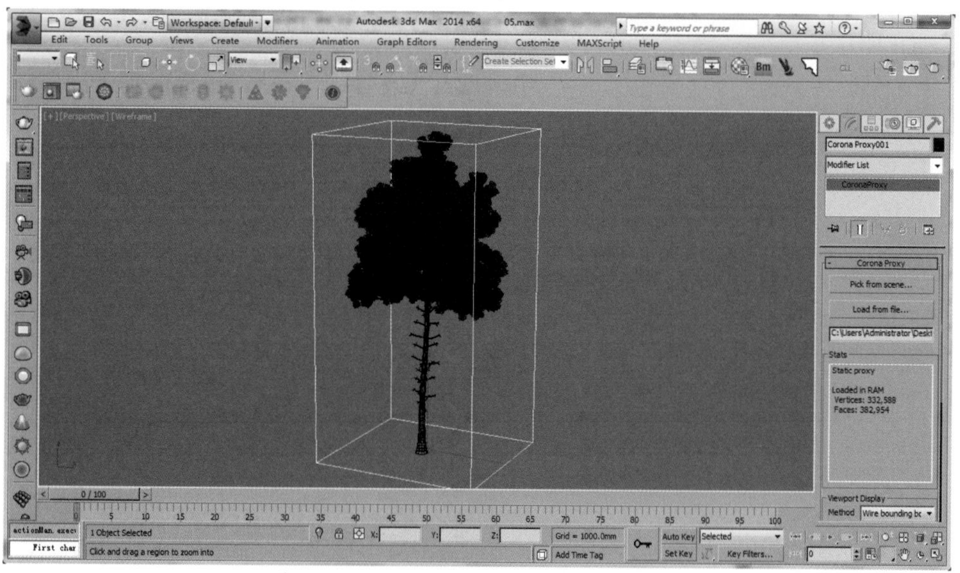

图 1.31 代理模型生成后的初始显示样式

1.6.4 材质赋予

在材质方面不难发现在模型合并后，树单体模型的材质也由于模型合并的关系转为了“多维子材质”而且代理模型生成后，也注意到初始的网格模型依然保留在场景当中。

此时便可以直接将初始模型的材质赋予代理模型，简单的说就是初始模型与代理模型通用一组材质，当材质赋予完成后将初始模型删除即可。

代理模型材质为“多维子材质”如图 1.32 所示。

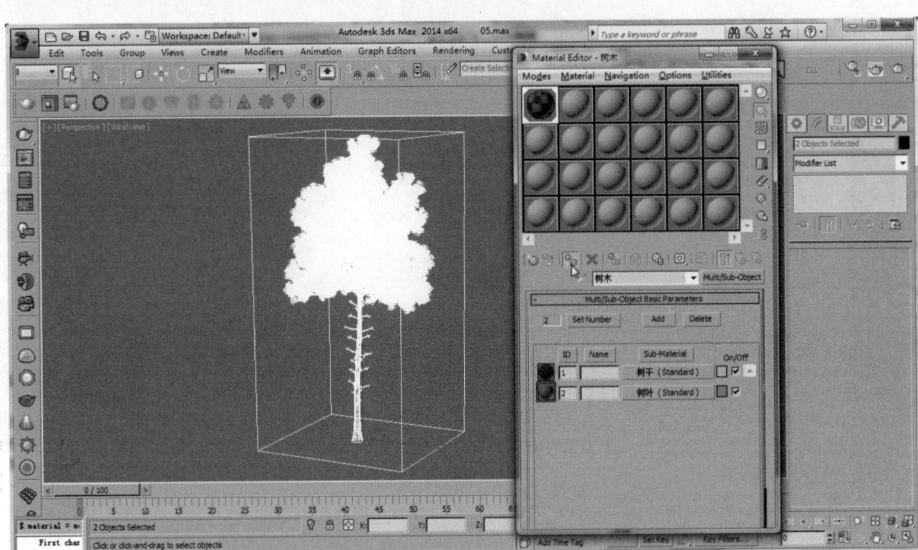

图 1.32　代理模型材质为“多维子材质”

按照本书制作到这一步骤时，也表示 Corona 渲染器的代理模型已成功制作完成，代理模型的文件格式为 .cgeo。

建议将代理模型的贴图和文件存放在一个共同的文件夹当中，如果可以包含材质文件当然是最好的，最后将初始显示模式改为“点云”即可。

初始模型与代理模型比较如图 1.33 所示。

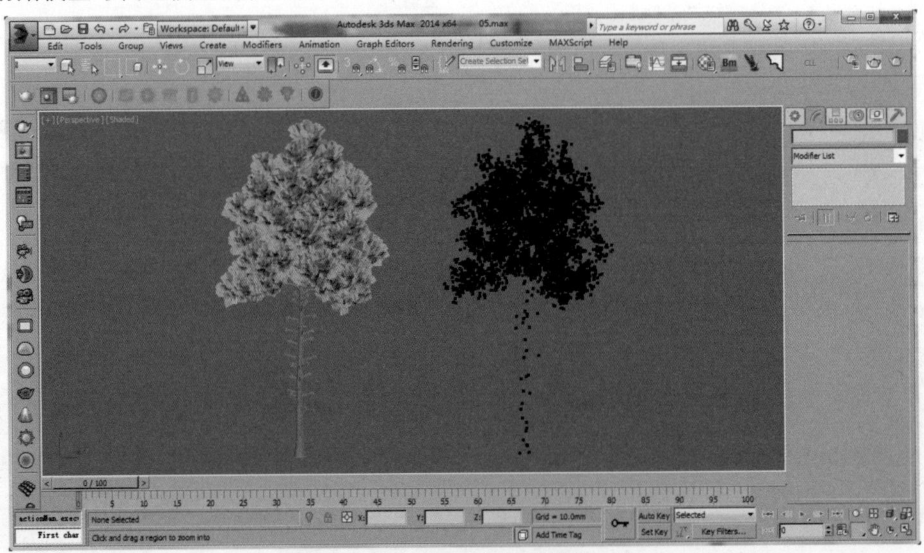

图 1.33　初始模型与代理模型比较

1.7　散布案例讲解

此次通过 Corona 渲染器本身自带的“散布”基础体演示如何快速地制作一片森林场景，希望读者可以通过本案例学习到更多的技术与知识。

场景模型为一棵代理树木与地面如图 1.34 所示。

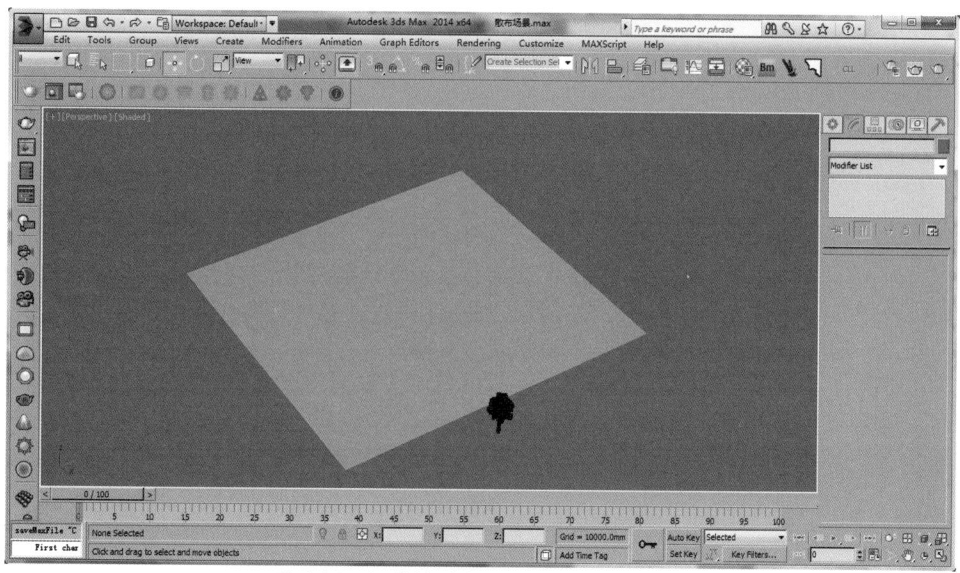

图 1.34　场景模型为一棵代理树木与地面

1.7.1　基础创建

下面正式开始制作森林场景模型，当场景模型检查无误后，先创建出 CScatter（散布）基础体，但需要注意创建出的 CScatter（散布）图标不要过大，合适场景大小即可。

CScatter（散布）图标样式如图 1.35 所示。

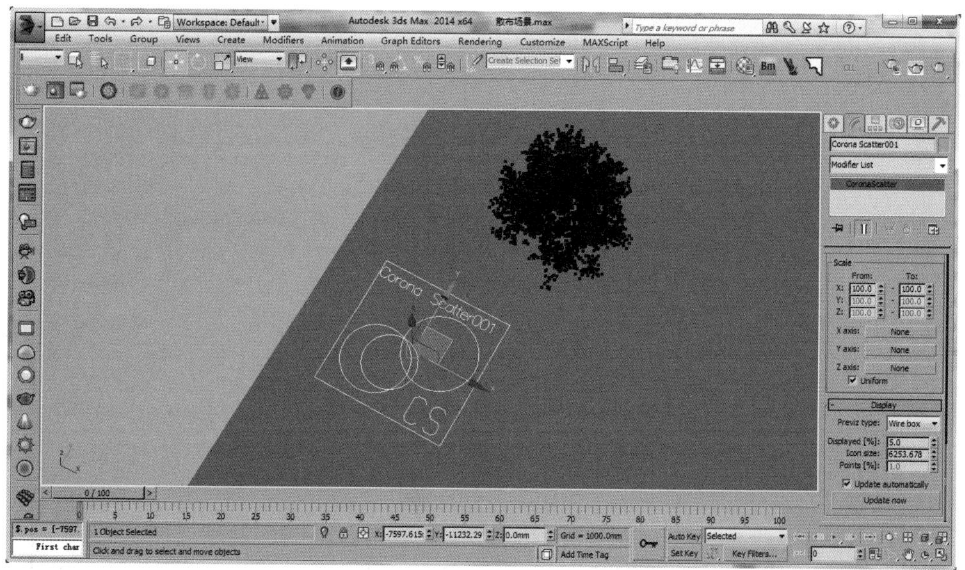

图 1.35　CScatter（散布）图标样式

1.7.2　场景散布

创建 CScatter（散布）基础体后直接使用内部的设置项 Instanced objects（实例物体），载入代理单体的树模型，与此同时也会看到场景的散布工作已完成初始阶段。

场景散布初始效果如图 1.36 所示。

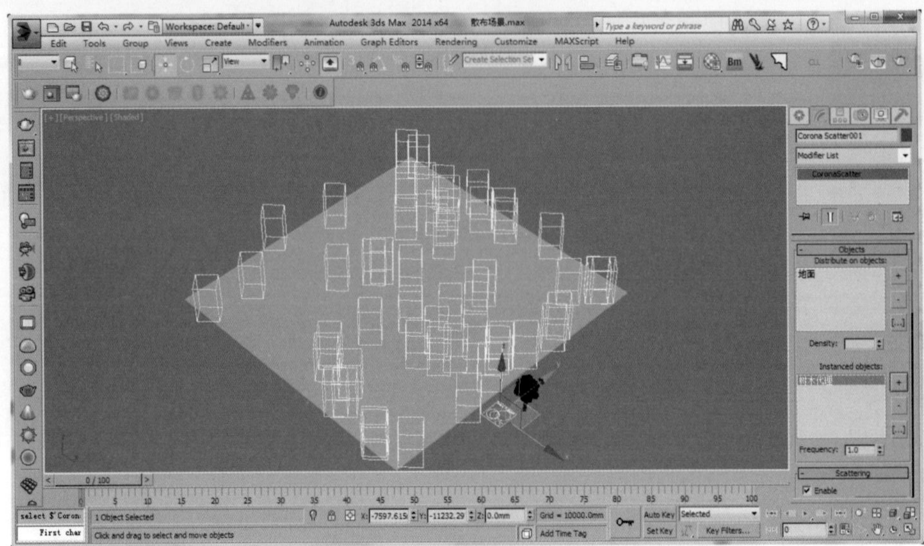

图 1.36　场景散布初始效果

1.7.3　变换调节

当场景效果初步完成后，就需要对它的一些细节，例如：大小、方向、数量等等，进行微调，从而形成一个自然真实的森林场景模型。

具体操作如下。

1. 数量控制

首先需要设置场景模型的散布数量，这样会得到一个茂密的森林效果。

可用 Scattering（散布）卷展栏当中的 Count（计数）设置项设置参数值为 2000，如图 1.37 所示。

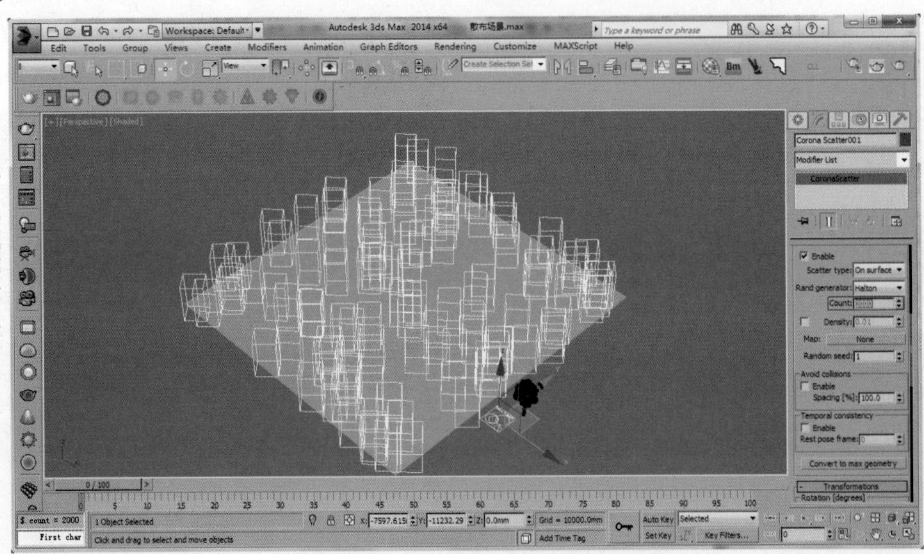

图 1.37　设置参数值为 2000

2. 随机方向

随机方向可以让树在场景整体的渲染上显示得更加真实，同时也是对真实世界树的一种

模拟，因为在现实中的树生长方向是不同的，让树木的方向随机也是更好去模拟真实世界中的树生长情况。

可以通过 CScatter（散布）中“自由变换”来做相应的随机性调节设置操作，如果在显示方面以“点云显示”可能会对随机方向的判断不够清晰明确，可以使用 Full（完全显示）的方式。

设置“z 轴”随机旋转为 360° 如图 1.38 所示。

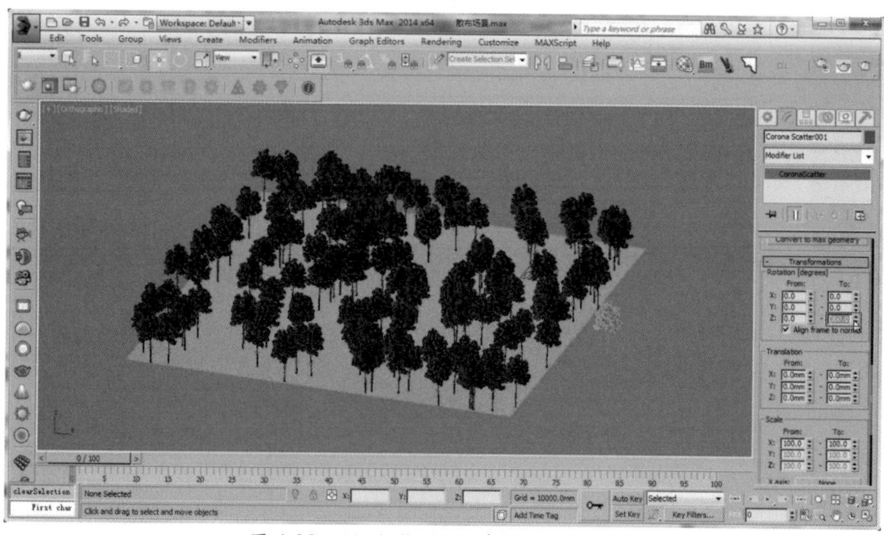

图 1.38 设置“z 轴”随机旋转 360 度

3. 大小变化

除了上述的“方向随机”以外，树本身在自然界当中，因为品种以及生长周期性等原因，会造成树的大小高低不同。

大小变化的调节设置可以通过 CScatter（散布）内部自带的 Scale（缩放），该设置项可以制作出非常漂亮的大小随机变化。

设置 Scale（缩放）参数值为 35 如图 1.39 所示。

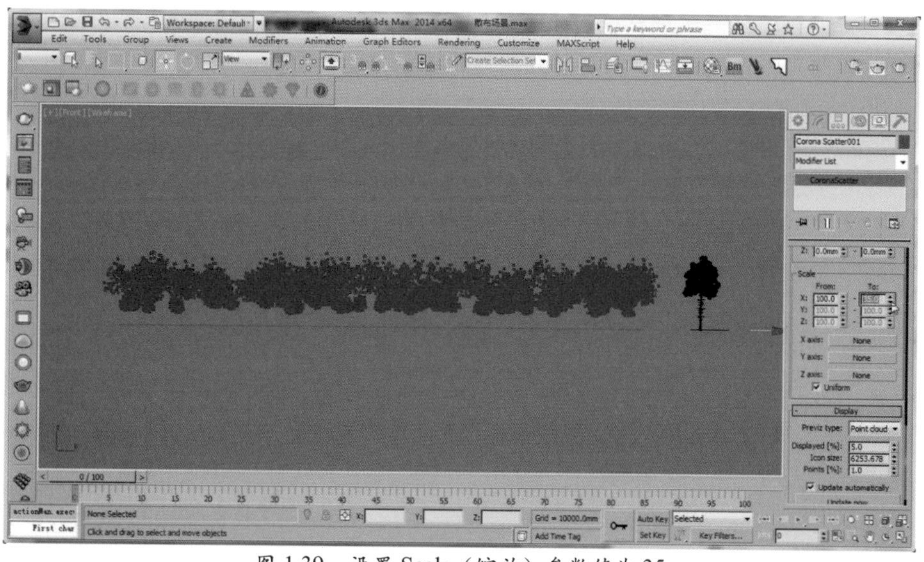

图 1.39 设置 Scale（缩放）参数值为 35

4. 完全显示

如果跟着本案例的操作步骤一步步效仿制作的话，不难发现显示可能会有些出入，可能不会像本书中所展示的样子，这是怎么回事呢？

这主要与散布的代理树有关，如果想让 CScatter（散布）生成的模型物体可以以网格显示的话，散布的代理模型也必须要切换到“网格模式”，不然一直保持在 Point cloud（点云）的显示模式，是不能见到所生成的模型矩阵的，如图 1.40 所示，因此读者朋友切记。

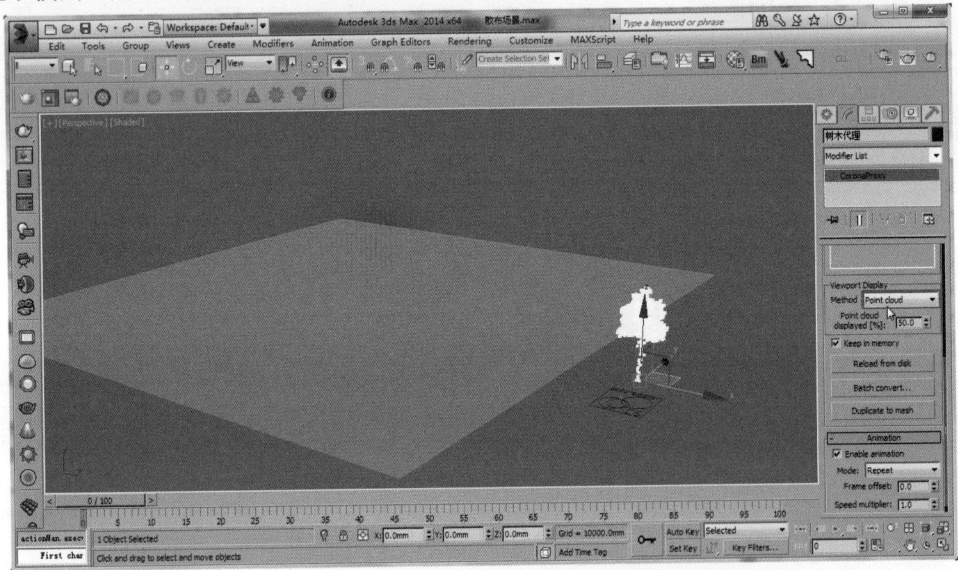

图 1.40　因 Point cloud（点云）显示模式造成模型矩阵无法显示

1.8　本章小结

本章关于 Corona 渲染器的基础知识比较多，希望读者结合实例并加以练习，将本章中所讲解的知识点掌握，并且掌握各项命令与基础项的设置参数的真正含义，同时希望读者将本章的内容完全吃透，这会使后面的学习更加容易理解。

第 2 章

Corona 面板

◆ 本章学习目标

◎ 熟悉 Corona 渲染器
◎ 掌握渲染器面板基础
◎ 明确渲染器参数含义

通过 Corona 基础的学习后，相信已经做好了迎接下面知识内容的学习准备，本章主要讲解 Corona 渲染器的设置面板。

本章比之前的基础章节枯燥，但这也是必须经历的，如果将本章讲解的知识内容完全吃透并熟练掌握，可以说已对 Corona 渲染器了如指掌。

2.1 渲染面板介绍

Corona 渲染器随着版本不断升级优化，渲染设置面板中也增添了一些新的板块与功能选项，比如 Corona 渲染器 1.5 对比 1.4 版本在渲染设置面板方面增加了 Camera（相机）面板，并且在功能上以及版式上也做了一些改变。

Camera（相机）渲染设置面板如图 2.1 所示。

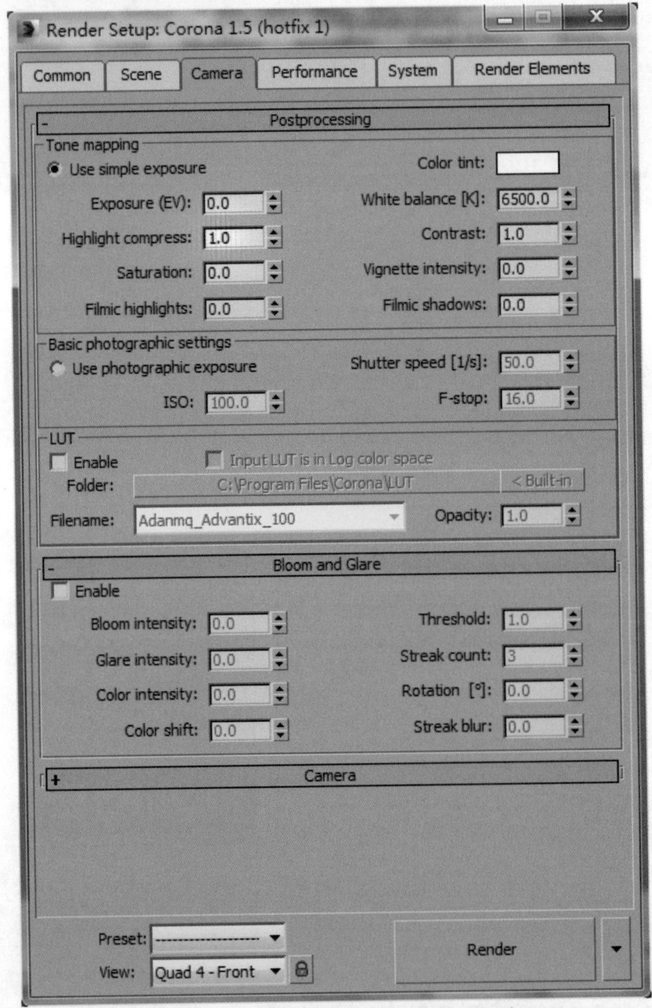

图 2.1 Camera（相机）渲染设置面板

Corona 渲染器的渲染设置面板大体分为两大板块，分别是操作板块和性能板块，这两大板块就构建成了 Corona 渲染器完整的渲染设置面板。

Corona 渲染器的主要核心面板为 Performance（性能面板），该面板中包含着重要的渲染引擎以及 Global illumination（全局光照明）和 Light Samples（灯光细分）选项设置，除此之外，Render Elements（渲染元素）面板也是平时工作当中常会应用的功能面板之一。

对于上述讲解的渲染设置面板，System（系统）面板很少在实际的工作当中被应用到，保持常规状态下的默认设置即可，除非想改变一些固定参数。

System（系统）渲染设置面板如图 2.2 所示。

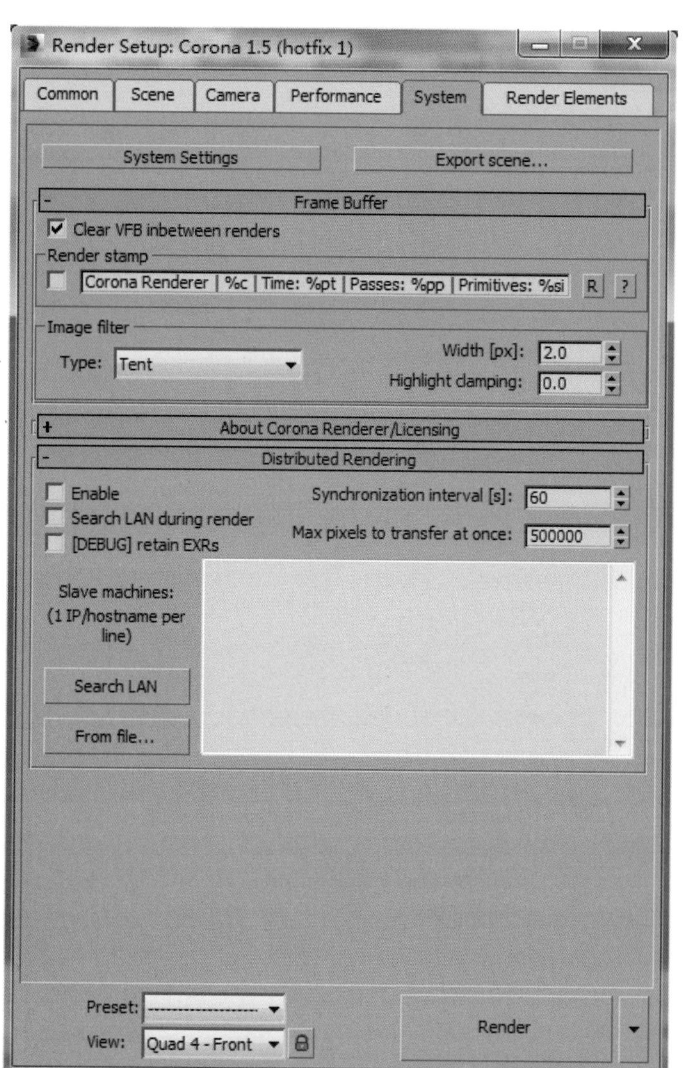

图 2.2　System（系统）渲染设置面板

2.2　公用面板

3DS MAX 的 Common（公用）面板相信很多读者朋友并不陌生，只要关于渲染出图尺寸上的大小设置以及所需使用渲染器的调用操作等都会使用到该面板，在 Common（公用）面板中，除了前面提到设置出图尺寸大小以及渲染器调用外，还有一些其他好用的设置选项，具体如下。

- Render Hidden Geometry（渲染器隐藏物体）选项：可以使场景中一些已被隐藏的物体，在下一次进行渲染时显示出来，该命令选项可以有效地在工作中帮助你对场景渲染的控制，因此推荐给读者。
- Force2-Sided（强制双面）选项：该选项可以快速地解决经常出现在单面模型上的法线问题，但注意使用该选项时会占用一些电脑内存，因此可根据实际情况而定。

除了上述讲解的命令选项外，在Common（公用）面板中还有很多其他的好用的设置选项，这里就不做一一说明了。

Common（公用）面板如图2.3所示。

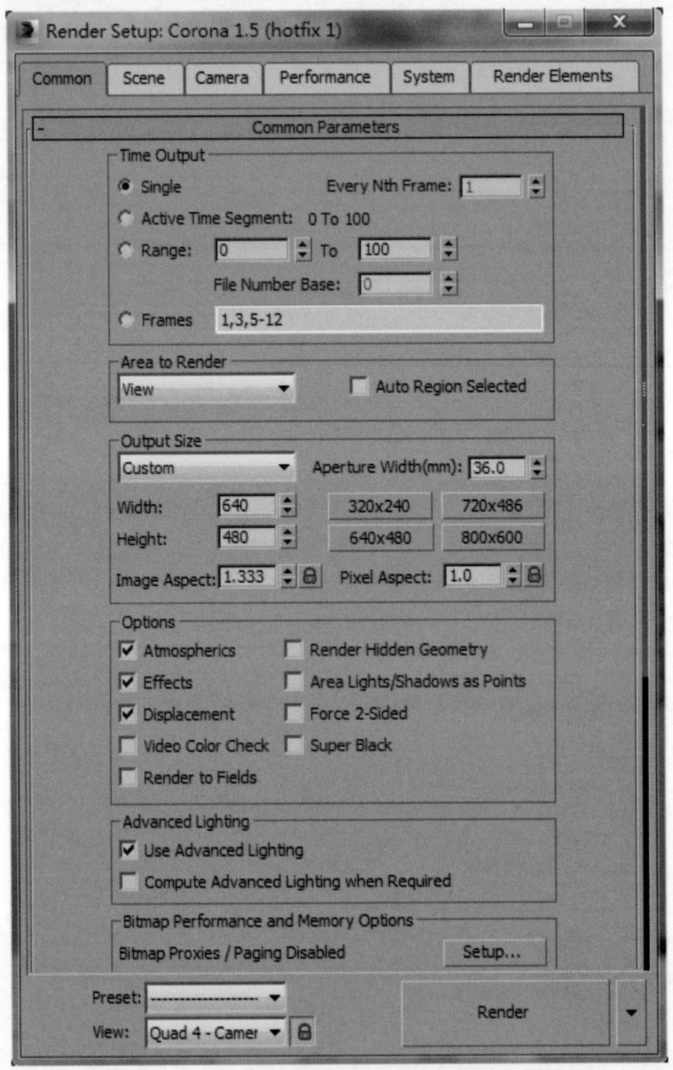

图2.3 Common（公用）面板

2.3 场景面板

Corona渲染设置面板中的Scene（场景）面板命令选项较多，但都是针对渲染场景的设置选项，Scene（场景）面板包含着“灯光混合”“恢复初设”“材质覆盖”等选项按钮。

下面具体来看一下在Scene（场景）面板中常用的相关命令选项。

2.3.1 基础设置

- Show VFB（显示帧缓存）：单击该按键后，将会弹出“帧缓存窗口”，用于观察渲染图像，保存图像以及对图像作亮度上和颜色上的调整。

- Setup Interactive LightMix（设置互动灯光混合）：该命令选项功能非常强大，允许在一张渲染完成的图像中，随意改变灯光属性，例如：强度、颜色。
- Start Interactive（开始交互式渲染）：该选项为启用交互式渲染按键，单击该选项后，Corona 渲染器的“帧缓存窗口”，将会自动变为交互式渲染窗口。
- Reset Settings（重置设置）：该选项用于快速重置 Corona 渲染设置面板中的各项参数以及命令选项的按钮。
- Pass limit（通过限制）：该选项的设置参数非常重要，它决定着渲染图像的品质以及时间，合理的参数设置可以达到时间与品质的平衡。
- Render hidden lights（渲染隐藏灯光）：在实际的工作中有时会执行该命令选项，这主要源于 Corona 渲染器的特性，如果 Corona 灯光被隐藏后，将不会在场景中产生任何照明效果，勾选本命令选项后隐藏的灯光依然可以对场景产生照明效果。
- Mtl override（材质替代）：相信很多读者对该命令选项非常熟悉，场景的白模渲染、灯光测试、线框渲染等等，都会应用到此命令选项。勾选“材质替代”选项并设置相应关联材质后，场景中所有材质将会统一显示关联材质。
- Render Selected（渲染选择）：后期修改以及图像合成使用该命令选项会有很大帮助，可以将单独或者多个物体进行独立渲染，如图 2.4 所示。

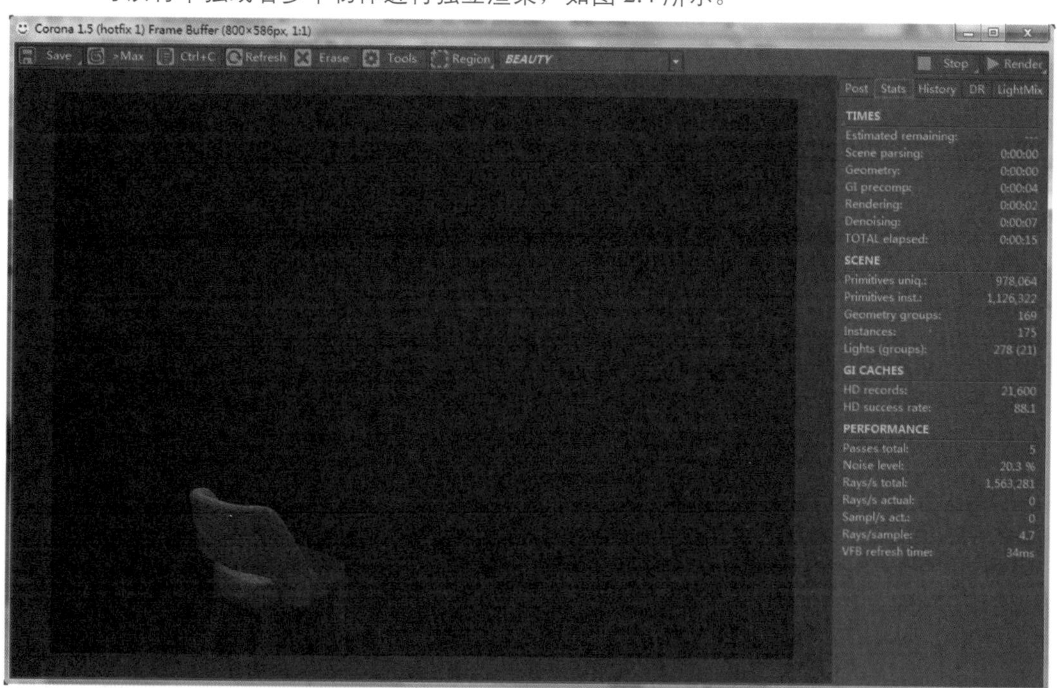

图 2.4 “帧缓存”窗口当中显示的独立物体

2.3.2 降噪

- Denoising（降噪）：说到“降噪”命令选项，它可以将渲染图像中大量的噪点在短时间内快速地清除掉，也可以通过相关参数选项调节降噪级别来控制噪点效果的处理程度，如图 2.5 所示。

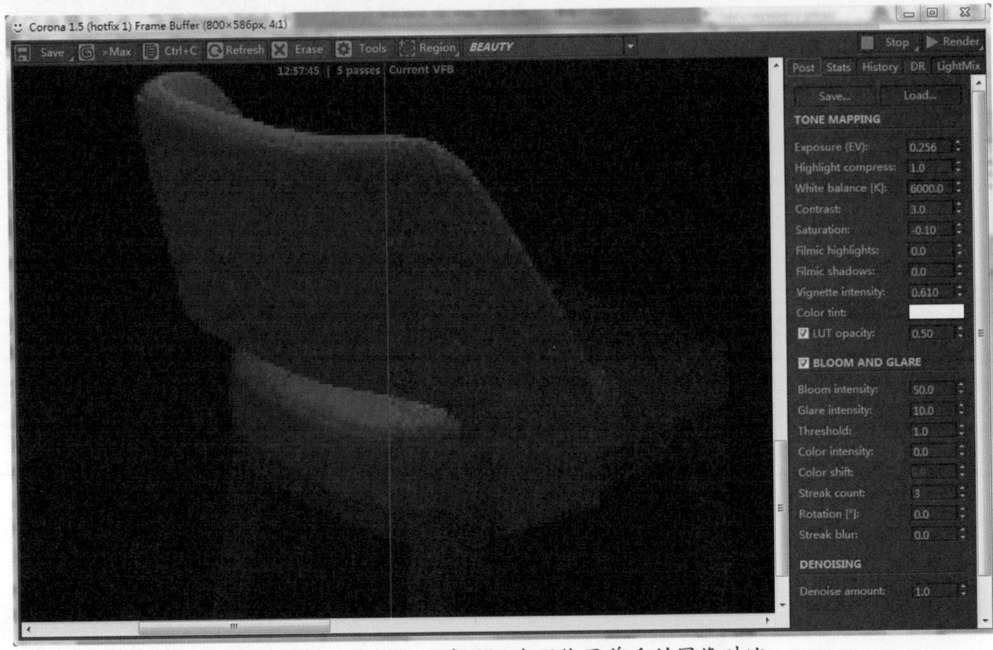

图 2.5　Denoising（降噪）选项使用前后的图像对比

2.3.3　面板总结

通过上述的讲解，相信已对 Scene（场景）面板中的重要参数有了一定的了解，至于其他命令选项，可以自行尝试使用，尤其是 Environment（环境）中的各功能选项，完整的 Scene（场景）面板如图 2.6 所示。

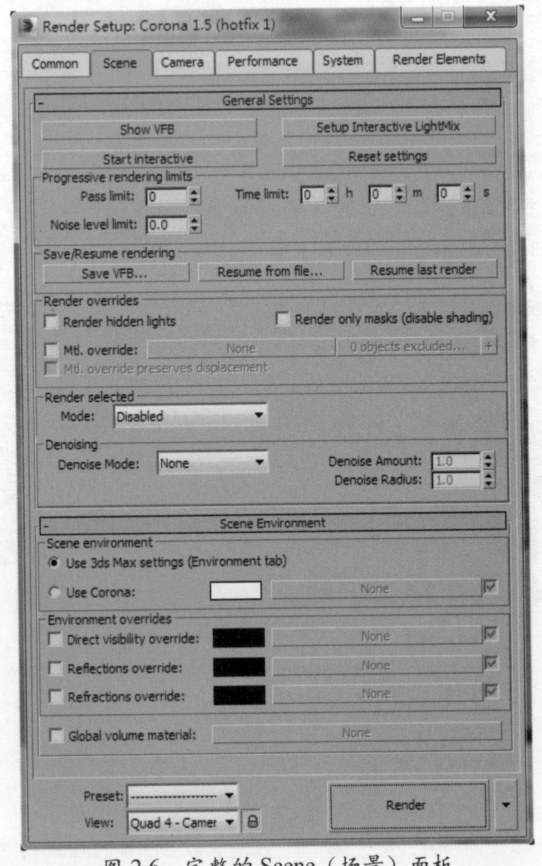

图 2.6　完整的 Scene（场景）面板

2.4　相机面板

Camera（相机）面板，在总体的定义和应用上不是像读者理解的那样，它不是针对场景中的相机，不管是标准相机还是物理相机。

Camera（相机）面板只是针对最终渲染图像以及测试图像的调节，当然这也取决于工作性质和实际进度的需求，Camera（相机）面板中包含了“曝光控制器”“颜色速查”等命令选项，这些命令选项的布局以及功能说明都非常明确，因此在对该部分的学习中，按Camera（相机）的顺序逐步学习即可，常用的设置项如下。

2.4.1　色调映色

- Exposur（EV）（曝光）：该选项可以控制图像的曝光效果，参数值越高图像的亮度就会越亮，最后达到完全爆光爆白的图像效果，因此这个选项参数切记不要过高。
- White balance[K]（白平衡）：是对图像中色彩灰度的把握，简单的说白平衡是对图像当中的红、绿、蓝三个基础颜色混合后的白色控制，进而可以控制图像的色彩倾向性，成为冷色与暖色，如图 2.7 所示。

图 2.7　使用“白平衡”控制图像的色调倾向

- Highlight compress（高光压制）：在实际工作中经常与 Exposur（EV）（曝光）一起配合使用，它可以有效地压制由于“曝光”参数提高所带来的图像局部曝光。
- Contrast（对比度）：该选项用于控制一幅图像当中的明暗区域，控制最亮的白色和最暗的黑色之间的不同亮度层次对比，通过“对比度”选项的调节可以有效地抑制图像当中的灰度层次，从而加深图像的最亮与最暗的色彩对比，让图像色彩变得清爽，如图 2.8 所示。

图 2.8　使用“对比度”的前后对比效果

- Saturation（饱和度）：该选项主要控制图像色彩的强度浓度，该命令选项参数值较高时可以得到色彩较为浓烈的图像效果，如果参数较低则反之，如图 2.9 所示。

图 2.9 “饱和度”参数值为“0”的效果

- Color tint（色调）：该选项与“白平衡”有些类似，但在实际工作过程中我们一般调节图像整体色调倾向都会使用“白平衡”，之所以应用“白平衡”是因为比“色调”更容易控制，但如果想调节非常规以外的色调就要使用到 Color tint（色调）选项，因为它不仅可以调节冷暖色调，其他色调颜色都可以轻松调节，如图 2.10 所示。

图 2.10 通过“色调”为图像调节的不同色彩

2.4.2 颜色速查

LUT（颜色速查）：LUT（颜色速查）多数出现在后期调色软件当中，例如：达·芬奇、Nuke 等这些影视后期软件，LUT（颜色速查）的主要应用是颜色方面的矫正以及色彩的界定，简单地说，使用 LUT（颜色速查）可以完成不同图像色彩风格的设置，如图 2.11 所示。

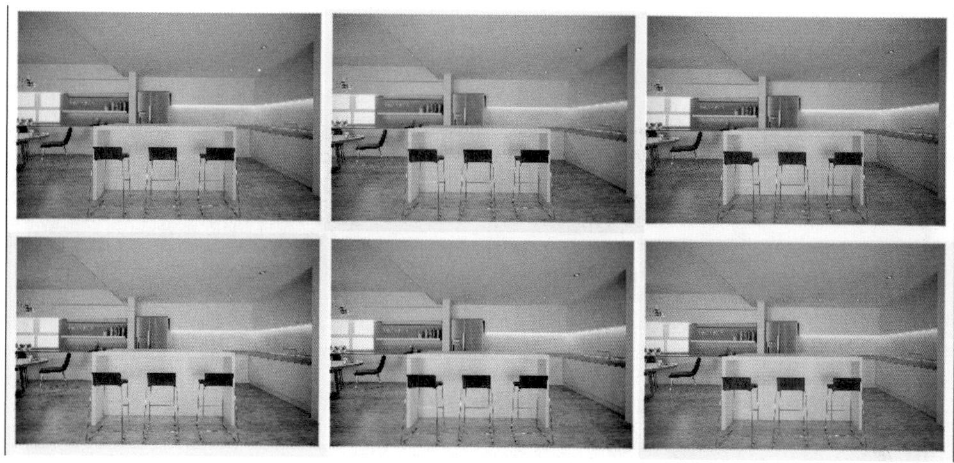

图 2.11　不同色彩风格的图像

Corona 渲染器中的 LUT（颜色速查）是以独立外置文件的形式植入到 Corona 中的，并且可以使用第三方软件进行编辑和创建 LUT（颜色速查）的外置文件。

LUT（颜色速查）标准格式为 .cube，如图 2.12 所示。

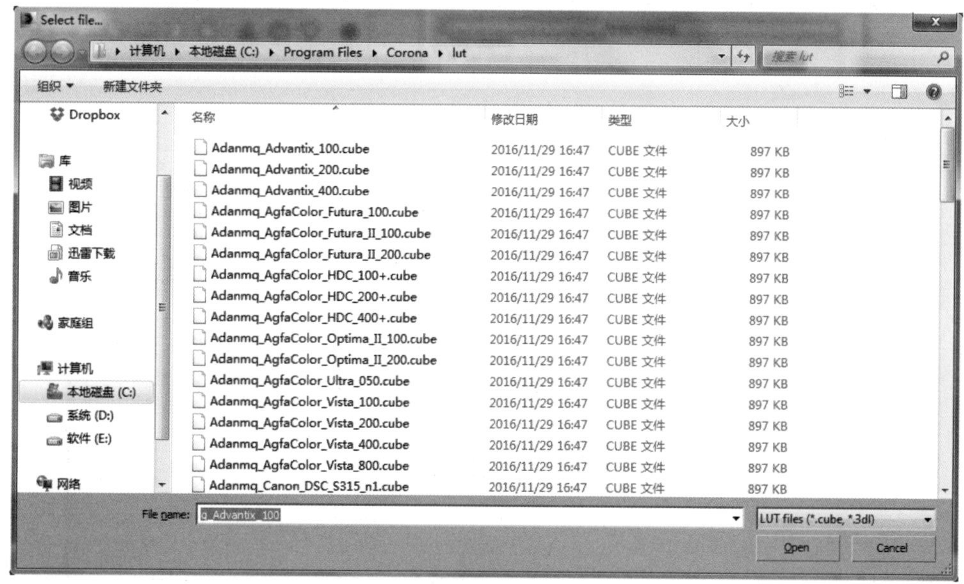

图 2.12　LUT 色彩预设文件

下面具体来说一下 LUT（颜色速查）的使用，以便可以快速了解并应用到实际工作中，只要在 Camera（相机）面板中找到 LUT（颜色速查）并勾选 Enable（启用），然后通过 Filename（文件名称）下拉菜单来切换不同的色彩风格文件，同时 LUT（颜色速查）也是 Corona1.5 版本中增加的新功能，在后面的章节中也有更具体的讲解与介绍。

LUT（颜色速查）具体调节面板如图 2.13 所示。

图 2.13　LUT（颜色速查）具体调节面板

2.4.3 光晕和眩光

Bloom and Glare（光晕和眩光）：主要用于制作一些灯光上的特效，呈像速度非常快并且允许在交互式渲染以及“帧缓存”中呈现使用，如图 2.14 所示。

图 2.14 启用“眩光”命令选项的图像效果

2.4.4 面板总结

前面已经将 Camera（相机）面板中常用设置参数讲解完毕，希望读者可以完全掌握其中所提到的各选项参数，而其他命令选项可见完整的 Camera（相机）面板，如图 2.15 所示。

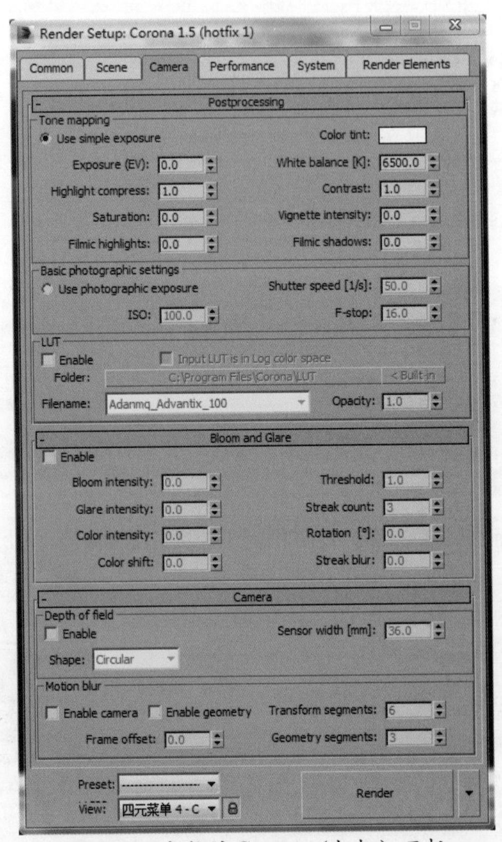

图 2.15 完整的 Camera（相机）面板

2.5　性能面板

Performance（性能）为 Corona 渲染设置面板中的“性能”面板，同时它也是重要的渲染引擎和性能选项的设置面板，该面板主要分为三个板块，它们分别是 Giobal illumination（全局光照明）、Performance Settings（性能设置）和 UHD Cache（高清缓存）板块，每个板块当中的参数含义都不相同而且较有针对性。

以后需要设置时，按照具体的类别就可以找到对应的设置选项，当将“性能”面板的布局了解后，接下来就是内部相关的设置选项以及注意事项。

2.5.1　全局光照明

Global illumination（全局光照明）：“性能”面板的最上方为渲染器一次渲染引擎以及二次渲染引擎的选项设置，默认的渲染引擎为 Path Tracing（路径跟踪）与 UHD Cache（高清缓存），这两项搭配在室内方面是最好的，同时也适合大多数场景，如图 2.16 所示。

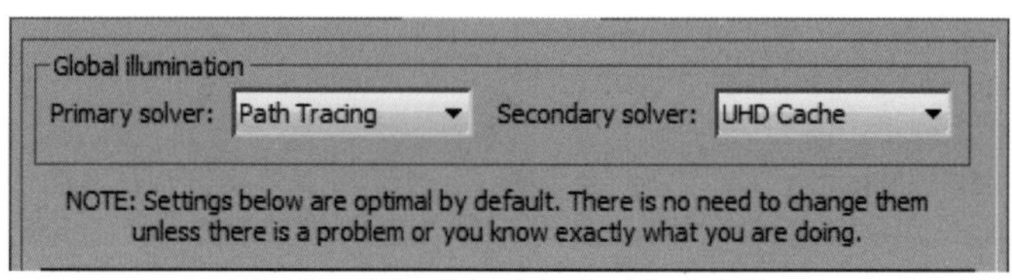

图 2.16　默认“全局光照明”引擎设置

2.5.2　性能设置

- Lock sampling pattern（锁定采样模式）：该选项默认为启用状态，虽然如此但还是会有一些噪点被锁定到单帧或者动画模式中，但不会太明显。
- GI vs AA balance（全局光照明对抗锯齿采样）：该选项设置较高的参数值时将会对“全局光照明”中的噪点处理得较好，而较低的参数值则对“景深”和“运动模糊”渲染速度更快，当然具体也看实际的工作要求，如图 2.17 所示。
- Light Samples Multiplier（灯光采样强度）：该选项用于控制场景当中的直接光采样数量，适当将参数提高将会减少场景中的噪点数量，默认参数值为 2.0，如图 2.17 所示。
- Max Sample Intensity（最大采样强度）：该选项用于控制渲染性能与物理精度间的平衡，同时有也会影响二次 GI 样本的最大亮度，降低该选项参数值将会抑制渲染中出现的噪点，默认参数值为 20，如图 2.18 所示。
- Max ray depth（最大光线深度）：该选项用于控制光线反射以及最大光线反弹次数，降低该选项参数值将会降低反射深度，该命令选项建议不要做任何的修改，保持默认参数值即可，如图 2.18 所示。

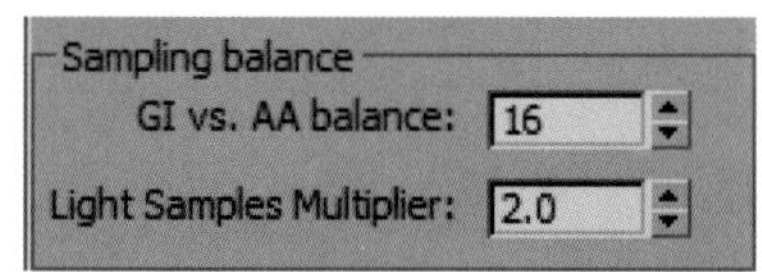

图 2.17　“全局光照明”与“灯光采样强度”默认参数值

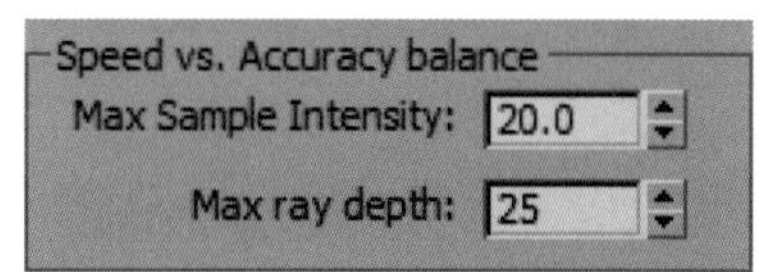

图 2.18　“最大采样”与“最大光线深度”的默认参数值

- Screen size（px）（屏幕大小）：该选项为“置换”功能内置的参数项，用于控制“置换”中的图像像素精度，较低的参数值将会提高“置换”图像品质，但内存方面的使用以及渲染时间都会有所增加，因此在使用该选项时参数值设置要合理，切记盲目追求“置换”图像品质。
- World size（units）（世界大小）：该选项与 Screen size（px）（屏幕大小）同为“置换”功能选项当中的内置项，不同的是在“置换”方面该选项的应用率非常低，设置过低的参数值将会在较大的场景空间中消耗更多的内存，并且也非常容易导致 3DS MAX 系统崩溃。

注意事项

Screen size（px）（屏幕大小）与 World size（units）（世界大小），为“置换”功能选项中所应用的贴图提供一个单位比例，相信读者朋友通过上述的讲解对这两个参数选项已有了一定的了解，Screen size（px）（屏幕大小）的应用率是最高的，同时它也是较好的设置选项。因此才作为默认首选项，如图 2.19 所示。

图 2.19　Screen size（px）（屏幕大小）为“置换”功能默认单位选项

2.5.3　高清缓存

- Still frame（fast precomputation）（静帧渲染模式）：如果应用该选项渲染动画场景将会非常容易产生动画闪烁效果，该选项仅用于渲染静帧场景。
- Animation（flicker-free）（动画无闪烁）：该选项用于渲染动画序列并且产生无闪烁效果的同时它也支持 UHD Cache（高清缓存）的预先计算，以便更快地进行动画序列的计算，类似 Vray 中的光子，如图 2.20 所示。

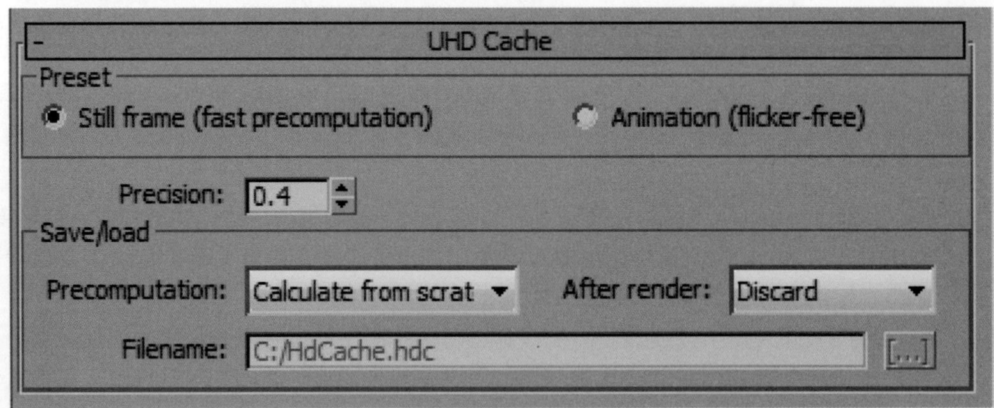

图 2.20　UHD Cache（高清缓存）面板

2.5.4　面板总结

该面板中的设置参数要分清主次关系，切勿随意调节。对于某些参数的测试可以配合“交互式渲染”或者“帧缓存”来进行观察，需要注意在 Performance（性能）面板中的命令选项，适合大多数的渲染场景，因此不必设置过多命令选项。

Performance（性能）渲染面板如图 2.21 所示。

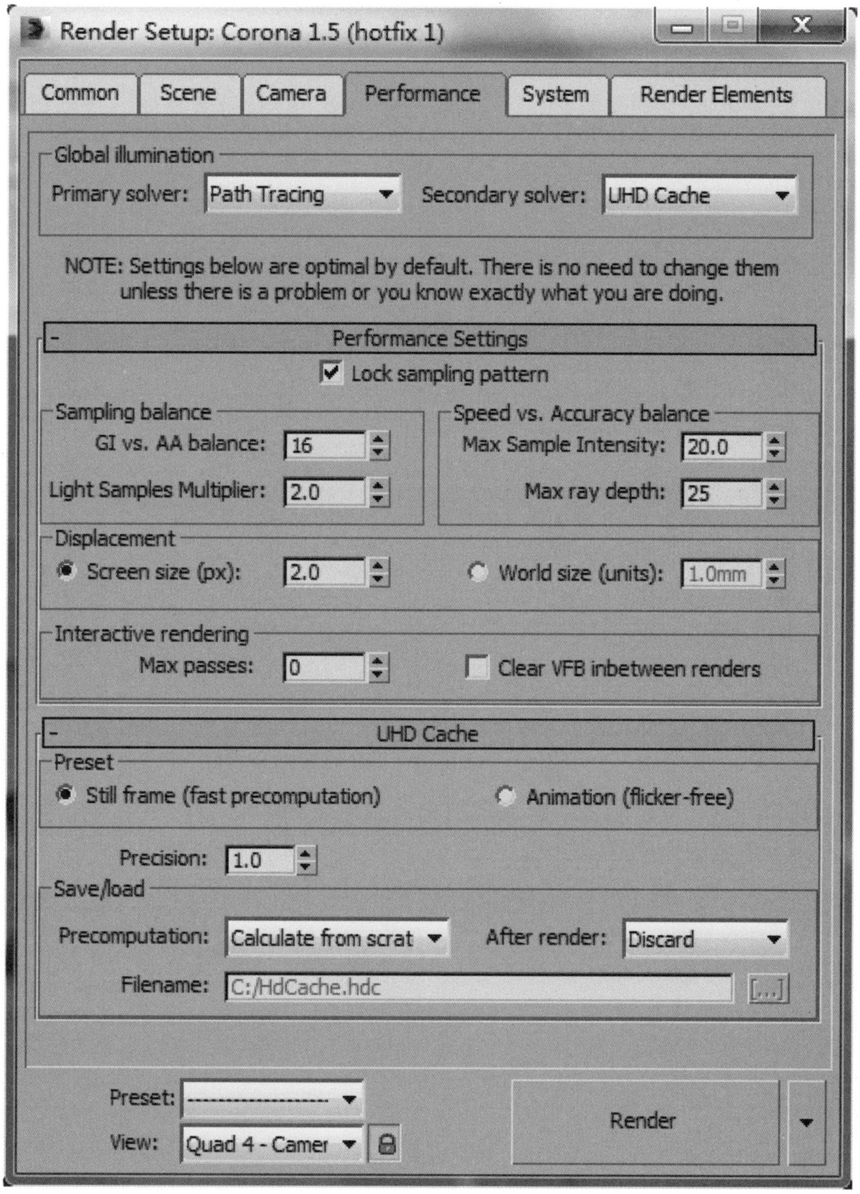

图 2.21 Performance（性能）渲染面板

2.6 系统面板

Corona 渲染面板中的“系统面板”在实际工作中可设置命令选项非常少，通常保持默认即可，虽然如此我们也要大致了解一下其中各选项参数含义以及细节要点，以备不时之需，常用设置选项如下。

- System Settings（系统设置）：该选项当中所有设置选项都是针对 Corona 渲染器系统以及电脑硬件性能方面的控制，单击此选项后将会弹出相关的 System Settings（系统设置）对话框，如图 2.22 所示。

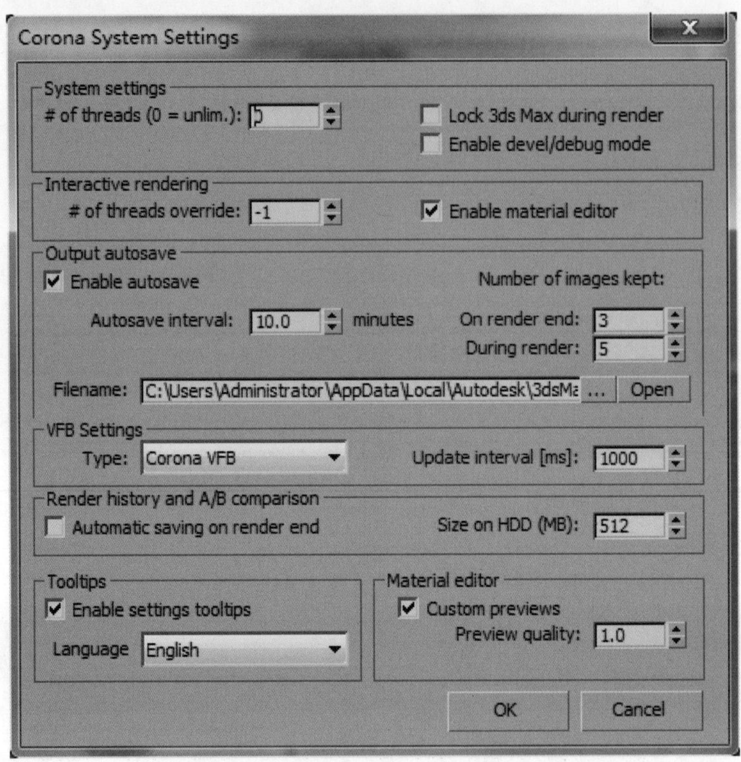

图 2.22　System Settings（系统设置）对话框

- Export scene...（导出场景）：该选项主要是为独立版 Corona 渲染器所使用，用于导出要渲染成像的场景数据信息，保存格式为 .scn，如图 2.23 所示。

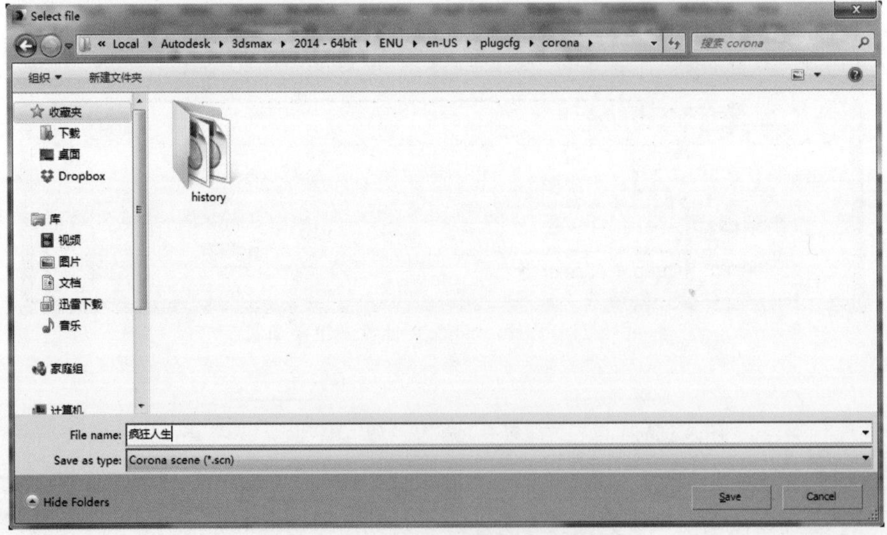

图 2.23　Corona 独立版场景渲染格式

2.6.1　帧缓存

- Render stamp（渲染水印）：该设置选项的作用非常简单，仅是为最终渲染完成的图像添加“水印”效果，并且可以根据需求自定义设置“水印”显示内容，如图 2.24 所示。

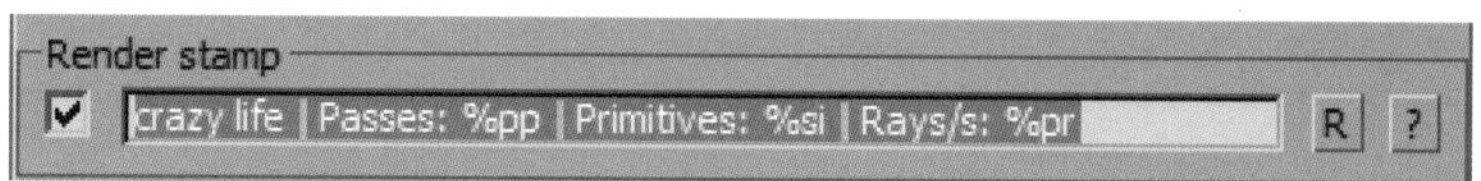

图 2.24 自定义“水印”内容

- Image filter（图像过滤器）：设置渲染器内部过滤器的 Type（类型），用以降低噪点因压制受限而产生的锯齿，根据具体的过滤器类型来适当的调节 Width[px]（像素宽度）和 Highlight clamping（高光钳制）参数，如图 2.25 所示。

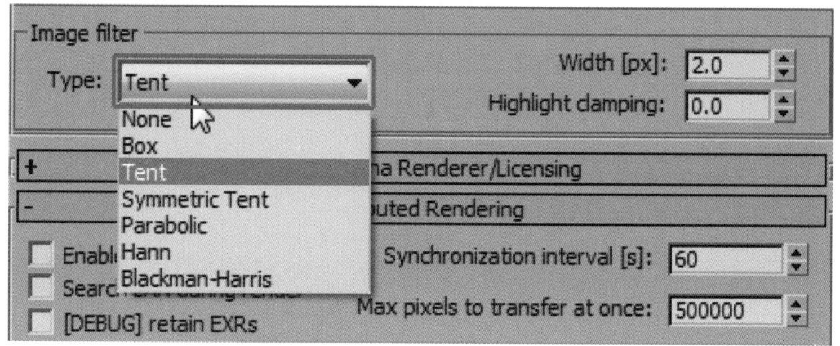

图 2.25 Image filter（图像过滤器）不同的类型选项

2.6.2 渲染器许可

About Corona Renderer/Licensing（Corona 渲染器许可）面板在之前的章节中也有提到，仅是用于注册 Corona 渲染器的许可面板，许可面板中包含 Corona 官网、Corona 软件图标以及版本号等信息，如图 2.26 所示。

图 2.26 Corona 渲染器许可面板

2.6.3 分布式渲染

Distributed Rendering（分布式渲染）简单的说是能够把单帧图像的最终渲染，由多台电脑来进行运算的一种网络渲染技术，通过此选项技术可以节省大量的渲染时间，提高图像计算效率，目前除分布式渲染外，还有网络渲染、云渲染，这些渲染技术可以加快渲染项目上的工作进度。

Distributed Rendering（分布式渲染）选项面板如图 2.27 所示。

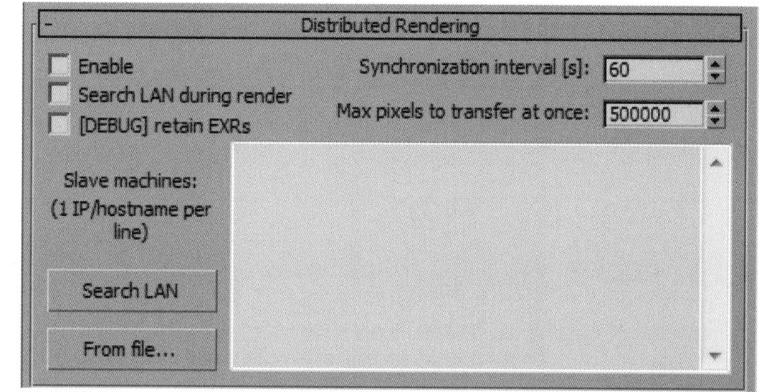

图 2.27 Distributed Rendering（分布式渲染）选项面板

- Enable（启用）：勾选后表示以启用“分布式渲染”，简单的说该选项为“分布式渲染”技术的开关。
- Synchronization interval[s]（同步间隔）：用于控制奴隶机发送到主机数据的时间，较低的参数值会增加图像的更新速度以及网络流量信息，如果参数过高则反之。
- Search LAN during Render（在局域网搜寻渲染机器）：该选项用于搜索局域网中，可以加入渲染序列的奴隶机。
- Max pixels to transfer at once（最大像素数据转移）：该选项用于控制最大像素传输的数据值，较低的参数值将会减少网络流量和内存，如果参数较高则反之。
- [DEBUG] retain EXRs（调试保留文件）：该选项用于储存奴隶机发送过来的 EXR 文件。
- Search LAN（局域网搜寻）：搜寻可用的网络以及列出所有可应用的奴隶机和相关情况。
- From file...（从文件）：以文本形式加载奴隶机的 IP 地址。

2.6.4 面板总结

System（系统）面板内的每个选项参数有着不同的含义，希望读者通过阅读学习可以完全掌握与了解，建议对 System（系统）当中的 Distributed Rendering（分布式渲染）要多加练习并熟练掌握，不仅可以对制图效率有所提高同时也是对资源的合理利用。

System（系统）面板如图 2.28 所示。

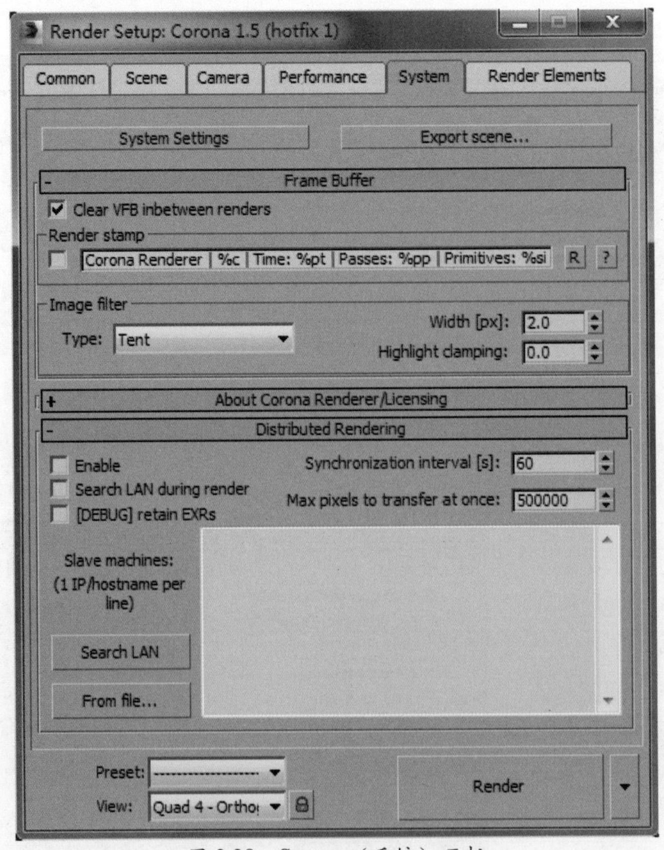

图 2.28　System（系统）面板

2.7　元素面板

可以使用“渲染元素”面板与 Corona 渲染器自带的独特图像元素配合，将渲染图像当中的图像元素提取出来，以便在后期的图像软件当中修改与编辑等。

初次使用“渲染元素”面板时，都会产生疑惑，如面板内的参数和控制选项在哪里设置与调节等等，其实“渲染元素”面板没有什么可调节的参数，直接在元素序列中加载想要提取的图像元素即可，如图 2.29 所示。

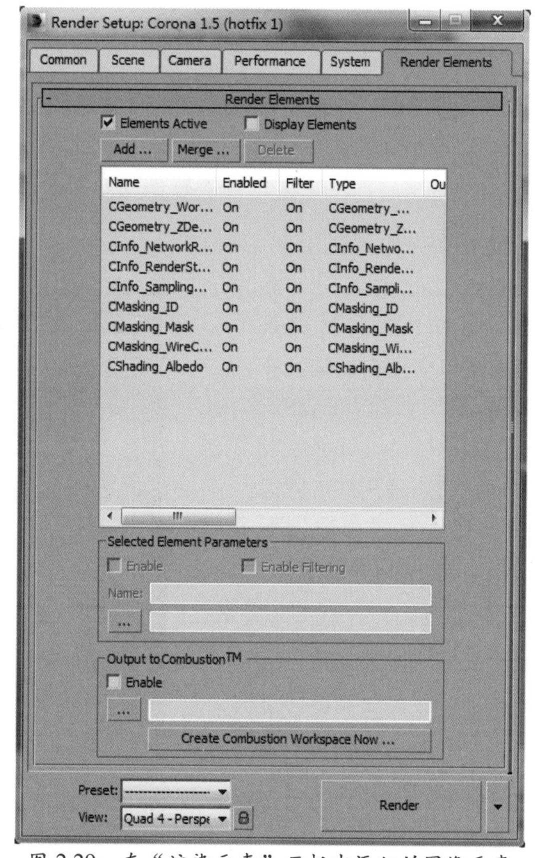

图 2.29　在“渲染元素”面板中添加的图像元素

2.7.1　渲染元素

- Elements Active（激活元素）：单击 Render（渲染）按钮后，可分别对元素序列中添加的图像元素进行渲染。
- Display Elements（显示元素）：启用此选项后，每个渲染元素会显示在各自的窗口中，禁用该选项后，元素将渲染到文件。
- Add...（添加）：通过该选项按钮，可以直接使用该按钮在元素序列中添加应用的图像元素，并且单击该按钮后，将会弹出图像元素对话框面板，如图 2.30 所示。

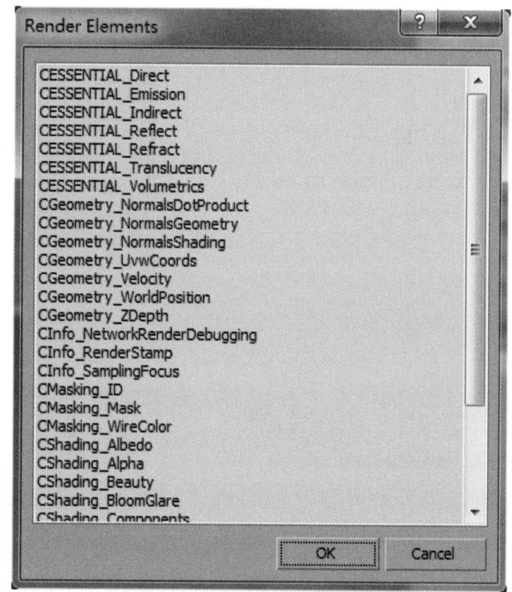

图 2.30　新建图像元素对话框

- Merge...（合并）：单击该选项按钮，可以合并来自其他 3DS MAX 场景中的图像元素，合并时将会显示一个对话框，可以从中选择要获取的元素场景文件。
- Delete（删除）：单击该选项按钮，可以从元素序列中删除选定的图像元素。

2.7.2 选择元素参数

- Enable（启用）：显示图像元素的设置选项。
- Enable Filtering（启用抗锯齿过滤）：该选项决定着是否启用图像元素的抗锯齿过滤，启用该选项后，抗锯齿过滤器将被应用到图像元素中，而禁用该选项后则反之。

2.7.3 输出到合成

Output to Combustion™（输出到 Combustion）：启用该选项，将会生成包含正在渲染元素的 Combustion 工作区（CWS）文件，可以在 Combustion 后期编辑软件当中使用该文件，因此该选项的主要用途是为输出元素文件提供 Combustion 使用。

2.7.4 面板总结

使用图像渲染元素最早应起源于影视行业，后来由于修改和调节图面效果非常简单便捷，因此被广泛地应用到表现行业当中，常用的元素选项有反射、折射、固有色、阴影、高光等，对于图像元素的使用根据工作以及个人需要选择即可，不要盲目跟从。

渲染元素面板如图 2.31 所示。

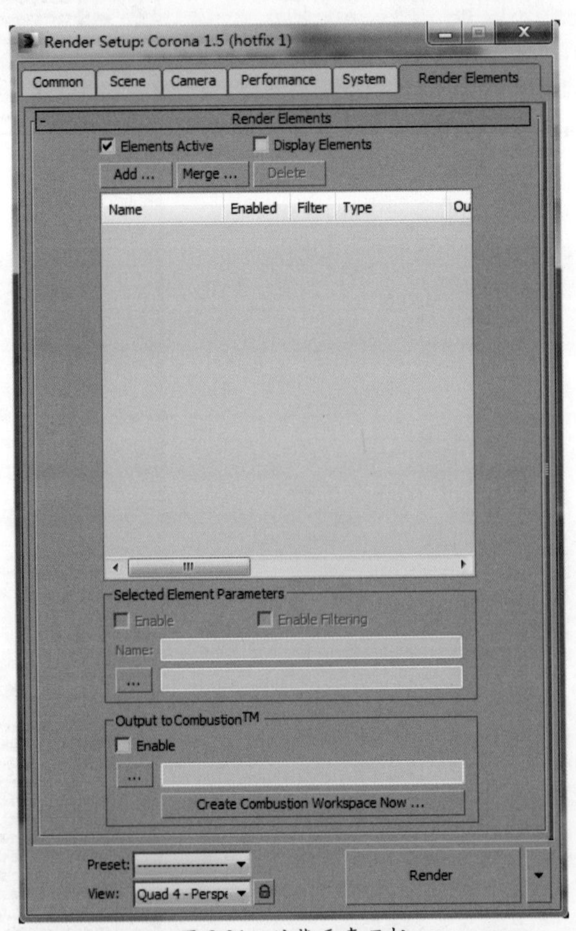

图 2.31 渲染元素面板

2.8 帧缓存

每一款渲染器都有自己独特的“帧缓存”窗口，用户可以根据此窗口对场景渲染内容进行观察，例如：材质、灯光、构图等等。除此之外，“帧缓存”窗口还可以对最终渲染完成的图像设置保存与调整命令等，如图 2.32 所示。

图 2.32 Corona 渲染器“帧缓存”窗口

2.8.1 基础功能

先来讲解一下“帧缓存”窗口中的基础功能选项都有哪些，并且使用后有怎样的效果，这都是本小节所要讲解与学习的内容。

先从左至右来看一下“帧缓存”窗口中的基础功能都有哪些命令选项，如图 2.33 所示。

图 2.33 “帧缓存”窗口中的基础功能项

- Save（保存）：可以将渲染完成的图像，保存到指定的位置路径或文件。
- Max（最大）：单击该命令选项后，Corona“帧缓存”将转为 3DS MAX 自带的帧缓存。
- Ctrl+C（复制到剪切板）：该选项为复制并且储存到电脑程序的剪切板中。
- Refresh（更新）：仅用以更新“帧缓存”中的图像。
- Erase（擦除）：“擦除”与删除相似，可以将“帧缓存”中的渲染图像清除。
- Tool（工具）：用以显示“帧缓存”右侧的“工具面板”。
- Region（区域）：该选项为 Corona 渲染器的“区域渲染”，允许用户在渲染图像中进行局部渲染以便观察。
- BEAUTY（实例）：通过下拉栏可以切换不同的渲染图像元素，以便于对图像元素的观察。
- Stop（停止）：应用该选项按钮，可以停止渲染图像的计算进程。
- Render（渲染）：单击该按钮，将进行场景图像的渲染计算。

2.8.2 图像调节项

在之前讲解过的 Corona“相机”面板中，不知道是否还记得调节图像的几个常用功能选项，用以处理最后的导出保存的图像效果。同样在 Corona 渲染器的“帧缓存”窗口中也有相同的图像调节项，只不过是位置上的组合排列发生了变化，如图 2.34 所示。

图像的调节选项主要集中在“帧缓存”窗口中的右侧部分，通过基础功能选项中的 Tools（工具）按钮，可以进行工具的显示与隐藏切换，除此之外，面板中的选项参数也可以保存为预设文件，以便更优更快地完成图像效果方面的处理，如图 2.35 所示。

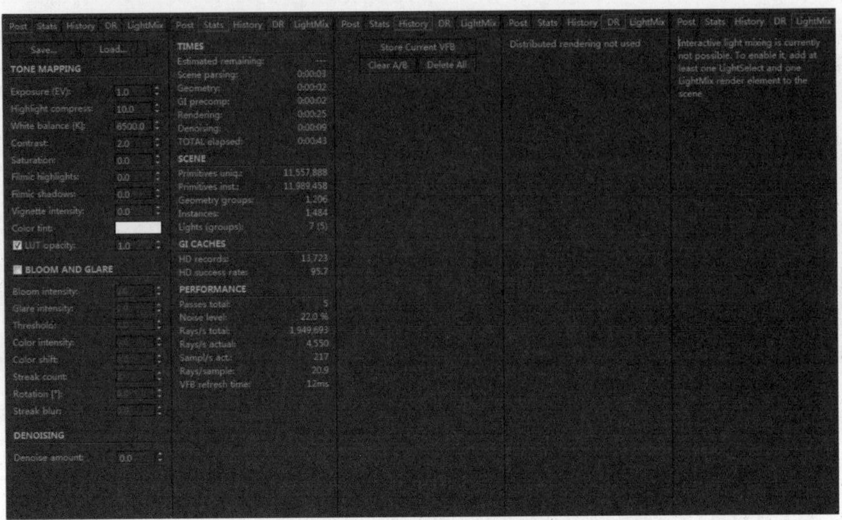

图 2.34　Corona“帧缓存”中的“工具面板”

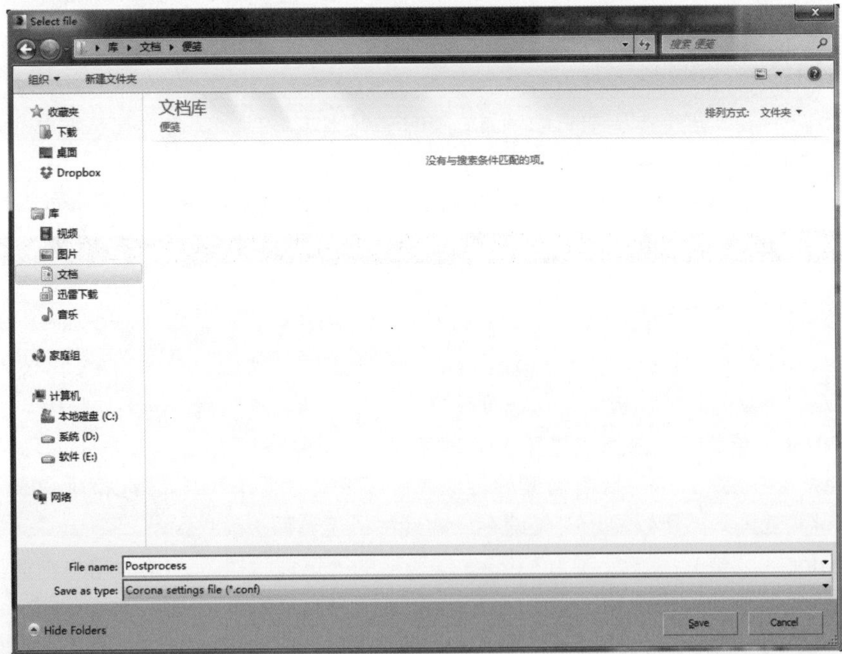

图 2.35　预设保存设置的相关对话框

2.9　本章小结

本章已将 Corona 渲染器的设置面板逐一进行了说明讲解，这其中包括相机、性能等主要面板，总之希望让广大的读者可以对 Corona 设置面板形成初步的了解和认识，达到了解重点设置选项、掌握参数合理设置范围以及对渲染器全面把控的目标方向。

第3章 Corona 材质

◆ **本章学习目标**

◎ 熟悉 Corona 材质名称
◎ 掌握 Corona 材质参数
◎ 学会举一反三的材质技法

本章主要是针对 Corona 渲染器中的各类材质进行讲解，希望可以通过本章的学习，对 Corona 的材质部分能够全面掌握与了解，以便可以很好地运用在实际工作当中，材质方面的学习不仅需要细心观察真实的物质，还要多一些生活方面的积累。

3.1 石板材质编辑器

推荐 Slate Material Editor（石板材质编辑器）与 Corona 渲染器配合使用，此类型的材质编辑器不同于精简材质编辑器，而是以选项节点和关联图形的方式显示材质结构。

Slate Material Editor（石板材质编辑器）如图 3.1 所示。

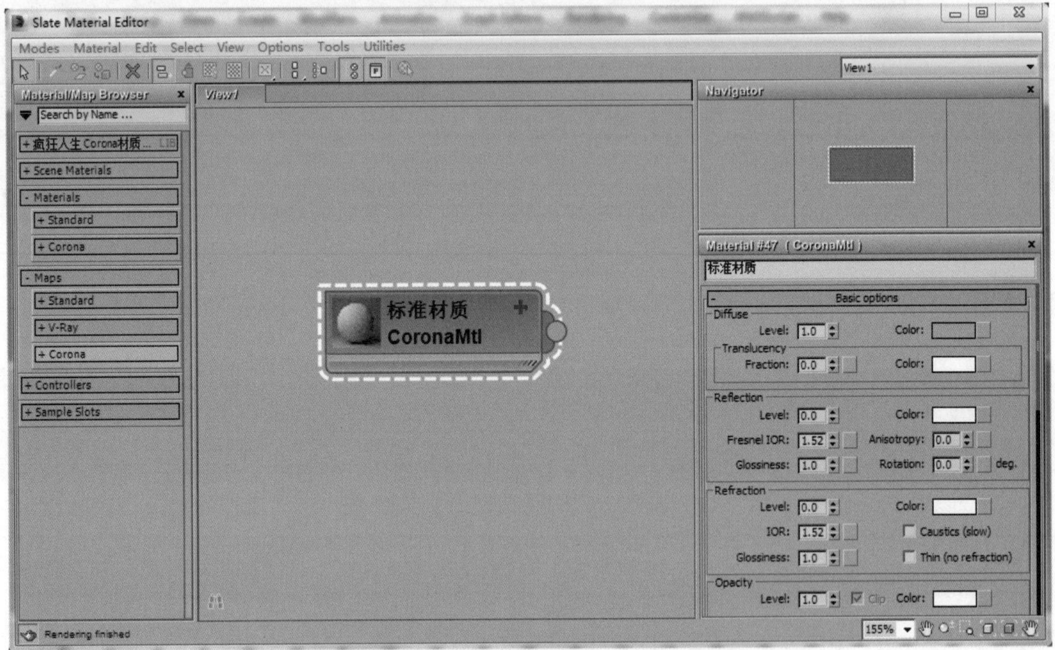

图 3.1 Slate Material Editor（*石板材质编辑器*）

很多读者刚开始使用 Slate Material Editor（石板材质编辑器）可能在前期不太适应，但如果一直坚持使用会有意想不到的收获。

Slate Material Editor（石板材质编辑器）的常用命令选项如下。

3.1.1 编辑器快捷键

- 复制：Shift + 鼠标左键为“复制”命令快捷键，可以用来完成材质与贴图的复制操作。
- 全选：Alt + A 为“全选”命令快捷键，允许快速选中所有在 Slate Material Editor（石板材质编辑器）中的材质与贴图。
- 赋予：A 为“赋予”命令快捷键，可以快速地将材质赋予给指定的场景模型。
- 删除：Delete 为“删除”命令快捷键，可以将材质编辑器当中的材质与贴图全部清除。
- 隐藏未使用节点：H 为“隐藏未使用节点”命令快捷键，使用该快捷键可以隐藏材质当中未使用的贴图节点，以便材质版式更加明确与清晰。如图 3.2 所示。
- 布局：L 为“布局”命令快捷键，用以重新整理 Slate Material Editor（石板材质编辑器）中的材质与贴图布局，使它们更加规整以便查找，编辑器内的“布局”有横向与竖向两种方式，如图 3.3 所示。

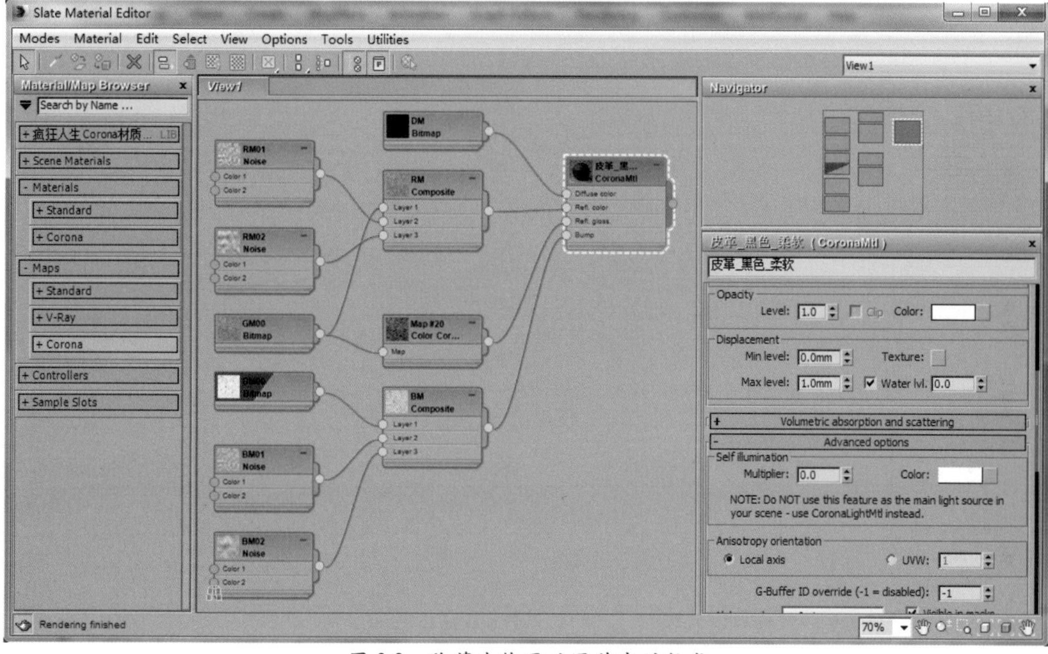

图 3.2　隐藏为使用贴图节点的版式

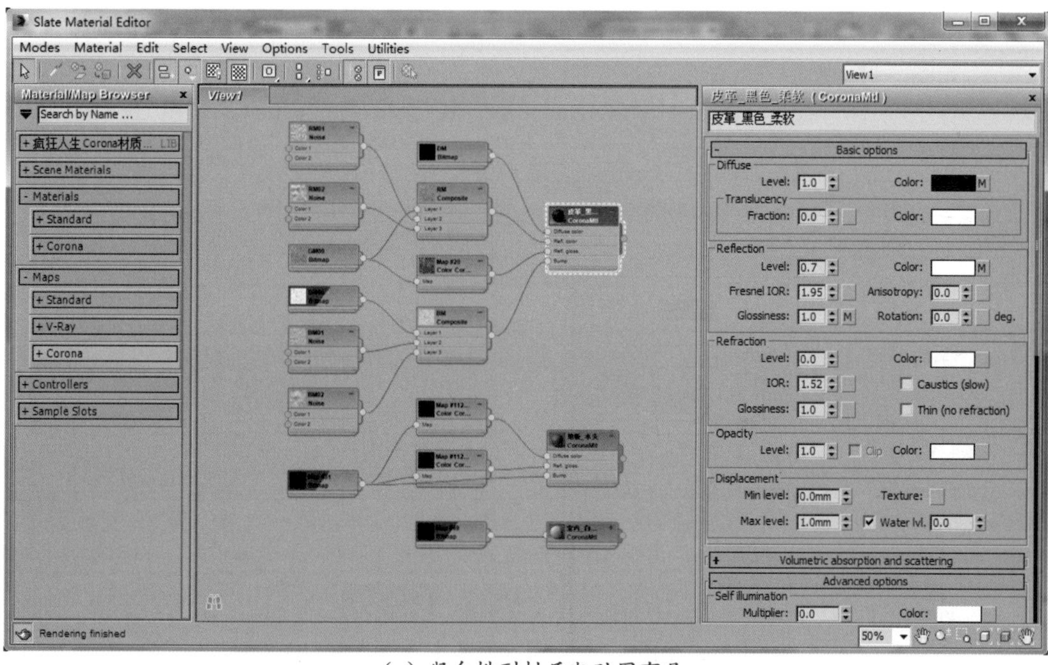

（a）竖向排列材质与贴图布局

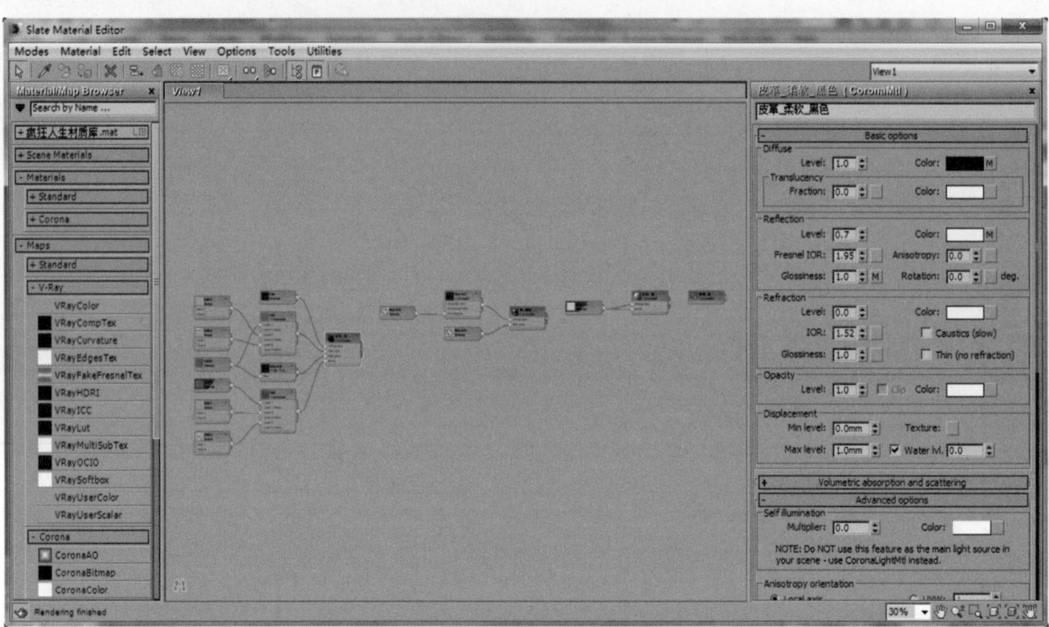

（b）横向排列材质与贴图布局

图 3.3　编辑器内的“布局”

- 参数编辑器：P 为隐藏与显示右侧的参数编辑器面板的快捷键，右侧参数编辑器面板如图 3.4 所示。
- 导航器：N 为隐藏与显示右侧 Navigator（导航器）面板，Navigator（导航器）面板如图 3.5 所示。

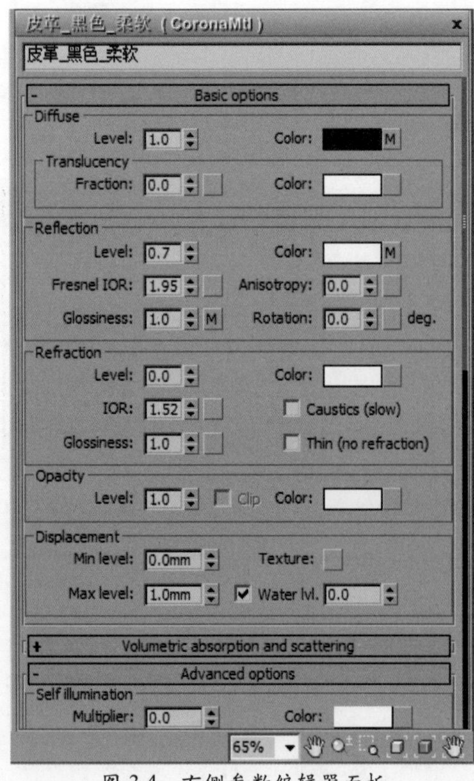

图 3.4　右侧参数编辑器面板

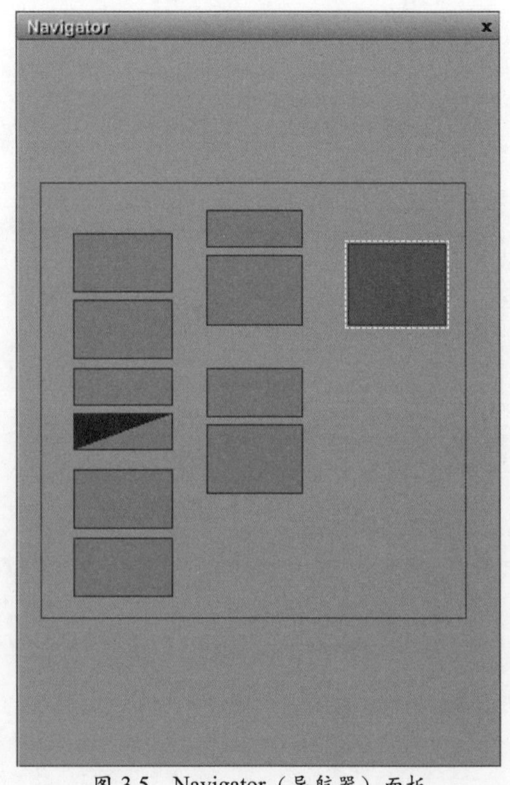

图 3.5　Navigator（导航器）面板

3.1.2 注意事项

上述已将 Slate Material Editor（石板材质编辑器）中的常用命令选项快捷键讲解清楚，那么读者可能会产生疑惑，为什么讲解都是快捷键而不是具体的命令选项。

之所以如此是因为不管什么类型的材质编辑器，都无须过于深入的研究，把更多的精力放在所承载的材质上面，很多人学着学着就非常容易偏离，因此千万不要犯下这样的错误，因为它会让你走很多的弯路，而且回过头来发现有很多是用不上的命令选项。

3.2 标准材质

CoronaMtl 中的 Mtl 全称为 Materials，同时它也是 Corona 渲染器的“标准材质”，使用 CoronaMtl（标准材质）几乎可以模拟现实世界当中任何物质材质，例如：金属、液体、布料、塑料等等，因此 CoronaMtl（标准材质）在 Corona 渲染器当中占有非常大的应用比重。

CoronaMtl（标准材质）界面如图 3.6 所示。

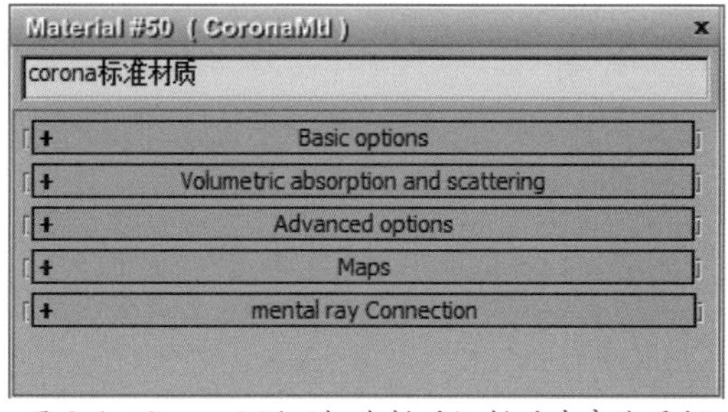

图 3.6 CoronaMtl（标准材质）材质内部卷展栏

3.2.1 基础选项

- Diffuse（漫反射）：可以为模型物体表面着色，通过内部的 Color（颜色）选项可以调节任意颜色，如图 3.7 所示。
- Translucency（半透明）：该命令选项主要控制材质是否产生半透明效果，调节 Fraction（分数）参数值用以控制半透明强度效果，最大参数值为 1.0，如图 3.8 所示。

图 3.7 Diffuse（漫反射）内部调节选项

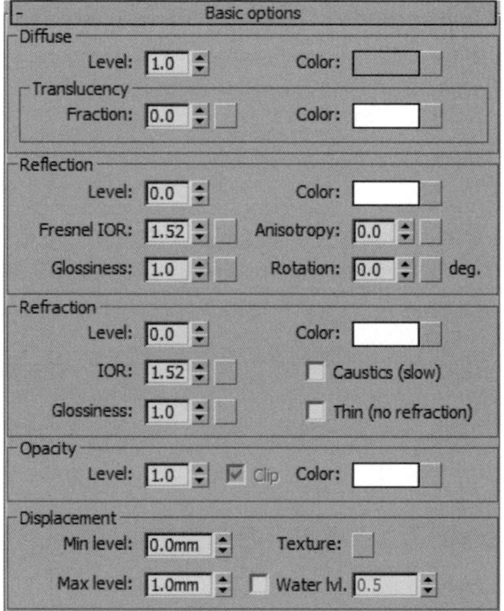

图 3.8 Translucency（半透明）内部功能选项

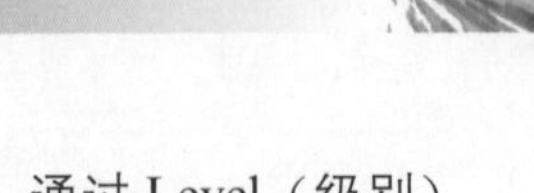

- Reflection（反射）：该命令选项决定材质表面是否产生反射效果，通过 Level（级别）可以决定反射强度，而 Fresnel IOR（菲尼尔反射率）决定着是否二次增强反射效果，Glossiness（光泽度）复选项控制反射模糊强度，具体相关参数如图 3.9 所示。
- Refraction（折射）：可以用来制作透明属性材质，例如：玻璃、塑料等，它与“反射”命令选项有些类似，相信读者朋友很容易理解。
- Opacity（透明）：“透明”与“半透明”让很多读者朋友混淆，这里指的“透明”是可以用于制作镂空效果的命令选项，例如：树叶、遮罩等等。
- Displacement（置换）：允许不为模型增加任何线段就可以达到非常好的立体效果，并且使用方法也非常简单，仅在对应的 Texture（纹理）复选项中添加一张黑白贴图即可，通过 Max level（最大级别）复选项控制强度效果，但注意一定要使用黑白贴图，不然置换不会产生效果，具体相关参数选项如图 3.10 所示。

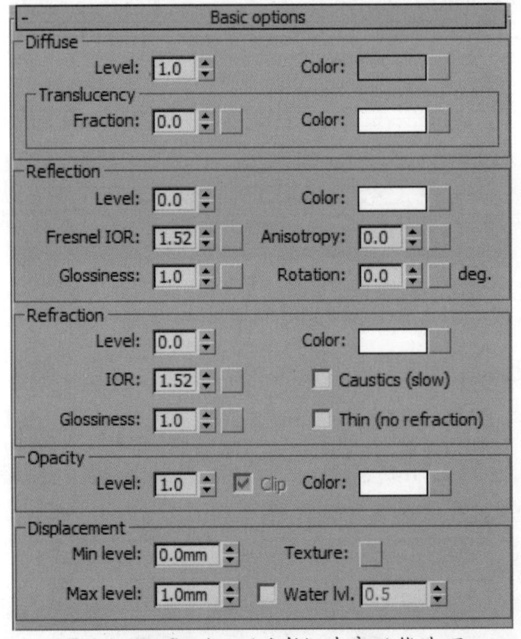

图 3.9　Reflection（反射）内部功能选项

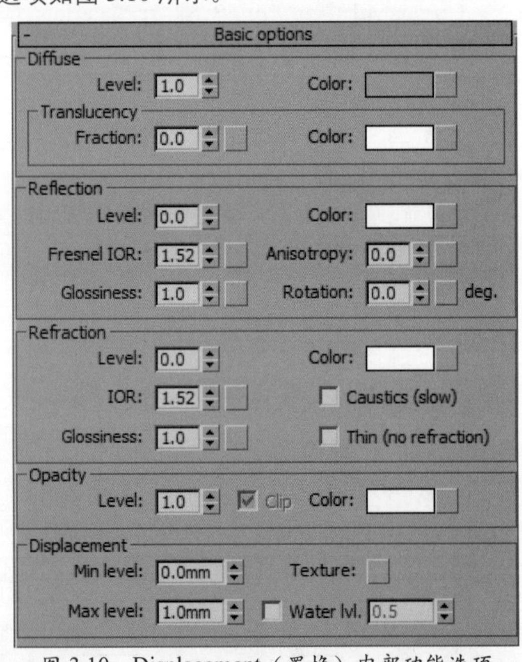

图 3.10　Displacement（置换）内部功能选项

3.2.2　吸收和散射

吸收和散射面板如图 3.11 所示。

- Absorption（吸收项）：该选项在实际工作中主要是为具有“折射”与“透明”属性的材质物体进行着色效果的设置，简单地说让透明的物体有颜色，通过 Distance（距离）复选项来控制颜色浓度。
- Scattering（散射）：可以用来制作“次表面散射”效果，例如：皮肤、玉石、牛奶等，该选项与 Absorption（吸收项）两者之间也有着相互影响，因此在设置 Scattering（散射）的同时也要考虑到 Absorption（吸收项）。

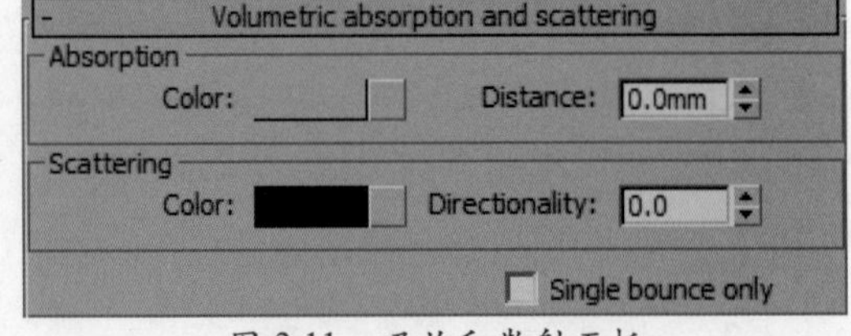

图 3.11　吸收和散射面板

3.2.3　高级选项

Advanced options（高级选项）卷展栏中的命令选项为 CoronaMtl（标准材质）的拓展栏，里面包含了一些基础功能以及特殊功能的命令选项，例如：“自发光”“各向异性方向”等具体相关选项如图 3.12 所示。

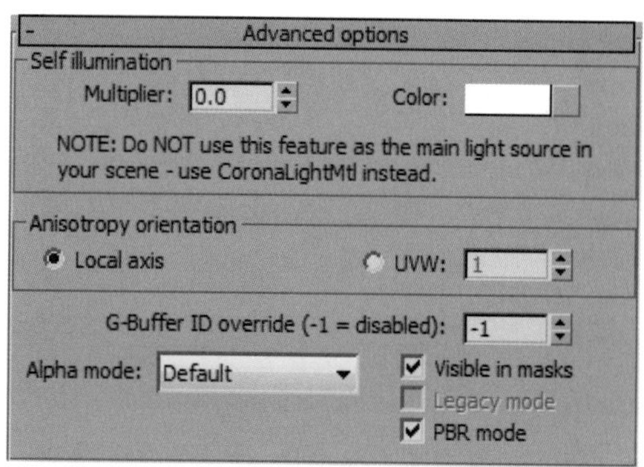

图 3.12　Advanced options（高级选项）面板

- Self illumination（自发光）：“自发光”可以让 CoronaMtl（标准材质）产生发光效果，因此可以使用此选项来制作筒灯当中的灯泡。
- Anisotropy orientation（各向异性方向）：在基础功能选项上的延伸，可以使用不同的参数值来控制“各向异性方向”，默认为 Local axis（局部坐标轴）方式。

3.2.4　贴图

Maps（贴图）卷展栏中的各选项与之前所讲解的材质命令选项都是相对应的，只不过是在 Maps（贴图）卷展栏将它们集合在了一起，这样更容易操作和使用，同时也让贴图导入、导出变得更加直观更方便，如图 3.13 所示。

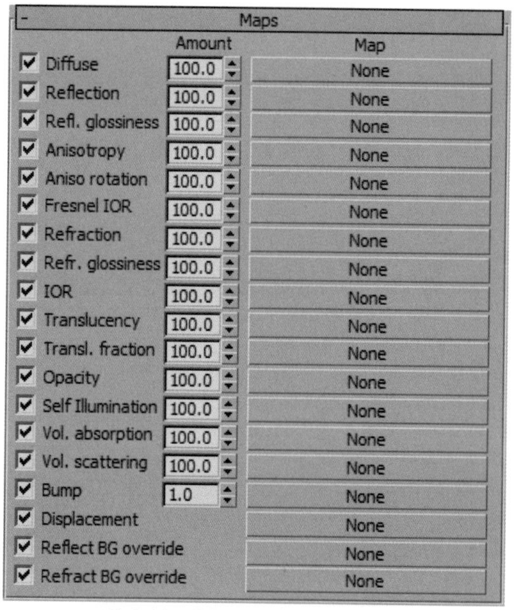

图 3.13　Maps（贴图）卷展栏

3.2.5　连接 mental ray

mental ray connection（连接 mental ray）卷展栏内的参数选项都需要在 mental ray 渲染器当中才可以使用，此卷展栏内包含着明暗、焦散、轮廓、体积光等效果的设置选项，而且这些设置选项在 Corona 渲染器当中是不能使用的，因此这部分仅是为读者朋友简单讲述，卷展栏内部设置选项如图 3.14 所示。

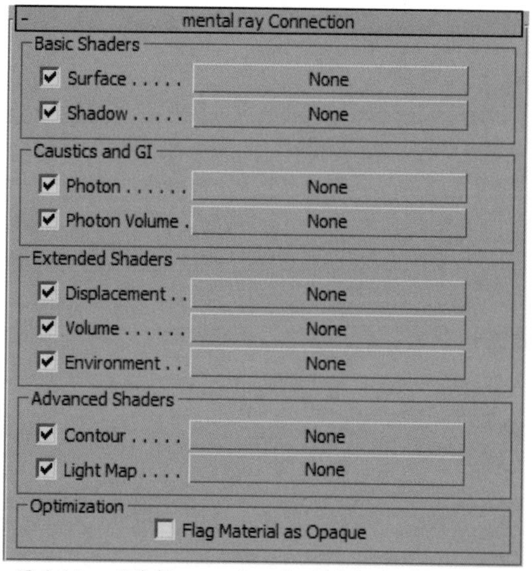

图 3.14　“连接 mental ray”卷展栏内的设置选项

3.2.6 材质小结

对于 CoronaMtl（标准材质）的学习笔者建议读者，主要都集中在反射部分，因为不知道读者是否发现材质中的反射与高光两者是互相绑定的，这就意味着有反射才会有高光，因此如果想要把 CoronaMtl（标准材质）掌握好，反射这个部分必须要熟练掌握。

3.3 灯光材质

LightMtl（灯光材质）不仅可以让物体产生自发光效果也可以通过该材质让物体变为光源并照亮场景空间，不仅如此 LightMtl（灯光材质）在 Corona 渲染器合成方面也有非常强大的表现，例如制作场景环境以及火焰效果等等，具体相关设置面板如图 3.15 所示。

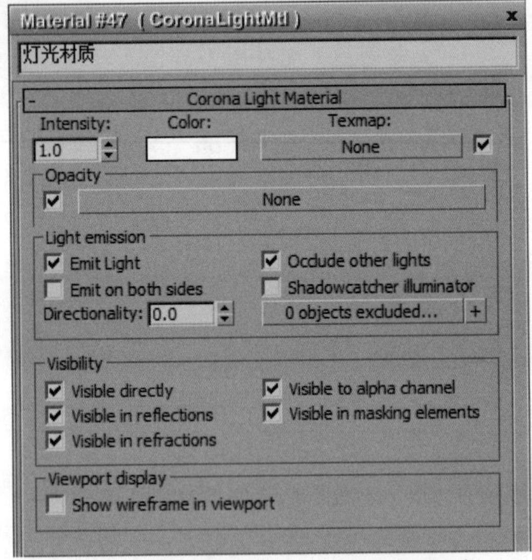

图 3.15　LightMtl（灯光材质）设置面板

3.3.1 基础选项

- Intensity（强度）：该选项为 LightMtl（灯光材质）亮度的控制选项，除此之外，其中也包括 Color 和 Texmap 选项，如图 3.16 所示。
- Opacity（透明）：该选项允许制作镂空材质效果，具体相关参数设置项如图 3.16 所示。

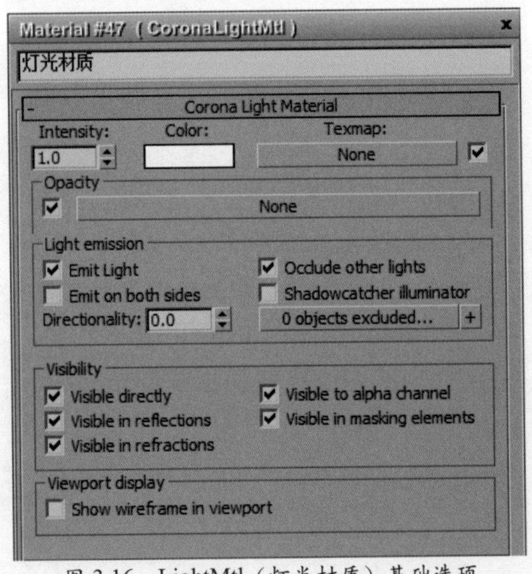

图 3.16　LightMtl（灯光材质）基础选项

3.3.2 发光选项

Light emission（发光选项）可以让LihgtMtl（灯光材质）产生类似灯光照明效果的设置选项，而且内部也有非常精确的复选项设置。具体相关设置选项如图3.17所示。

- Emit Light（发光项）：该选项类似灯光开光。
- Occlude other lights（阻挡其他灯光）：默认为勾选项，它决定着灯光是否产生投影以及阻挡其他灯光产生照明。
- Emit on both sides（两侧反光）：勾选该选项后，LightMtl（灯光材质）将会双面发光。
- Shadowcatcher illuminator（捕捉投影照明）：勾选该命令选项后，LightMtl（灯光材质）会在Shadowcatcher（捕捉投影材质）中产生照明效果。
- Directionality（方向性）：该命令选项的调节会直接影响，LightMtl（灯光材质）的照射方向。

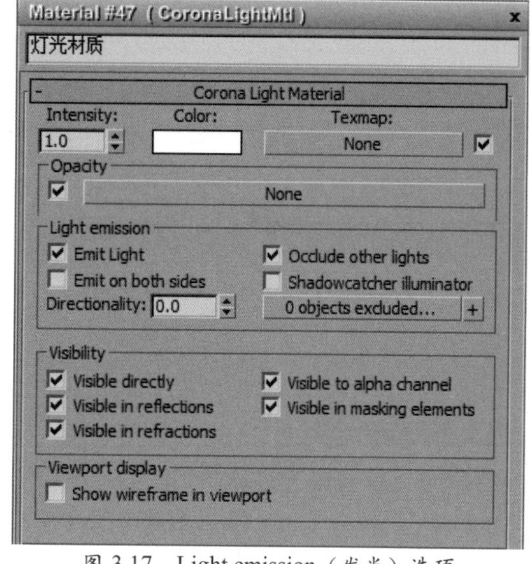

图 3.17　Light emission（发光）选项

3.3.3 可见性

Visible（可见性）选项如图3.18所示。

- Visible directly（直接可见性）：该选项决定LightMtl（光材质）是否可见。
- Visible to alpha channel（可见在阿尔法通道中）：在阿尔法通道中显示LightMtl（灯光材质）。
- Visible in reflections（反射中可见）：在反射中可见LightMtl（灯光材质）。
- Visible in masking elements（遮罩中可见）：在遮罩元素中可见LightMtl（灯光材质）。
- Visible in refractions（折射中可见）：在折射中可见LightMtl（灯光材质）。

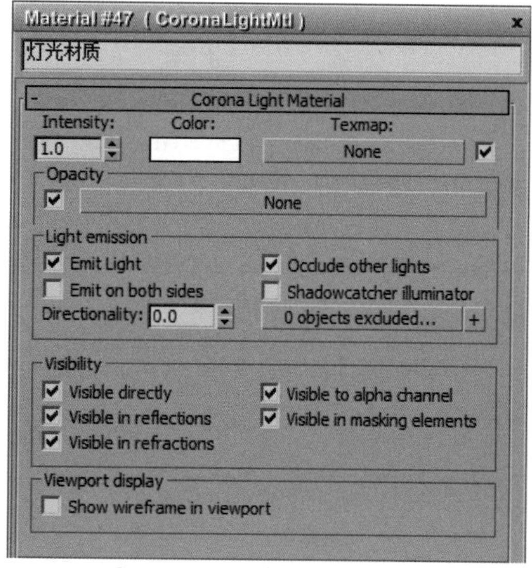

图 3.18　Visible（可见性）选项

3.3.4 视口显示

Show wireframe in viewport：勾选该选项后，LightMtl（灯光材质）将以模型线框的形态显示如图 3.19 所示。

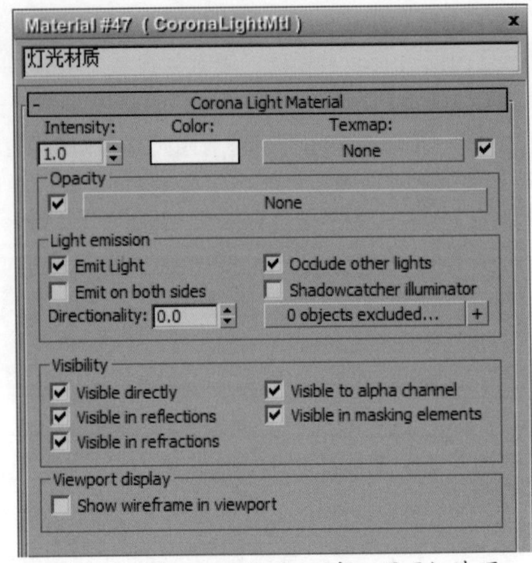

图 3.19 Viewport display（视口显示）选项

3.3.5 材质小结

Corona 渲染器中的 LightMtl（灯光材质）非常强大，可以让选定的模型物体发光，因此 LightMtl（灯光材质）的应用就变得非常灵活，不仅可以充当一些微弱的补光，而且 LightMtl（灯光材质）也可以当作主光，在实际工作中常用 LightMtl（灯光材质）与纹理贴图配合来制作窗外景。

3.4 层材质

Corona 渲染器中的 Layered（层材质）类似 Vray 渲染器的 BlendMtl（混合材质），可以将多个 CoronaMtl（标准材质）混合，该材质的使用率较高，用于制作一些复杂的复合金属以及破旧的木材等等。

Layered（层材质）面板如图 3.20 所示。

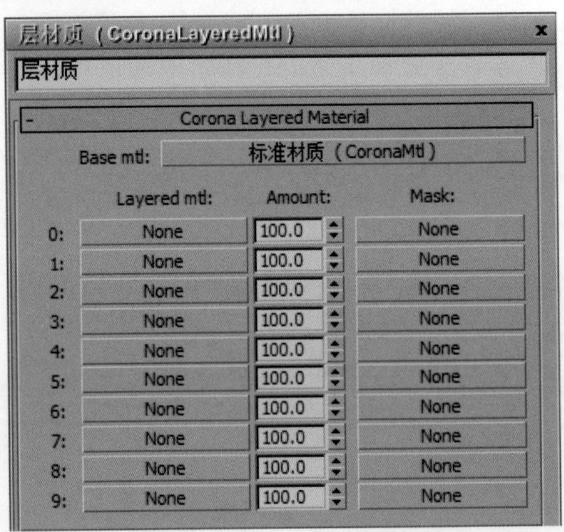

图 3.20 Layered（层材质）面板

3.4.1　基础选项

- Base mtl（基础材质）：Layered（层材质）的基础材质选项。
- Layered mtl（层材质）：该选项为“层材质”，用于混合 Base mtl（基础材质）而用。
- Amount（数量）：控制 Base mtl（基础材质）与 Layered mtl（分层材质）两者混合数量。
- Mask（遮罩）：允许 Layered（层材质）可以使用纹理贴图来控制材质的分布位置。

3.4.2　材质小结

Corona 渲染器中的 Layered（层材质）在制作室内陈设单品时使用较多，尤其是带有划痕或破旧类的陈设品，如图 3.21 所示。

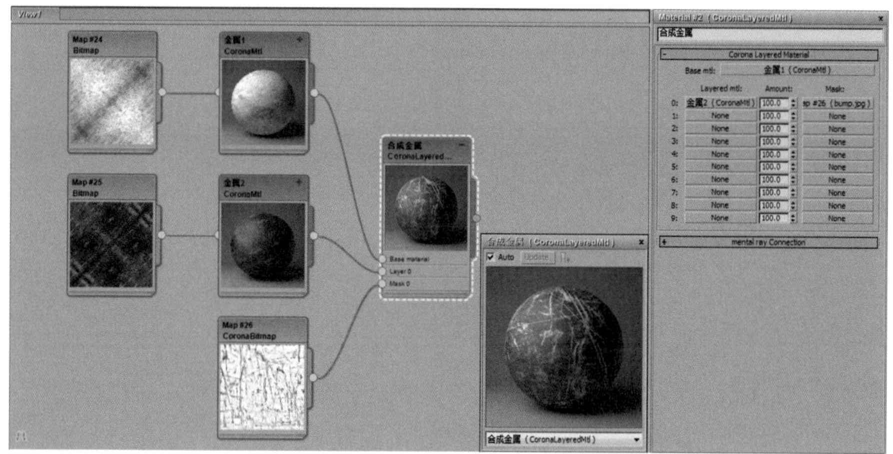

图 3.21　Layered（层材质）制作的合成金属

3.5　光线转换材质

Ray Switcher Mtl（光线转换材质）允许通过内部的命令选项来控制场景物体在渲染中的属性特性，例如：“全局光照明”“反射”“折射”“直接可见”等等。

Ray Switcher Mtl（光线转换材质）材质的应用较为灵活，并且材质与 Vray 渲染器当中的 Override Mtl（替代材质）类似，因此对于材质的学习要多理解，以便更好地应用在实际工作中，如图 3.22 所示。

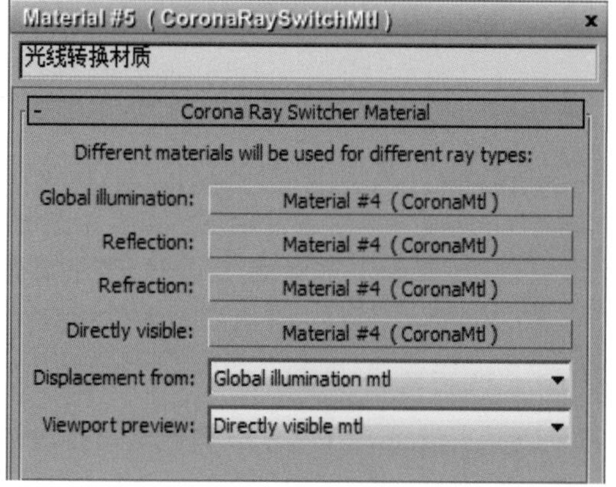

图 3.22　Ray Switcher Mtl（光线转换材质）面板

3.5.1　基础选项

- Global illumination（全局光照明）：可以在该选项按钮中添加或删除材质，用以控制“全局光照明”渲染效果。

- Reflection（反射）：在该选项按钮中添加材质将会影响材质本身的反射效果。
- Refraction（折射）：“折射”与“反射”相同，因此不作讲解复述。
- Directly visible（直接可见）：在使用 Ray Switcher Mtl（光线转换材质）时必须要在选项按钮中添加基础材质，以便 Ray Switcher Mtl（光线转换材质）可以正常使用。
- Displacement from（置换来源）：该选项可以设置不同的 Displacement（置换）效果来源。
- Viewport preview（窗口预览）：窗口预览选项用来设置不同材质的显示样式。

3.5.2 材质小结

在实际工作中，如果读者朋友遇到场景中产生较强的“溢色”效果，可以使用 Ray Switcher Mtl（光线转换材质）进行处理，只要将 Global illumination（全局光照明）选项中的材质替换即可，同时该材质的其他选项不要随意修改，一般保持默认即可。

3.6 捕捉投影材质

Shadowcatcher（捕捉投影）材质在图像合成方面为常用的功能材质，Shadowcatcher（捕捉投影）材质可以让物体的阴影投射到合成背景照片上，合成后的最终效果足够以假乱真。

但在室内表现方面 Shadowcatcher（捕捉投影）材质的应用较少，因此仅作为了解即可。

3.6.1 无光 / 背景

- Enviro/Backplate（环境 / 背景）：该选项用于控制合成背景的颜色同时也可以使用纹理贴图来充当合成背景。
- Projection mode（投影模式）：该选项允许设置不同的合成投影模式。
- Alpha mode（阿尔法模式）：用于控制 Shadowcatcher（捕捉投影）材质物体在阿尔法通道中的模式。
- Shadow amount（阴影数量）：该选项用于控制阴影产生的数量，默认参数值为 1.0。

3.6.2 反射特性

- Level（级别）：该选项决定着 Shadowcatcher（捕捉投影）材质是否产生反射效果以及控制着反射效果的强弱。
- Color（颜色）：该选项运行在反射效果中增加纹理与控制反射颜色。
- Fresnel IOR（菲尼尔反射率）：该选项决定着菲尼尔反射率强度。
- Glossiness（光泽度）：该选项决定着是否产生反射模糊效果。
- Bump（凹凸）：该选项允许在 shadowcatcher（捕捉投影）材质是否产生表面凹凸效果。

3.6.3 材质背景设置

Use enviro for off-screen（开启环境对屏幕）：该选项允许使用的环境背景并产生发光效果，默认为启用。

3.6.4 材质小结

使用 Shadowcatcher（捕捉投影）材质可以迅速完成一张写实图像合成，但使用 Shadowcatcher（捕捉投影）材质时需要注意，不要过多的设置内部选项以便后期修改方便，具体相关参数面板如图 3.23 所示。

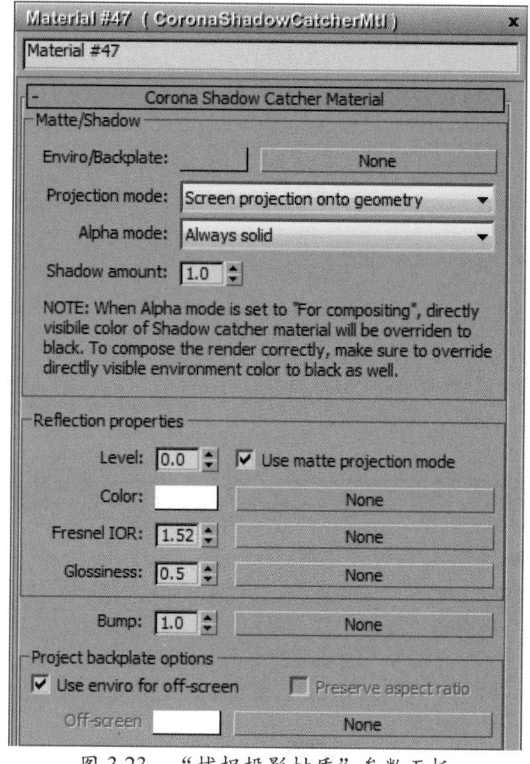

图 3.23　“捕捉投影材质”参数面板

3.7　体积材质

VolumeMtl（体积材质）就如它的名字一样非常容易理解，用于制作气体类型的物质，例如：云朵、烟雾、体积光等，同时该材质中的参数选项类似 CoronaMtl（标准材质）中的“吸收与散射”选项，具体材质面板如图 3.24 所示。

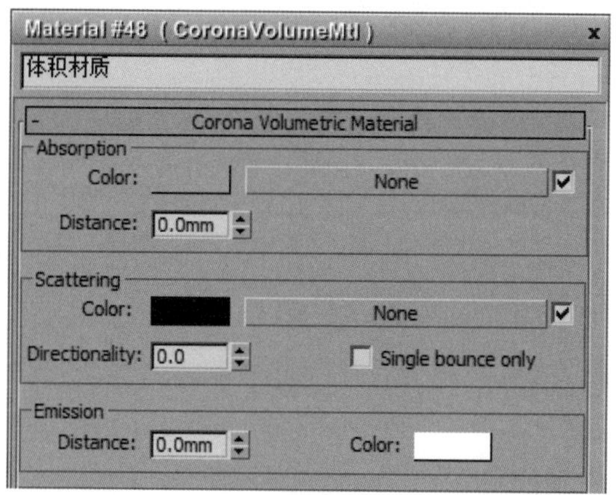

图 3.24　VolumeMtl（体积材质）面板

3.7.1　吸收

- Color（颜色）：该选项的功能与 CoronaMtl（标准材质）中的“吸收”选项相同，用来设定 Absorption（吸收）选项的初始颜色。

- Distance（距离）：该选项用于控制 Absorption（吸收）的距离范围。

3.7.2 散射

- Color（颜色）：该项为“散射”，通过颜色来控制它的开启与关闭。
- Directionality（方向性）：用于控制 Scattering（散射）的方向性。
- Single bounce only（仅反弹一次）：该选项将会设置 Scattering（散射）光线仅反弹一次。

3.7.3 散发

- Distance（距离）：该选项用于控制反射光线的距离。
- Color（颜色）：用于控制光线的色彩。

3.7.4 材质小结

对于 VolumeMtl（体积材质）完全可以认为是在 Corona 渲染器当中的特效材质，而且使用方法也非常的简单，将该材质添加到 Scene Environment（场景环境）中的 Global volume material（全局体积材质）选项内即可，如图 3.25 所示。

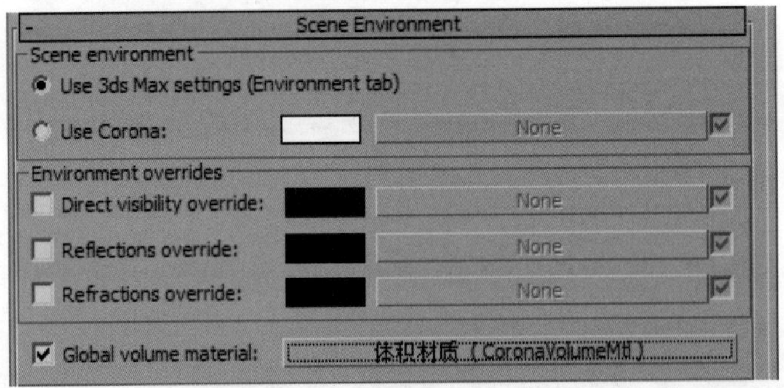

图 3.25　Global volume material（全局体积材质）选项

3.8　本章小结

本章将 Corona 渲染器当中的 7 种类型材质都讲解了，笔者建议材质部分的学习要做好分类，做好材质的主次关系以及材质的难易分类，例如：CoronaMtl（标准材质），不夸张地说 Corona 渲染器的学习重点仅是材质部分，读者如将材质可以熟练运用并举一反三，这意味着已对于材质部分完全掌握，希望读者以此为学习方向与目标。

第 4 章 Corona 灯光

◆ **本章学习目标**

◎ 熟悉渲染器灯光样式
◎ 掌握灯光常用选项
◎ 明确灯光的不同应用

通过本章的学习，可以了解到 Corona 渲染器灯光的样式以及具体相关参数选项，Corona 灯光的学习较为简单，这主要是因为 Corona 灯光的类型较少并且参数选项统一，而且也非常容易理解。

4.1 太阳光

CoronaSun（太阳光）在 Corona 渲染器当中属于使用率较高的灯光选项，灯光的创建非常简单，在 P 视图当中直接拖曳创建即可，并且也可以调节灯光的高度，简单说就是两个步骤可用一个操作完成，如图 4.1 所示。

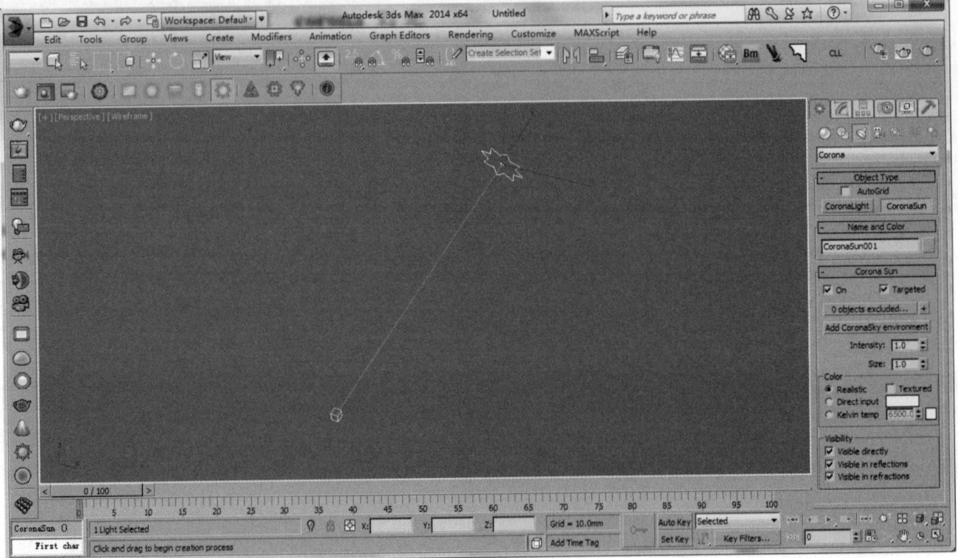

图 4.1 CoronaSun（太阳光）创建以及灯光样式

基础设置

具体相关设置面板如图 4.2 所示。

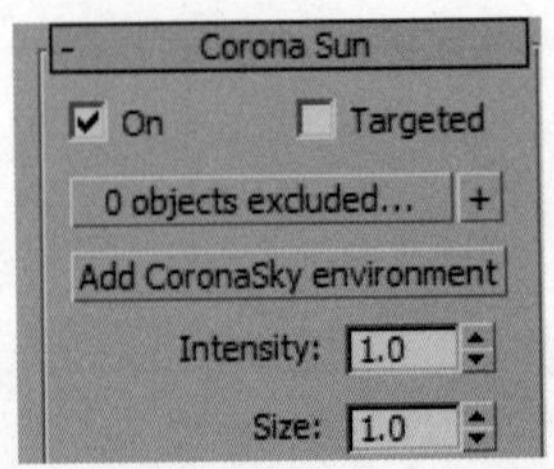

图 4.2 CoronaSun（太阳光）基础设置

- On（开关）：该选项为 CoronaSun（太阳光）的开关，关闭后灯光将不会产生照明效果。
- Targeted（目标点）：该选项为灯光的目标点，以便快速确定灯光的照射方向。
- 0 Objects excluded（排除）：可以让当前的灯光对排除的物体表面不产生任何照明效果。
- Add CoronaSky environment（添加天空到环境当中）：该选项按钮允许快速在 3DS MAX 的 Environment and effect（环境与特效）面板当中添加 CoronaSky（天空）贴图，用以模拟天空环境。
- Intensity（强度）：该选项用于控制灯光照明的强度。
- Size（大小）：该选项用于控制灯光投射阴影的模糊度，参数值越大模糊效果越强，参数值越小则反之。

颜色

具体相关参数面板如图 4.3 所示。

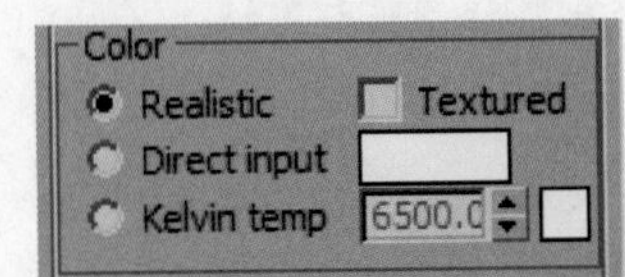

图 4.3 CoronaSun（太阳光）颜色选项

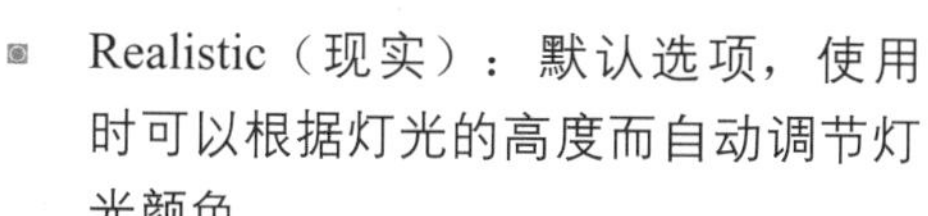

- Realistic（现实）：默认选项，使用时可以根据灯光的高度而自动调节灯光颜色。
- Textured（纹理）：该选项虽然为纹理选项，却没有任何可添加外部贴图的按钮，应用此项时，CoronaSun（太阳光）会在照明的物体表面上产生微妙的颜色变化。
- Direct input（直接输出）：通过自带的拾色器来定义灯光颜色。
- Kelvin temp（色温）：该选项可以让灯光按照真实的色彩温度来设定颜色。

可见性

具体相关参数面板如图 4.4 所示。

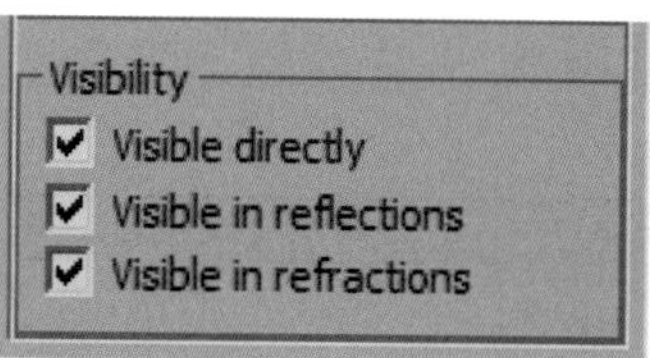

图 4.4　CoronaSun（太阳光）可见性选项

- Visible directly（直接可见）：默认为勾选项，可以让“太阳灯光”在渲染图像当中可见。
- Visible in reflections（反射可见）：该选项决定着是否在物体表面的反射效果中可见。
- Visible in refractions（折射可见）：该选项决定着是否在物体表面的折射效果中可见。

4.2　标准灯光

CoronaLihgt（标准灯光）与 CoronaSun（太阳光）相同，都是使用率非常高的灯光选项，对比 CoronaSun（太阳光）来说，CoronaLihgt（标准灯光）功能要强大许多，可以通过内部选项来变换不同的灯光类型，以用满足不同场景的应用与需求，如图 4.5 所示。

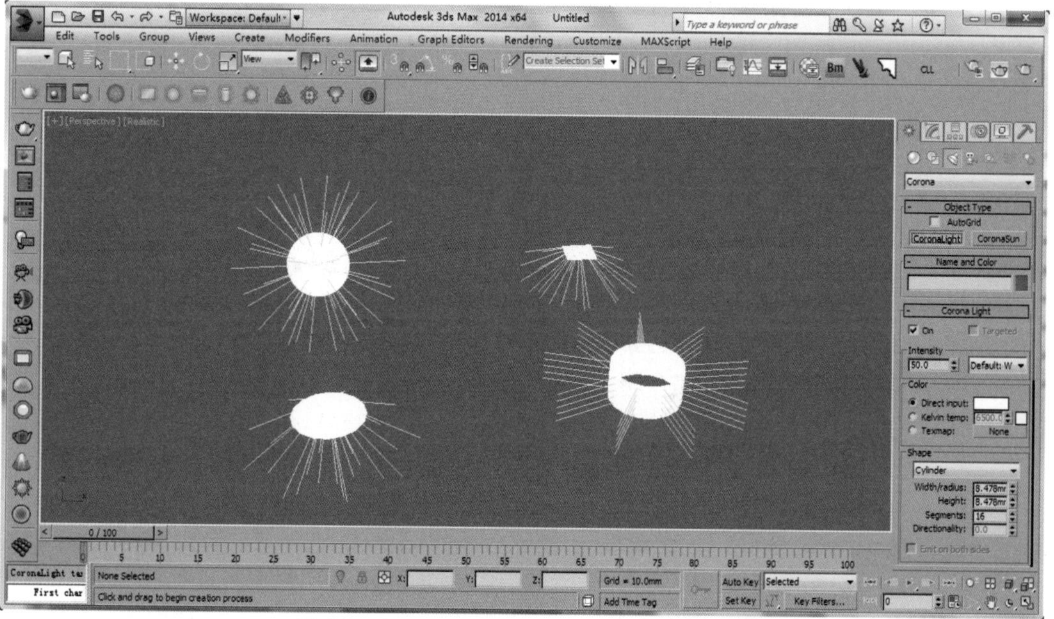

图 4.5　CoronaLight（标准灯光）的不同类型

基础设置

具体相关参数面板如图 4.6 所示。

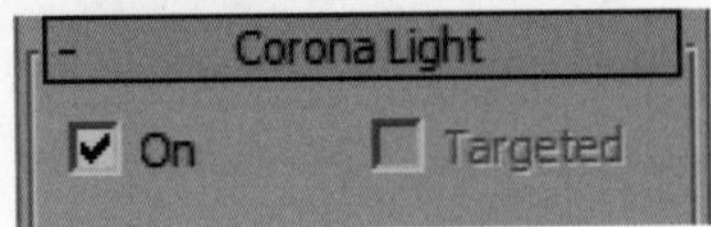

图 4.6　基础功能项

- On（开关）：该选项为 CoronaLight（标准灯光）开关，关闭后灯光将不会产生任何照明效果。
- Targeted（目标点）：该选项为灯光的目标点，以便快速确定灯光的照射方向。

颜色

具体相关参数面板如图 4.7 所示。

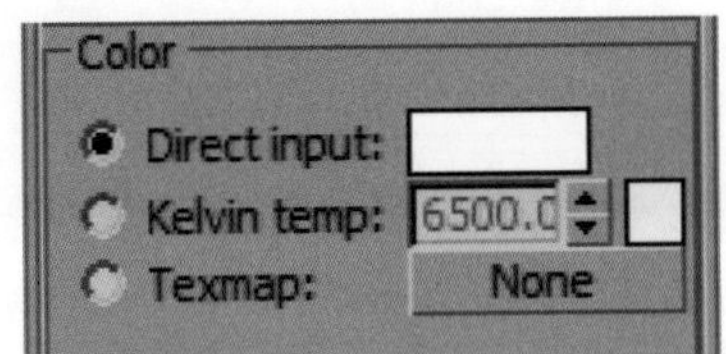

图 4.7　Color（颜色）选项

- Direct input（直接输出）：通过自带的拾色器来定义灯光颜色。
- Kelvin temp（色温）：该选项可以让灯光按照真实的色彩温度来设定颜色。
- Texmap（纹理）：该选项虽然为纹理选项，却没有任何可添加外部贴图的按钮，应用此项时，CoronaSun（太阳光）会在照明的物体表面上产生微妙的颜色变化。

形状

具体相关参数面板如图 4.8 所示。

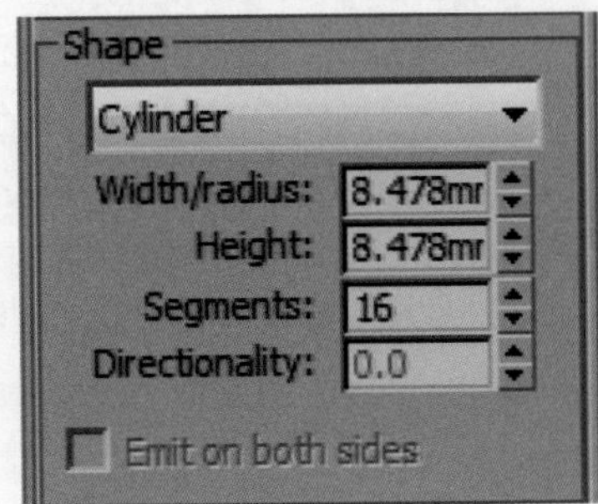

图 4.8　Shape（形状）选项

- Shape（形状）：该项用于切换变换为不同的灯光类型，默认为 Sphere“球形”。
- Width/radius（宽度 / 半径）：该选项用于控制灯光的宽度以及半径尺寸大小。
- Segments（边线）：该选项用于控制灯光的边线段数。
- Directionality（方向性）：用于控制灯光光线的照射角度方向。

视口

具体相关参数面板如图 4.9 所示。

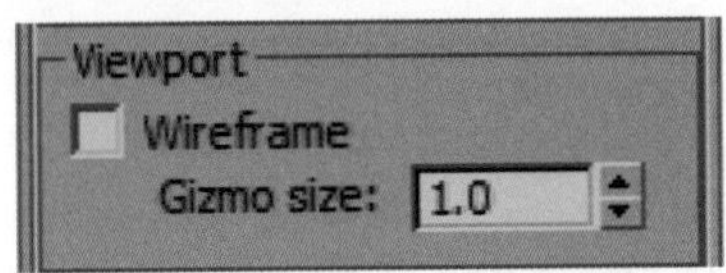

图 4.9　“视口”参数面板

- Wireframe（线框）：该选项用于决定灯光发射器在操作视图当中的样式，如果勾选该项，灯光则以相框的样式，显示在操作视图当中。
- Gizmo size（坐标大小）：该项用于控制灯光光线发射器形状的大小。

非物质属性

具体相关参数面板如图 4.10 所示。

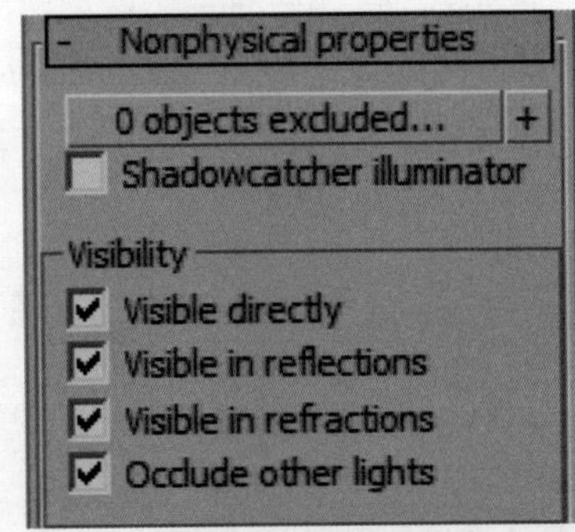

图 4.10　“非物质属性”参数面板

- 0 objects excluded：该项允许“标准灯光”排除不需要产生照明的模型物体。
- Shadowcatcher illuminator：此项允许“标准灯光”对合成中的物体产生照明效果。

可见性

具体相关参数面板如图 4.11 所示。

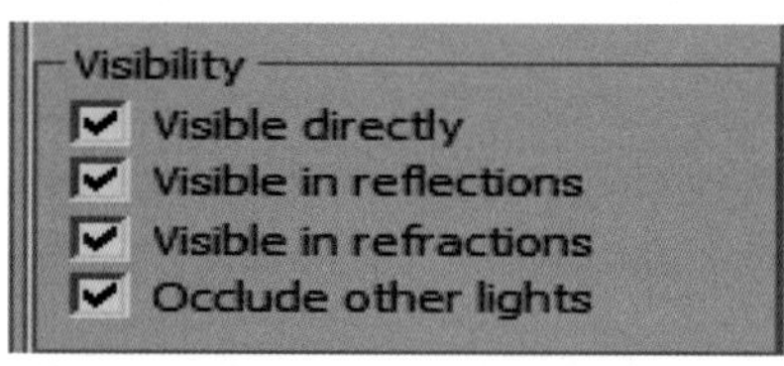

图 4.11 Visibility（可见性）选项面板

- Visible directly（直接可见）：默认为勾选项，可以让“标准灯光”在渲染图像当中可见。如果勾掉该项，在渲染的图像当中不可见。
- Visible in reflections（反射可见）：该选项决定着是否在物体表面的反射效果中可见。
- Visible in refractions（折射可见）：该选项决定是否在物体表面的折射效果中可见。
- Occlude other lights（阻挡其他灯光）：用于控制阻挡其他灯光的遮光效果。

光域网

具体相关参数面板如图 4.12 所示。

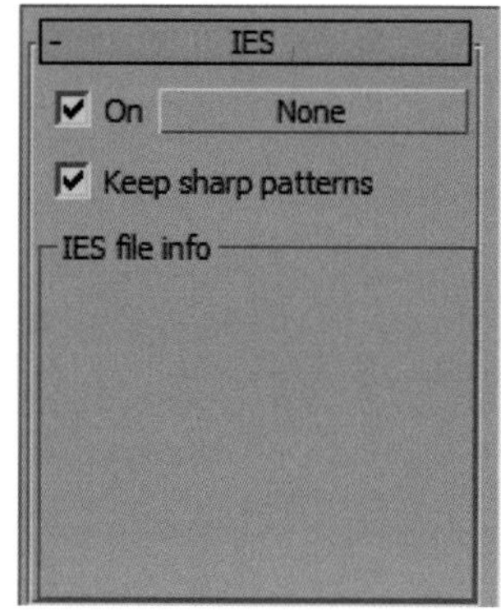

图 4.12 IES(光域网)具体相关面板

- On（开关）：该选项按钮用于加载所要应用的 IES（光域网）文件。
- Keep sharp patterns（保存尖锐的模式）：该选项用于保持清晰光影效果，默认勾选。
- IES file info（IES 文件信息）：用于查看 IES（光域网）文件的相关信息。

4.3 本章小结

在 Corona 渲染器中的灯光选项都是非常重要的，因此在灯光方面没有轻重，只要适合场景的应用， 笔者建议读者在灯光部分的学习上前期可以使用 CoronaSun（太阳光与）与 CoronaLight（标准灯光）搭配，对这两种灯光熟悉后，再作灯光上的变化以及调整，之后就是对本章多次学习以便对 Corona 渲染器的灯光多了解多熟悉。

第 5 章 Corona 贴图

◆ **本章学习目标**

◎ 了解 Corona 当中的贴图
◎ 掌握 Corona 常用贴图
◎ 熟悉贴图使用的技术要点

本章讲解在 Corona 渲染器当中的各项贴图以及具体的参数选项，使读者对 Corona 渲染器的贴图有一定的了解，以便对后面的案例章节进行更好的学习。

5.1　阻光贴图

CoronaAO（阻光）贴图，在表现在图像细节方面非常好，但需要与渲染元素配合使用，同时该贴图与之前讲解的 Corona 材质配合使用，会创建出意想不到的效果。

基础选项

具体相关参数面板如图 5.1 所示。

- Occluded color（阻光颜色）：该选项用于控制闭塞的颜色。
- Unoccluded color（未封闭色彩）：该选项用于控制受光部分颜色。
- Max distance（最大距离）：该选项用于控制闭塞的尺寸大小。
- Color spread（扩散颜色）：该选项用于加深 Occluded color（阻光颜色）的深度。
- Max samples（最大采样）：该选项用于控制 Color spread（扩散颜色）的品质。
- Calculate from（计算来源）：该选项用于控制 Occluded color（阻光颜色）的取样。

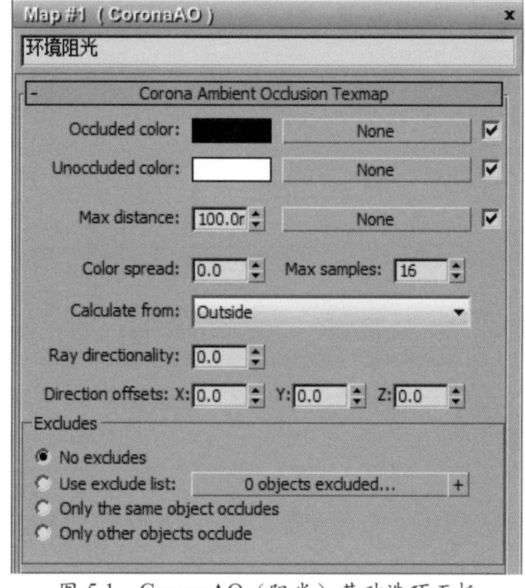

图 5.1　CoronaAO（阻光）基础选项面板

- Ray directionality（射线方向）：该选项用于控制表面方向是否被遮蔽。
- Direction offsets（方向偏移）：该选项使用 XYZ 轴控制光线的偏移。

排除选项

具体相关参数面板如图 5.2 所示。

- No excludes（不排除）：该选项为不排除任何物体，而且它也是默认的选项。
- Use exclude list（排除列表）：使用排除列表，排除不需要产生闭塞的场景物体。
- Only the same object occludes（仅对同一对象闭塞）：该选项用于计算闭塞使用相同的对象，而将忽略邻近的对象物体。
- Only other objects occlude（对其他对象闭塞）：该选项与“仅对同一对象闭塞”选项产生相反的效果。

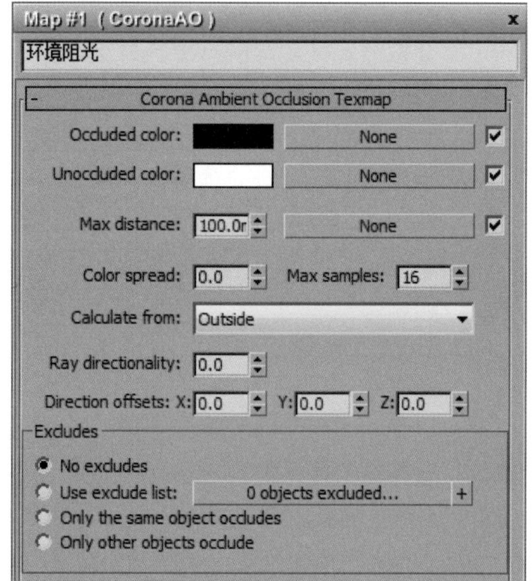

图 5.2　CoronaAO（阻光）排除面板

贴图总结

Corona 渲染器中的 CoronaAO（阻光）在实际的工作中应用较少，只有在场景细节不清晰或者结构不清时，才会使用 CoronaAO（阻光）贴图。

对于 CoronaAO（阻光）贴图，希望读者可以快速掌握，贴图完整相关选项面板，如图 5.3 所示。

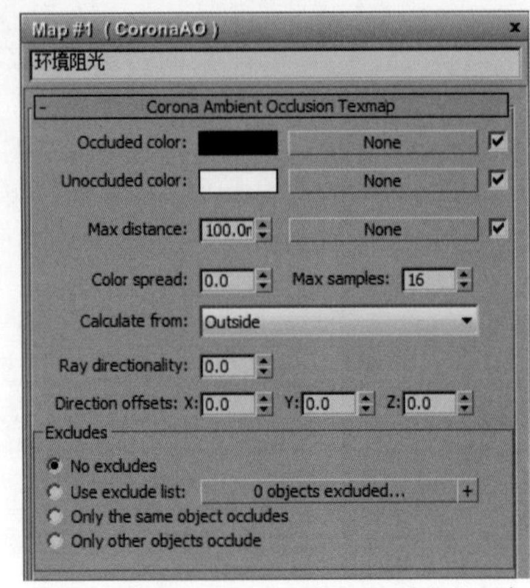

图 5.3　CoronaAO（阻光）贴图完整面板

5.2　位图贴图

Corona Bitamp（位图）贴图允许导入 3DS MAX 外部贴图到渲染器中用于场景制作，同时 Corona Bitamp（位图）也是非常重要的贴图，使用 Corona 渲染器建议与 Corona Bitamp（位图）配合使用，不仅可以提升渲染速度，而且在场景方面也可以保证无任何错误警告。

贴图

具体相关参数面板如图 5.4 所示。

- Environment mode（环境模式）：使用该选项控制贴图的“环境模式”，以应对不同的场景应用，默认为 Spherical（球形）选项。
- Use Real-World Scale（使用真实世界尺寸）：该选项被勾选后，贴图的大小会按照场景实际的世界尺寸大小来进行等比例缩放。
- Map channel（贴图通道）：该选项用于设定贴图通道的编号。
- Offset（偏移）：该选项允许通过调节 U、V 两个方向的参数值，以微调贴图的方向性。
- Tiling（平铺）：该选项用于控制贴图在物体表现的平铺数量，当然也可以使用 UVWmap 修改器来对贴图进行比例调节控制。

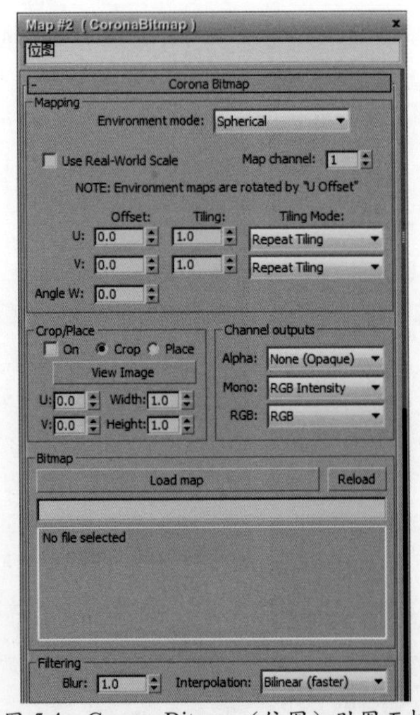

图 5.4　Corona Bitamp（位图）贴图面板

- Tiling Mode（平铺模式）：使用不同的“平铺模式”来控制贴图的接缝以及平铺样式。
- Angle W（旋转）：控制贴图自身的旋转角度，默认参数 0.0。

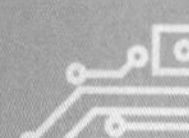

裁切 / 平面

具体相关设置面板如图 5.5 所示。

- On（开关）：勾选该项，将会允许对贴图进行矩形裁切。
- Crop（裁切）：该选项需要与 View Image（预览图像）按钮相互配合使用。
- Place（平面）：该选项为“平面模式”允许重新设定所应用的贴图大小。
- View Image（预览图像）：需要与 Crop（裁切）或 Place（平面）贴图模式相互配合使用，当然也可以单独使用该按钮对所使用的图像进行观察预览。

输出通道

- Alpha（阿尔法）：用于控制贴图的 Alpha（阿尔法）通道模式。
- Mono（单色）：用于控制贴图的单色样式。
- RGB（色彩）：用于控制贴图的颜色样式。

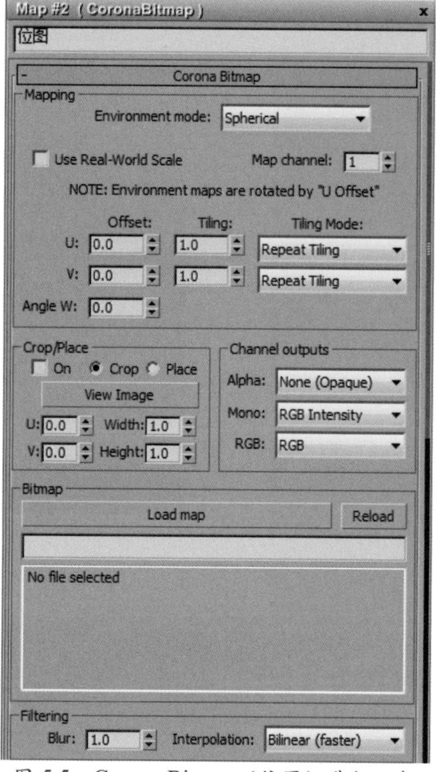

图 5.5　Corona Bitamp（位图）裁切面板

位图

具体相关参数面板如图 5.6 所示。

- Load map（导入贴图）：使用此按钮可快速导入 3DS MAX 外部纹理贴图。
- Reload（重新加载）：在一个全新的软件环境下打开场景文件，如果发生贴图导入时出现错误，可以使用当前命令选项重新加载场景贴图。

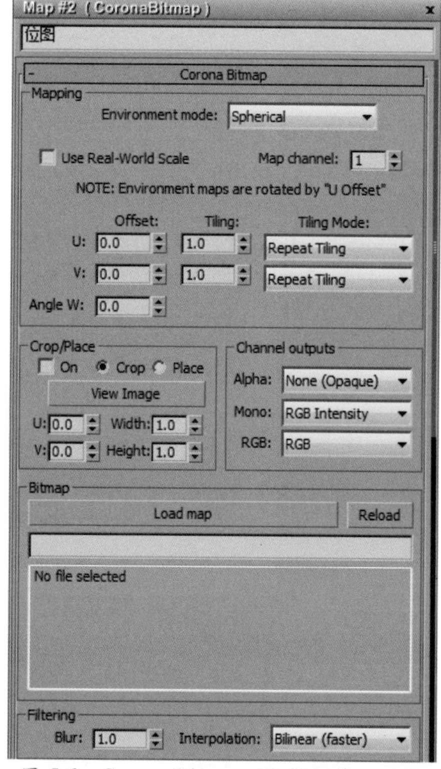

图 5.6　Corona Bitamp（位图）导入面板

过滤

具体相关参数面板如图 5.7 所示。

- Blur（模糊）：可以控制贴图显示的清晰程度，参数值越低，渲染生成的图像越清晰，如果参数值越大则反之。
- Interpolation（插值）：该选项用于控制 Blur（模糊）插值类型。

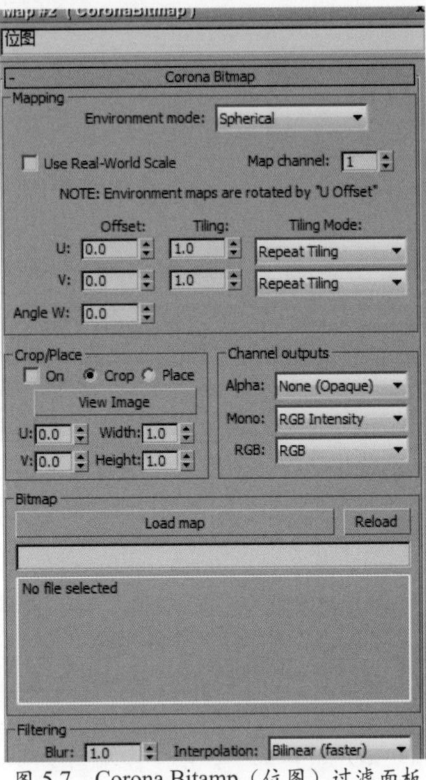

图 5.7　Corona Bitamp（位图）过滤面板

贴图总结

Corona 渲染器中的 Corona Bitamp（位图）与 3DS MAX 中的标准位图相似，因此在学习与应用时会非常容易，并且该贴图也可以用 3DS MAX 软件中的程序贴图一起使用，因此不用担心是否能与其他程序贴图一起使用，Corona Bitamp（位图）功能强大在渲染速度上，其表现非常值得称赞，如图 5.8 所示。

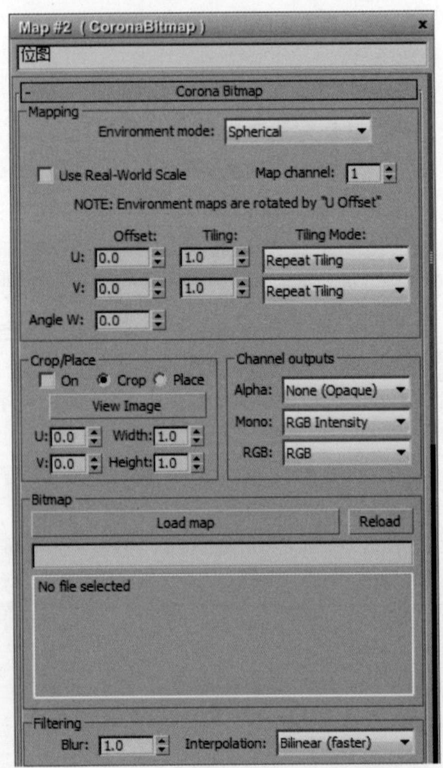

图 5.8　Corona Bitamp（位图）面板

5.3 颜色贴图

Corona 渲染器中的 CoronaColor（颜色）贴图，可以让读者朋友选择不同的类型方式来生成颜色，CoronaColor（颜色）贴图共有4种颜色生成方式。

颜色输入

具体相关参数面板如图 5.9 所示。

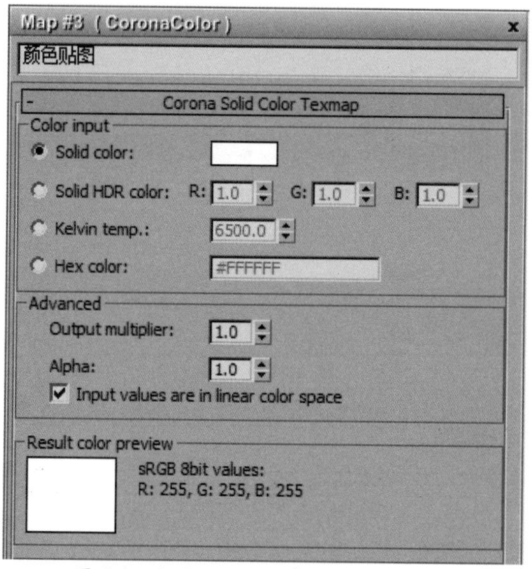

图 5.9 Color Input（颜色输入）面板

- Solid color（拾色器）：该选项表示使用 Solid color（拾色器）来进行颜色的调节与选定。
- Solid HDR color（拾取 HDR 颜色）：该选项表示使用 RGB 颜色参数值，以便精确地调节颜色。
- Kelvin temp（色温）：该选项表示使用颜色色温的方式来控制颜色，但需要注意的是该选项只能调节冷暖色。
- Hex color（16 进制颜色代码）：该选项表示使用 16 进制色彩代码设定颜色，该选项可以非常精准地设定颜色，但需要对 16 进制颜色非常熟练，笔者不推荐读者朋友使用。

高级设置

具体相关参数面板如图 5.10 所示。

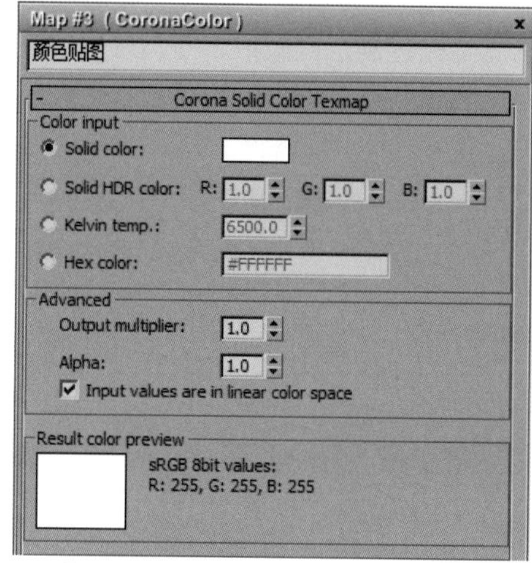

图 5.10 Advanced（高级设置）面板

- Output multiplier（输出强度）：通过该选项可以控制颜色输出的亮度以及颜色偏移。
- Alpha（阿尔法）：该选项可以控制该贴图在 Alpha 中的强度。
- Input values are in linear color space（输入值为线性颜色空间）：该选项为使用线性工作流程模式进行颜色设置。

颜色预览

sRGB 8bit values（8 位颜色值）：该选项为显示选定色彩的 8 位颜色参数值，仅用于调色结果的颜色观察，如图 5.11 所示。

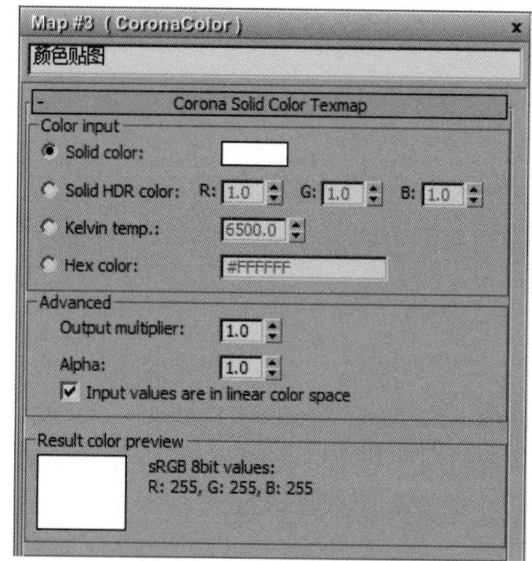

图 5.11 Result color preview（颜色预览）面板

贴图总结

该贴图的功能较为单一，仅针对于颜色调节，但千万不要小看该贴图，“颜色贴图”在场景曝光控制上比较好，可以使用该贴图控制场景当中的“反照率”。

CoronaColor（颜色）贴图面板如图 5.12 所示。

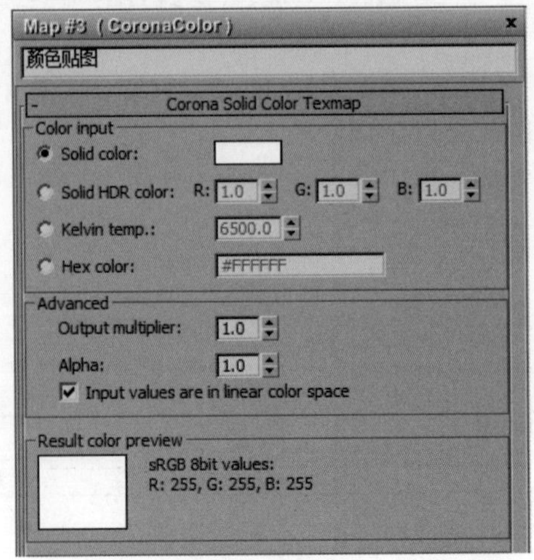

图 5.12　CoronaColor（颜色）贴图面板

5.4　数据贴图

CoronaData（数据）贴图对比 Corona 渲染器中的其他贴图，并没有具体的参数选项，

这主要源于 CoronaData（数据）贴图目前还处在开发调试阶段，虽然有一个可选模式，但并无实质的作用，因此读者朋友对于 CoronaData（数据）贴图的学习可以忽略，仅作为 Corona 渲染器贴图中的组成部分了解即可，其面板如图 5.13 所示。

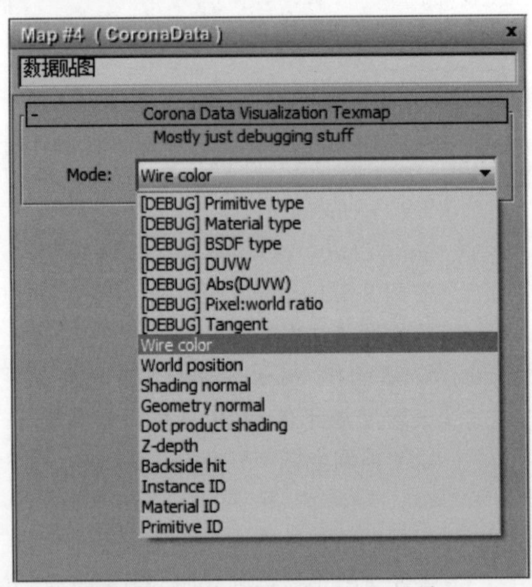

图 5.13　CoronaData（数据）面板

5.5　距离贴图

需要注意，在 1.5 版本以后的 Corona 渲染器中才有 CoronaDistance（距离）贴图，因此在较低版本的渲染器中是找不到该贴图的，因此使用时需要注意一下版本信息。

输入节点

Distance from（距离来源）：此选项内仅能添加几何物体模型，通过内部的“+”按钮来添加选定的几何物体，如图 5.14 所示。

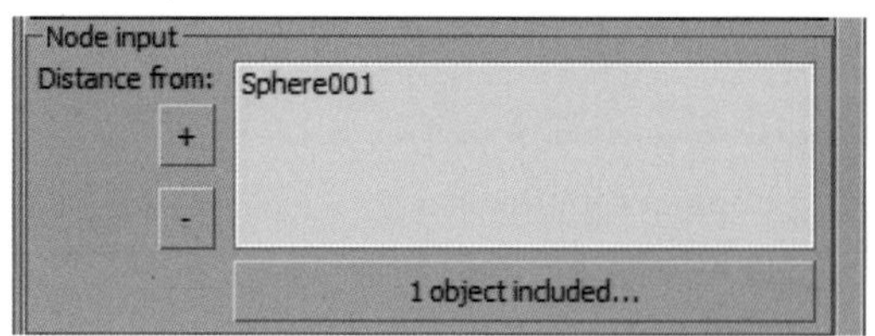

图 5.14　Distance from（距离来源）中的几何物体

变换输出

Output transform（变换输出）面板，如图 5.15 所示。

- Color near（近距颜色）：通过调节此颜色可以控制近距效果强度。
- Distance near（近距距离）：用于控制近距半径范围。
- Color far（远距颜色）：该选项功能与 Color near（近距颜色）相似。
- Distance far（远距距离）：该选项用于控制远距半径范围。
- Color inside（内部颜色）：该选项不相同的距离梯度将被使用。
- Distance scale（距离比例）：该选项并没有调节参数，仅能使用黑白贴图来控制。

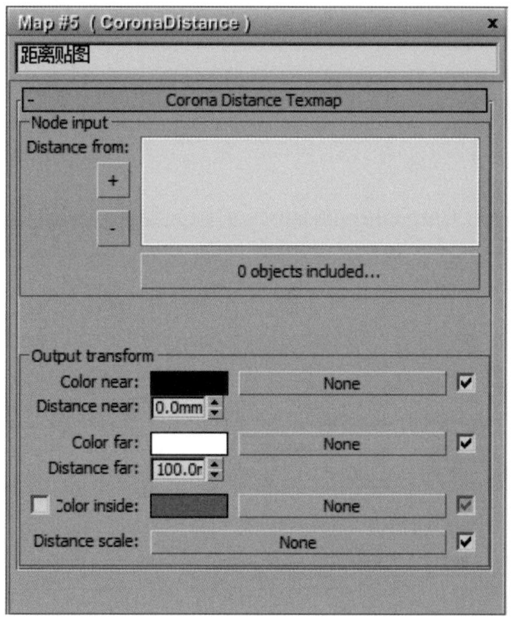

图 5.15　Output transform（变换输出）面板

贴图总结

Corona Distance（距离）贴图设置界面比较简洁，同时内部的参数选项也非常容易理解，在使用方面需要注意，该贴图仅在 CoronaMtl（标准材质）的“置换”功能中应用才会有效果，除此以外，单位大小也会影响效果。

Corona Distance(距离)贴图面板如图 5.16 所示。

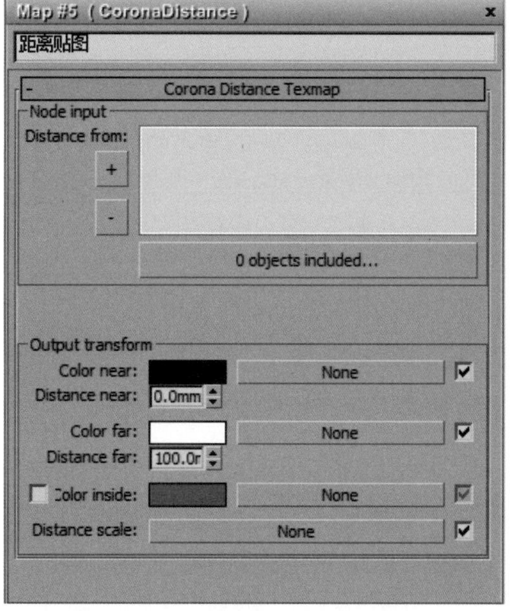

图 5.16　Corona Distance（距离）贴图面板

5.6 前后贴图

CoronaFrpmtBack 译为“前后”，当然也可以理解为“双面”，该贴图的应用比较简单，而且应用方面也较为单一。

正面

Color（颜色）：可以使用颜色或纹理贴图来决定物体表面的纹理样式，默认为红色。

背面

Color（颜色）：可以使用颜色或纹理贴图来决定物体背表面的纹理样式，默认为绿色。

总结

CoronaFrpmtBack（前后）贴图仅限于应用在单面模型，如果几何体模型存在厚度，则不会产生明显的前后效果。

该贴图中的正面与背面是由模型本身的法线方向所决定，如果想做一些特殊的形式组合，可以尝试着修改模型自身的法线方向。

CoronaFrontBack（前后）贴图面板如图5.17 所示。

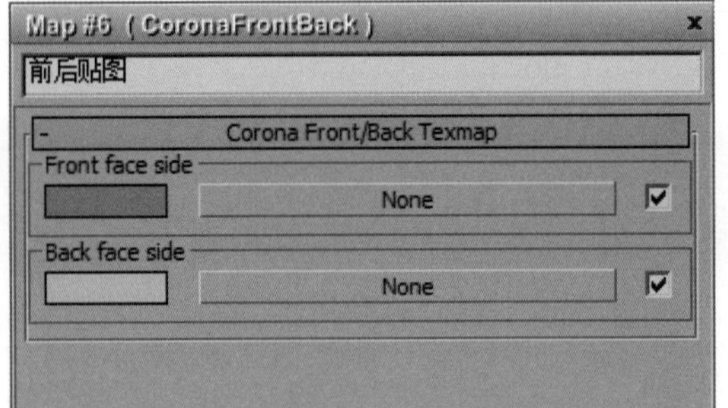

图 5.17　CoronaFrontBack（前后）贴图面板

5.7 混合贴图

CoronaMix（混合）贴图，想必看到混合这两个字后大概可以联想到该贴图的功能与应用操作，它与3DS MAX自带的程序贴图“混合”贴图非常相似，但功能上却要强大许多。

混合参数

CoronaMix（混合参数）面板如图 5-18 所示。

- Mix Operation（混合操作）：选择内部不同的混合模式，进行贴图间的混合操作。
- Mix amount（混合数量）：通过该选项参数值，可以控制贴图间的混合强度。
- Perform mixing in sRGB space：该项为默认勾选项，保持色彩在sRGB模式下。

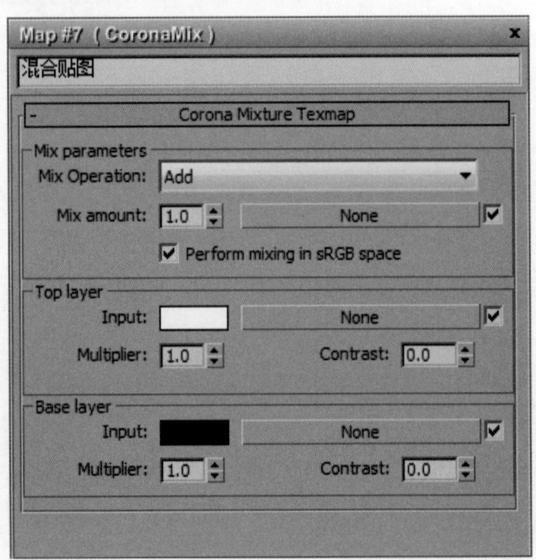

图 5.18　Mix parameters（混合参数）面板

顶部图层

Top layer（顶部图层）面板如图 5.19 所示。

- Input（输入）：通过该选项按钮可以导入需要应用的纹理贴图。
- Multiplier（强度）：使用该参数选项，可以调节 Top layer（顶部图层）贴图的亮度。
- Contrast（对比度）：用于控制 Top layer（顶部图层）贴图的明暗对比，默认参数为 0.0。

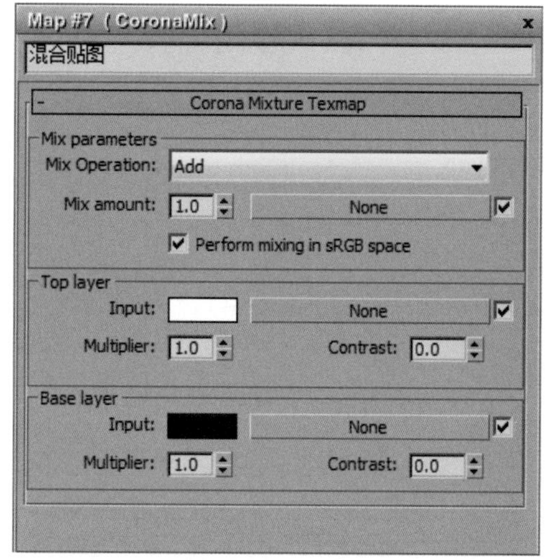

图 5.19　Top layer（顶部图层）面板

基础图层

Base layer（基础图层）面板如图 5.20 所示。

- Input（输入项）：通过该选项按钮可以导入需要应用的纹理贴图。
- Multiplier（强度）：使用该参数选项，可以调节 Base layer（顶部图层）贴图的亮度。
- Contrast（对比度）：用于控制 Base layer（顶部图层）贴图的明暗对比，默认参数为 0.0。

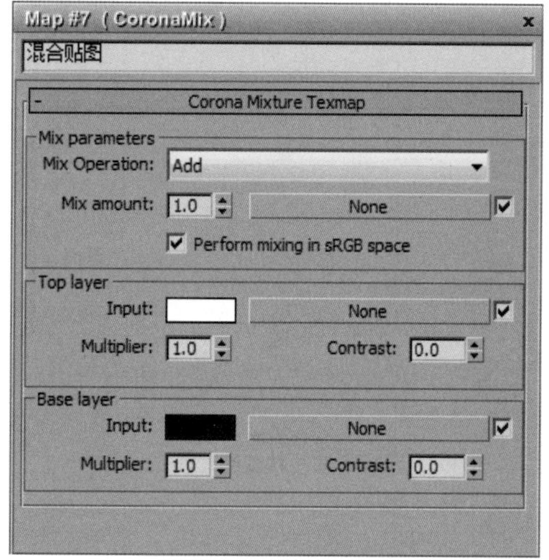

图 5.20　Base layer（基础图层）面板

贴图总结

CoronaMix（混合）贴图允许用户将两张不同类型的贴图进行相互混合，以创造出新的贴图，CoronaMix（混合）贴图可以进行贴图与颜色间的混合。

Corona Mix（混合）贴图面板如图 5.21 所示。

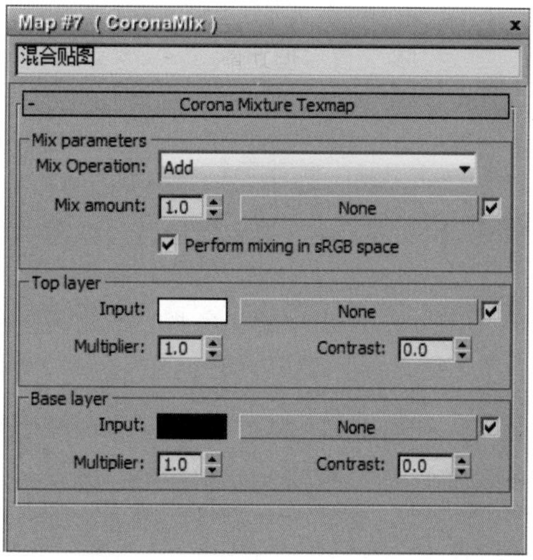

图 5.21　Corona Mix（混合）贴图面板

5.8 多位贴图

CoronaMultiMap（多位）贴图有些类似3DS MAX自带的Mult/Sub-Object（多维子）材质，可以在其中添加多张贴图，常用于制作一体模型的表面贴图，允许添加的贴图可高达100张纹理贴图或者其他程序贴图。

基础选项

具体相关参数面板如图5.22所示。

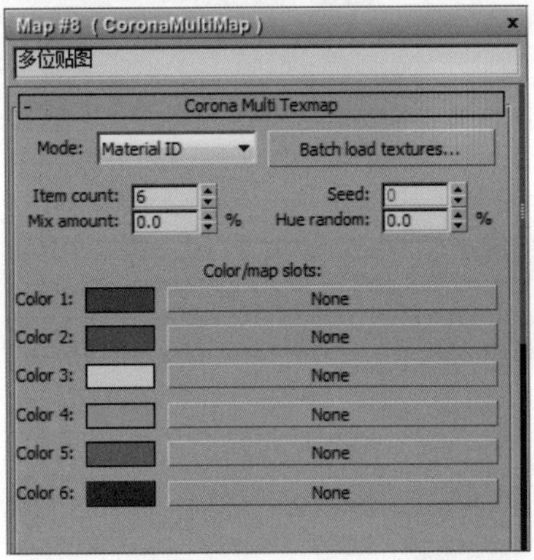

图 5.22 CoronaMultiMap（多位）贴图基础面板

- Mode（模式）：用于选择需要使用的CoronaMultiMap（多位）贴图模式。
- Batch load textures（批量导入）：允许使用该按钮直接导入大批量的纹理贴图。
- Item count（项目数）：该选项增加和减少该参数值将会影响贴图的导入项。
- Seed（随机种子）：通过该参数选项可以随机分布图像或者色彩。
- Mix amount（混合数量）：该选项控制贴图所有子贴图的混合数量。
- Hue random（随机色相）：允许控制空间色相的随机产生。

颜色 / 贴图槽

Color1-6（颜色槽）：使用该按钮导入外部纹理贴图，默认为6个贴图槽，并且也可以通过基础功能项面板当中的Item count（项目数）进行加减，如图5.23所示。

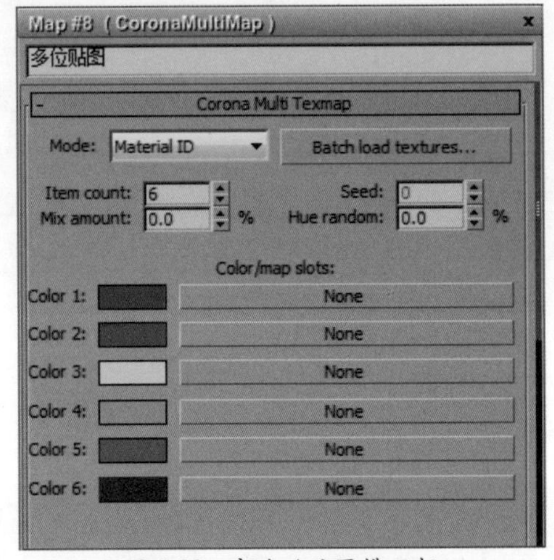

图 5.23 颜色 / 贴图槽面板

贴图总结

CoronaMultiMap（多位）贴图在操作方面，笔者觉得比较复杂一些，因为需要对模型物体设定物体ID或者材质ID，模型量较少还可以，如果较多就变得复杂，因此使用CoronaMultiMap（多位）贴图，建议应用在模型数量较少的单体。

CoronaMultiMap（多位）贴图面板如图5.24。

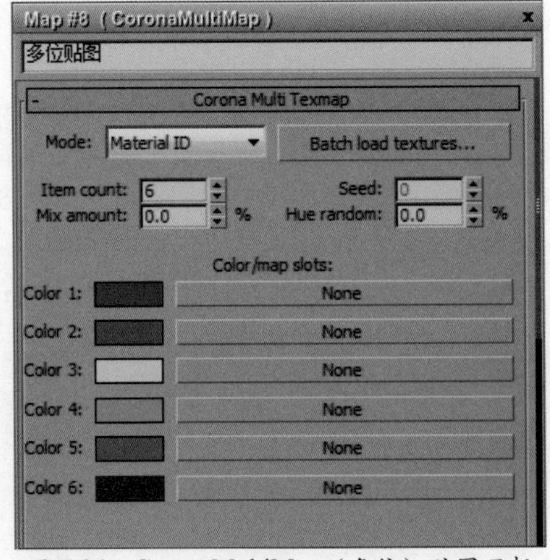

图 5.24 CoronaMultiMap（多位）贴图面板

5.9　法线贴图

法线贴图是应用在模型表面的特殊纹理，它与以往的常规纹理贴图不同，只可以作用于平面。法线贴图包含了许多表面细节的光影信息，能够在平淡无奇的物体表面上，创建出多种特殊的立体效果。

基础选项

基础选项面板如图 5.25。

- Input image（输入图像）：用于导入法线贴图。
- Strength mult（多强度）：用于控制法线贴图的强度。
- Add gamma to input（添加伽马输入）：添加伽马值到当前的法线贴图。

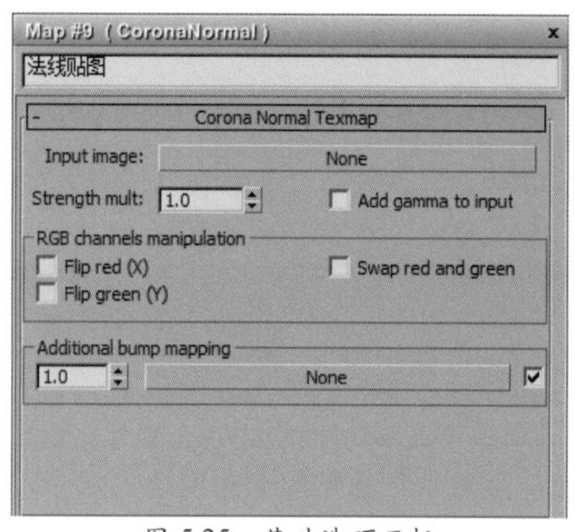

图 5.25　基础选项面板

色彩通道

色彩通道选项面板如图 5.26 所示。

- Flip red（x）（翻转 x 轴）：用于翻转法线当中的红色。
- Flip green（y）（翻转 y 轴）：用于翻转法线当中的绿色。
- Swap red and green（交换红与绿）：勾选该选项后，将会交换法线贴图当中的红绿两色。

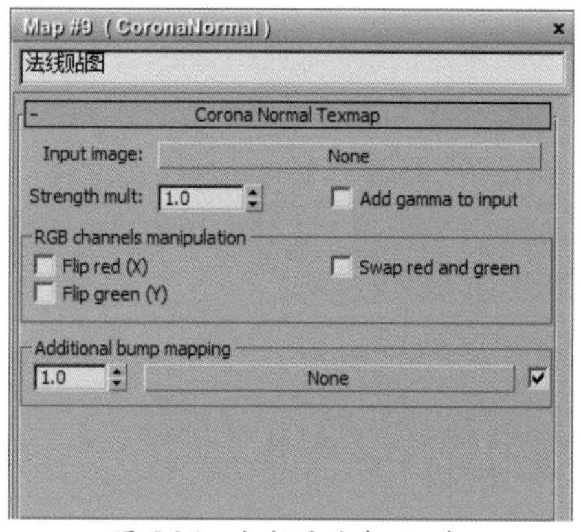

图 5.26　色彩通道选项面板

凹凸映射

Bump（凹凸）：添加额外的“凹凸贴图”，以增加材质表面细节，如图 5.27 所示。

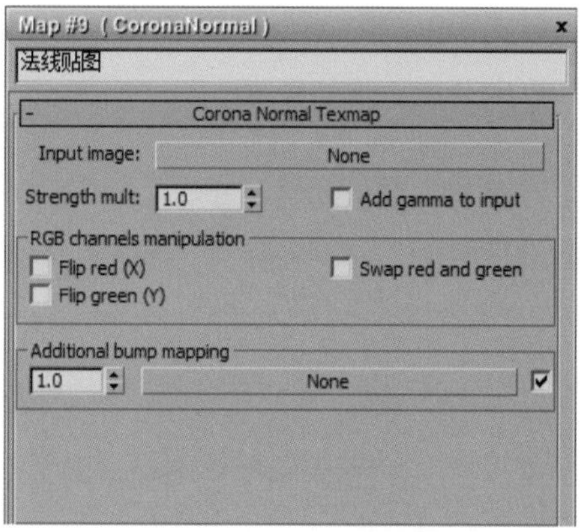

图 5.27　凹凸功能面板

贴图总结

CoronaNormal（法线）贴图是带有光影信息的贴图，贴图使用红绿两色来记录相关信息。使用法线贴图可以创建出非常立体的效果，在表现中多数使用在“凹凸”以及“合成”中，并且贴图面板较为简单，参数少而且非常容易理解，如图 5.28 所示。

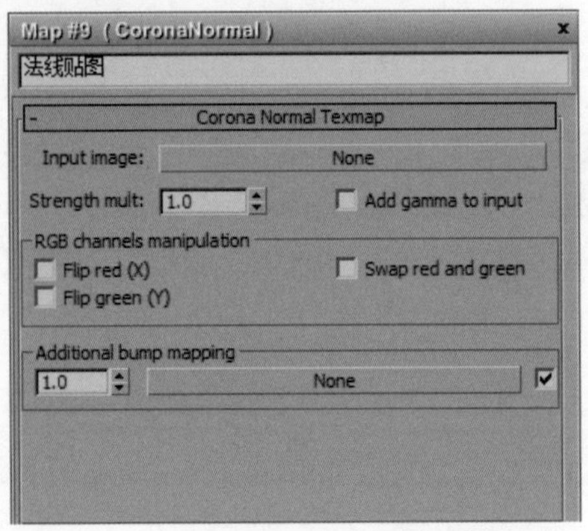

图 5.28　CoronaNormal（法线）贴图面板

5.10　输出贴图

1.5 版本的 CoronaOutput（输出）贴图对比之前版本的相同贴图功能要强大很多，其中增加了类似 Photoshop 图像调整命令在其中，例如：增加了“对比”“饱和度”“亮度”等等并且应用起来也非常的方便。

基础选项

Input（导入项）面板如图 5.29 所示。

Input（导入项）：使用该选项按钮可以将外部贴图导入其中。

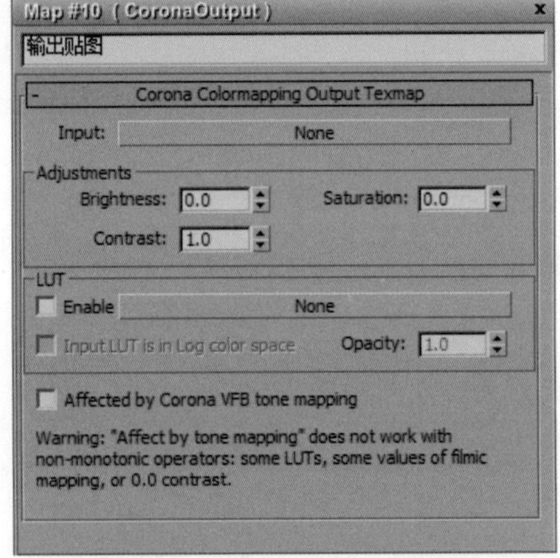

图 5.29　Input（导入项）面板

调整选项

调整选项面板如图 5.30 所示。

- Brightness（亮度）：该选项可以控制导入图像的亮度。
- Saturation（饱和度）：该选项可以控制导入图像的饱和度。
- Contrast（对比度）：该选项可以控制导入图像的对比度。

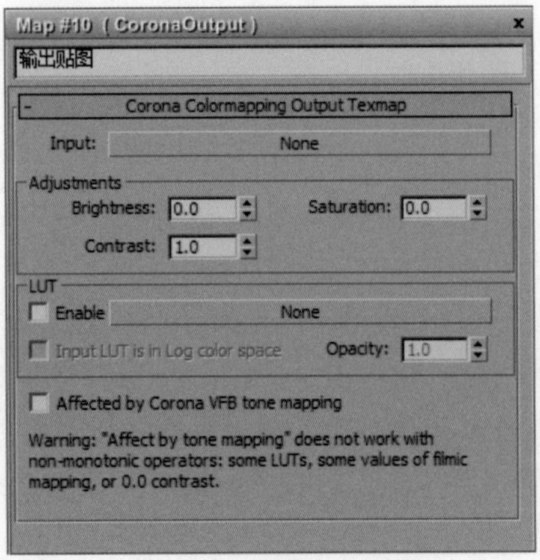

图 5.30　调整选项面板

颜色速查

Enable（启用）：该选项为启动开关，勾选表示启用 LUT（颜色速查），并且也可以通过相对应的按钮导入外部纹理贴图，如图 5.31 所示。

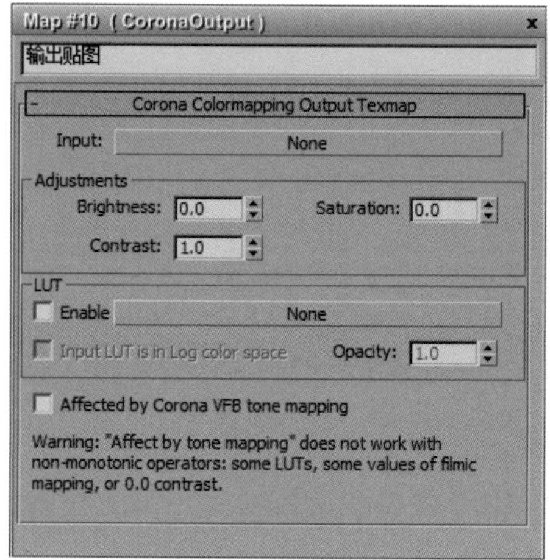

图 5.31　LUT（颜色速查）面板

贴图总结

CoronaOutput（输出）贴图与 3DS MAX 自带的“输出贴图”完全不同，对于这块需要多注意，CoronaOutput（输出）贴图在色彩以及亮点等方面的设置都非常简单，相信对于此贴图的掌握与学习会较为轻松，如图 5.32 所示。

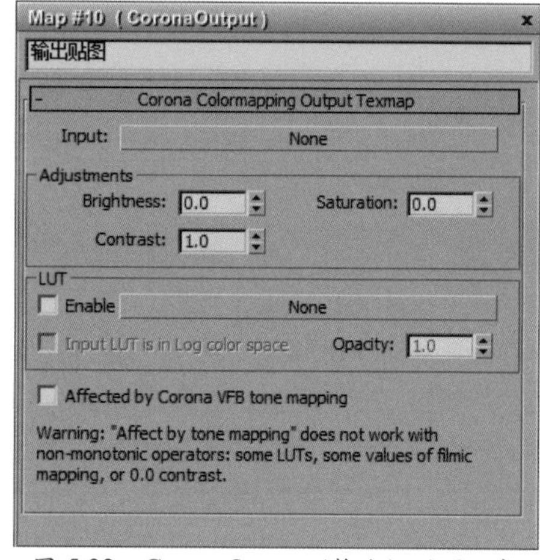

图 5.32　CoronaOutput（输出）贴图面板

5.11　光线转换

CoronaRaySwitch（光线转换）贴图与“光线转换”材质功能相同，但是针对的类型和方向是不同的，虽然两者之间存在着差异，但在学习方法和含义理解上都是相同的。

基础选项

- Global illumination（全局光照明）：通过颜色或导入纹理贴图，来影响渲染物体所产生的全局光颜色。
- Reflect（反射）：启用该选项后会影响物体表面的反射纹理与颜色效果。
- Refract（折射）：该选项与“反射”选项相同，但是仅针对物体折射效果。
- Direct visibility（直接可见性）：用于控制渲染物体的表面颜色与纹理图案。

贴图总结

CoronaRaySwitch（光线转换）贴图在实际的工作当中应用是较少的，一般应用“光线转换材质”较多，这是因为材质比贴图的调节更方便一些，而且材质整体的布局和规整性上更加直观。

CoronaRaySwitch（光线转换）贴图面板如图 5.33 所示。

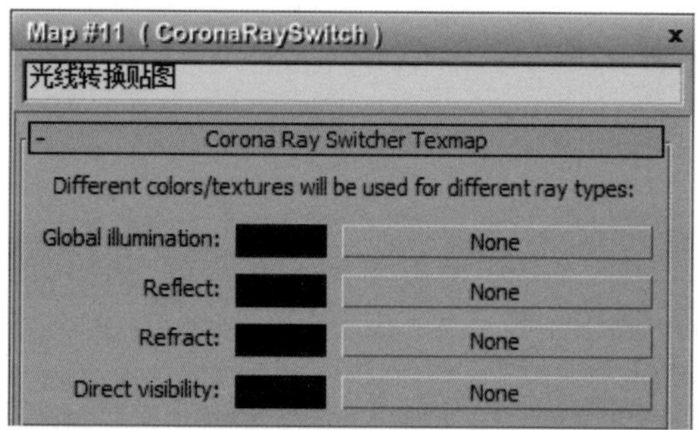

图 5.33　CoronaRaySwitch（光线转换）贴图面板

5.12 圆边贴图

基础选项

基础参数调节面板如图 5.34 所示。

- Radius（半径）：用于控制生成或影响范围。
- Samples（采样）：用于控制生成效果的品质。
- Additional bump mapping（增添额外的凹凸的贴图）：用于增加更多纹理细节。

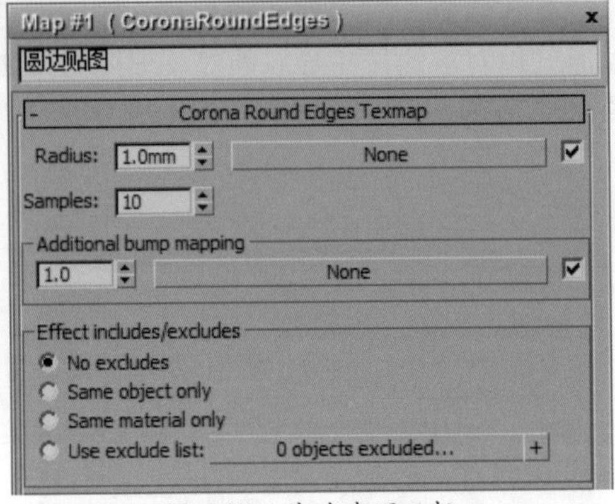

图 5.34 基础选项面板

包含 / 排除

包含 / 排除功能面板，如图 5.35 所示。

- No excludes（不排除）：不产生任何效果，同时该选项也是默认项。
- Same object only（同一对象）：只有同一物体才会引起效果。
- Same material only（相同材质）：只有同一材料的物体会引起效果。
- Use exclude list（排除列表）：排除列表功能选项。

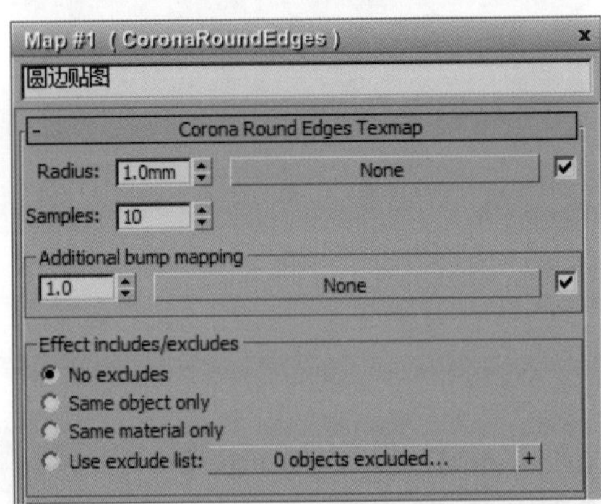

图 5.35 包含 / 排除功能面板

贴图总结

CoronaRoundEdges（圆边）与 CoronaAO（阻光）贴图相似，不管是功能还是内部的选项面板，但 CoronaRoundEdges（圆边）功能单一，如它的名字一样所能影响的部分仅是模型的边缘，具体相关参数面板如图 5.36 所示。

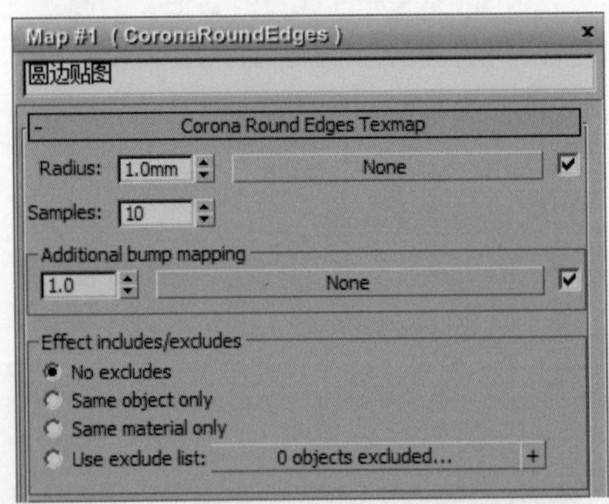

图 5.36 CoronaRoundEdges（圆边）贴图面板

5.13 天空贴图

基础选项

基础选项面板如图 5.37 所示。

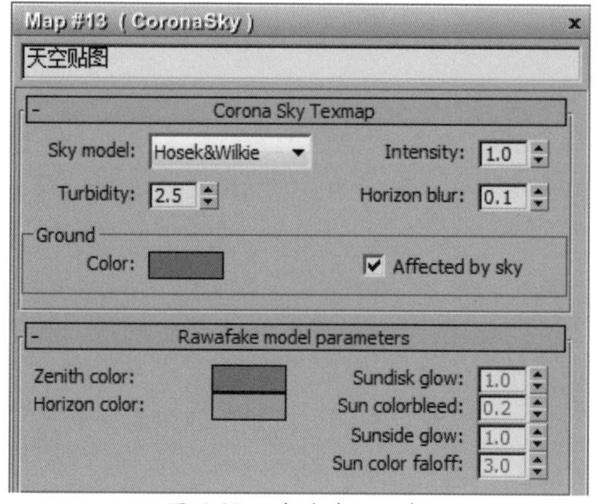

图 5.37 基础选项面板

- Sky model（天空模式）：用于选择不同的天空模式。
- Intensity（强度）：用于控制 CoronaSky（天空）所产生的照明亮度。
- Turbidity（浑浊度）：用于控制 CoronaSky（天空）颜色倾向。
- Horizon blur（地平线模糊）：用于控制 CoronaSky（天空）贴图中的地平线清晰度，参数值越高越模糊，参数值较低则反之。

地面

Color（颜色）：该选项为“地面”颜色，用于控制地面色彩，如图 5.38 所示。

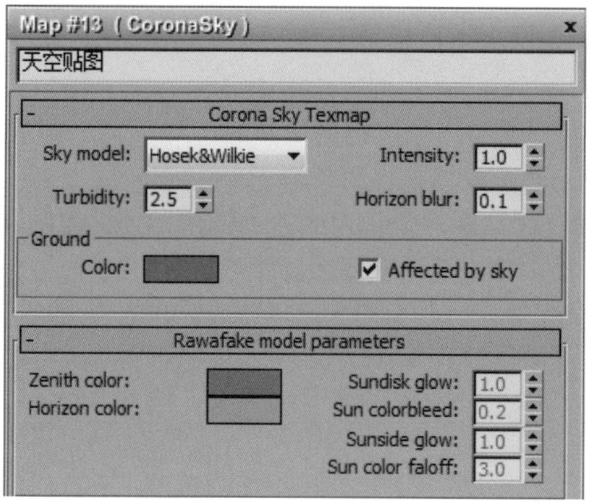

图 5.38 地面颜色面板

天空参数

具体相关参数如图 5.39 所示。

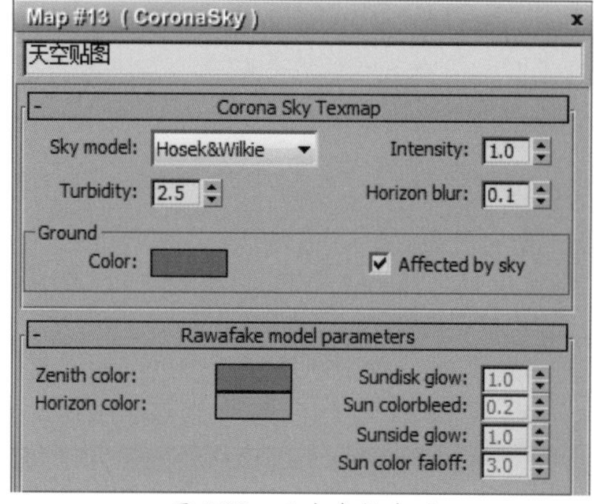

图 5.39 天空参数选项

- Zenith color（天顶颜色）：用于控制 CoronaSky（天空）贴图顶部颜色。
- Horizon color（地平线颜色）：用于控制地平线颜色。

贴图总结

CoronaSky（天空）贴图使用起来非常的方便，参数选项上也很简练，CoronaSky（天空）对于窗口较大的室内空间非常好用，可以省掉很多创建灯光的步骤，从而缩短制图时长。

CoronaSky（天空）贴图面板如图 5.40 所示。

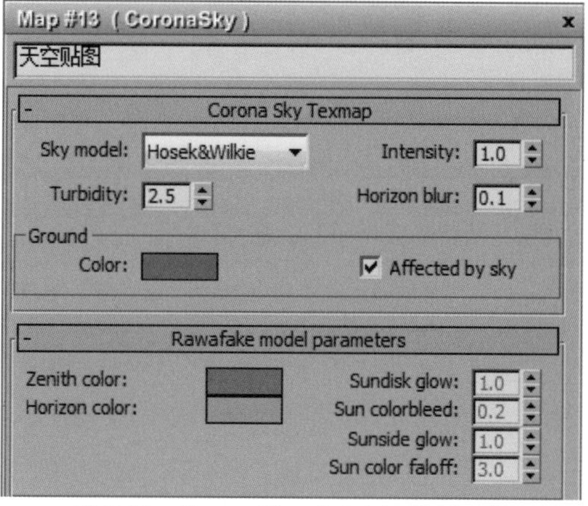

图 5.40 CoronaSky（天空）贴图面板

5.14 线框贴图

如果想做一些结构的表现，使用 CoronaWire（线框）贴图是最好的选择，不仅调节参数少而且与“交互式渲染”配合，马上就可以看到效果，除此之外，CoronaWire（线框）贴图还可以渲染模型表面的结构顶点。

线框纹理

- Base color（基础颜色）：使用该选项可以控制模型渲染最终图像的表面色彩，当然也可以通过 None（节点）按钮来增添纹理贴图。
- All edges（显示全部边线）：勾选该选项后，模型表面不仅可以显示四角面，而且三角面也会一同显示。
- Vertices（顶点）：勾选该选项后，模型表面将会显示结构顶点，通过内部调节项可以控制 Vertices（顶点）的颜色与大小。
- World units（世界单位）：以世界单位作为 CoronaWire（线框）贴图的尺寸单位。
- Pixels（像素单位）：该选项与 World units（世界单位）相同，都是用于设定 CoronaWire（线框）贴图的尺寸单位。

贴图总结

CoronaWire（线框）贴图在实际工作中很少会应用，仅是在室内前期方案阶段以及对结构的剖析和空间上的展示才会应用，因此，对于 CoronaWire（线框）贴图仅了解即可，具体相关参数如图 5.41 所示。

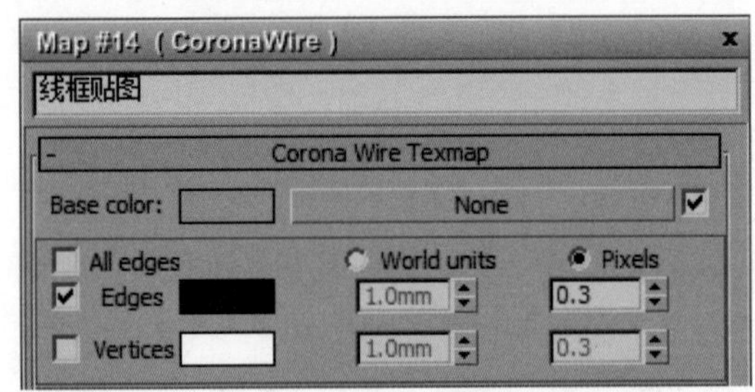

图 5.41 CoronaWire（线框）贴图面板

5.15 本章小结

Corona 渲染器内部的贴图虽多，但在不同的版本中，数量也是不同的，对于 Corona 渲染器以本书的 Corona 1.5 版本为主即可，这样便于对于本书内容的学习。

在贴图方面，虽然 Corona 渲染器自带 14 张程序贴图，但常用的以“位图”“天空”等类型的贴图为主，无需将每一张都在实际的工作当中都应用，合理掌握即可。

第 6 章 安装/问题

◆ **本章学习目标**

◎ 正确安装 Corona 渲染器
◎ 了解常见 Corona 问题
◎ 学会解决 Corona 常见问题

如果你是初次学习 Corona 渲染器，正确地安装 Corona 渲染器是非常重要的，因此本章要仔细阅读，除此之外，掌握 Corona 渲染器应用常见的问题解决方法，这些都是渲染器的基本功。

6.1 安装问题

相信很多读者在初次安装 Corona 渲染器时常会遇到安装不成功等类型的问题，这些问题的出现，主要是与电脑系统有很大的关系，当然也有少量的硬件问题。

常见问题

- 安装 Corona 渲染器必须是 64 位系统才可以，如果是 32 位系统是无法安装的，如果出现此类问题提示，读者仅需更新电脑系统即可解决此问题，如图 6.1 所示。
- 除了 64 位系统之外，系统的新旧也会决定 Corona 渲染器安装是否成功，操作系统如果不是 Windows Vista sp1 系统，如图 6.2 所示，最好更新具有 sp1 或者以上版本信息的程序系统，如果不是具有 Vista sp1 的操作系统同样也是安装不了 Corona。
- 安装 Corona 渲染器之前必须关闭所有正在运行的 3DS MAX 软件，以保障可以正常安装到 3DS MAX 软件当中，如图 6.3 所示。
- 如果在安装 Corona 渲染器的过程中，出现 SSE4.1 - enabled CPU，如图 6.4 所示，表示目前电脑所使用的 CPU 较老，更换电脑 CPU（中央处理器）后这个问题即可解决。

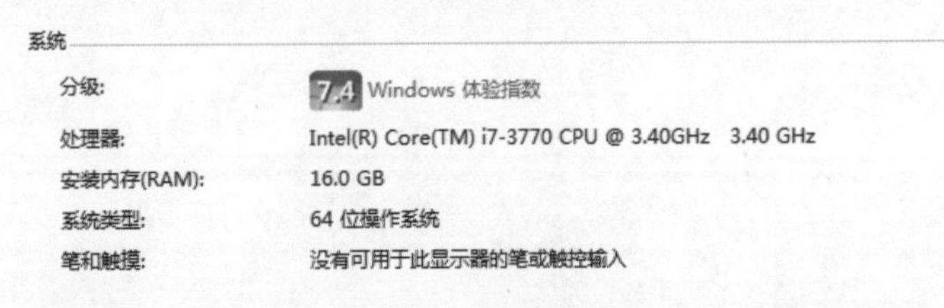

图 6.1 64 操作系统

图 6.2 Windows Vista 操作系统

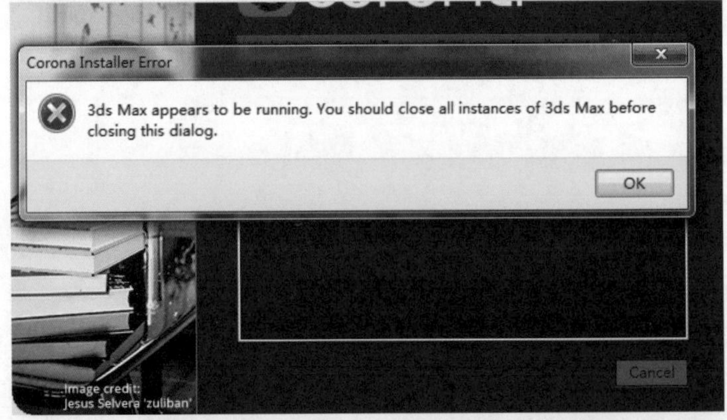

图 6.3 因运行 3DS MAX 时无法安装的错误提示

图 6.4 SSE4.4 - enabled CPU：NO

6.2　渲染器安装

经过上面的安装问题讲解，相信对于 Corona 渲染器安装当中出现的问题已了解，而这一小节为讲解 Corona 渲染器的具体安装步骤，以便更加清晰安装过程。

具体安装步骤说明如下。

欢迎界面

双击打开 Corona 渲染器的安装主程序后，会打开安装步骤的主程序面板，这一面板同时也称之为 Welcome（欢迎）界面，内部主要是条例说明以及条款同意的选项，勾选 I accept the terms and conditions 后单击 Next 即可，如图 6.5 所示。

图 6.5　Welcome（欢迎）界面

按照类型

Install Type（安装类型）界面内有三个安装模式，以提供给用户安装时选择，默认为 Typical（经典）模式类型，选择该模式会自动安装 Corona 渲染器的主程序以及分布式渲染程序，除了默认的 Typical（经典）模式以外，也可以根据自己的需求选择手动安装方式，通过 Custom（自定义）选择想要安装的主程序，笔者不推荐 Custom（自定义）模式，如图 6.6 所示。

图 6.6　Install Type（安装类型）界面

选项界面

Options 面板为 Corona 渲染器安装程序的“选项界面”，在该面板内的选择项非常重要，并且也可以通过 Options（选项）界面单选或多选想要安入 3DS MAX 的版本，例如：3DS MAX 2012、3DS MAX 2013 等，最高版本可以安装入 3DS MAX 2017，如图 6.7 所示。

图 6.7　Options（选项）界面

安装界面

Installation（安装）界面并没有选项，仅是用于观察 Corona 渲染器的主程序安装进度以及安装的主程序等，当主程序安装完成后，将会显示 Next（下一步）按钮，如图 6.8 所示。

图 6.8　Installation（安装）界面

总结界面

Summary（总结）界面，简单的说就是告诉你已安装完成或恭喜安装成功等信息，例如：是否需要参看帮助手册，是否了解一下 Corona 渲染器的特性等等，如果有需要便可以根据提示选择即可，如图 6.9 所示。

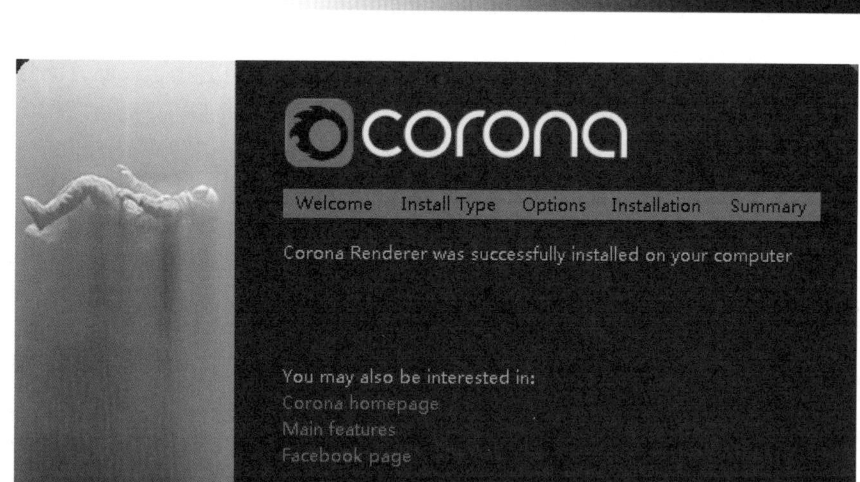

图 6.9　Summary（总结）界面

6.3　渲染问题

很多使用 Corona 渲染器不久的用户，在渲染过程当中一定会碰到一些不懂、难懂的问题，使得自己困扰不已。因此这一小节将渲染过程当中，常见的渲染问题为用户总结整合，以便可以全面地了解渲染部分问题的解决方法。

材质问题

- 新手刚开始学习 Corona 渲染器时，可以拿一些整体模型来进行灯光和材质方面的模拟，但国内整体模型以 Vray 渲染器的居多，虽然如此，Corona 渲染器也可以使用但需要转换，不然便会在材质方面出错，如图 6.10 所示。

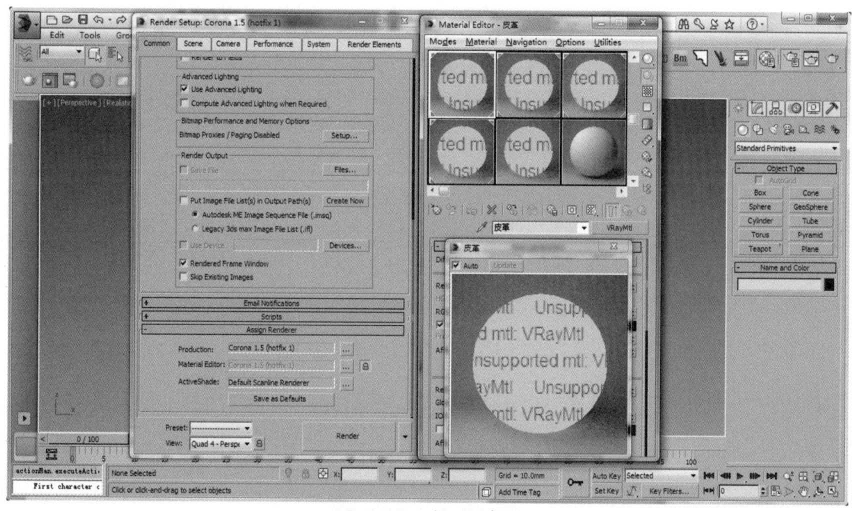

图 6.10　材质错误

- 虽然 Corona 渲染器支持 Vray 渲染器的材质、灯光，但也是极少一部分而且也需要通过 Corona 渲染器自带的转换插件进行材质和灯光方面的转换，之前讲解中也有提到，因此这样的问题出现的次数很多，如果不进行材质转换，在 Frame Buffer（帧缓存）当中依然会出现材质错误，如图 6.11 所示。

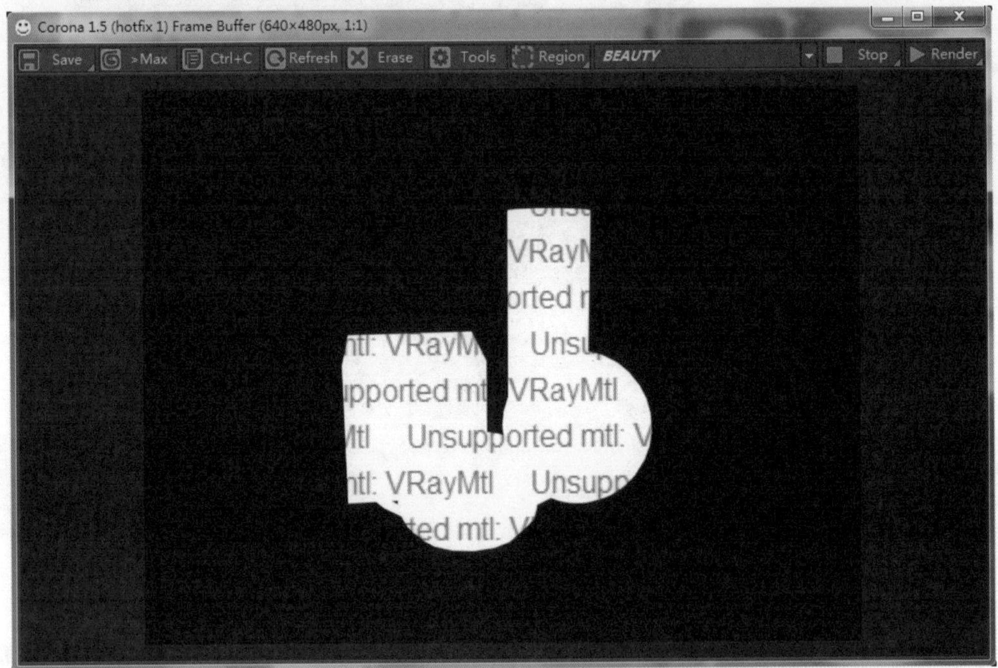

图 6.11　Frame Buffer（帧缓存）中的材质错误

交互式渲染

- 当在使用视图中的“交互式渲染”时，将会出现渲染提示，该提示项为 Click to start interactive session，意思为“单击后将启动渲染”，如图 6.12 所示。

图 6.12　“点击后将启动渲染”

- 单击启动交互式渲染后，某些情况下会出现 waiting for render/resize 提示，该提示为在自动调整渲染视图的尺寸，因此无须做任何操作仅需等待即可，如图 6.13 所示。

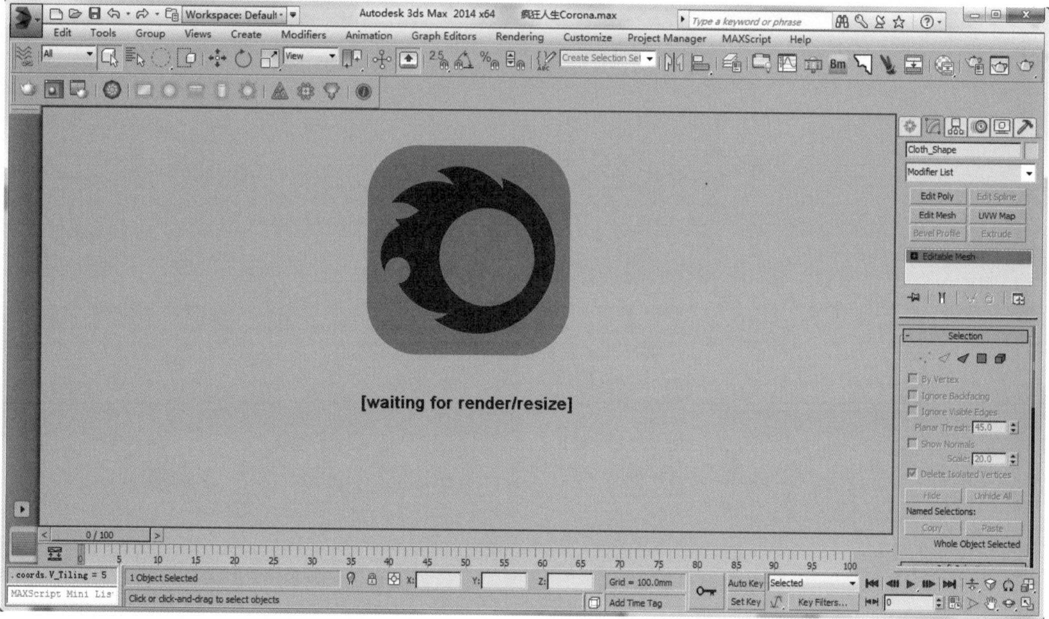

图 6.13 自动调节渲染尺寸提示

- 如果想关闭视图中的交互式渲染，可以在视图上面单击鼠标“右键”，将会弹出一组下拉菜单，选择菜单中的“相机”选项即可，如图 6.14 所示。

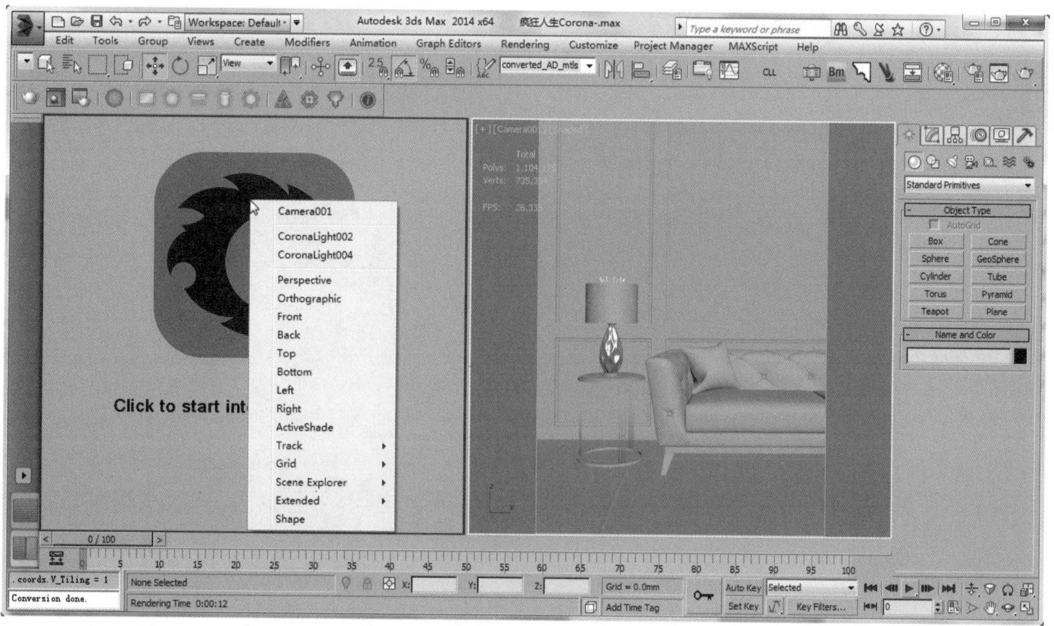

图 6.14 单击“右键”弹出的菜单

- 如果想开启交互式渲染，可以在视图中的“拓展视图”中找到 Corona Interactive（交互式）即可，如图 6.15 所示。

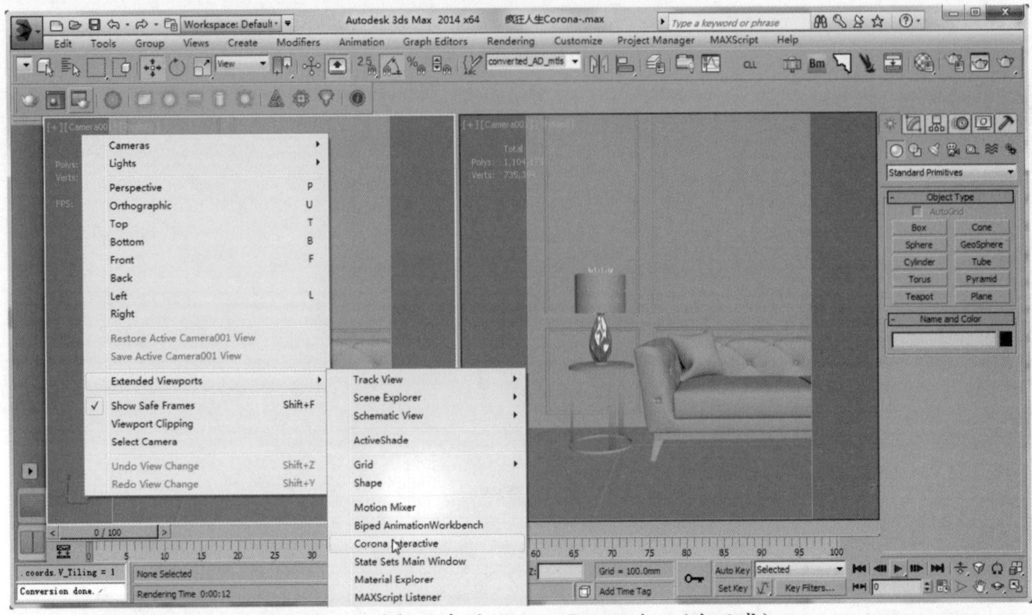

图 6.15　拓展视图中的 Corona Interactive（交互式）

渲染弹窗

- 如果场景中某些材质丢失贴图后，Corona 渲染器是无法识别的，因此会在渲染日志中出现相应的提示，如果想解决此类问题，可以找到丢失的贴图或者重新更正丢失的贴图即可，如图 6.16 所示。

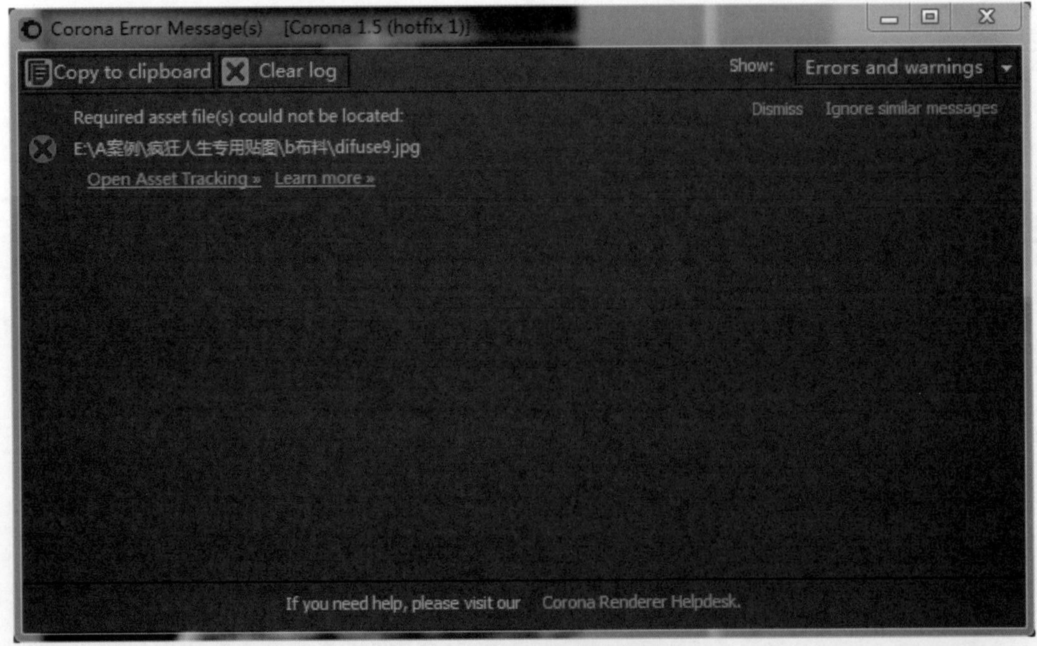

图 6.16　渲染日志中的丢失提示

- Lwf（线性工作流程）为目前最流行的渲染方式，同时也是 Corona 渲染器必须使用的模式，如果在使用 Corona 渲染器而不设置使用 Lwf（线性工作流程），将会在灯光和材质的颜色方面上的显示不正确，并且渲染日志的面板中也会出现相应的错误提示，如图 6.17 所示。

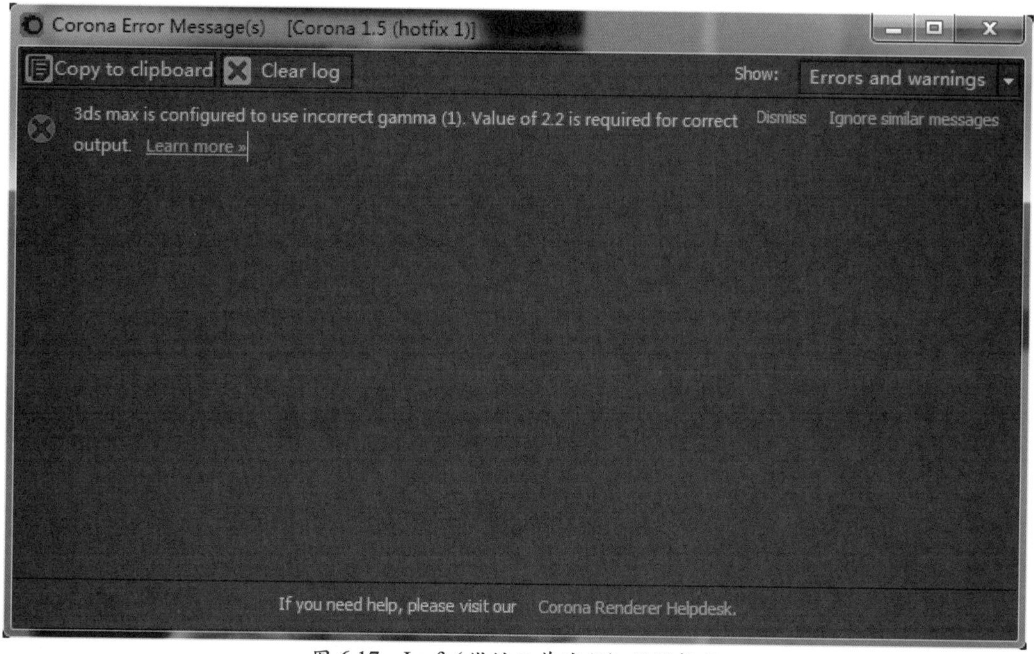

图 6.17　Lwf（线性工作流程）设置提示

- 在使用 Corona 渲染场景之前，需要检查一下场景中是否还有其他渲染器的材质类型存在，例如：VrayMtl，如果有其他渲染器材质同样也将会在渲染日志面板中提示错误，而且会显示具体的材质名称，以便可以快速处理这个错误问题，如图 6.18 所示。

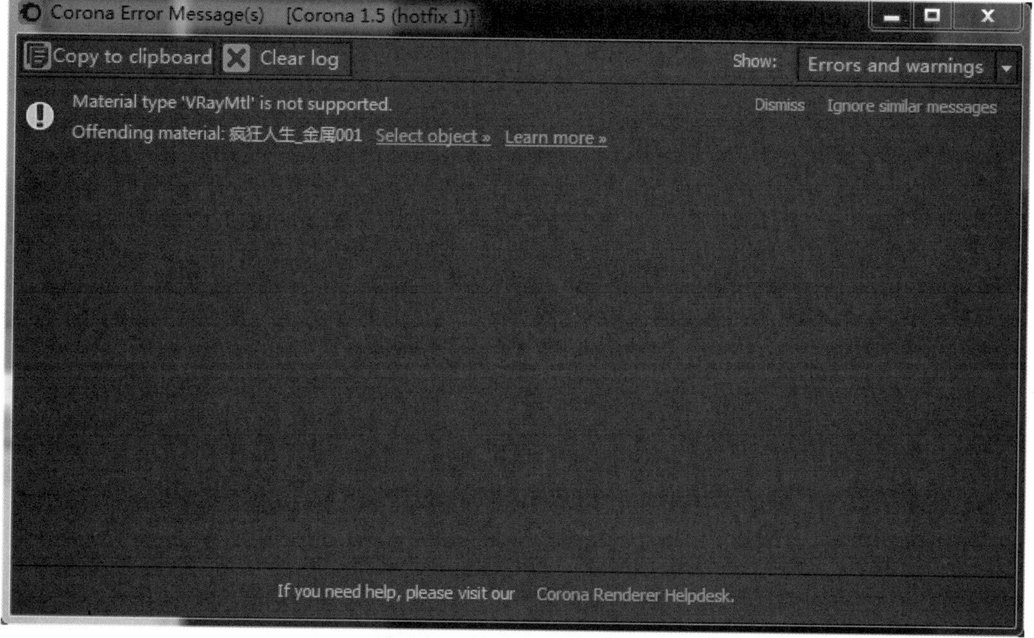

图 6.18　材质类型错误提示

6.4 本章小结

本章对 Corona 渲染器在安装、渲染等几个方面，为读者全面地讲解了常见问题的解决方法以及安装错误的原因。

本章节可以说是读者的锦囊，可以帮助读者绕过很多弯路，并且也是让读者看到问题解决上的多面性，其实很多问题都和个人的操作有关系，因此对于问题这一方面，要留心尽量保证准确无误地操作每一个命令项、设置项。

第 7 章

场景管理技法

◆ **本章学习目标**

◎ 学会场景分析
◎ 了解场景管理
◎ 掌握管理技法

对于场景模型，相信每个表现师都有自己的一套管理方法，这里面包含着很多技术技巧，例如：常见问题、保存格式以及一些其他的注意事项。掌握一套合理的场景管理方法，对于个人工作效率的提高以及团队合作的衔接都有着明显的效果，因此掌握一套场景管理方法是非常必要的。

7.1 场景分析

场景分析主要是指场景当中的数据信息，例如：面数、灯光、材质等数据信息，可以通过软件本身自带的功能或者通过第三方插件来查看上述的相关信息。

概要信息

Summary Info（概要信息）是 3DS MAX 中的重要功能面板，在面板中所有的显示为场景模型的相关信息，如面数、灯光数、相机数等等，如图 7.1 所示。

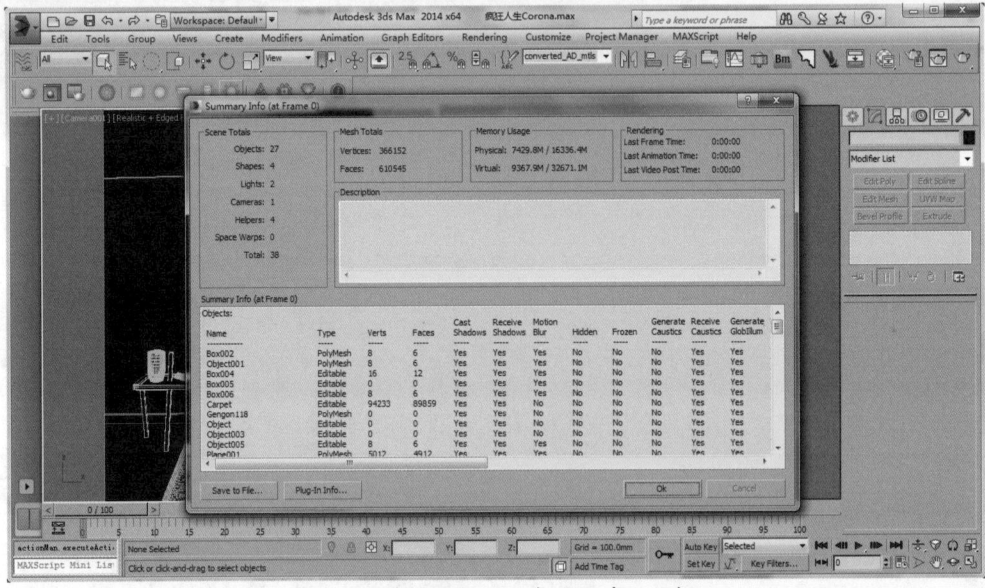

图 7.1 Summary Info（概要信息）面板

如果是第一次使用 Summary Info（概要信息）面板，可以在 File 菜单中找到该功能面板，单击 File → Properties → Summary Info（概要信息）即可，如图 7.2 所示。

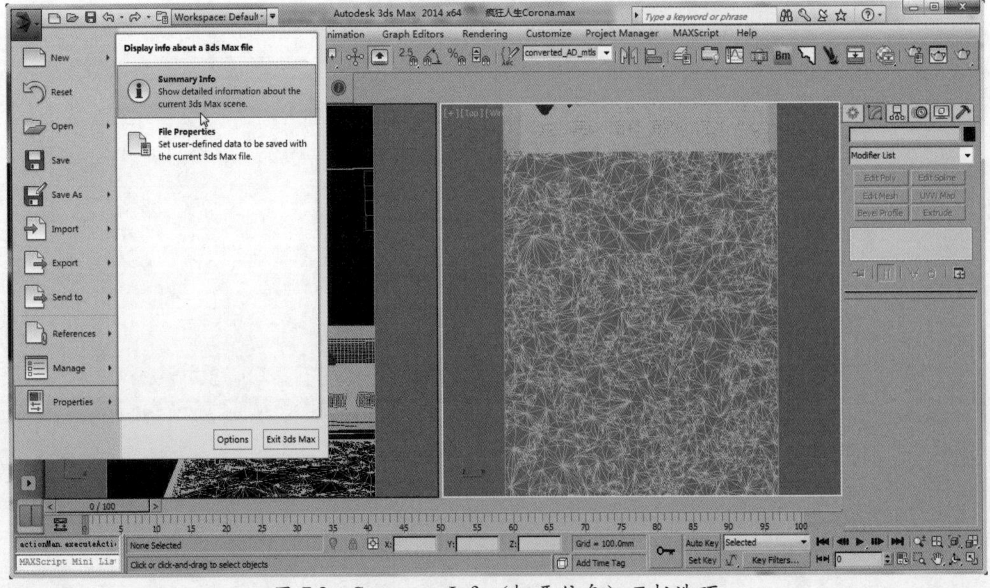

图 7.2 Summary Info（概要信息）面板选项

统计数据

3DS MAX 当中的 Statistics（统计数据）选项与前面所讲的 Summary Info（概要信息）面板在功能上相似，虽然它没有 Summary Info（概要信息）那么的全面，仅是对场景当中的面数、点数的统计。但它显示速度快，操作便捷而且带有三种数据统计的模式可以选择，并且 Statistics（统计数据）选项会显示在视图当中，可以通过它来实时检测场景模型数据变化，应用最多的为游戏行业，如图 7.3 所示。

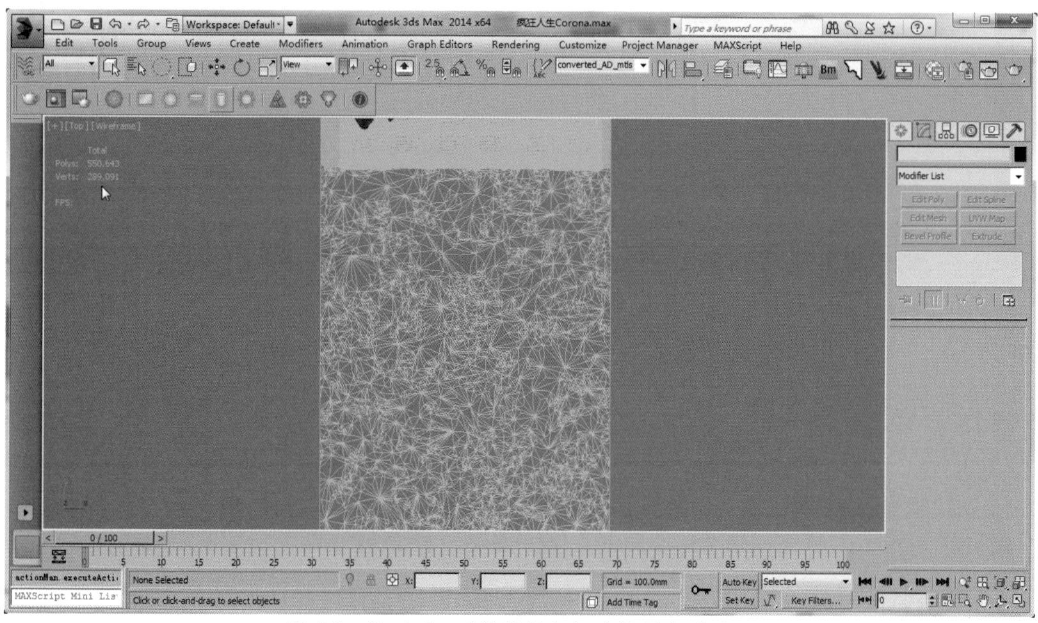

图 7.3　Statistics（统计数据）在视图中的显示

Statistics（统计数据）选项的开启与关闭可以在 Viewport（视图）菜单 → Viewport configuration（视图配置）当中设置，如图 7.4 所示。

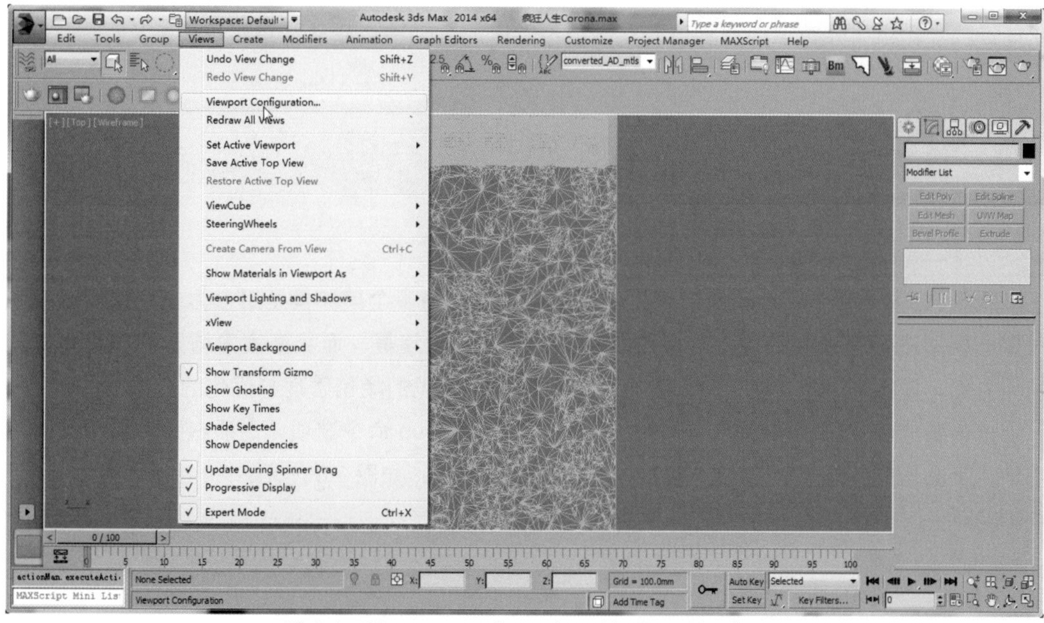

图 7.4　Viewport configuration（视图配置）选项

单击 Viewport configuration（视图配置）后，会弹出相关的设置面板，在该设置面板中选择 Statistics（统计数据）选项即可，但需要注意，如果想在视图中显示，必须将 Show statistics in Active View（在活动视图中显示统计数据）选项勾选，如图 7.5 所示。

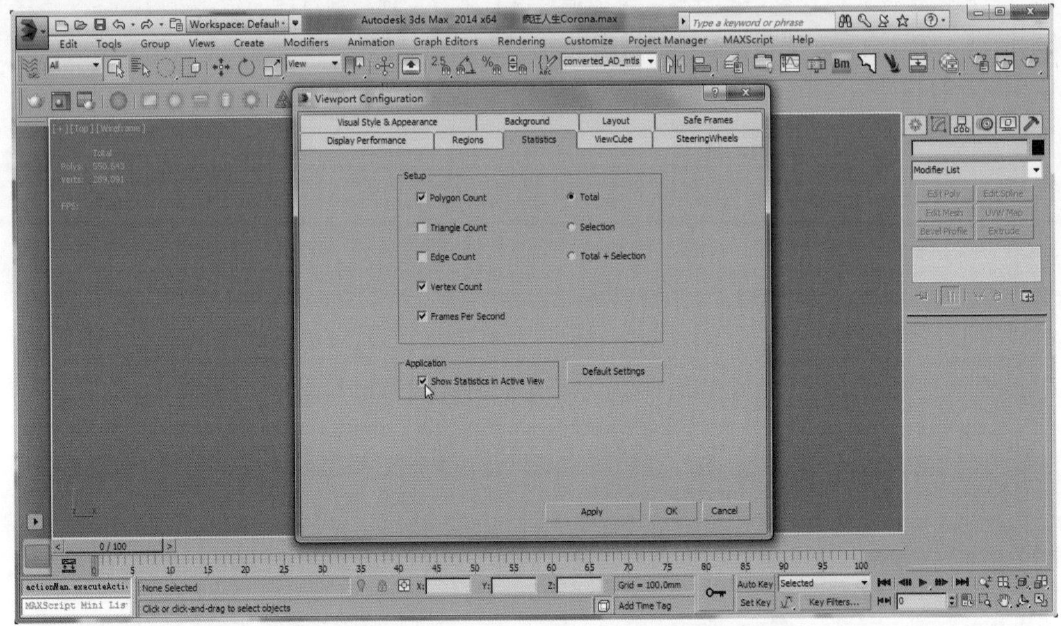

图 7.5　Statistics（统计数据）选项设置面板

分析总结

室内场景模型的面数、灯光、材质等相关信息非常重要，有经验的表现师可以通过这些数据信息来判断场景中是否存在问题，并且可以通过这些信息来合理的优化场景。

场景的优化对室内的表现工作有着非常重大的影响，不管是渲染速度还是操作速度，因此场景的优化对工作效率的提高以及整体工作进度的推动来讲是非常重要选择。

7.2　场景管理

7.2.1　成组

3DS MAX 当中的 Group（组）命令可以暂时性的将多个单体模型组合为一个整体，以便对整体模型进行变换间的操作，例如：缩放、移动、旋转等，而且在室内场景管理方面以及优化方面，使用 Group（组）命令的方法，也是一种常见的场景管理与优化的方法。

选中要成组的场景模型后，选择 Group 菜单 → Group 命令选项，之后在弹出的相关对话框中，手动自定义组名称即可，例如：疯狂人生 _ 陈设，如图 7.6 所示。

图 7.6　Group（组）命令对话框

7.2.2　图层

3DS MAX 中的 Group（组）命令也是场景管理方法中的常用项，除此之外，使用 Layer（图层）也可以达到类似的功能，将单体模型或者整体模型整合到使用的图层中，但命名标准需要规范，这样对后面的操作才会方便，因此需要注意，如图 7.7 所示。

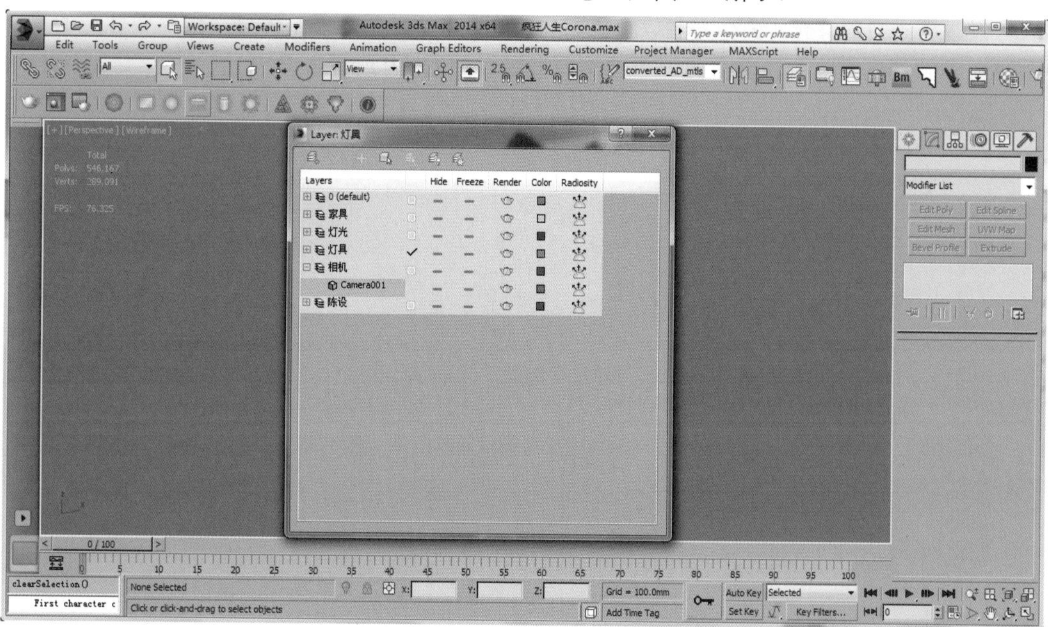

图 7.7　Layer（图层）中的分类命名

7.2.3 选择

3DS MAX 中的 Selection（选择集）功能与 Layer（图层）相似，但本质上还是有区别的，Selection（选择集）对比 Layer（图层）要更加便捷快速，如图 7.8 所示。

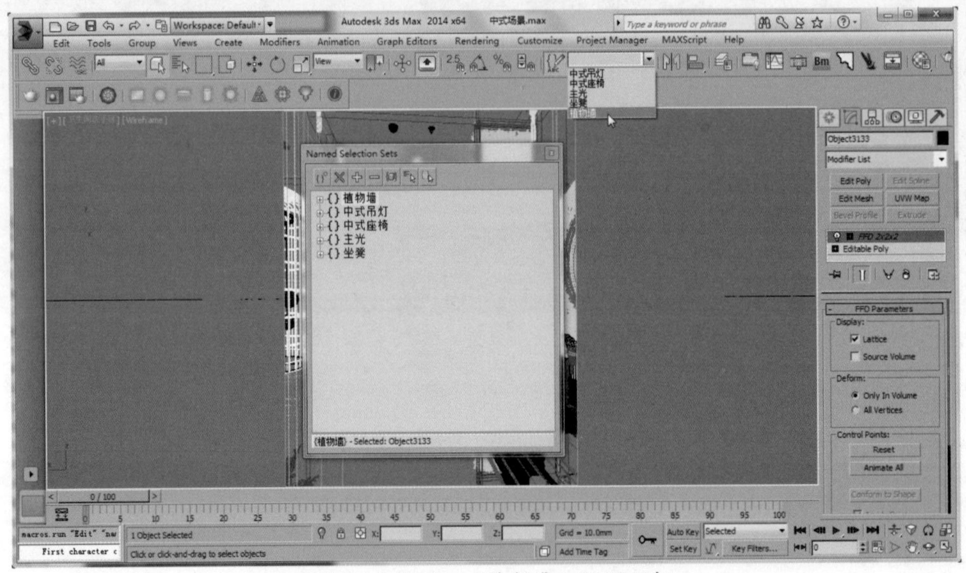

图 7.8 Selection（选择集）设置面板

7.2.4 列表

Corona 渲染器中的灯光可以使用灯光列表来进行整体、单体或者分类管理，通过灯光列表可以对场景中的灯光，进行命名、颜色、强度的调节操作等，非常方便，但需要注意的是，Corona 渲染器的灯光列表需要另外单独下载安装，如图 7.9 所示。

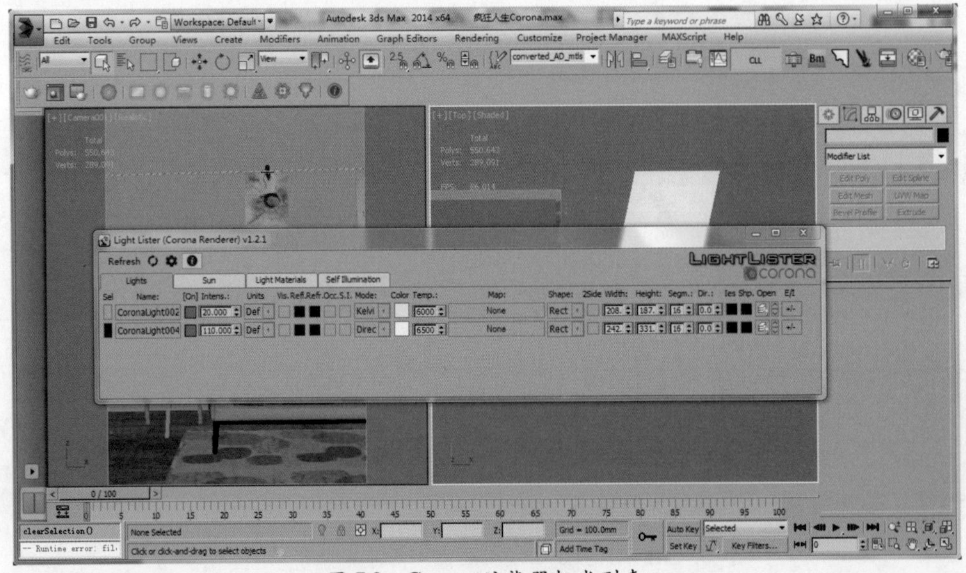

图 7.9 Corona 渲染器灯光列表

7.2.5 管理总结

本小节中所讲解的 Group（组）、Layer（图层）、Selection（选择集）等，都是常用的场景管理选项，通过这些命令选项可以将场景模型快速地分类与归纳，对于初次接触这方面的读者，笔者推荐在对场景模型编辑分类时，使用 Layer（图层）与 Group（组）命令选项相互配合使用，这是因为这两个命令选项配合使用更容易理解和学习，特此推荐。

7.3　场景问题

7.3.1　幽灵物体

对于幽灵物体相信很多读者朋友可能第一次听说，其实幽灵物体的生成，是因在模型创建阶段的错误操作所产生的问题模型，之所以叫幽灵物体是因为它可以进入内部的编辑级别并且也可以查看到相关的点、线、面数的信息，唯独在视图当中以及渲染图像中不可见，如图 7.10 所示。

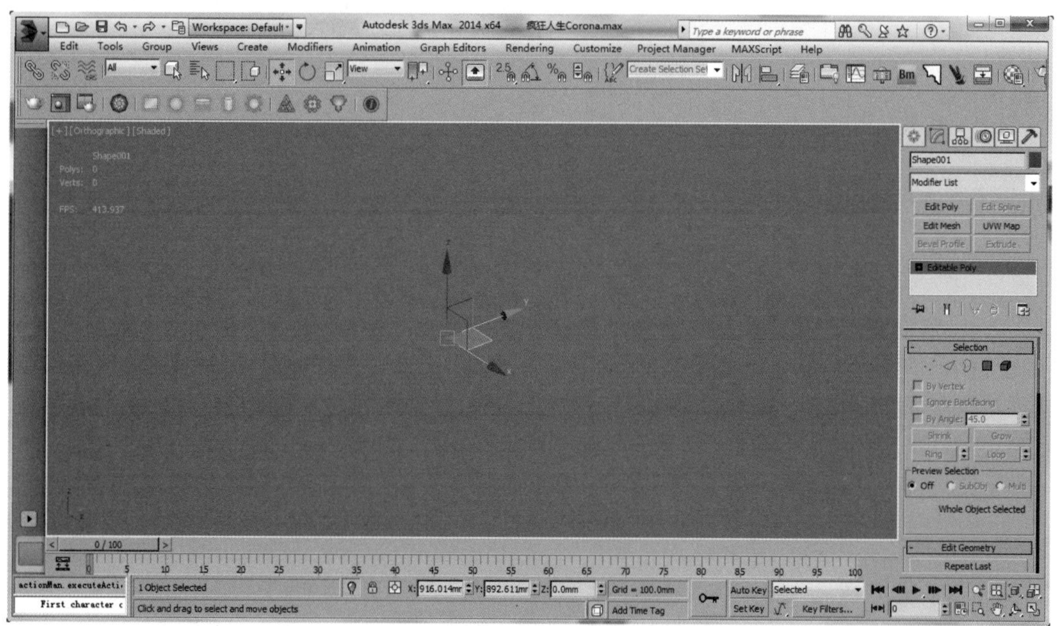

图 7.10　视图中的幽灵物体

幽灵物体有些类似模型物体被隐藏后的显示方式，但幽灵物体是可以被选中，同时也可以转到修改器面板进行编辑的物体，而且还可以再次添加修改器，例如：FFD2×2×2 等等。

幽灵物体对图像的渲染速度以及最终的图像质量都会产生较大的影响，如果场景模型当中存在着幽灵物体，非常容易造成场景模型文件出错或文件损坏等。

如果想解决场景当中的幽灵物体有两种解决方法。

- 手动对场景当中的模型进行逐个排查。
- 通过插件脚本等快捷工具进行查找。

7.3.2　内存负载

长时间在 3DS MAX 软件中执行编辑、调整等操作命令，例如：编辑、创建等等，都会有很多命令历史残留在内存中，如果残留在内存中的命令较多，就会造成操作上的卡顿，甚至有时由于内存负载超载而造成 3DS MAX 软件崩溃，因此在编辑场景时，一旦发现操作上出现卡顿，就可以使用 File（菜单）→ Reset（重置）命令，将场景重置后，在重新打开场景模型就可以将内存清空，从而解决内存负载的问题，如图 7.11 所示。

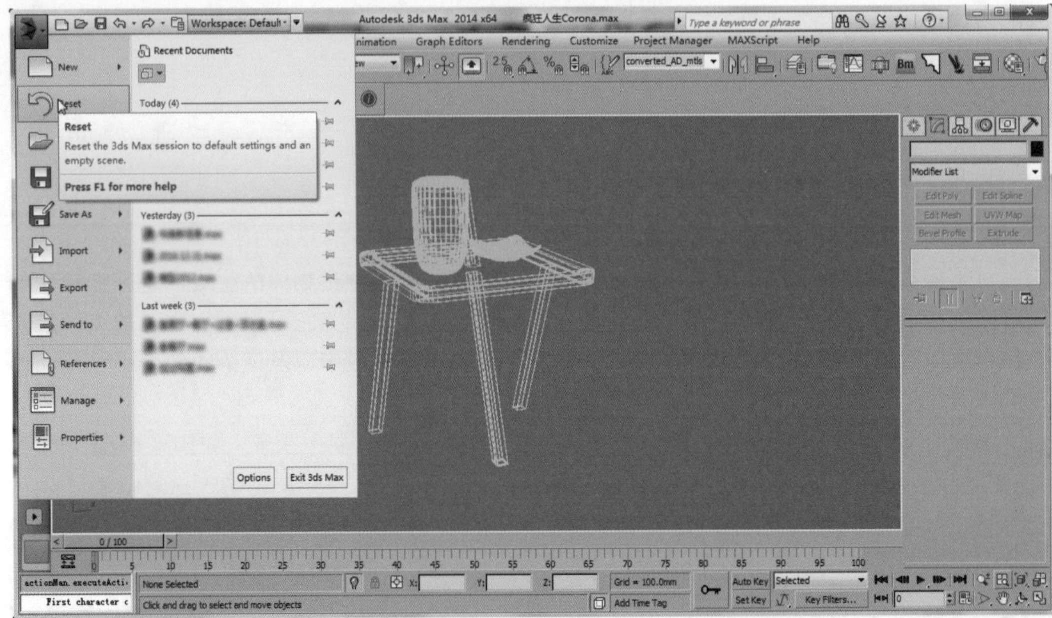

图 7.11　重置命令选项

7.3.3　隐藏灯光

Corona 渲染器的渲染面板中有一个渲染隐藏灯光项，默认该选项为未勾选，建议读者不管是制作怎样的室内场景，最好都要将 Scene（场景）面板中的 Render hidden lights（渲染隐藏灯光）命令选项勾选，勾选此项后，可以让被隐藏的灯光依然对场景产生照明效果，如图 7.12 所示。

图 7.12　勾选 Render hidden lights（渲染隐藏灯光）命令选项

7.3.4　问题总结

上述所讲的内容都是在渲染与操作阶段需要注意的各种问题，不难发现这些问题主要集中在转折的细节点上，例如：渲染设置、模型、内存、硬件等等。

对于表现中的问题，不仅是单一的而是多面性的，因此读者要多总结这其中的问题和解决方法，以便积累更多经验。

希望读者记住，对于问题不要避讳而要敢于面对，这样才会在表现的技术道路上走得长远。

7.4　本章小结

本章所讲解的内容是完全独立的，可以说是脱离了 Corona 渲染器的知识部分，之所以讲解场景管理方面的知识，主要还是希望可以帮助更多初次学习或对此较为模糊的读者，给他们一些专业的指导，以便可以在技术上有所提高，最后希望读者通过本章的学习和借鉴，可以总结出属于自己的一套场景管理方法，这不仅在精神方面有成就感，而且也是个人技术向前迈进的表现。

第 8 章

室内体积光

◆ 本章学习目标

◎ 什么是体积光
◎ 体积光的制作
◎ 明确技术重点

体积光是光线照射到某物质后在物体周围留下的光泽，其实我们常说的体积光是一种可见光，由于可以看出该光线的体积大小和照射范围，因此将此类形式的光线效果称之为体积光，如图 8.1 所示。

图 8.1　室内体积光效果

8.1　场景设置

单位设置

如果想要在室内空间当中表现体积光效果则需要注意：因为不管是什么样的室内场景，体积光效果的模拟是离不开实际空间的尺寸比例，所以在模型创建初期都要对 3DS MAX 的系统单位进行相关的设置，以便更好地完成空间体积光效果的模拟。

国内在室内方面常用的尺寸单位有两种，分别是厘米与毫米，而本次讲解的体积光案例场景中所设置的系统单位尺寸是毫米。

在 Customize（自定义）菜单内，单击 Units Setup （单位设置）→ System Unit Setup（系统单位设置）选项，并在弹出的相关设置面板中，将系统尺寸单位设置为 Millimeters（毫米），如图 8.2 所示。

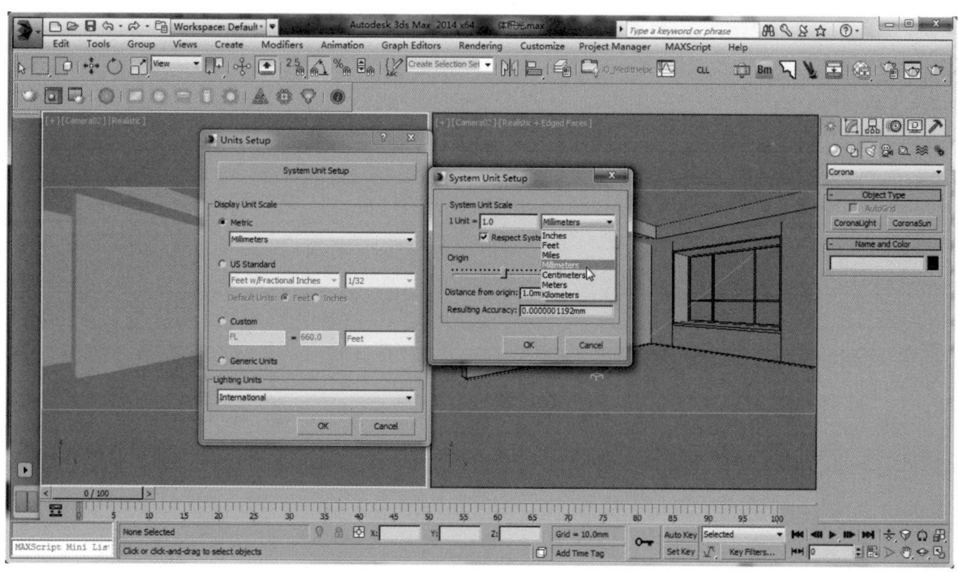

图 8.2　设置系统单位为“毫米”

灯光创建

本章讲解的体积光场景当中仅创建了一盏Corona渲染器自带的灯光CoronaSun（太阳光），使用一盏CoronaSun（太阳光）便可以完成室内空间体积光效果的模拟，但需要注意场景中所创建的灯光角度与最终呈现的体积光效果有很大的关系，会直接影响到体积光线的范围属性等等，因此笔者建议最好选择灯光创建角度与相机角度之间的夹角大于90°，如图8.3所示。

灯光的高度对于体积光效果的模拟也是一个重点，建议在TOP（顶）视图中创建好合适的CoronaSun（太阳光）灯光位置后，最好与Corona渲染器自带的交互式渲染配合，在实时交互的模式下调节一个理想合适的灯光高度，如图8.4所示。

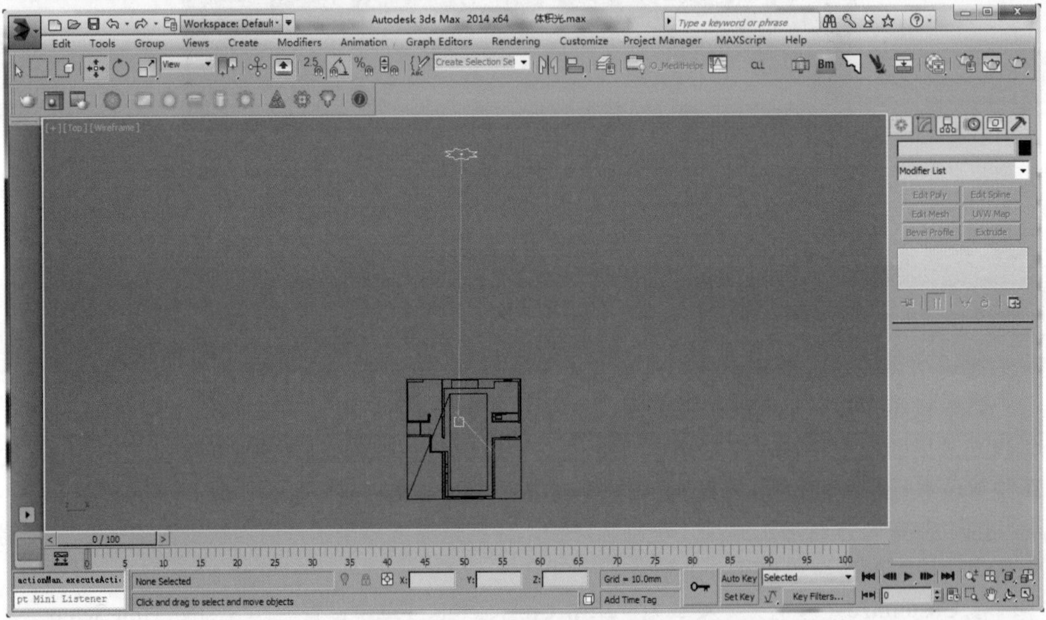

8.3　灯光与相机夹角为220°

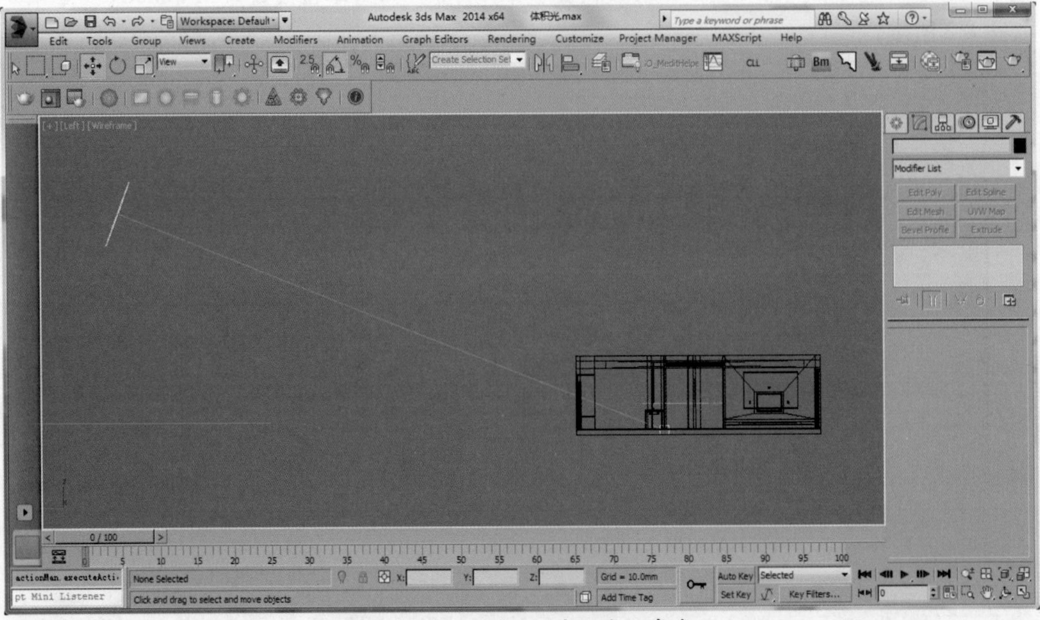

图8.4　CoronaSun（太阳光）高度

当室内场景当中的灯光创建好后，可以在视图中启用交互式渲染，以便可以快速地观察灯光在室内空间中的照明效果，如图 8.5 所示。

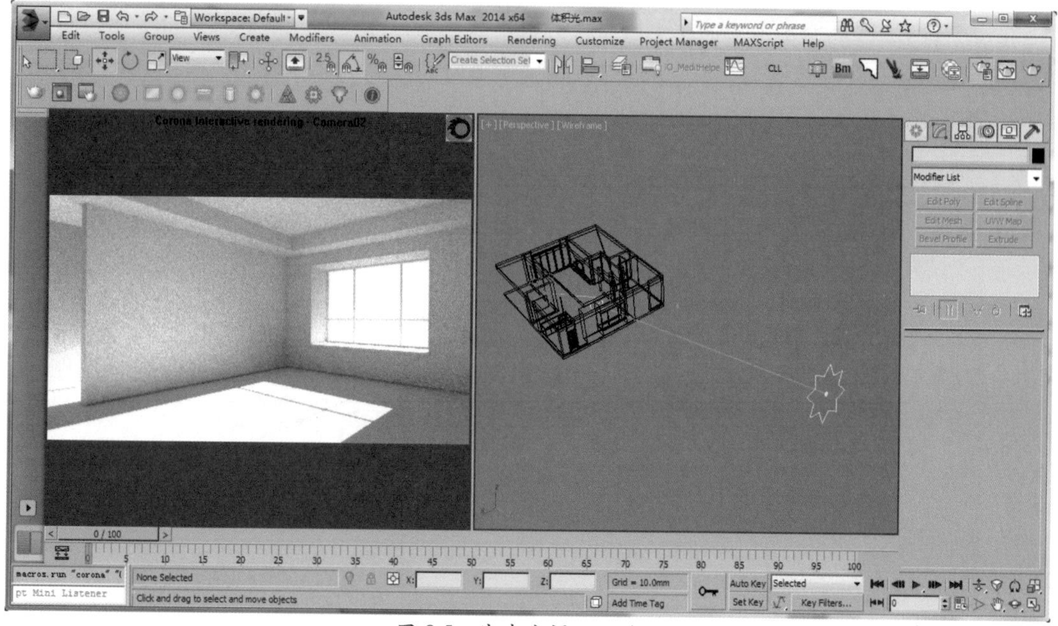

图 8.5　室内空间照明效果

灯光参数

创建的 CoronaSun（太阳光）灯光一些基础参数无需调节，例如：颜色、强度等等，仅将灯光的 Size（大小）选项参数调节为 3.0 即可，使用该选项参数来控制光线投射后所产生阴影的模糊强度，如图 8.6 所示。

图 8.6　设置 Size（大小）参数值为 3.0

8.2 渲染设置

Corona 渲染器的渲染设置面板无需过多的调节参数，仅调节内部的 Pass limit（通过限制）与 Denoise Mode（降噪模式）这两项后便可以测试渲染室内空间内的体积光效果，如图 8.7 所示。

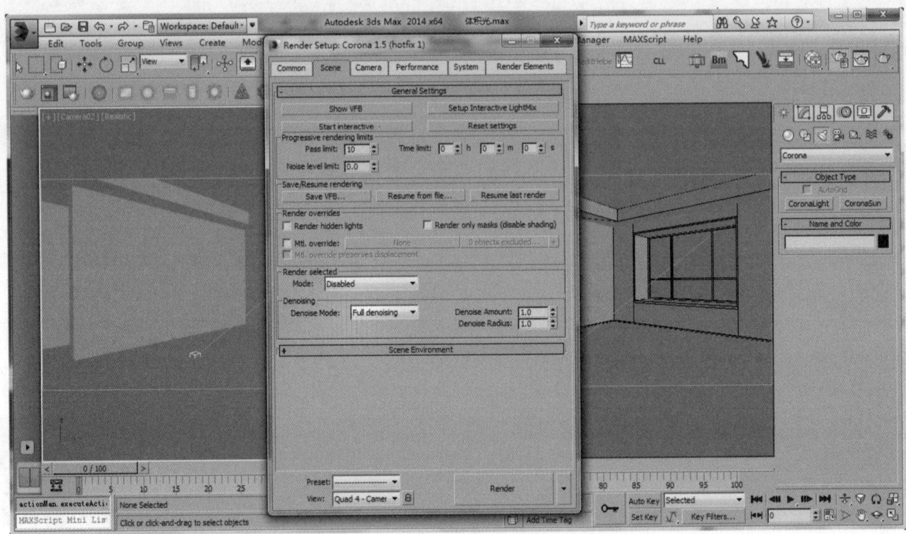

图 8.7　具体相关选项的设置

8.3 材质调节

室内空间中的体积光效果不是像读者联想的，使用什么特效或者其他的环境控制器、生成器制作的，而仅是使用 Corona 渲染器自带的材质便可以快速地完成体积光效果的制作，首先在渲染设置面板中勾选 Scene（场景）面板 → Global volume material（全局体积材质）选项，如图 8.8 所示。

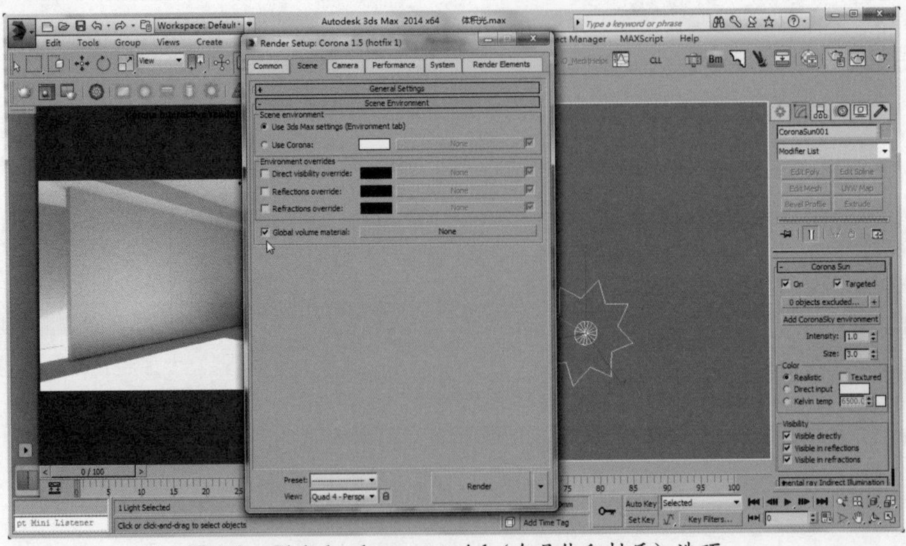

图 8.8　Global volume material（全局体积材质）选项

当勾选 Global volume material（全局体积材质）选项后，仅表示启用“全局体积材质”功能选项而并非正式使用，如想正式使用需要在后面的相关节点当中添加“体积材质”，如图 8.9 所示。

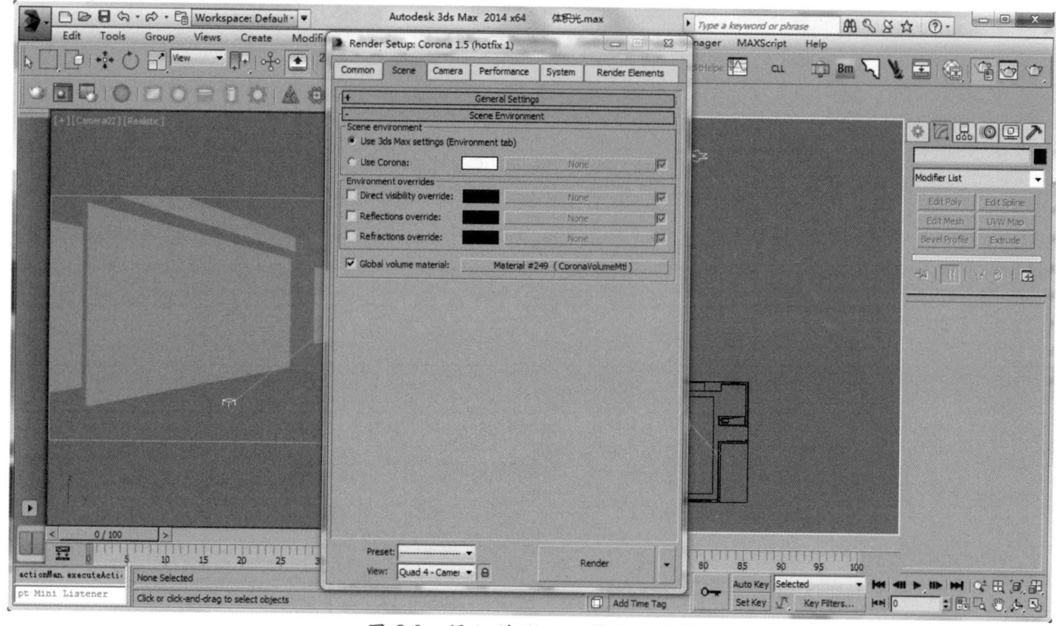

图 8.9　添加的 CoronaVolumeMtl

材质添加好后需要将添加的 CoronaVolumeMtl（体积材质），拖入到“材质编辑器”中进行相关的参数调节，同时也是便于控制体积光效果的生成，但注意在复制时弹出的“复制属性”的选项面板中，不需做任何调节仅保存默认 Instance（实例）选项即可，如图 8.10 所示。

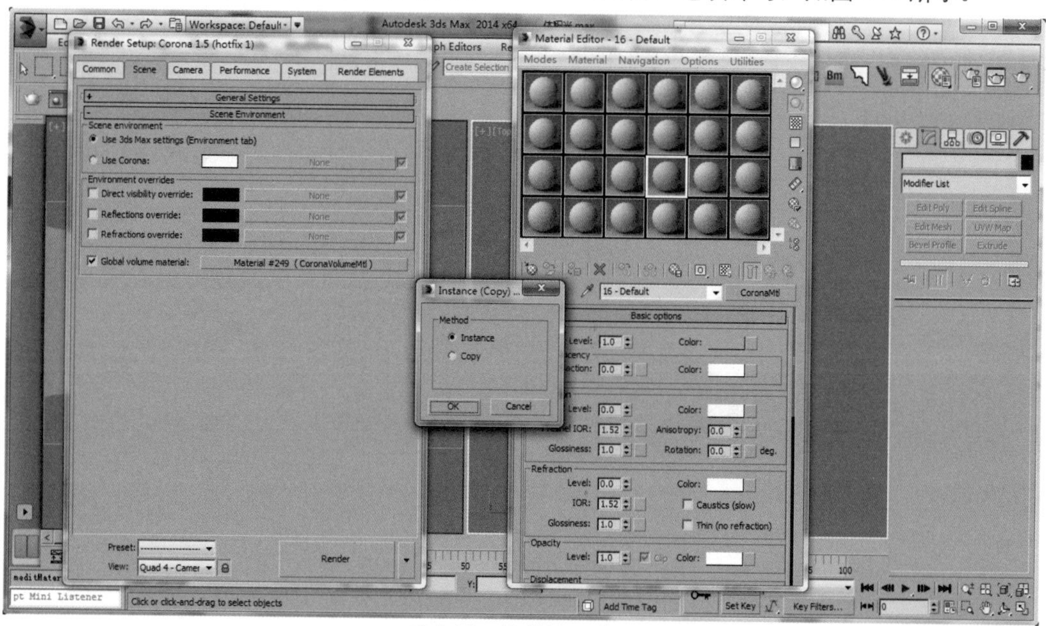

图 8.10　保持默认选项

CoronaVolumeMtl（体积材质）复制到“材质编辑器”中后，可以发现当前的 CoronaVolumeMtl（体积材质）是没有任何形式形态的，完全透明，如图 8.11 所示。

图 8.11　空白的“体积材质”

CoronaVolumeMtl（体积材质）默认的显示方式就是完全透明，因此不要觉得奇怪，认为是渲染器或者 3DS MAX 软件等问题，调节内存的参数选项就可以看到材质的变化，而且 CoronaVolumeMtl（体积材质）一直保持默认参数值，渲染的图像中也不会产生任何的变化，如图 8.12 所示。

图 8.12　CoronaVolumeMtl（体积材质）默认渲染效果

建议从上向下依次的调节 CoronaVolumeMtl（体积材质）的内部参数，这样不容易产生混乱并且在调节的次序上也很容易操作与控制。

因 Absorption（吸收项）作为最上方的功能选项可先来调节，将 Absorption（吸收项）颜色按照参照图片所示，仅调节 Value（明度）参数值即可，如图 8.13 所示。

图 8.13　调节明度为 210 参数值

Distance（距离）参数选项是主要是用来控制体积光效果产生的范围以及光线强度，是非常重要的参数选项，如图 8.14 所示。

图 8.14　设置 Distance（距离）参数值为 100

虽然调节了 Absorption（吸收项）中的 Distance（距离）选项，而且也查看到了图像中体积光效果的产生，但不是我们想要的体积光效果而且窗口周围一片漆黑，这些问题应该怎么去调节与处理呢？

首先窗口周围一片漆黑，这主要是由体积材质 Absorption（吸收项）中的 Distance（距离）选项参数较小所造成的，如果将 Distance（距离）参数值调高，效果马上就会不一样，如图 8.15 所示。

图 8.15　调节 Distance（距离）为 1000 参数值

最后根据实际效果的需要，将 Distance（距离）参数值调节为 3000，Distance（距离）参数值的设置有一个技巧，可以测量一下场景模型的实际大小，然后经过估算并与交互式渲染进行配合，做参数值上的微调，这样就可以很快地得出较好的 Distance（距离）参数值，如图 8.16 所示。

图 8.16　Distance（距离）参数为 3000 的渲染效果

相信跟着本章的案例流程顺序以及各项操作的技巧学习，也可以很轻松地渲染出非常漂亮的室内体积光效果，最后来看一下最终完成的体积光效果，如图 8.17 所示。

图 8.17　室内体积光最终渲染效果

8.4　本章小结

本章讲解了在室内空间方面如何渲染制作体积光效果，同时也分享了一些快捷方法以及技术要点，希望读者在业余的时间将这部分内容学习并吸收，明白其中的含义和更深层的技术要点。

第 9 章

单体案例

◆ 本章学习目标

◎ 学习单体布光
◎ 掌握材质流程

本章为单体雕塑渲染案例，希望通过本案例的学习掌握基本的布光思路、灯光设置、材质调节等具体的各项操作步骤和流程，以便为后面的大量场景案例学习打下坚实的基础。

9.1　案例场景

9.1.1　案例概述

案例所使用的模型场景为人像雕塑，而且整体的渲染场景的搭建也非常简单，仅是雕塑模型和背景板模型这两个部分构成，如图 9.1 所示。

图 9.1　单体案例渲染场景

9.1.2　场景照明

场景中的照明没有使用任何的灯光，而是使用了 HDRI（高范围动态贴图）为场景提供基础照明。

如果对于 HDRI（高范围动态贴图）不太了解的读者，可以简单理解为带有灯光信息的色彩贴图，相信这样的解释能够让你理解。

单击 Render（渲染）菜单 → Environment and Effects（环境与特效）面板，或者直接使用数字键“8”将“环境与特效”面板打开，如图 9.2 所示。

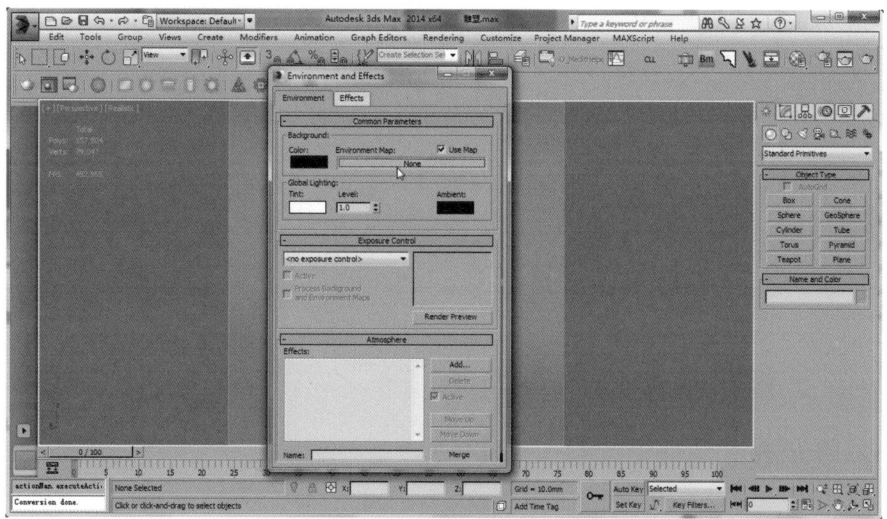

图 9.2　打开“环境与特效”面板

当单击 Environment Map（环境贴图节点）后，将会弹出 Material/Map Browser（材质/浏览器）面板，在面板当中选择 VRayHDRI（高范围动态贴图）加载，如图 9.3 所示。

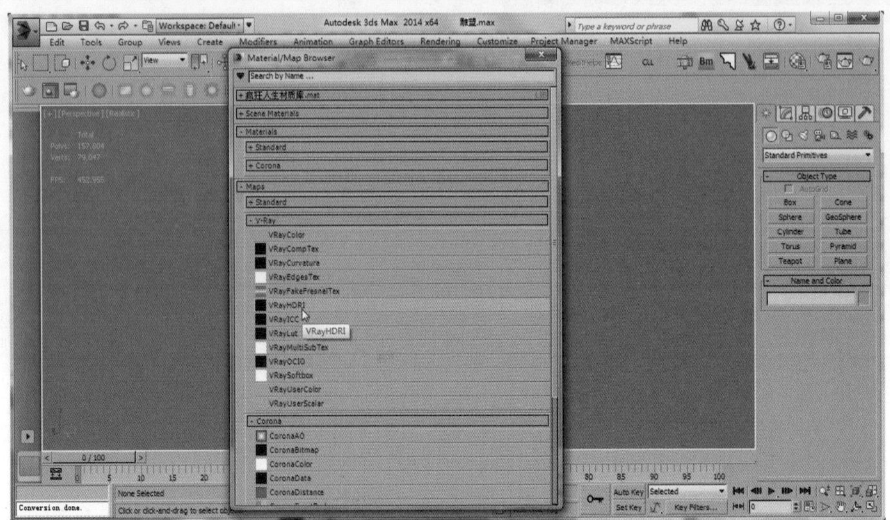

图 9.3　加载 VRayHDRI（高范围动态贴图）

9.2　渲染设置

9.2.1　HDRI 调节

将 Environment Map（环境贴图）中的 VRayHDRI（高范围动态贴图）拖动到 Material Editor（材质编辑器）中以便调节与控制，会弹出 Instance/Copy（关联 / 复制）选项面板，保持默认选项即可，如图 9.4 所示。

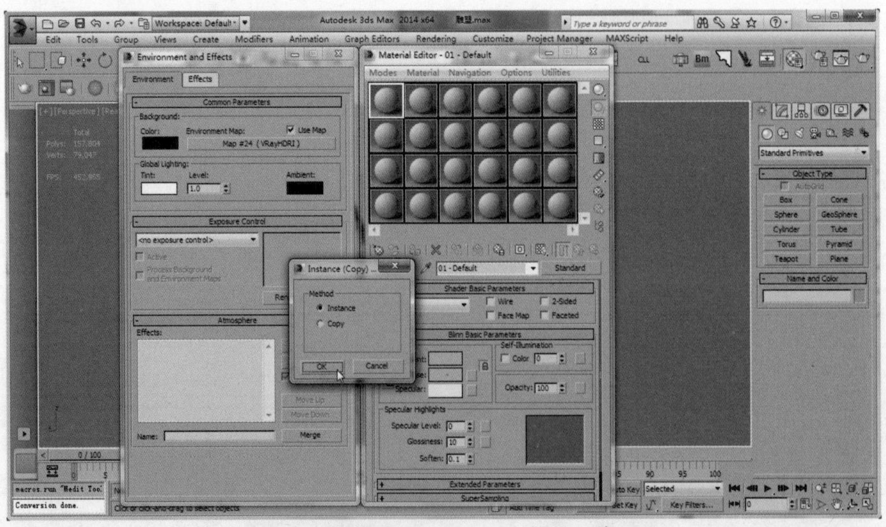

图 9.4　保持默认 Instance（实例）选项

如果 VRayHDRI（高范围动态贴图）未载入相关的贴图文件，在 Material Editor（材质编辑器）中会以全黑色彩显示，如图 9.5 所示。

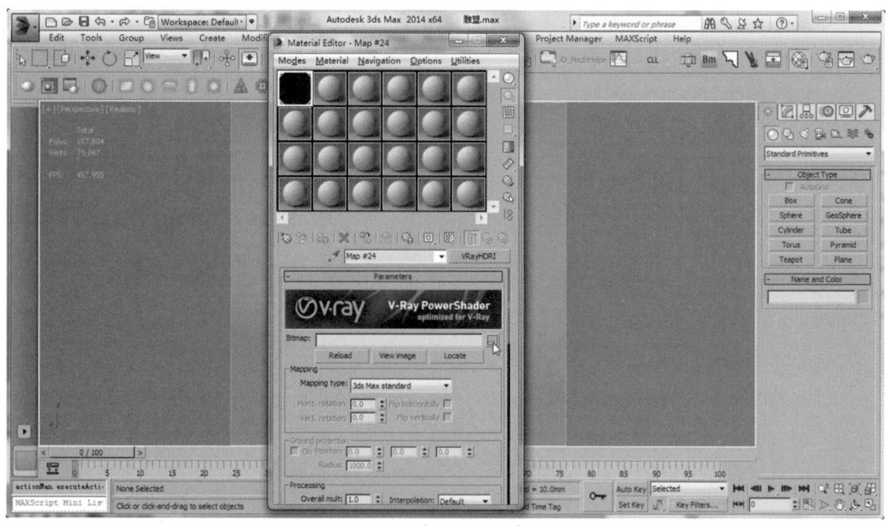

图 9.5　VRayHDRI（高范围动态贴图）基础显示

通过 VrayHDRI（高范围动态贴图）中的 Bitamp（位图）路径，手动添加相关的具体文件即可，本案例中所使用的 VrayHDRI（高范围动态贴图）为三灯摄影布光的贴图文件，如图 9.6 所示。

图 9.6　VrayHDRI（高范围动态贴图）文件

VrayHDRI（高范围动态贴图）的内部参数选项虽多但常用的较少，以本案例为例，仅调节了 Horiz.rotation（水平旋转）、Vert. rotation（垂直旋转）和 Overall mult（整体强度）这三项参数，具体相关参数如图 9.7 所示。

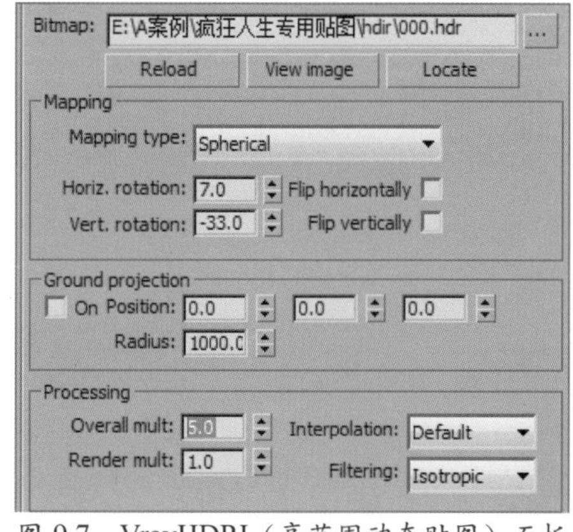

图 9.7　VrayHDRI（高范围动态贴图）面板

VrayHDRI（高范围动态贴图）不但可以对场景产生照明，同时也会对场景色彩产生影响，如图 9.8 所示。

图 9.8　VrayHDRI（高范围动态贴图）对场景的色彩影响

9.2.2　渲染面板

不管什么样的场景只要做渲染就必须对渲染设置面板中的各项参数做一些基础调节，这样才能对图像进行测试渲染，具体相关的渲染设置如图 9.9 所示。

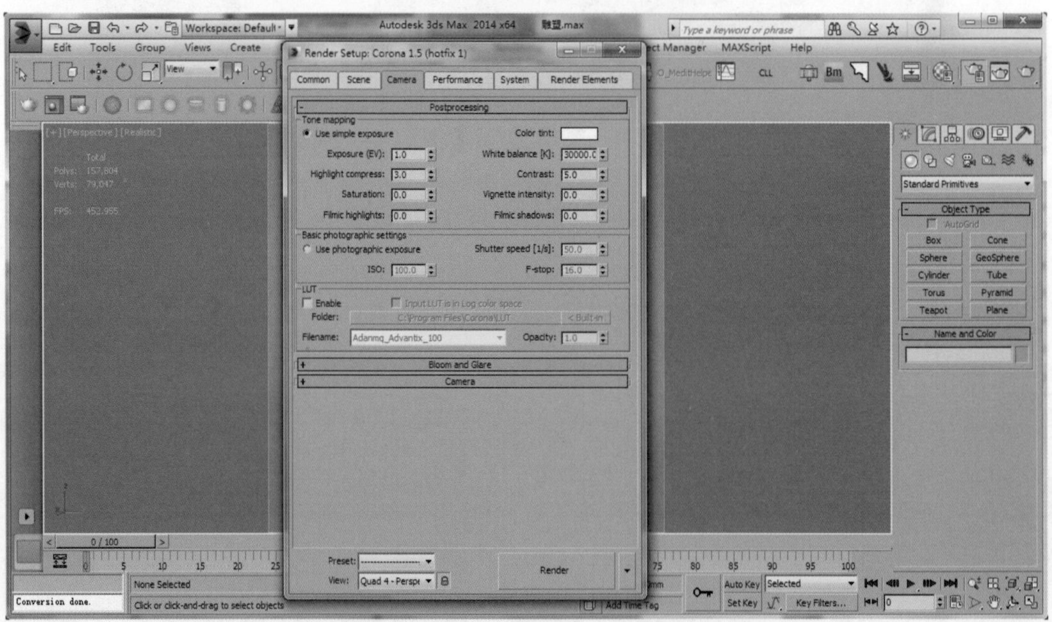

图 9.9　Camera（相机）面板设置参数

9.3 材质调节

9.3.1 材质概述

由于场景模型材质较为单一，仅包含有金属、墙面两部分，金属主要是表现长期在室外空间搁置的带有破损以及划痕细节的铜金属材质。

切换材质

虽然 Corona 渲染器支持 3DS MAX 的 Standard（标准）材质，但并不适合作为主要应用的材质类型，切换为 CoronaMtl（标准材质）即可，具体操作如下。

选择“雕塑金属”材质后，将材质类型切换为CoronaMtl（标准材质），如图9.10所示。

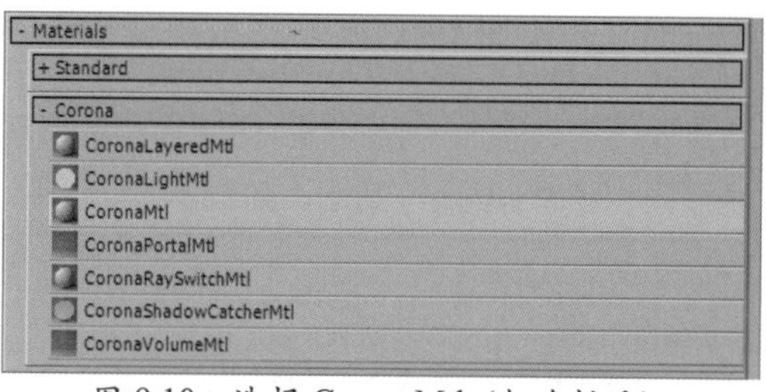

图 9.10 选择 CoronaMtl（标准材质）

反射参数

对于金属类的材质来说，反射决定着材质效果的品质，因此反射中的参数设置非常重要。

设置 Reflection（反射）的 Level（级别）参数值为“0.5”，用于控制反射效果的产生与强度。

设置 Glossiness（光泽度）参数值为“0.4”，而其他参数选项保持不变。

材质的基础设置如图 9.11 所示。

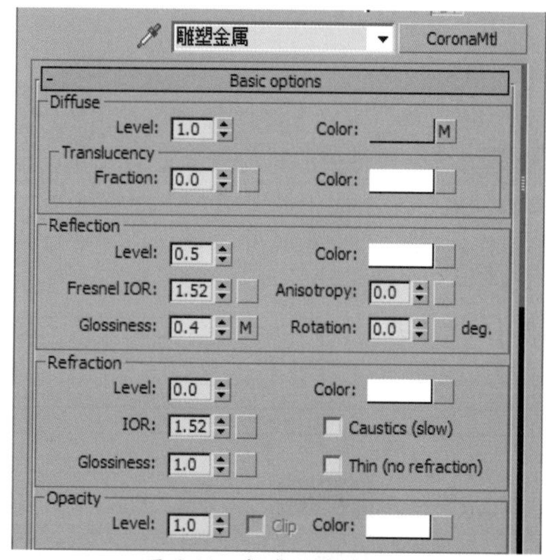

图 9.11 材质的基础设置

设置好“雕塑金属”材质基础属性后，可以通过视图中的“交互式渲染”查看调节后的材质效果，如图 9.12 所示。

图 9.12 测试渲染“雕塑金属”材质效果

9.3.2 颜色贴图

Diffuse

Diffuse（漫反射）作为材质的主要着色选项，不仅可以使用“拾色器”调色，也可以与3DS MAX自带的“程序贴图”相互配合，创造出千变万化的色彩与图形。

在Diffuse（漫反射）中Color（颜色）节点选项中，添加一张3DS MAX自带的“程度贴图”Mix（混合）贴图，如图9.13所示。

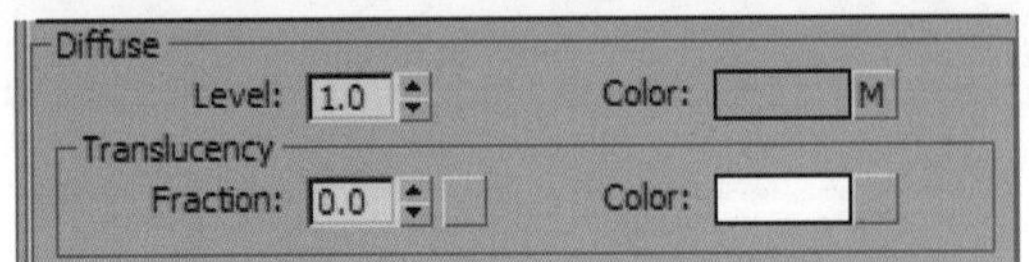

图 9.13 添加 Mix（混合）贴图

Mix

在Color（颜色）中添加Mix（混合）贴图是为了制作复杂的材质表面色彩变化，将Mix（混合）贴图中的Color #1、Color #2、MixAmount（混合数量）三项，按顺序依次在相对应的None（节点）中加入Mix（混合）、Falloff（衰减）、CoronaAO（阻光）这三张贴图，如图9.14所示。

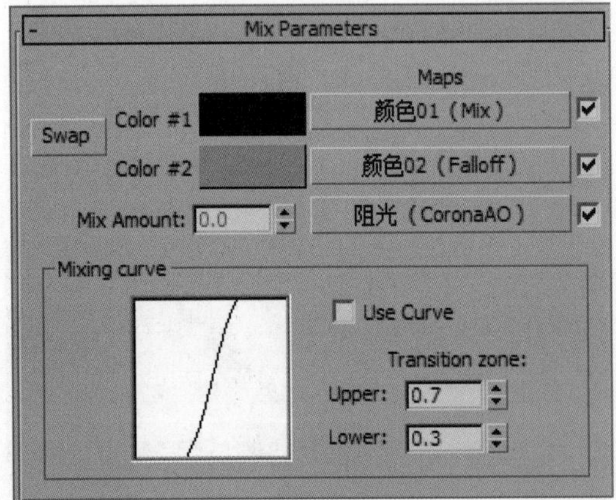

图 9.14 Mix（混合）贴图中添加贴图

颜色01

按顺序先来调节被命名为“颜色01”的Mix（混合）贴图，将其内的Color #2、MixAmount（混合数量）按顺序依次在相对应的None（节点）中添加RGB Multiply（颜色倍增）与CoronaAO（阻光）贴图，如图9.15所示。

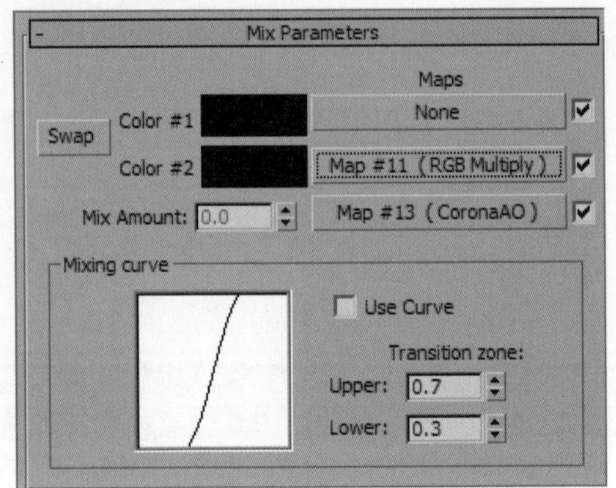

图 9.15 Mix（混合）贴图中添加贴图

颜色倍增

RBGMultiply（颜色倍增）是3DS MAX软件当中程序贴图，该贴图的功能类似Photoshop中的“图层叠加”功能。

通过RBGMultiply（颜色倍增）贴图内部的功能选项，可以快速地将两张完全不同样式与颜色的贴图进行色彩混合、纹理混合等，如图9.16所示。

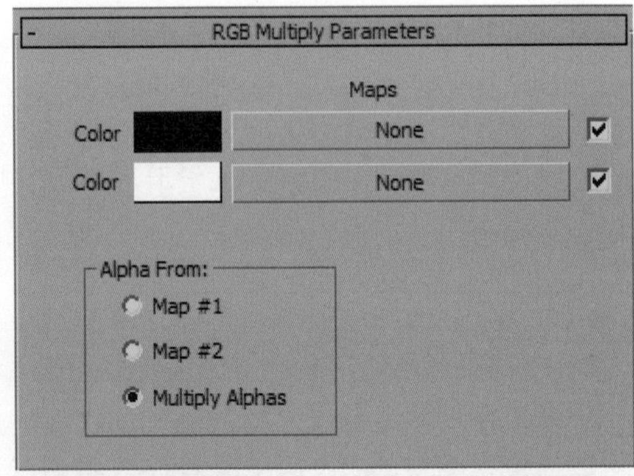

图 9.16 RBGMultiply（颜色倍增）贴图面板

首先将RBGMultiply（颜色倍增）贴图中的Color#1颜色调节为“R：118、G：74、B：0”，如图9.17所示。

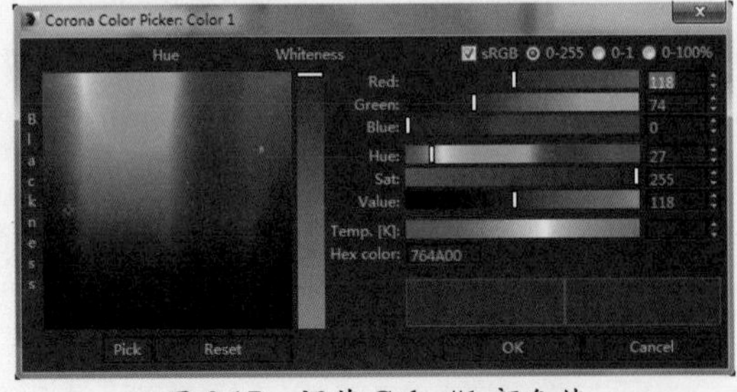

图 9.17 调节 Color#1 颜色值

在 RBGMultiply（颜色倍增）中的 Color#2 相对应的节点中，添加一张金属贴图，如图 9.18 所示。

通过上述的操作讲解，将 RGBMultiply（颜色倍增）面板调节完成，如图 9.19 所示。

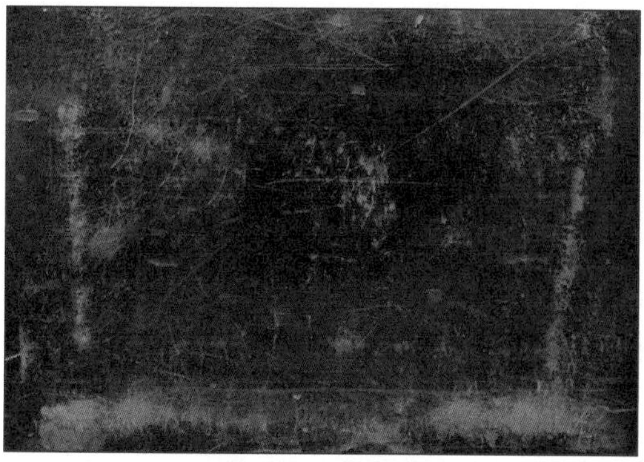

图 9.18 金属贴图

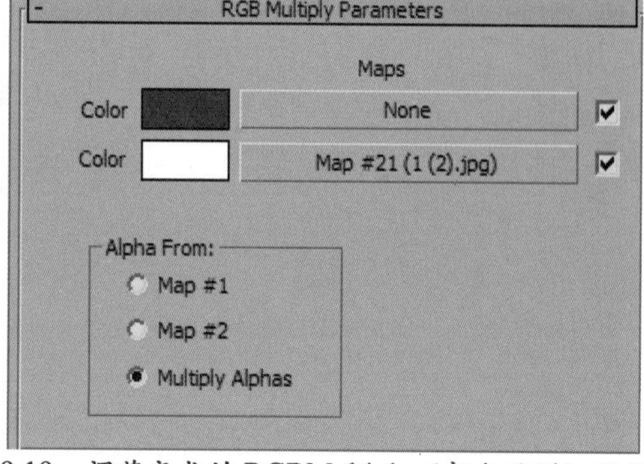

图 9.19 调节完成的 RGBMultiply（颜色倍增）贴图

阻光

为了让颜色的分布能够跟着模型造型而产生变化，选择使用 CoronaAO（阻光）贴图来进行颜色的混合数量控制是最好不过的了。

添加在“颜色 01”MixAmount（混合数量）中的 CoronaAO（阻光），无须做过多设置，仅设置 Max Distance（最大距离）参数值即可，如图 9.20 所示。

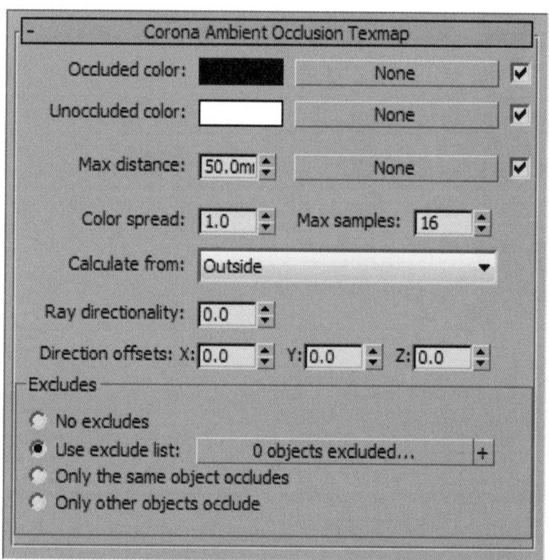

图 9.20 设置 Max Distance（最大距离）参数

颜色 02

修改在颜色 02 当中的 Falloff（衰减）贴图，将内部的白色修改为“R：195、G：151、B：109”参数值的土色，如图 9.21 所示。

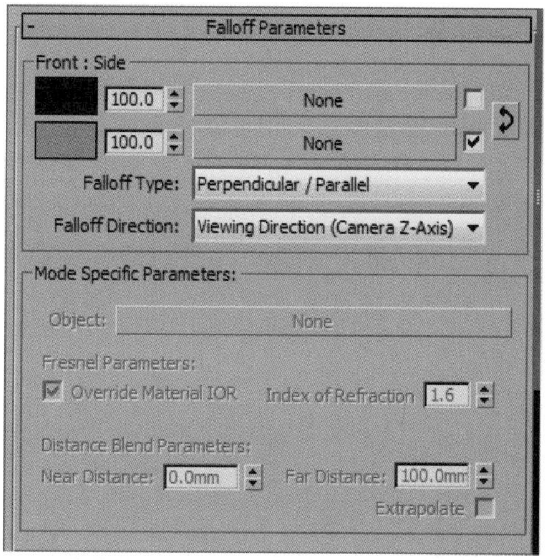

图 9.21 Falloff（衰减）贴图中的色彩

阻光

当 Mix（混合）贴图中的“颜色 01”与“颜色 02”内部的贴图都调节好后，最后仅剩 MixAmount（混合数量）中的 CoronaAo（阻光）贴图，设置 CoronaAo（阻光）贴图中的 Max distance（最大距离）参数值为“150”，如图 9.22 所示。

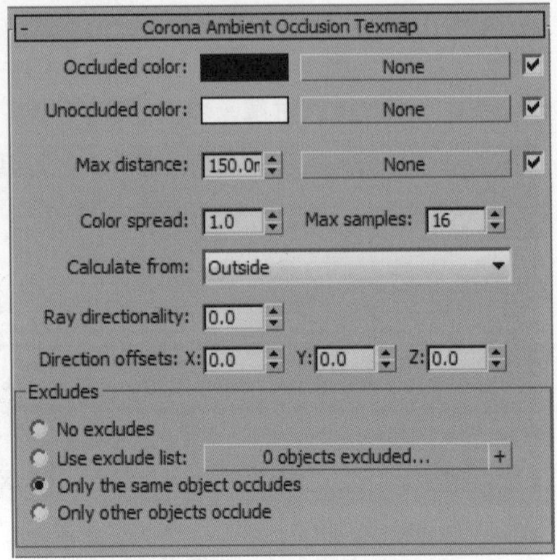

图 9.22　CoronaAo（阻光）贴图

9.3.3　材质凹凸

凹凸用于表现金属材质本身的划痕以及破损效果，在 Corona 渲染器当中的材质“凹凸参数”保存默认值即可，但使用的“凹凸贴图”最好不要使用带有色彩信息的位图，以单色的位图最好，如图 9.23 所示。

图 9.23　凹凸中所用的单色贴图

9.4　本章小结

通过对“雕塑金属”材质的剖析，重点讲解了如果通过 Mix（混合）贴图与 CoronaMtl（标准材质）进行相互配合，制作出真实的复合材质，相信对本章学习后一定对 CoronaMtl（标准材质）方面有更进一步的认识，除了使用 CoronaMtl（标准材质）以外，CoronaLayeredMtl（层材质）同样也可以制作非常真实的复合金属，如图 9.24 所示。

图 9.24　图像局部渲染效果

第 10 章

场景模型制作

◆ 本章学习目标

◎ 掌握室内模型创建方法
◎ 清楚模型细节与重点
◎ 明确模型的重要性

10.1 室内墙体制作

通常在 3DS MAX 当中创建墙体的方式有以下两种：

- 勾勒“样条线”
- 创建 Box（盒子）

通过一个简单的 CAD 图形与 3DS MAX 配合，为读者演示这两种方法的具体操作以及注意事项，以便更好地理解这两种墙体的创建方法，如图 10.1 所示。

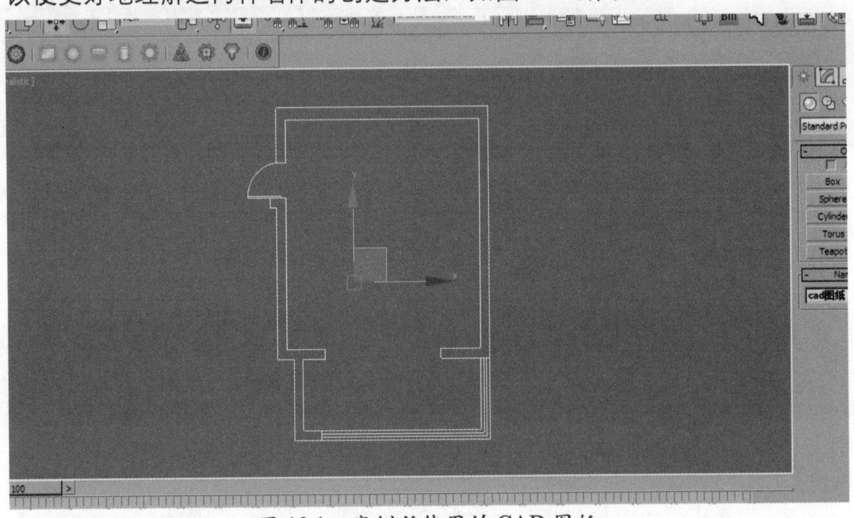

图 10.1 案例所使用的 CAD 图纸

10.1.1 勾勒“样条线”

对于墙体模型，国内大多数朋友使用勾勒“样条线”的方法，这种方法虽然在前期创建墙体时非常快速，但是在后期的编辑与修改时就稍显逊色，尤其是在一面整体的墙体上做不同的图案和纹理变化时，此类创建方法将变得完全无力。

设置单位

单击 Customize（自定义）菜单 → Units Setup（单位设置），如图 10.2 所示。

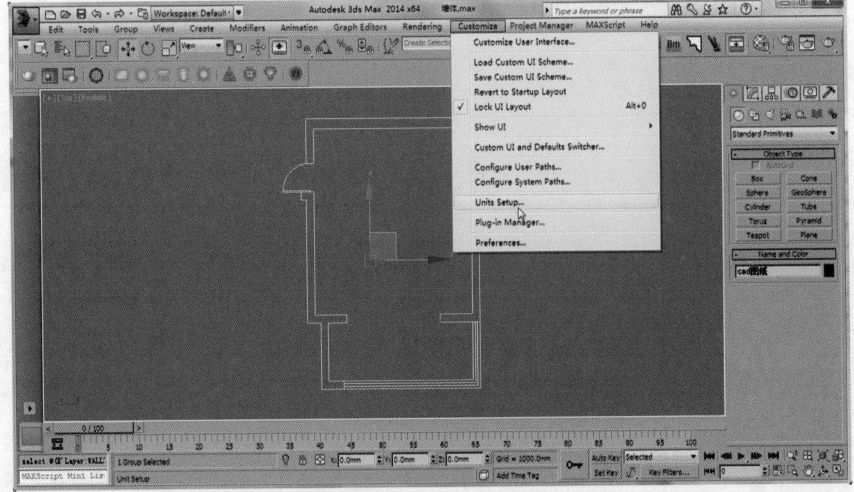

图 10.2 设置系统单位

单击 Units Setup（单位设置）后会弹出相关的设置对话框，在对话框内将系统单位设置为 Millimeters（毫米），如图 10.3 所示。

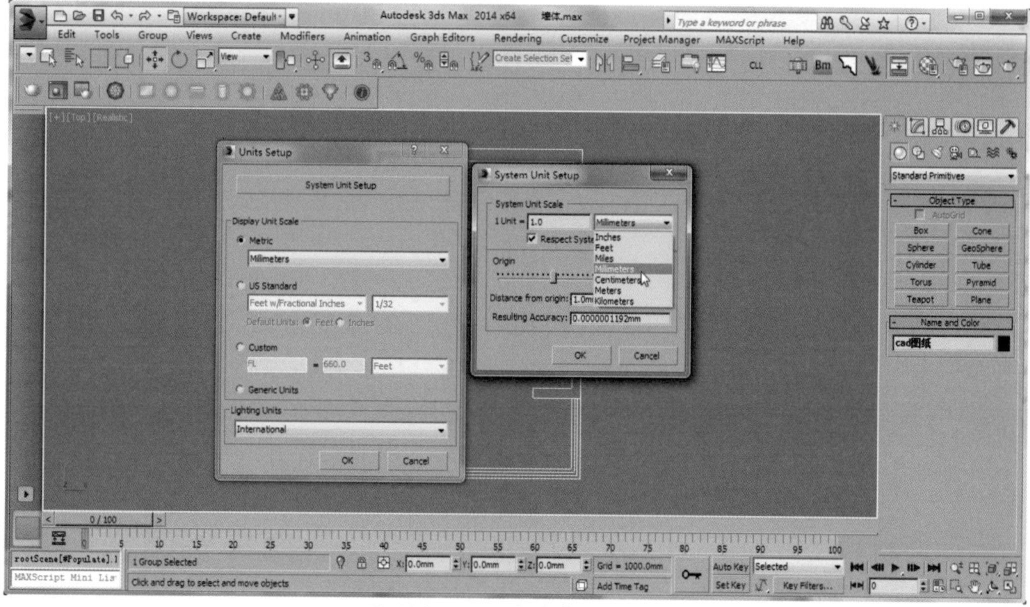

图 10.3　设置系统单位为毫米

冻结图纸

选中场景中的 CAD 图纸，右击，在弹出的“四元菜单”中选择 Freeze Selection（冻结选择）命令，即可完成图纸冻结操作，如图 10.4 所示。

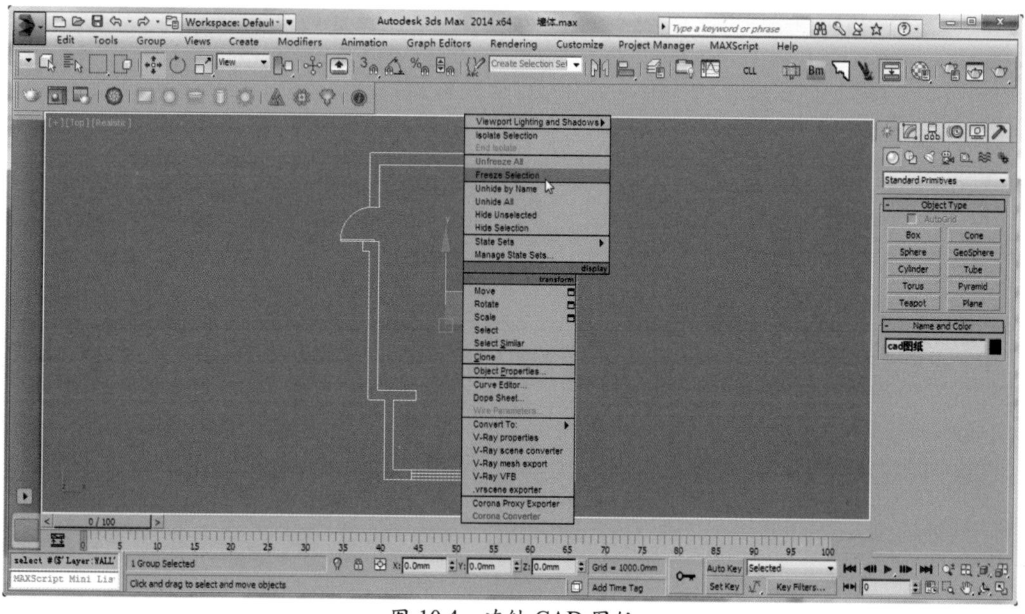

图 10.4　冻结 CAD 图纸

创建直线

单击 Shape（图形）→ Line（直线），并配合 3DS MAX 的“捕捉”命令或者使用相应快捷键 S，按 CAD 图纸的外形轮廓开始墙体的勾勒创建，如图 10.5 所示。

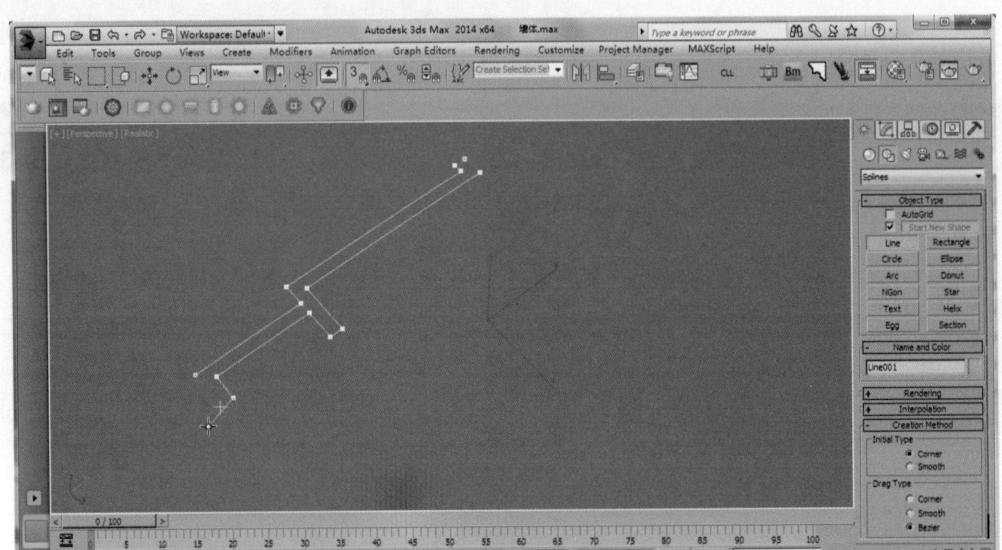

图 10.5 勾勒墙体轮廓

新图形

当勾勒到门或者窗口位置时是不需要创建直线的，因此按场景管理要求来说，同类物体需要在一起创建或在同一图层中，如果在创建直线时遇到门窗位置可以跳过，然后勾选掉Start New Shape（创建新图形）命令，这样可以保证图形虽然有缺口但整体图形却是一体的，如图 10.6 所示。

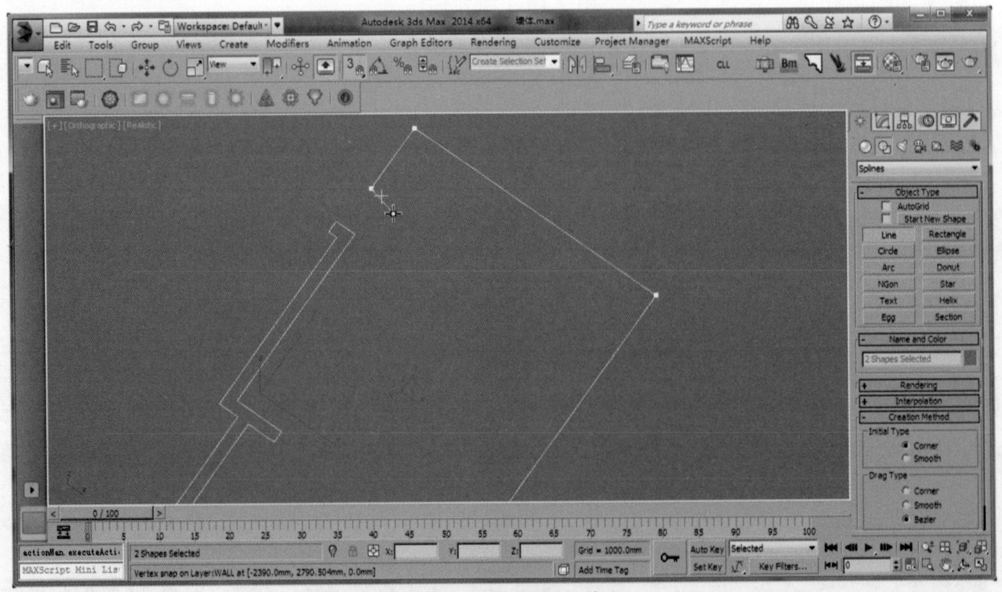

图 10.6 保持图形一体化

生成墙体

当墙体都使用 Line（直线）勾勒完成后，需要将二维的线段图形生成为三维墙体模型，此时就需要使用修改器中的 Extrude（挤出）修改器，并设置 Amount（挤出数量）参数值，如图 10.7 所示。

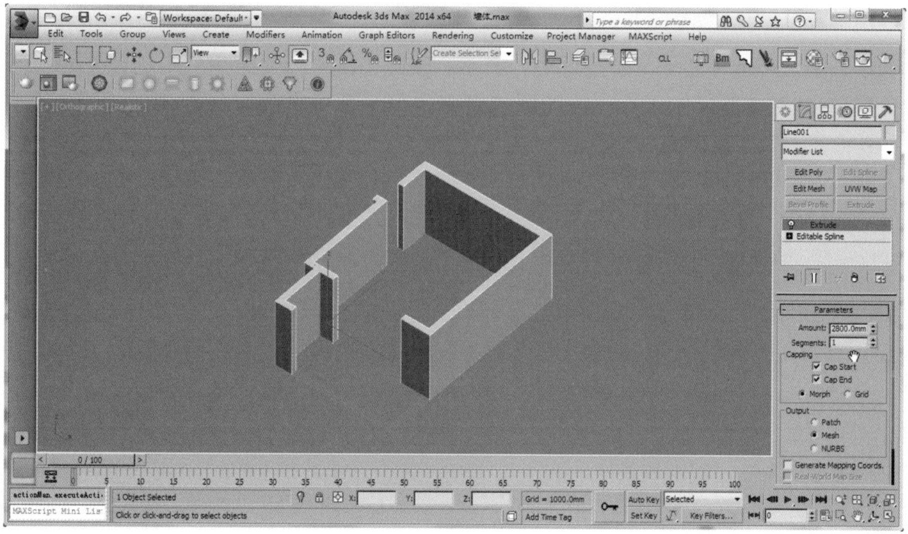

图 10.7　设置 Amount（挤出数量）参数值为 2800

编辑墙体

在实际的工作中，因设计方案或者软装搭配等问题，造成墙体的编辑是避免不了的，因此推荐读者在辅助设计阶段使用以下两种方法便于修改。

- 保留“修改器”的编辑历史以便修改方便。
- 使用 Edit Ploy（编辑多边形）命令进行编辑。

10.1.2　Box（盒子）

单位尺寸的设置是必要的，这对设计中的尺寸把握以及实物的还原有着非常重要的帮助，软件系统单位的设置方法同上，并且设置的单位也是同为“毫米”。

基础盒子

单击 Geometry（几何体）→ Box（盒子），同时使用 3DS MAX 的“捕捉”命令配合，选定 CAD 图纸中的某一角，开始墙体的创建操作，如图 10.8 所示。

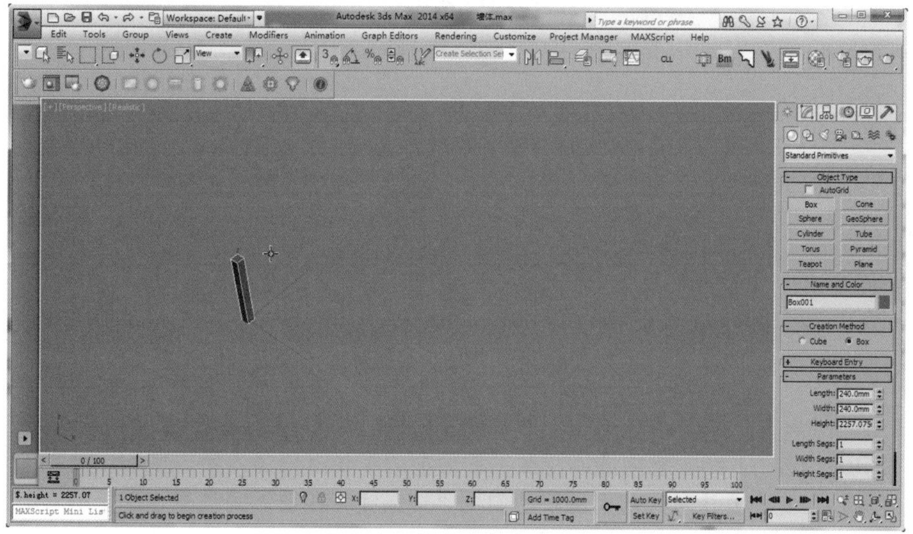

图 10.8　创建墙体基础盒子

创建墙体

当墙体的基础Box（盒子）创建好后，右击，在弹出的“四元菜单”中选择Convert To（转换到）→ Convert to Editable Poly（转换到编辑多边形）命令选项，如图10.9所示。

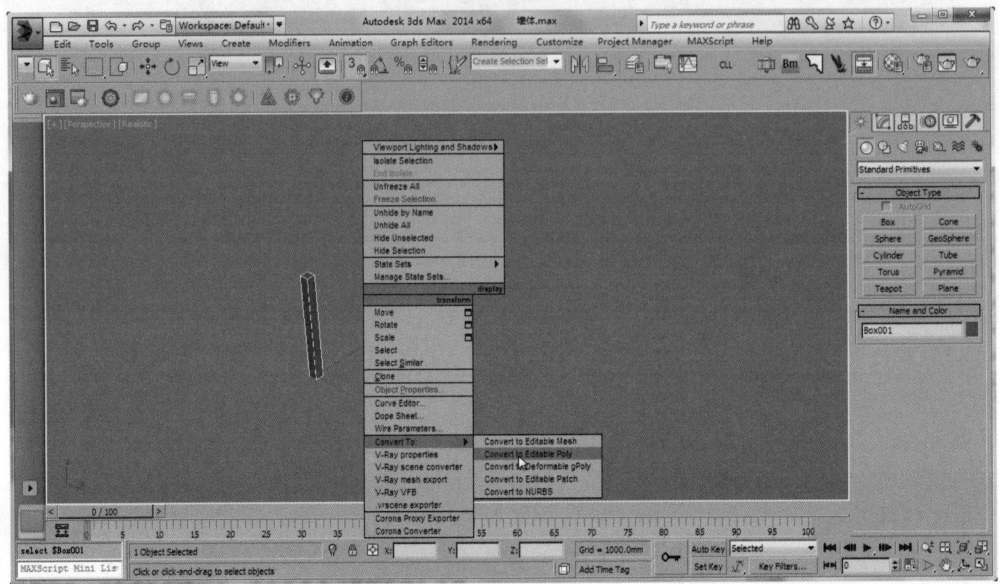

图10.9 转换到“编辑多边形”命令选项

按数字键“4”，进入到物体的Poly（多边形）层级，之后选择图中选中的面，然后配合“移动工具”“加线”“挤出”等命令，进行墙体的编辑创建等，如图10.10所示。

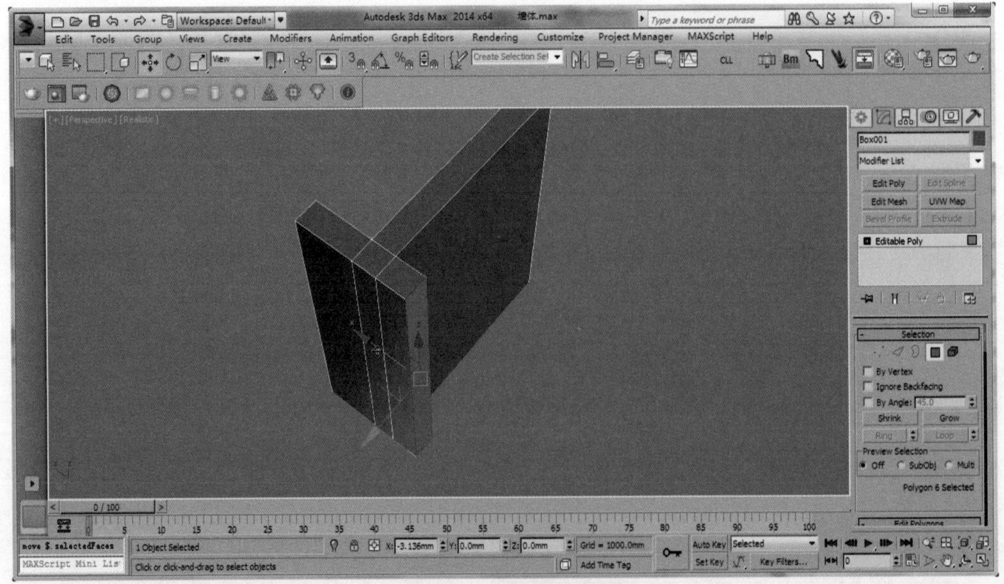

图10.10 墙体的编辑

注意事项

使用Box（盒子）制作室内墙体，虽然在后期的编辑上较为方便，例如：分割墙体、色彩分区等等，但此类方法对比前面讲解的勾勒“样条线”在墙体的创建速度上较慢，当然这也考验着个人操作的手速，如图10.11所示。

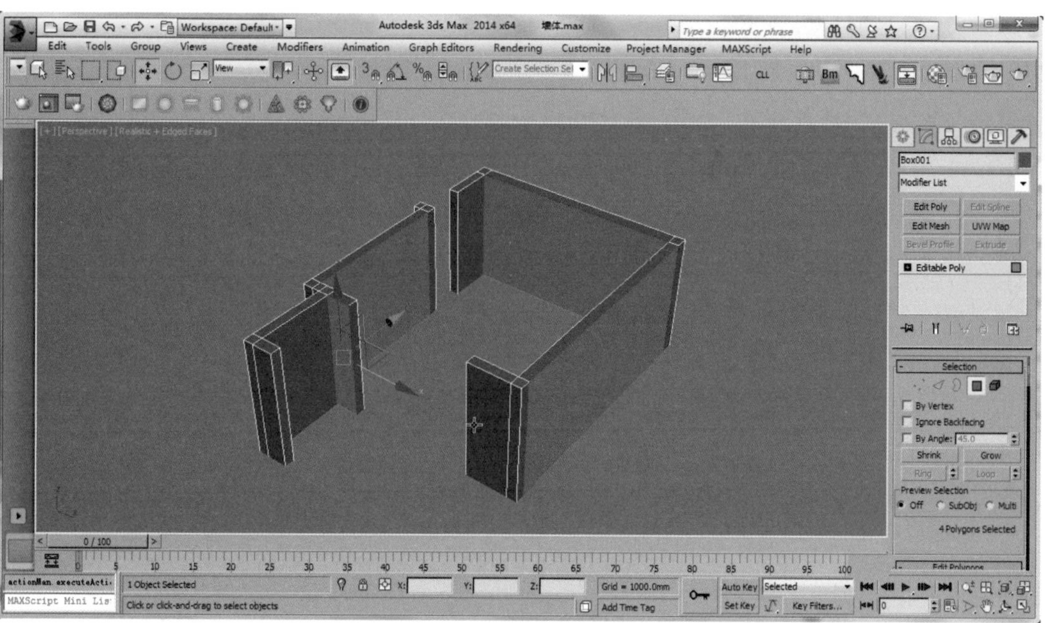

图 10.11　墙体的分割

10.2　室内地板制作

10.2.1　创建基础图形

在视图中创建 Rectangle（矩形）图形，并且调节内部 Length（长度）参数为 147、Width（宽度）参数为 1218，如图 10.12 所示。

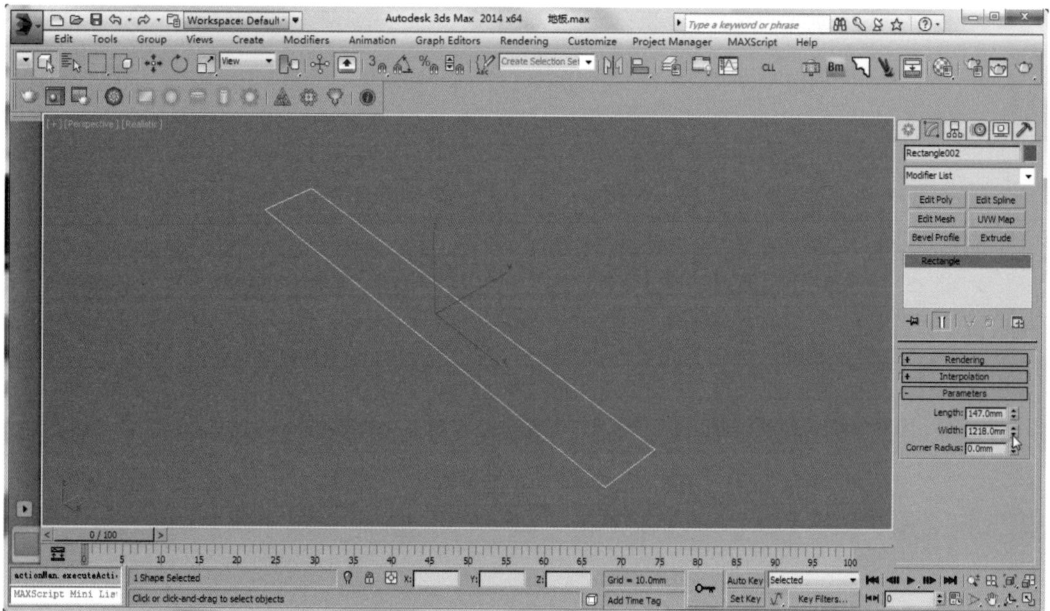

图 10.12　创建完成的矩形图形

10.2.2 模型编辑

当基础矩形图形创建完成后保持图形当前的选择状态，为其添加 Extrude（挤出）修改器，并设置内部相关的参数选项，如图 10.13 所示。

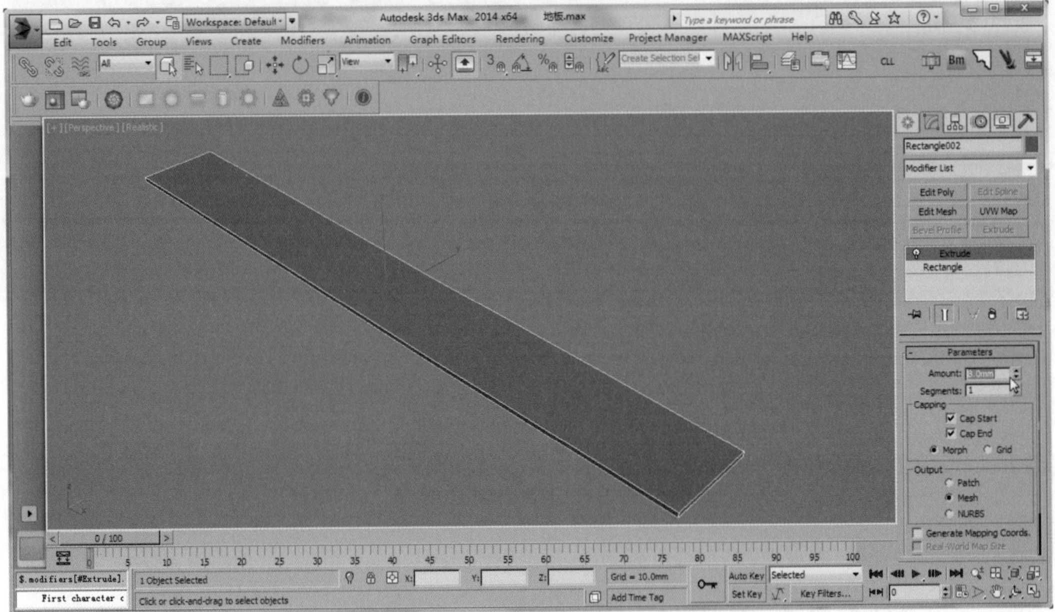

图 10.13 设置挤出数量为 8.0

当一块地板的基础模型创建好后，需要进一步为基础模型增添一些细节，添加 Edit Ploy（编辑多边）修改器，然后按数字键“2”进入到“线段层级”并配合 Alt+A 全选命令的快捷键，将当前模型的线段全部选择，如图 10.14 所示。

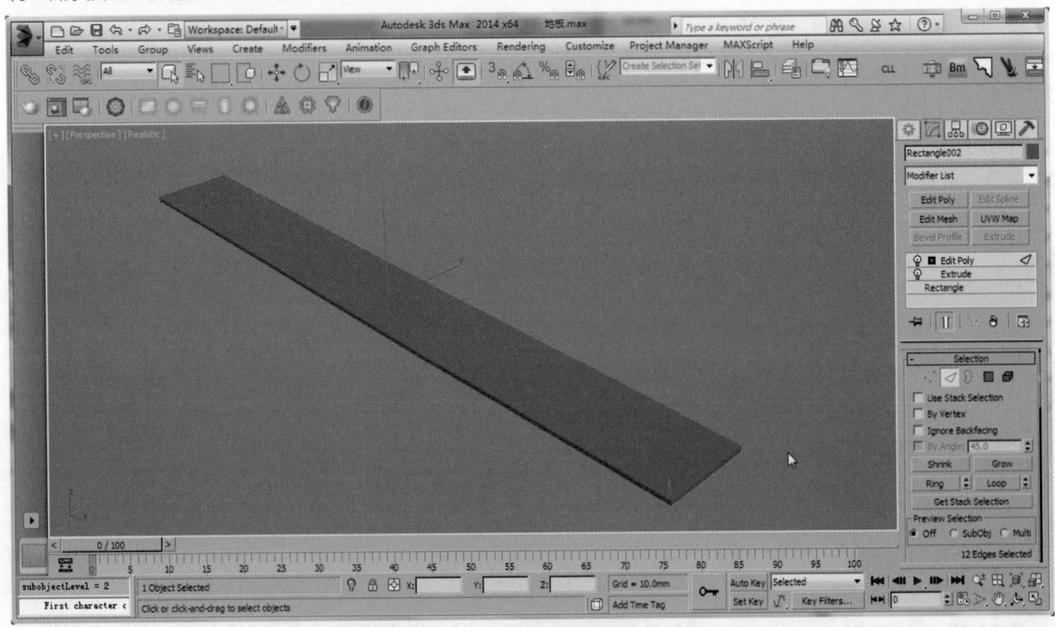

图 10.14 选择模型的所有线段

当上述操作完成后，单击 Edit poly（编辑多边形）→ Chamfer（倒角）命令选项，在弹出相关参数设置对话框中，保存默认参数值 1.0 即可，如图 10.15 所示。

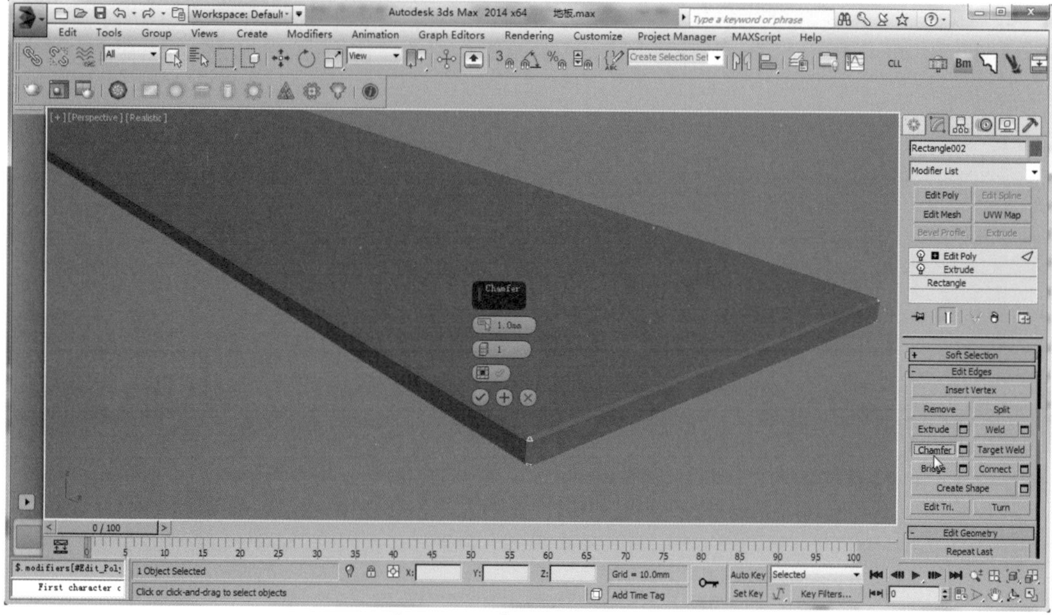

图 10.15　对模型做倒角处理

10.2.3　模型拼接

当地板的基础模型以创建好后，使用 Clone（克隆）命令按照地板的样式做复制操作，直到整体地板模型制作完成，如图 10.16 所示。

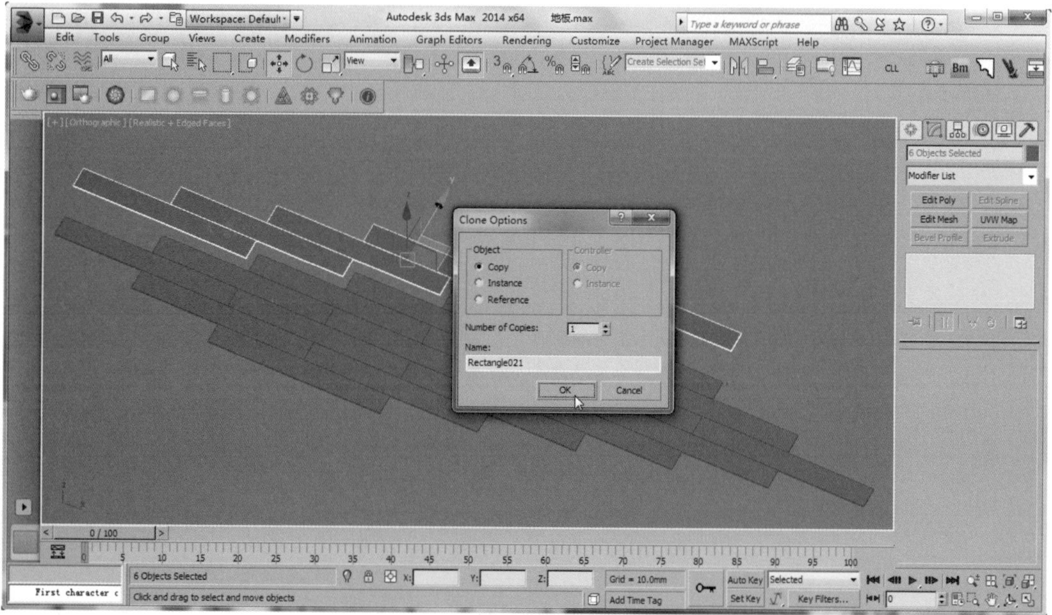

图 10.16　复制基础模型完成地板制作

最后将制作的地板模型，使用 Collapse（塌陷）命令选项做合并处理，如图 10.17 所示。

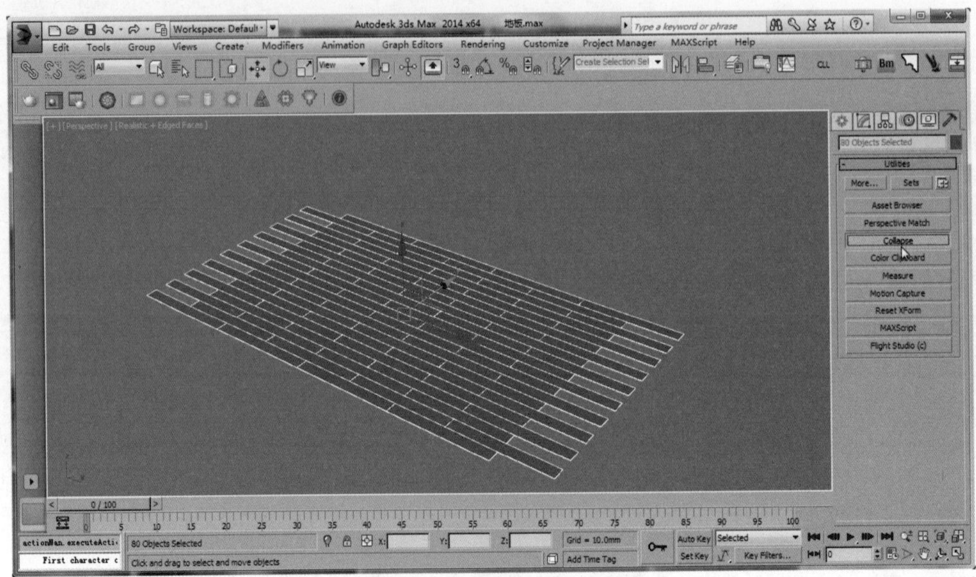

图 10.17　合并地板模型为整体

10.3　室内踢脚制作

在创建面板中单击 Shape（图形）→ Line（直线）命令，按照 CAD 图纸中的墙体内墙部分进行 Line（直线）的创建，如图 10.18 所示。

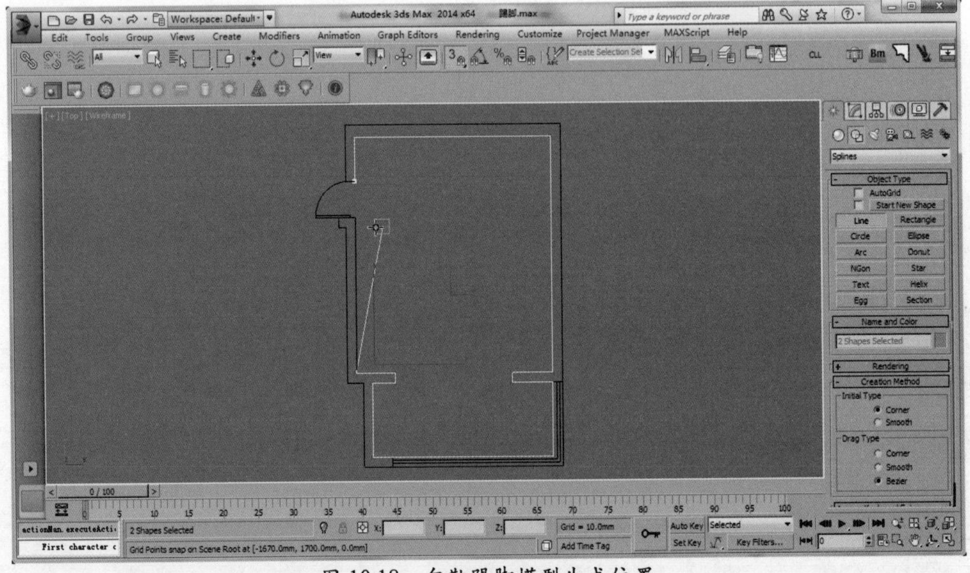

图 10.18　勾勒踢脚模型生成位置

10.3.1　制作轮廓

当踢脚模型的生成位置确定好之后，将踢脚样式的刨面图在 3DS MAX 的 Front（前视图）中创建出来，可以根据需要的样式进行刨面的创建，创建的方法依然是使用直线勾勒，如图 10.19 所示。

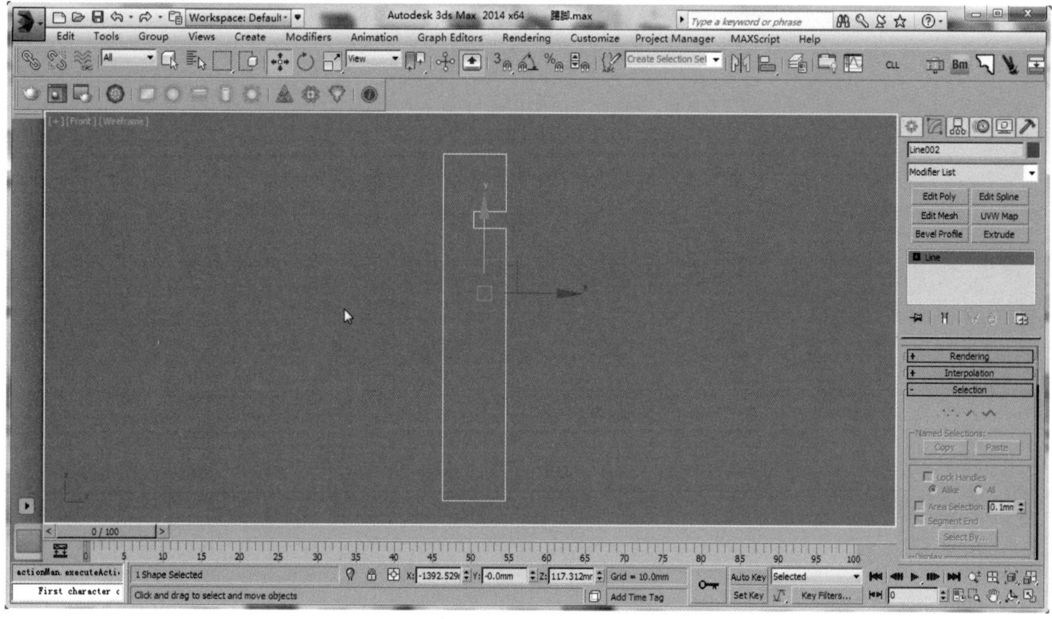

图 10.19　刨面图形

刨面图形在选择状态下，按数字键“1”进入到对应的“点层级”，并使用 Fillet（圆角）命令选项，将以创建的刨面图形的右上角做圆角处理，如图 10.20 所示。

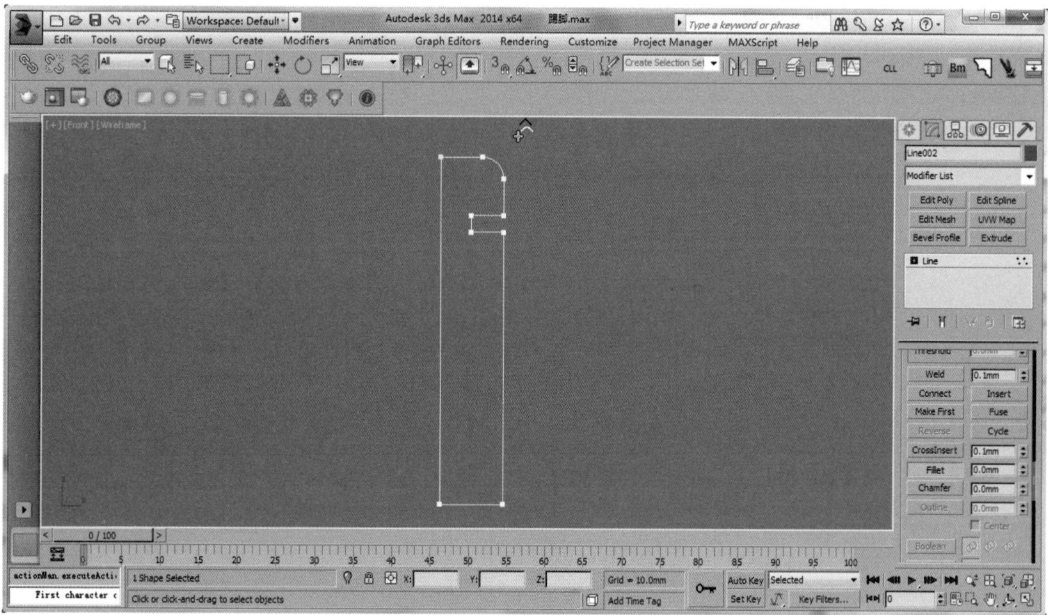

图 10.20　编辑刨面图形

10.3.2　踢脚模型

当将上述的踢脚刨面图形制作好后，选择所要生成范围的直线并为其添加 BevelProfile（倒角刨面）修改器，如图 10.21 所示。

单击 Bevel Profile（倒角刨面）→ Pick Profile（拾取刨面文件）并按照命令要求，拾取前面已创建好的踢脚刨面图形，完成最后的踢脚模型创建，如图 10.22 所示。

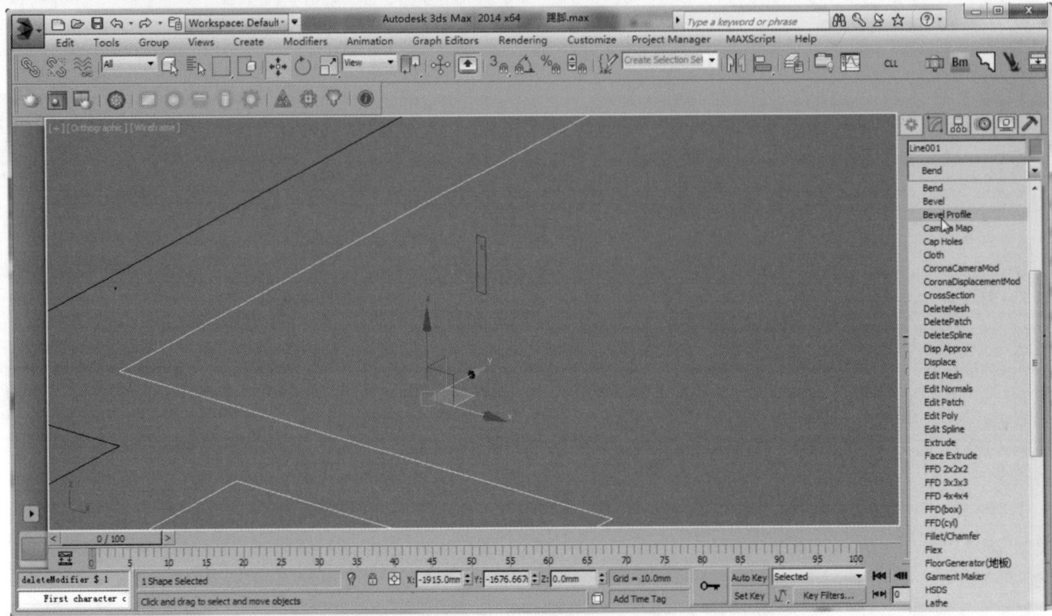

图 10.21　添加 BevelProfile（倒角刨面）修改器

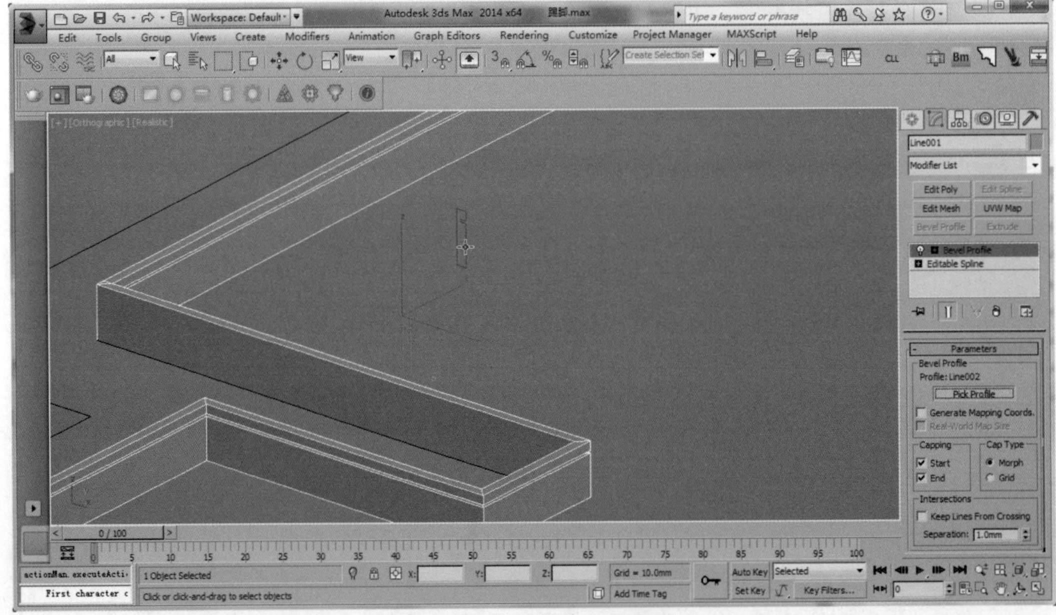

图 10.22　拾取踢脚刨面图形

10.4　室内天花制作

基础图形

确定好天花的样式形态后，单击 Shapes（图形）→ Rectangle（矩形）命令选项，并将天花的基础图形轮廓创建出来，如图 10.23 所示。

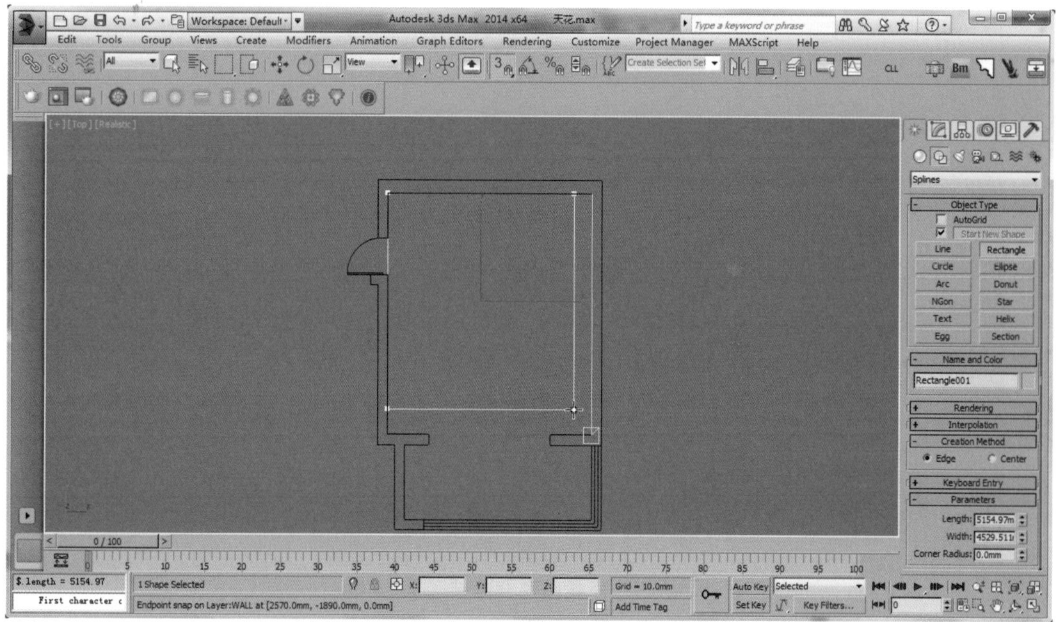

图 10.23　创建天花基础图形轮廓

样条线

选择已创建完成的 Rectangle（矩形）图形，右击，在弹出的“四元菜单”中选择 Convert To （转换到）→ Convert Editable Spline（转换到样条线）命令选项，如图 10.24 所示。

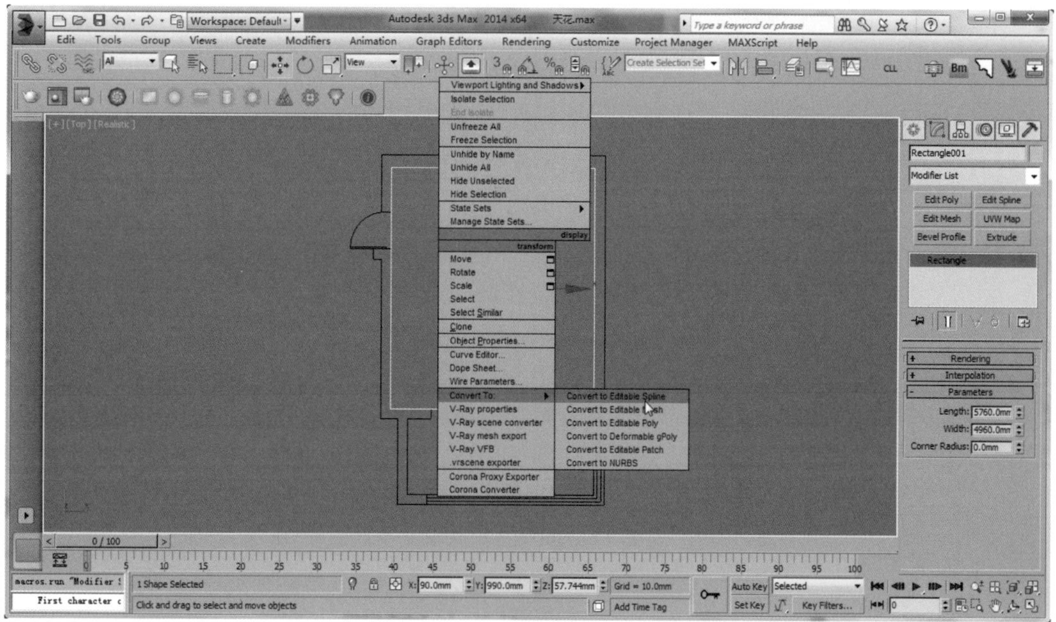

图 10.24　转为矩形为样条线

图形轮廓

按数字键“3”进入到“样条线”的内部层级，并使用 Outline（轮廓）命令选项，将矩形图形偏移操作，偏移距离参数值设置为 300，如图 10.25 所示。

图 10.25　偏移距离参数值设置为 300

挤出成模

最后为偏移完成的矩形图形添加 Extrude（挤出）修改器，在 Amount（挤出数量）方面的设置可以根据实际的需要以及相关的规范，本案例所设置的参数值为 90，如图 10.26 所示。

图 10.26　设置 Amount（挤出数量）参数值为 90

10.5　本章小结

本章所讲解的内容主要集中在室内硬装的模型方面，并且这些也是在实际的工作中常会应用到的模型的部分，笔者仅是给读者提供一个思路以及个人在模型制作方面的一些技术分享，尤其是对这部分还不熟悉的新手读者，希望对你们有帮助。

第11章

北欧场景案例

◆ **本章学习目标**

◎ 理解表现中的设计理念
◎ 明确制图流程与重点
◎ 掌握场景灯光与材质

本章介绍与讲解表现设计的流程与环节，从设计理念到表现设计再到表现的具体操作，都为读者一一展现。

11.1 设计说明

本章场景设计讲解的空间为北欧室内空间，场景的设计说明以如下的两个部分讲解：

- 北欧印象
- 设计概念

11.1.1 北欧印象

北欧是一个地理名词，北欧特指五个主权国家，它们分别是丹麦、瑞典、挪威、芬兰、冰岛，很多人脑海当中的北欧是较为寒冷的以及大面积的积雪等事物印象。

这些印象主要都来源于北欧的气候，北欧地处北温带与北寒带交界处，因此北欧地区大部分的地方终年气温较低。

北欧风格在室内表现方面以简洁干净为主，色彩多为浅色，例如：白色、原木色等等。

需要注意上述所说的浅色多在硬装方面，而在布艺软装方面以色彩鲜艳亮丽为主有着强烈的反差，最后当然少不了漂亮的鲜花以及精致的器皿陈设等等，这些都是北欧室内风格的特点和北欧在人们头脑中的印象。

北欧空间的设计风格如图 11.1 所示。

图 11.1　北欧空间的设计风格

11.1.2 室内设计概念

本章讲解的案例为北欧室内空间，该案例的室内空间设计在保持北欧风格的基础上进行陈设、家具以及色彩上的变化，但需要注意在空间变化上不能太夸张，不要脱离北欧风格的范围。

本章表现的北欧室内空间为客厅中的一角，空间中使用了大量的白色作为整体空间色彩的基调，在保持着白色的基础上使用一些亮丽的色彩作为点缀。

本章讲解表现的空间案例，如图 11.2 所示。

图 11.2　本章讲解表现的空间案例

11.2　场景照明分析

11.2.1　灯光布置

在室内照明方面灯具的选择至关重要，灯具的造型会决定着室内空间的光影效果，因此表现室内空间方面的灯具要慎重选择。

如果空间中一旦缺少光影效果，会给人一种平淡的苍白感，均匀的光线亮度是室内照明方面至关重要的因素。

通过均匀的光线投射，投射在室内空间中的各个角落，让空间每个地方得到足够的照明，不同的照明效果会给人带来不同的气氛与情绪。

室内空间中的光线照明主要体现在以下两方面。

- 筒灯照明

本章案例的北欧室内空间基础照明灯光以天花板上的筒灯为主，大量的天花筒灯组合而成的灯阵将室内空间照亮，但筒灯的照明亮度不宜过大，光线要以柔和自然为主。

- 天光照明

创建 Corona Light（标准灯光）在场景的窗外以模拟天光照明效果，这是在室内表现方面常用的灯光布置手法。为场景添加天光照明效果是想打破由筒灯产生的均匀光线，希望通过天光的加入可以为室内空间的光影带来一些起伏变化，同时也是想打破室内空间的苍白以及明确空间光源的方向性。

室内灯光布置如图 11.3 所示。

图 11.3 室内灯光布置

11.2.2 场景问题

在现实生活中，很多的客厅空间连接着户外阳台，有很多房主人在室内空间改造时，经常会将户外阳台包入到室内空间中，以扩充出更多的室内活动空间。

如果遇到此类户型，对于空间的灯光布置上需要作一些修改，比如对于包入空间的户外阳台部分使用“叠光”的处理方式，才能对这部分的空间提供充分的光线照明。

创建两盏 Corona Light（标准灯光）并放置在窗口与拉门处以完成“叠光”操作，如图 11.4 所示。

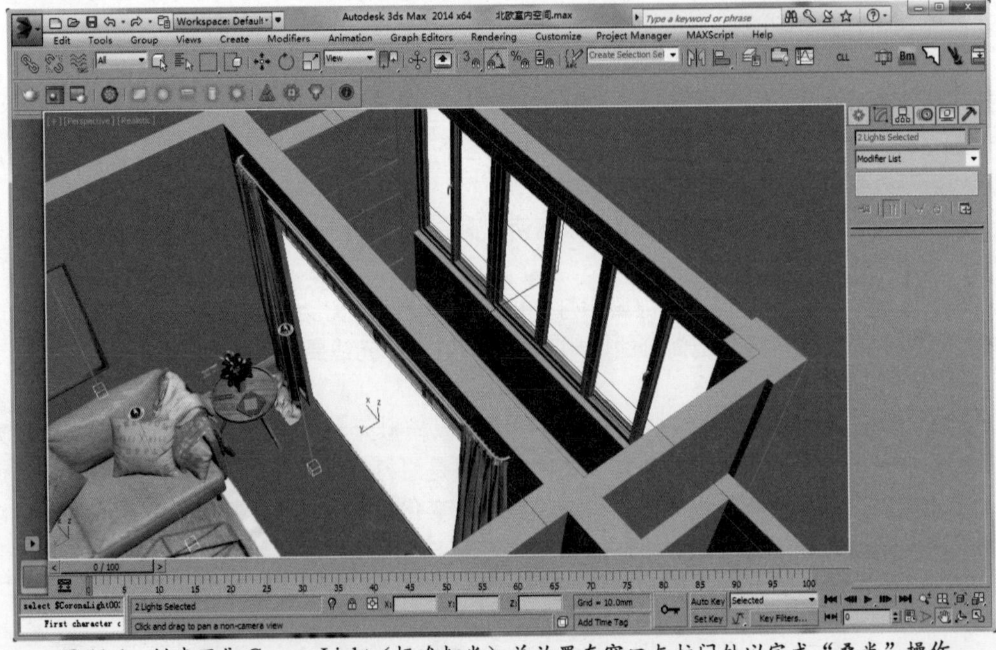

图 11.4 创建两盏 Corona Light（标准灯光）并放置在窗口与拉门处以完成“叠光”操作

11.3　创建场景灯光

通过上述的场景灯光讲解分析后，相信已对案例场景中的灯光布置有了一定的了解，下面将对灯光创建的类型以及参数方面的设置进行操作与讲解。

11.3.1　场景筒灯

灯光类型

创建场景应用灯光时最好使用 Corona 渲染器自带的灯光，因此需要在“创建灯光面板”中切换为 Corona 灯光类型选项，这样做对于创建与修改都很方便快速。

在下拉菜单中选择 Corona 选项，如图 11.5 所示。

图 11.5　在下拉菜单中选择 Corona 选项

标准灯光

本章场景中的基础照明灯光都使用 Corona Light（标准灯光），因此对案例场景中的灯光理解与学习反倒变得简单。

单击 Corona Light（标准灯光）按钮，如图 11.6 所示。

图 11.6　选择 Corona Light（标准灯光）

灯光布置

当明确场景所应用的基础灯光项后，按照天花上的筒灯模型位置，直接单击并拖曳，将 Corona Light（标准灯光）创建出来。

按照位置创建 Rectangle“矩形”灯光，如图 11.7 所示。

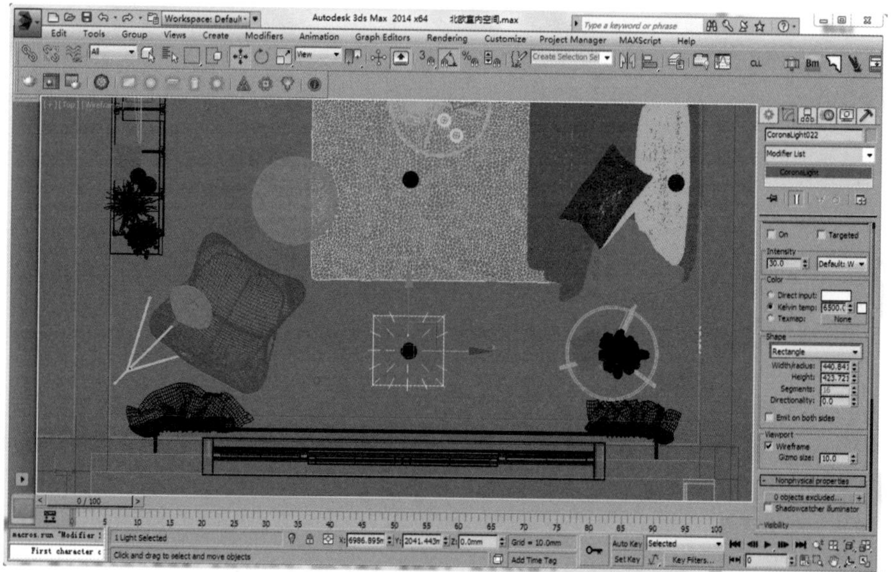

图 11.7　按照位置创建 Rectangle“矩形”灯光

复制灯光

仅一盏灯光无法对场景产生均匀的照明，因此可通过 Clone（克隆）命令或使用快捷键 Ctrl+V，需要注意的是，在复制时会弹出相关的选项对话框，在 Clone Options（克隆设置）对话框中保持默认项即可，如图 11.8 所示。

按照上述操作并重复复制 Corona Light（标准灯光），直至场景天花上每个筒灯模型下面都有一个对应的 Corona Light（标准灯光）选项，只要注意保持灯光关联属性即可。

创建完成的天花 Corona Light（标准灯光）效果，如图 11.9 所示。

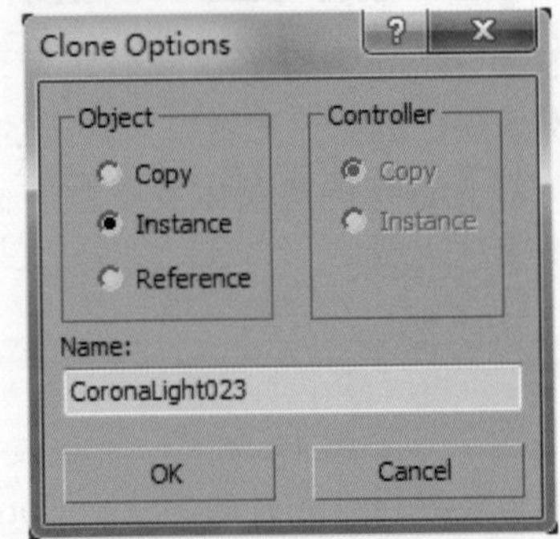

图 11.8　保持默认设置 Instance“实例”

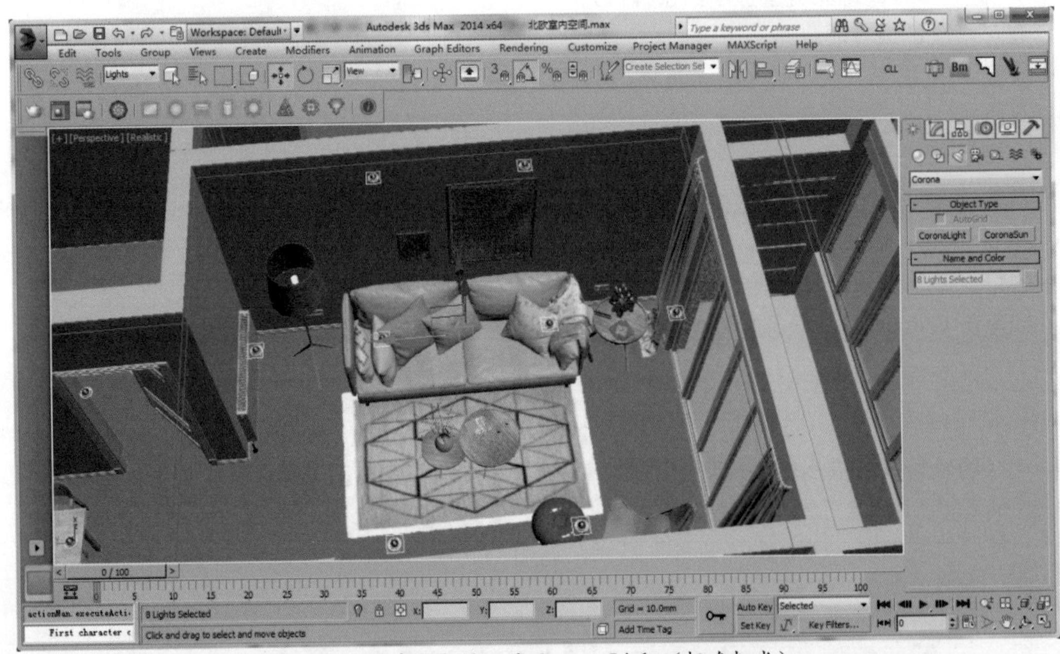

图 11.9　创建完成的天花 Corona Light（标准灯光）

筒灯设置

当场景中的所有模拟筒灯效果的 Corona Light（标准灯光）都创建完整后，接下来就是对该灯光的设置与修改。由于场景中全部的 Corona Light（标准灯光）都是以“实例”的方式复制生成的，因此仅调节一盏灯光其他的灯光也会自动的一并设置，首先设置的是灯光形状，在 Shape（形状）下拉菜单中选择 Disk“圆片”选项，如图 11.10 所示。

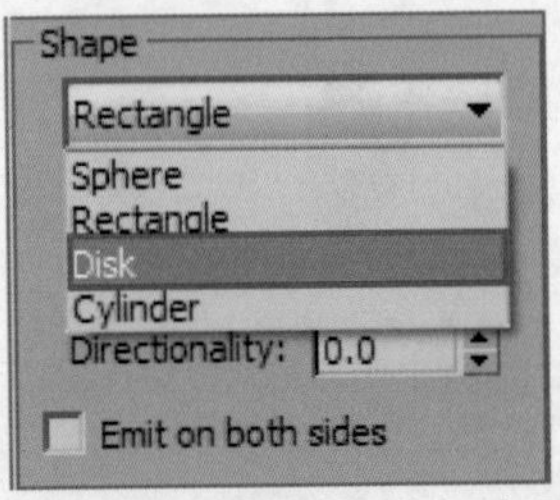

图 11.10　设置灯光 Shape（形状）为 Disk“圆片”

Width/radius（宽度 / 半径）、Targeted（目标点）等选项的具体设置，如图 11.11 所示。

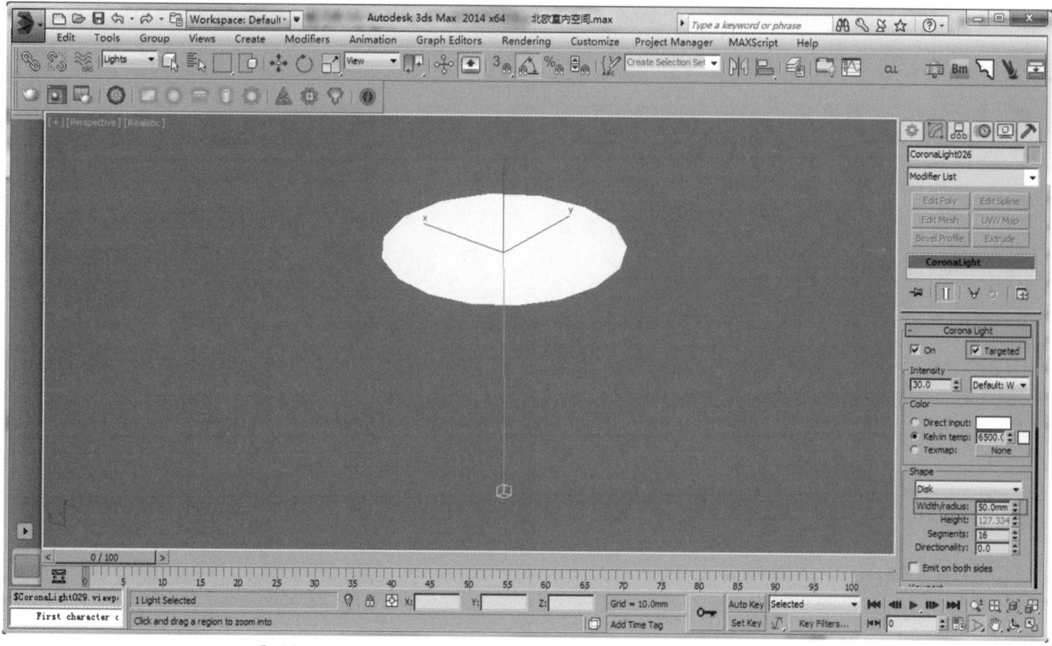

图 11.11　设置 Width/radius（宽度 / 半径）参数值为 50

最后在灯光内需要添加 IES（光域网）文件，直接通过 IES 卷展栏内的 None（节点）按钮即可完成 IES（光域网）文件的添加，如图 11.12 所示。

所应用的 IES（光域网）文件为笔者常用的 10 号类型灯光，当完成该步骤操作时，表示天花上的灯光都已创建完成。

笔者 10 号 IES（光域网）文件样式，如图 11.13 所示。

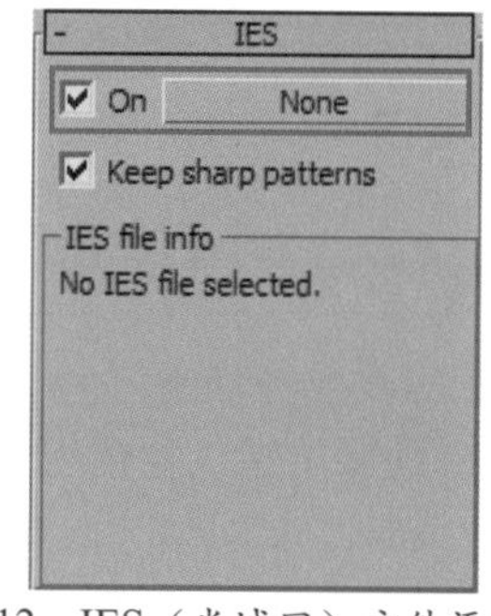

图 11.12　IES（光域网）文件添加按钮

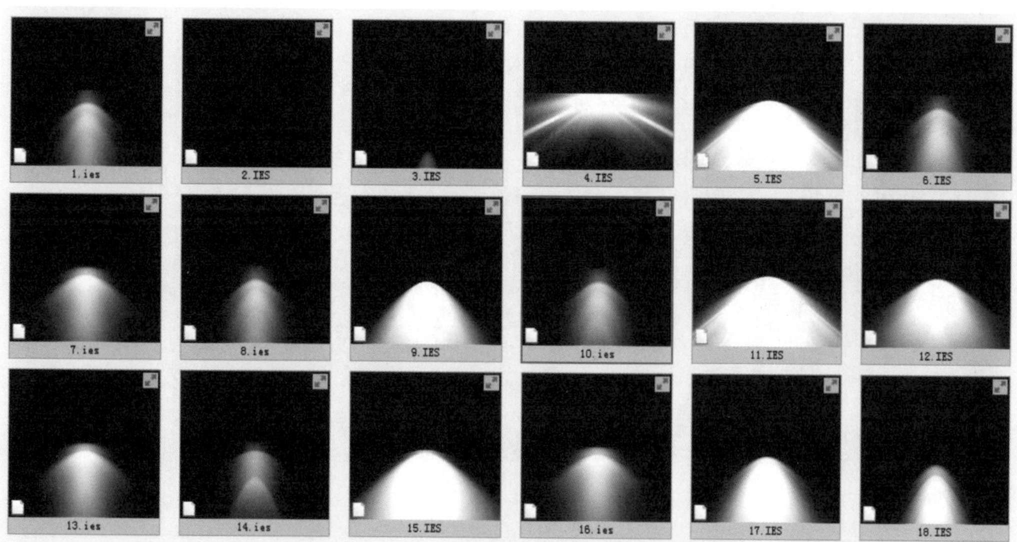

图 11.13　笔者 10 号 IES（光域网）文件样式

11.3.2 场景天光

场景中的天光依然是使用 Corona Light（标准灯光），但是由于场景空间的户外阳台是包含到室内空间，因此模拟天光的灯光不能单独使用一盏而是使用大距离的“叠光”方式，叠光是指将两盏灯光或者多盏灯光在同轴向上的叠加与累积。

模拟天光效果是为了保证室内空间的亮度以及产生足够自然柔和的光线过渡，但最为重要的是确定场景光源的方向。

创建灯光

虽然使用的灯光依然是 Corona Light（标准灯光），但需要注意，设置过 Corona Light（标准灯光）相关选项后，其参数会记录在历史中，因此再次创建时会保留之前的灯光设置项以及参数项。

创建模拟天光效果的 Corona Light（标准灯光）对话框，如图 11.14 所示。

图 11.14 创建模拟天光效果的 Corona Light（标准灯光）

灯光类型

由于 Corona Light（标准灯光）设置参数与功能项的历史残留等原因，因此灯光虽然已创建，但也需要将灯光内部的参数与功能项再次调整，首先是设置灯光形状为 Rectanqle“矩形”选项，如图 11.15 所示。

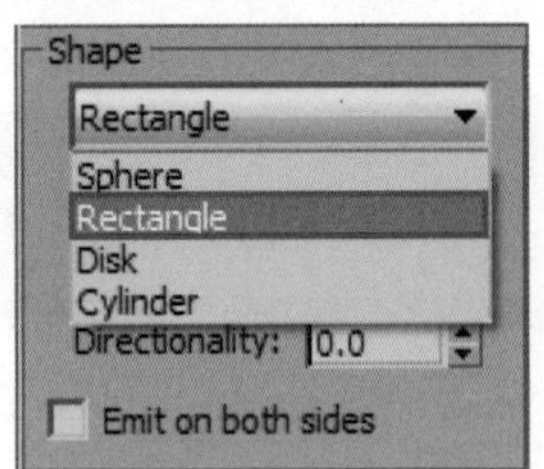

图 11.15 设置灯光形状为 Rectanqle“矩形”选项

灯光布置

Corona Light（标准灯光）形状设置好后，在前视图中将 Rectanqle（矩形）的 Corona Light（标准灯光）拖曳创建出来，并使用 Move（移动工具）配合着将灯光移至窗口处，具体灯光位置如图 11.16 所示。

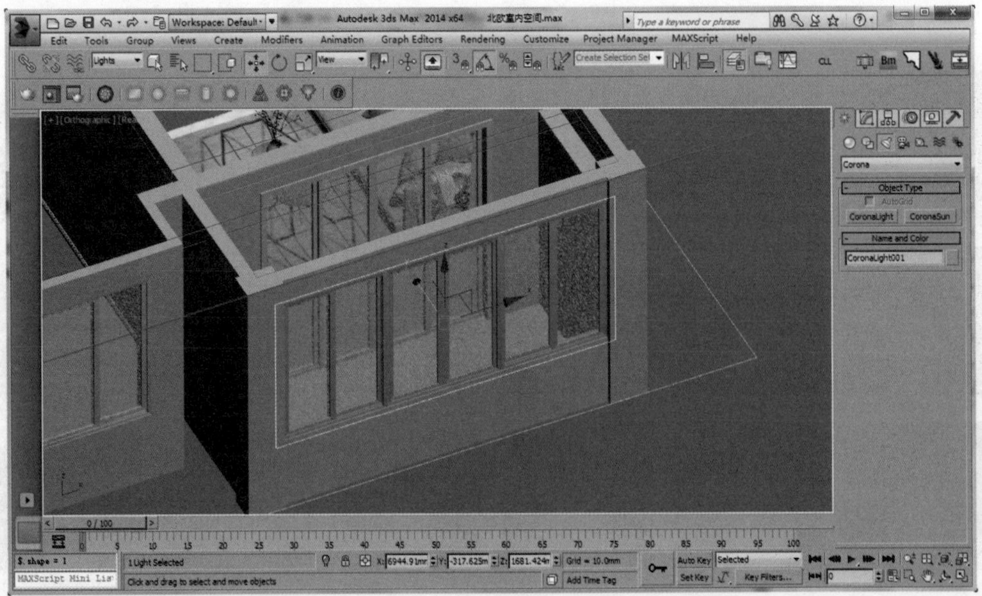

图 11.16 窗口 Corona Light（标准灯光）位置

叠光位置

使用 Clone（克隆）命令或使用快捷键 Ctrl+V，将窗口处的 Corona Light（标准灯光）复制出一盏，并将复制的灯光在 Y 轴上向前移动，移至窗帘模型处，如图 11.17 所示。

图 11.17 在 Y 轴上向前移至窗帘模型处

在 Clone Options（克隆设置）对话框中选择 Copy（复制）单选框，以便复制出的灯光可以单独调节，不被其他灯光所影响，如图 11.18 所示。

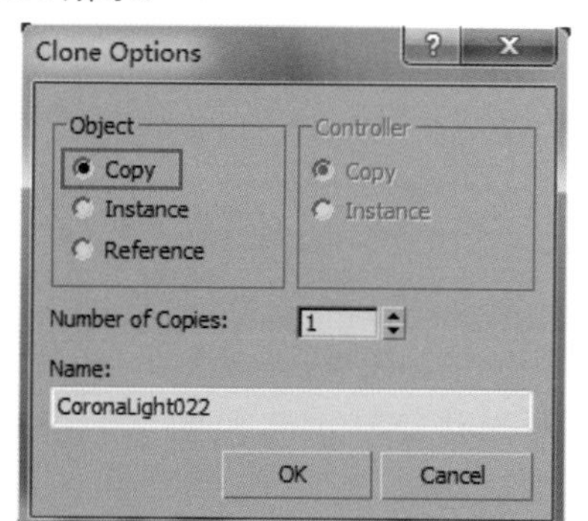

图 11.18 将 Clone Options（克隆设置）模式切换到 Copy（复制）

11.3.3 灯光设置

筒灯

当天花筒灯创建好之后，将模拟筒灯的 Corona Light（标准灯光）对话框中的 Intensity（强度）设置为 30，在 Color（颜色）选项中选择 Kelvin temp（开尔文色温）单选项，并将颜色参数值设置为 6500，如图 11.19 所示。

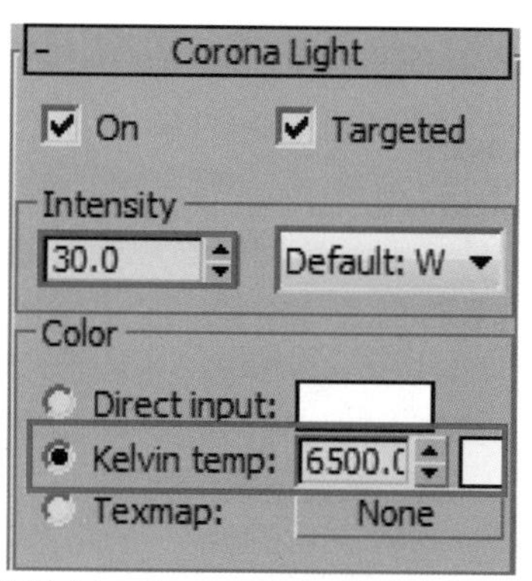

图 11.19 Corona Light 基础参数设置

灯光的基础设置完成后，就可以进行该灯光照明效果的测试渲染，以查看灯光强度与照射范围，如图 11.20 所示。

图 11.20　筒灯渲染效果

天光

窗口处的天光灯光设置比较简单，将灯光内部的 Intensity（强度）参数值设置为 1.0，而其他基础选项保持默认即可，如图 11.21 所示。

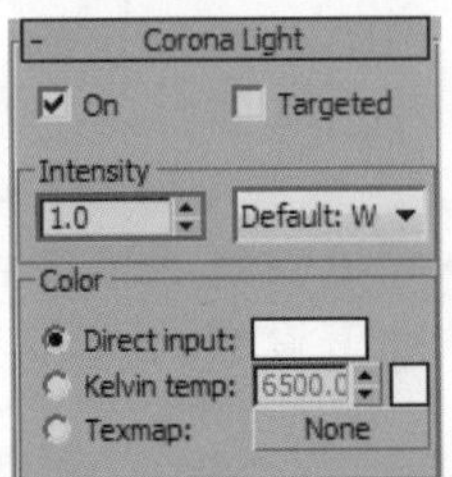

图 11.21　设置 Intensity（强度）参数值为 1.0

模拟天光照明效果的 Corona Light（标准灯光）设置好后，需要对 Nonphysical properties（非物质属性）卷展栏对话框中的相关参数进行设置，将 Visible directly（直接可见）与 Occlude other lights（阻挡其他灯光）复选框前面的选择勾掉，如图 11.22 所示。

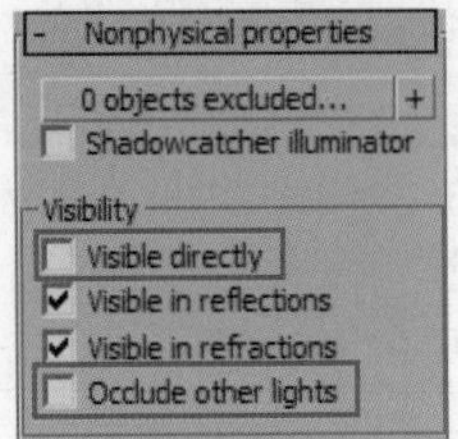

图 11.22　Nonphysical properties（非物质属性）选项设置

叠光

室内阳台处模拟“叠光”的 Corona Light（标准灯光）虽然是在客厅中，但为了让光线产生均匀的过渡，因此在 Intensity（强度）上的设置意义重大，设置 Intensity（强度）参数值为 2.0，如图 11.23 所示。

图 11.23　Intensity“强度”值为 2.0

紧接着是对灯光中 Shape（形状）选项的各参数设置，例如：Width/radius（宽度 / 半径）与 Height（高度），而 Directionality（方向性）是该灯光的重点，具体设置参数，如图 11.24 所示。

灯光中的 Nonphysical properties（非物质属性）对话框设置比较特殊，需要将所有的复选项前面的勾选都去掉，如图 11.25 所示。

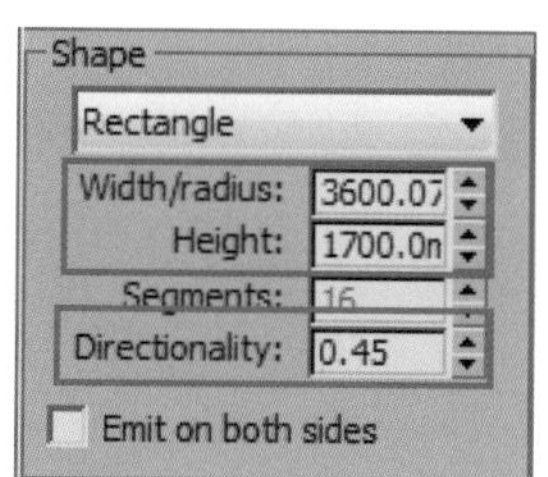

图 11.24　叠光形状参数设置

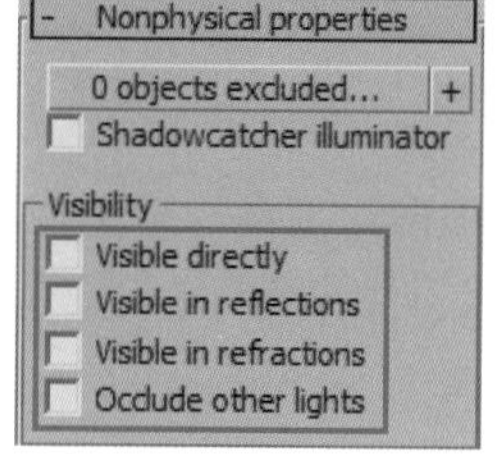

图 11.25　Nonphysical properties（非物质属性）设置

灯光效果

场景空间中的筒灯、天光、叠光都已调节设置好后，就可以做一次完整的场景灯光测试，注意灯光效果要柔和自然，切记不要出现曝光以及过暗的区域。

场景灯光的渲染效果如图 11.26 所示。

图 11.26　场景灯光的渲染效果

11.4　材质分区

场景空间的全部灯光都已创建完成后，接下来是场景内的陈设与家具材质的设置操作等，场景内的材质可以根据整体模型的种类进行分区或成组，也可以使用 Laye（图层）工具，将模型按照种类与样式进行分区与命名，例如：灯具、沙发、边几、茶几、软包等等。

场景模型在 Laye（图层）分区中的命名，如图 11.27 所示。

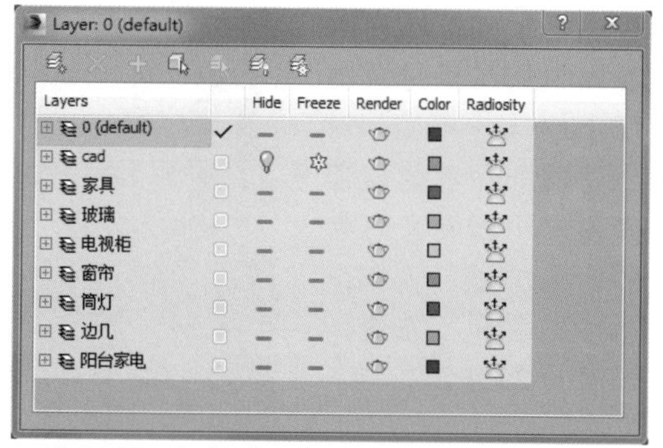

图 11.27　场景模型在 Laye（图层）分区命名

11.5 材质设置

根据 Laye（图层）工具的模型命名分区，可以方便地进行材质调节与设置，操作时可以先从场景中的家具开始，例如：沙发、茶几等等。

11.5.1 沙发材质

孤立模型

作为图像中重要表现的模型之一，沙发颜色与材质的质感都会直接影响整体图像的品质，因此沙发材质的调节以及表面颜色的搭配可以多花一些时间进行调整，以便图面美观。

场景中的沙发模型如图 11.28 所示。

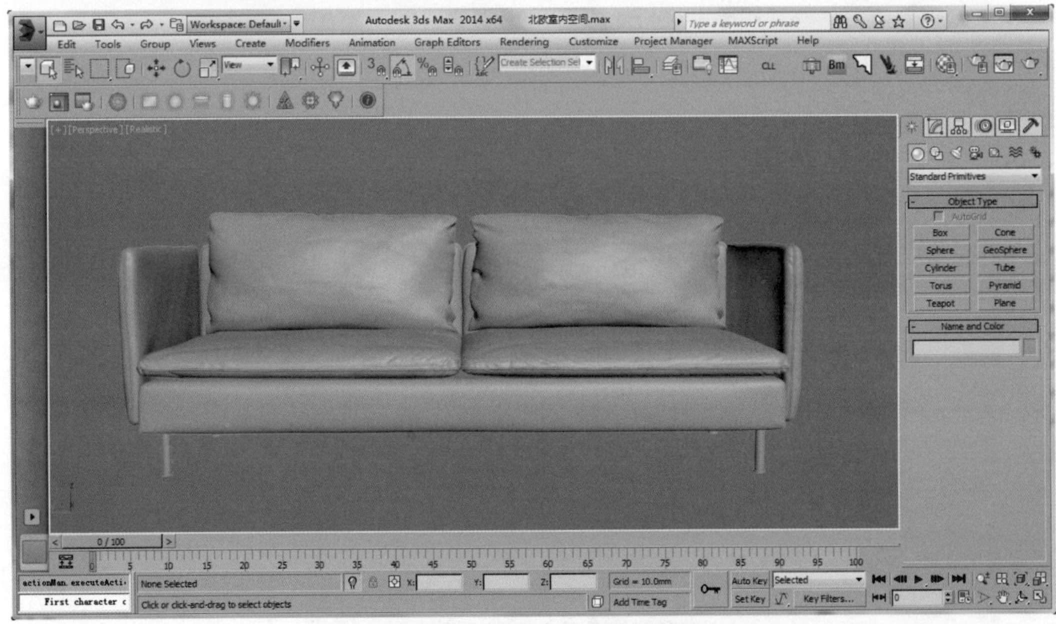

图 11.28　场景中的沙发模型

材质命名

室内场景中任何的模型物体，材质的命名都一定要规范，不然场景模型较多时会因材质过多导致材质上的操作不变，对于材质的命名建议读者朋友可以参考笔者的命名方式，例如：沙发 _ 白色 _ 布艺，如图 11.29 所示。

图 11.29　沙发材质命名为沙发 _ 白色 _ 布艺

贴图载入

模型饰面的贴图决定着在最终图像中所表现的物体以及质感，这对整体室内设计的风格以及软装搭配方面都有着很大的影响，因此在贴图这方面读者朋友千万不要马虎。

沙发在北欧风格室内设计中常以布艺材料为饰面，因此本案例的沙发饰面也不例外，在 CoronaMtl（标准材质）中单击 Basic options（基础设置）→ Diffuse（漫反射）→ Color（颜色）选项，如图 11.30 所示。

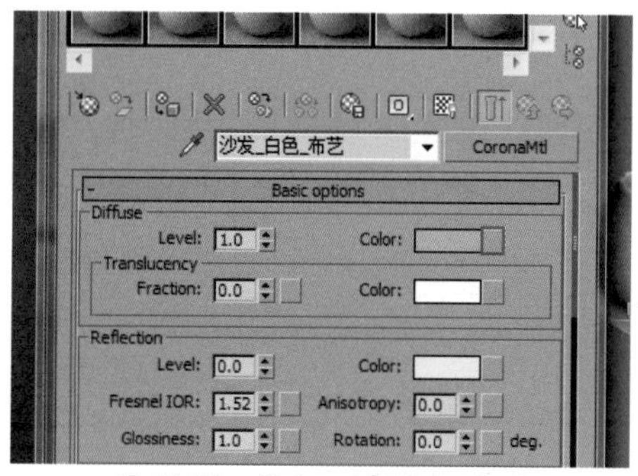

图 11.30　Color（颜色）选项

为了让沙发表面的布料材质产生色彩上的明暗变化，在 Color（颜色）选项中添加 3DS MAX 程序中的 Falloff（衰减）贴图，使用该贴图便可以很方便地模拟材质表面的明暗变化效果。

程序中的 Falloff（衰减）贴图，如图 11.31 所示。

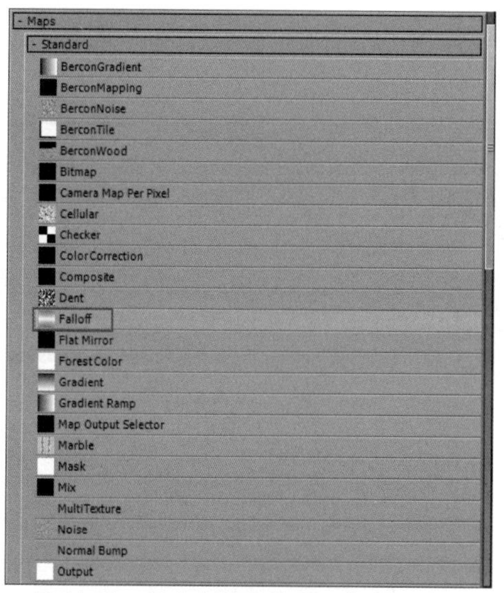

图 11.31　程序中的 Falloff（衰减）贴图

Falloff（衰减）贴图添加到 Diffuse（漫发射）选项后，需要将外部的布艺纹理贴图添加到 Falloff（衰减）贴图的 Front（前面）纹理贴图中，如图 11.32 所示。

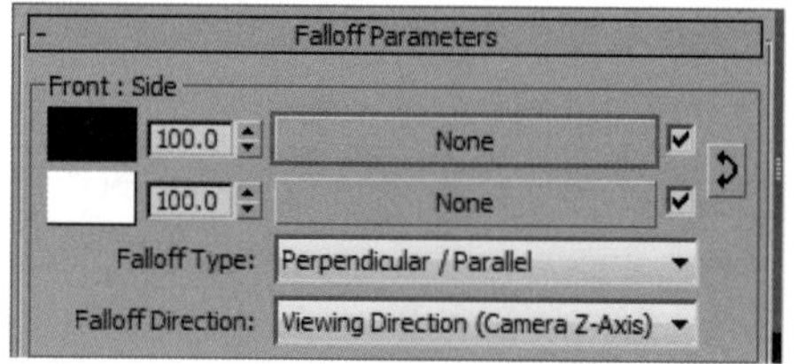

图 11.32　Front（前面）纹理贴图节点

在 Falloff（衰减）贴图 Front（前面）选项中添加纹理贴图时，相信会面临着 Bitmap（位图）的选择，常使用导入外部纹理贴图的为标准程序贴图中的 Bitmap（位图），虽然如此，但建议读者使用 CoronaBitmap（Corona 位图），如图 11.33 所示。

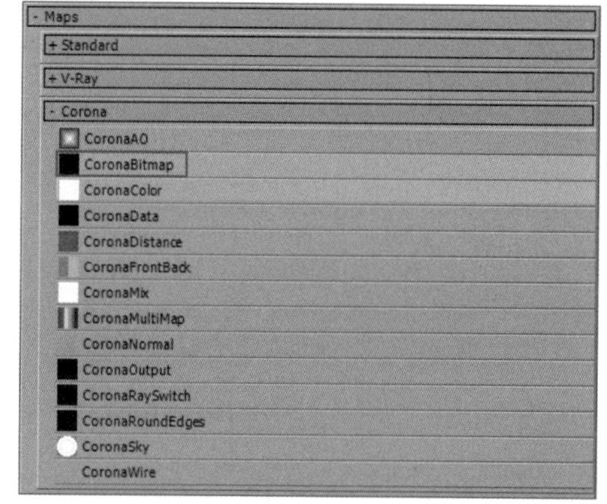

图 11.33　CoronaBitmap（Corona 位图）

创建 CoronaBitmap（Corona 位图）时，将会自动弹出相关设置的对话窗口，在弹出的对话窗口中选择需要导入的外部纹理贴图即可，如图 11.34 所示。

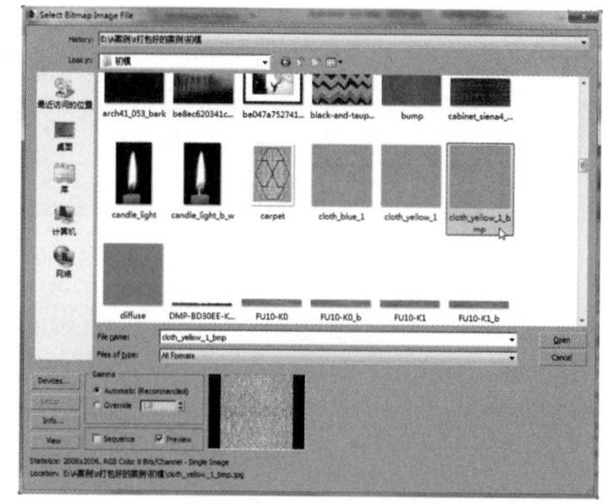

图 11.34　选择需要导入的外部纹理贴图

沙发饰面布艺的纹理贴图选择为灰白粗布纹理，之所以选择灰白色，是因为制作全白的室内空间时虽然最终呈现效果是以白色为主，但前期选择贴图或者调节颜色时，千万不要按照这个颜色方向去选择与调试，因为这样非常容易产生图面的曝光，其实最后呈现的颜色效果很多都是通过后期修饰所得。

沙发饰面所用的纹理贴图，如图 11.35 所示。

CoronaBitamp（Corona 位图）将外部的纹理贴图成功添加后，需要对贴图内部的 Blur（模糊）参数项进行设置，以便在渲染图像中可以得到较为清晰的纹理效果，但注意设置的参数不能过大，仅将 Blur（模糊）参数设置为 0.1 即可，如图 11.36 所示。

图 11.35 沙发饰面所用的纹理贴图

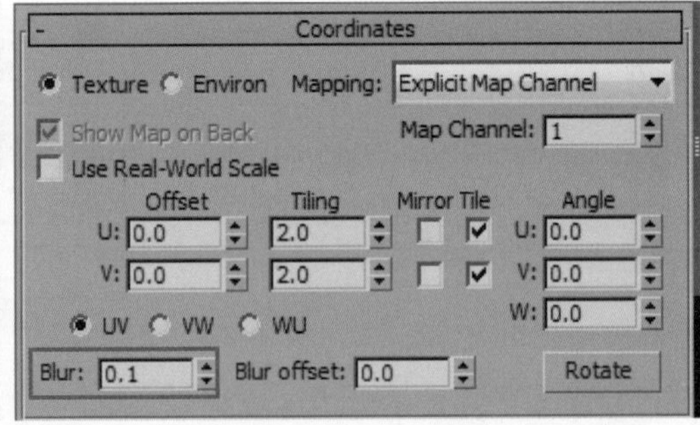

图 11.36 设置 Blur（模糊）参数值为 0.1

当 Falloff（衰减）贴图中的 Front（前面）选项贴图调整好之后，将其按住并拖动复制到 Side（侧面）选项中，复制模式保持默认。

Falloff（衰减）中应用的贴图选项，如图 11.37 所示。

当上述的操作完成后，最后一步是将 Falloff（衰减）贴图中的 Side（侧面）选项数量由默认 100 修改为 80，如图 11.38 所示。

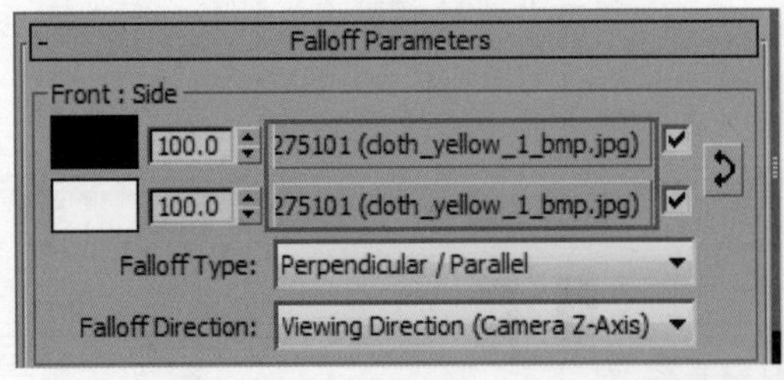

图 11.37 Falloff（衰减）中应用的贴图选项

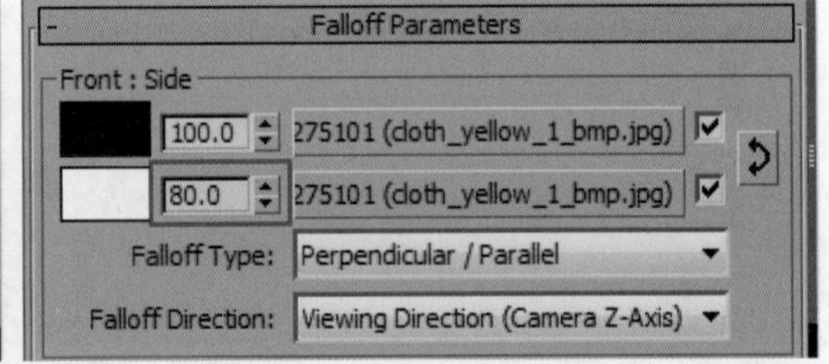

图 11.38 设置 Side（侧面）选项数量为 80

材质 Diffuse（漫反射）中的贴图设置好后，就可以赋予给场景中的沙发模型，如果发现贴图纹理大小以及方向上有错误，可以使用 UVWMap（贴图坐标）修改器调节。

布艺纹理贴图大小如图 11.39 所示。

图 11.39 布艺纹理贴图大小

材质属性

当沙发材质的基础颜色设置完成后，接着是对质感和光泽的调节，例如：高光、反射等。

不管什么样的材质本身基础属性是缺少不了的，对于沙发的布艺材质属性，主要集中在 Reflection（反射）方面，具体相关选项参数设置如图 11.40 所示。

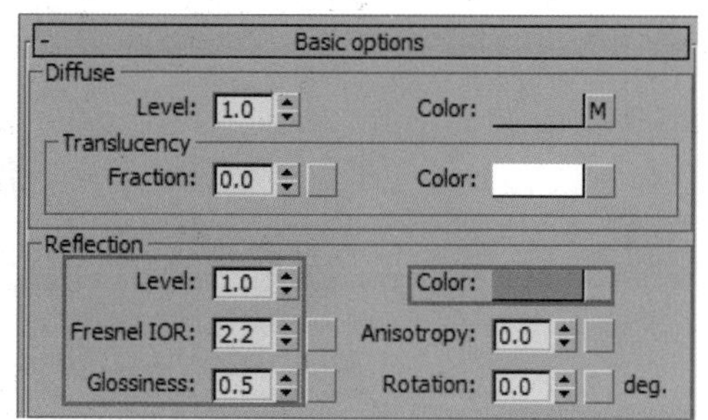

图 11.40 反射相关选项参数设置

反射属性中的反射 Level（级别）并不仅仅可以使用参数值控制，使用相关联的 Color（颜色）选项与反射 Level（级别）这两者都可以控制并且两者也可以相互配合设置，材质中反射 Level（级别）如上所述被设置为了 1.0，而 Color（颜色）选项的 RGB 参数值统一设置为 150，如图 11.41 所示。

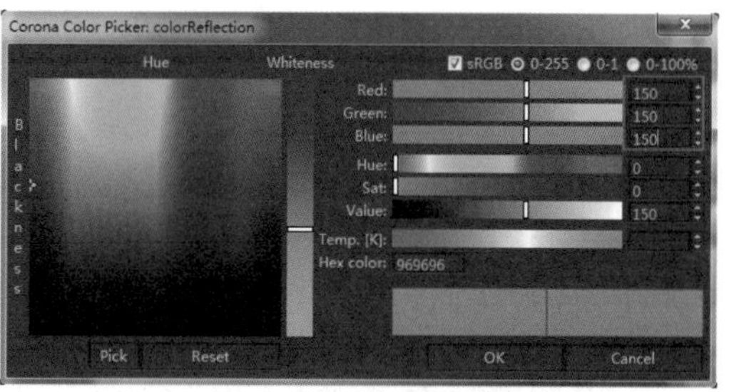

图 11.41 Color（颜色）选项的 RGB 参数值被统一设置为 150 参数值

除了上述讲解的材质反射外，凹凸功能项的设置也是少不了的，将 Diffuse（漫反射）中所应用的纹理贴图直接拖曳复制到 Bump（凹凸）中，并设置 Bump（凹凸）数量值为 0.6，如图 11.42 所示。

☑ Fresnel IOR	100.0	None
☑ Refraction	100.0	None
☑ Refr. glossiness	100.0	None
☑ IOR	100.0	None
☑ Translucency	100.0	None
☑ Transl. fraction	100.0	None
☑ Opacity	100.0	None
☑ Self Illumination	100.0	None
☑ Vol. absorption	100.0	None
☑ Vol. scattering	100.0	None
☑ Bump	0.6	5101 (cloth_yellow_1_bmp.jpg)
☑ Displacement		None
☑ Reflect BG override		None
☑ Refract BG override		None

图 11.42 设置 Bump（凹凸）数量值为 0.6

材质效果

将上述讲解的材质参数以及功能项设置后，便可得到最终场景案例应用的沙发材质，如图 11.43 所示。

沙发材质调节好后，可以单独渲染沙发模型，这样可以较为直观地查看沙发在场景中的体量以及材质效果等，沙发最终的渲染效果如图 11.44 所示。

图 11.43　沙发材质效果

图 11.44　沙发最终的渲染效果

11.5.2　灯具材质

孤立模型

孤立沙发旁的落地灯，单击 Tools（工具）菜单 → Isolate selection（孤立选择）命令或者直接使用该命令的快捷键 Alt+Q 完成此步骤操作，如图 11.45 所示。

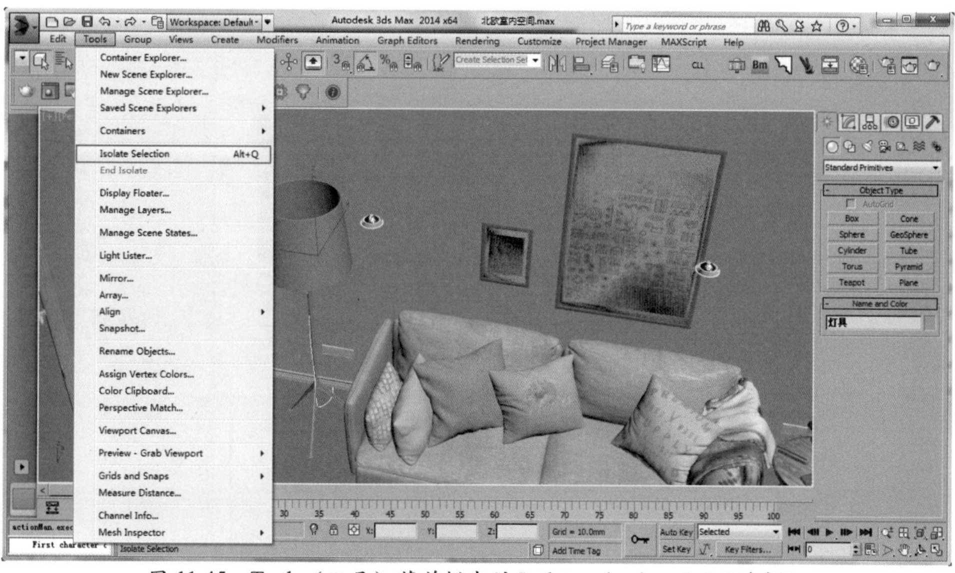

图 11.45　Tools（工具）菜单栏中的 Isolate selection（孤立选择）

孤立场景中的灯具模型后，需要将模型组打开才能逐个对组内模型材质进行调整与设置，但需要注意，在打开模型组时不建议使用 Ungroup（解组）命令选项，推荐使用 Open（打开）命令选项，如图 11.46 所示。

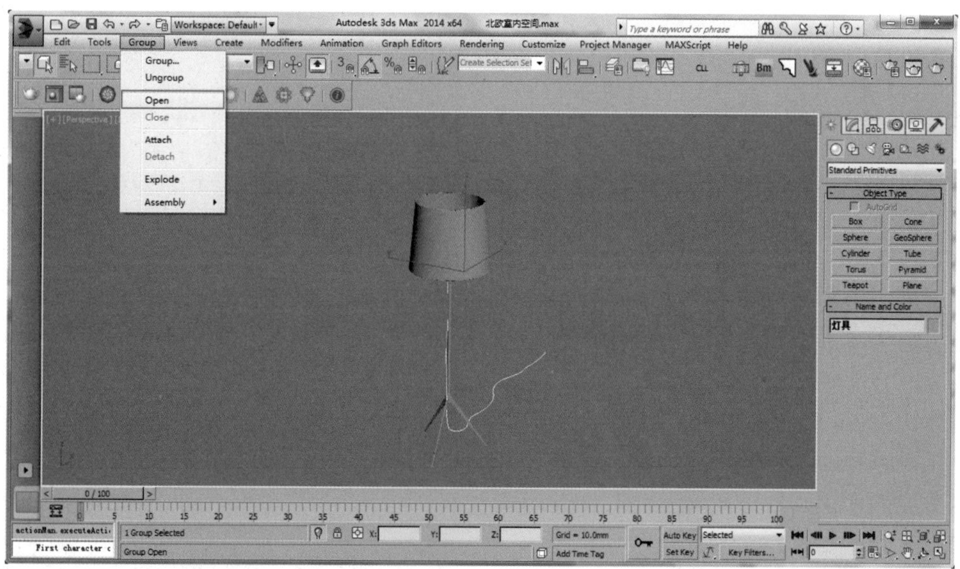

图 11.46　使用 Open（打开）命令选项将灯具模型组打开

材质设置

灯具材质的调节主要分为灯罩、金属、胶皮这个三部分，在这三部分中，灯罩材质是整个灯具材质的重点调节对象，笔者将按照上述所讲的部分顺序依次讲解与解析。

灯罩材质

单击 Material Editor（材质编辑器）→ Material/Map Browser（材质 / 贴图浏览器）按钮，在弹出的对话框中找到 Corona 材质卷展栏并选择 CoronaMtl（标准材质），将其载入到 Material Editor（材质编辑器）中并按照之前讲解的规范命名，如图 11.47 所示。

图 11.47　选定 CoronaMtl（标准材质）并将材质规范命名

灯罩所应用的材质类型设定好后，仅设置 Translucency（半透明）命令选项，就可以制作出漂亮并真实的灯罩材质，相关具体参数设置如图 11.48 所示。

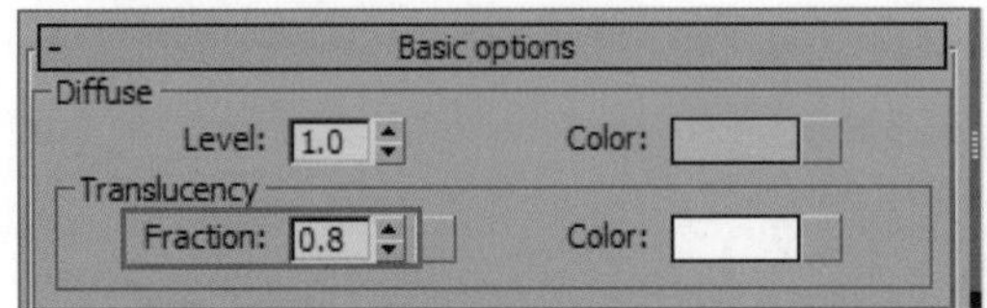

图 11.48　设置 Translucency“半透明”参数为 0.8

当 Translucency（半透明）命令选项参数设置好后并不表示灯罩材质已调节完成，因为灯罩上的纹理效果还需要表现。

因此在 Translucency（半透明）命令选项与之相对的 Color（颜色）选项中添加一张黑白纹理贴图，之后在渲染时就会有相应的纹理显示在灯罩上面了。

Color（颜色）选项中的纹理贴图，如图 11.49 所示。

纹理贴图在 Color（颜色）选项中加载完成后，也意味着灯罩材质的整体调节设置已完成，调节后的灯罩材质效果如图 11.50 所示。

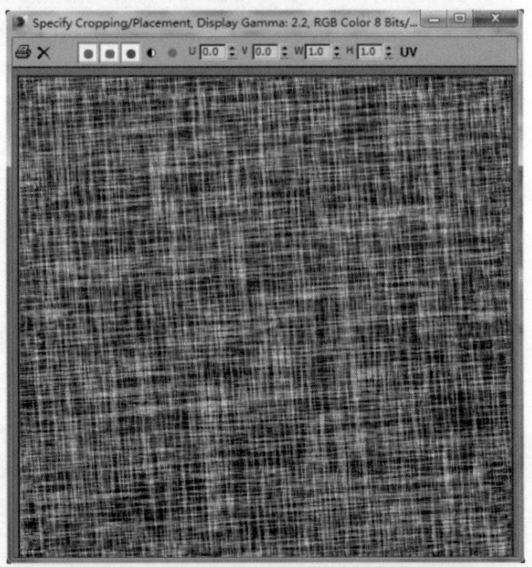

图 11.49　Color（颜色）选项中的纹理贴图

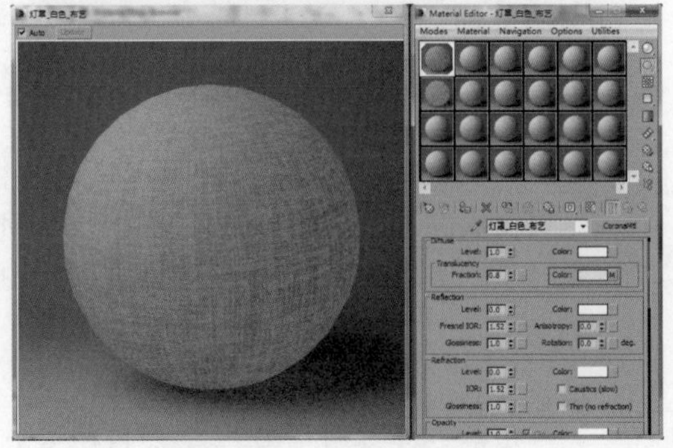

图 11.50　灯罩材质效果

金属材质

金属具有一定的光泽、延展性以及反射，同时它也是生活中常见的物质，例如：把手、窗户、器皿等，而在本章案例中的灯具支架正是使用了金属材质。

在选择基础调节材质方面选择的依然是CoronaMtl（标准材质），同样照上述的规范命名将金属材质命名，如图 11.51 所示。

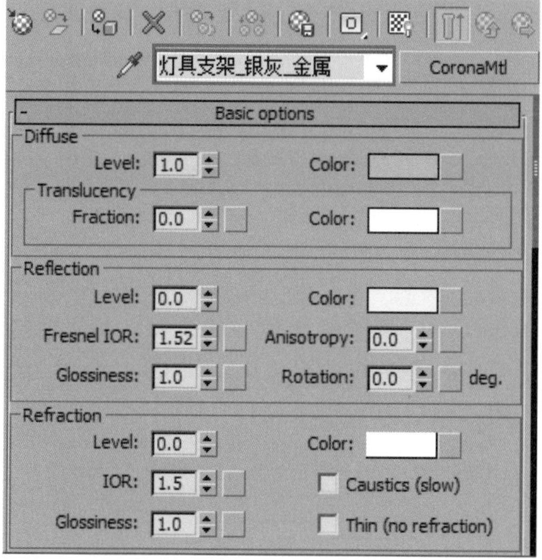

图 11.51　支架金属材质命名

金属材质调节设置同样也是非常的简单，如上述讲解的灯罩材质类似，只不过是设置不同的功能项罢了。

金属材质的主要设置项为 Reflection（反射）中各项参数，虽然 Reflection（反射）选项内部参数较多，但重点的设置选项主要为 Level（级别）、Fresnel IOR（菲尼尔反射率）以及 Glossiness（光泽度）三项，具体相关的设置参数如图 11.52 所示。

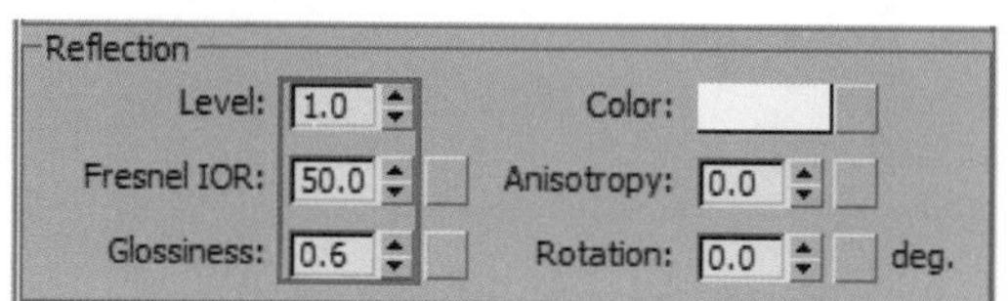

图 11.52　Reflection（反射）选项中的各参数设置

除了设置 Reflection（反射）内部的相关选项参数以外，金属颜色的调节也是必要的，因为颜色会直接影响人们对它的认知以及理解，在生活中常见的金属以黑灰两色为主，当然也有一些多彩的金属色，例如：不锈钢、多彩水杯等，本案例的金属颜色设置为常见色之一的灰色，如图 11.53 所示。

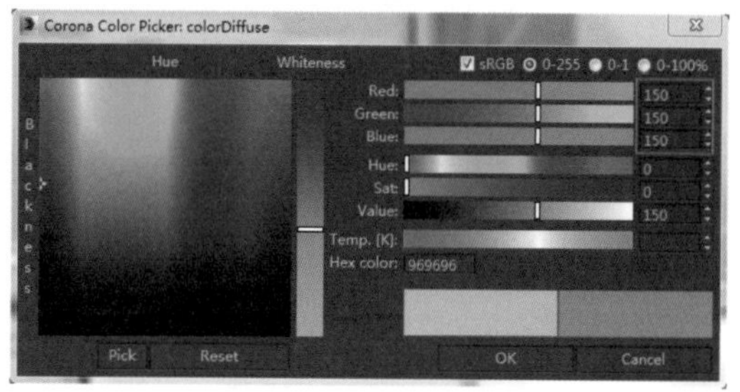

图 11.53　设置金属表面颜色 RGB 参数值为 150

将上述讲解的参数值设置好后，便可以得到非常漂亮的金属材质，如图 11.54 所示。

图 11.54　金属材质效果

胶皮材质

本案例中的灯具模型因带有电线插头，因此才需要应用到胶皮材质，之所以选择这样精细的模型，主要也是为了让表现的图像画面更加真实，也是为图像增添一些小细节，一般电线类的模型常用 Line（直线）创建，如图 11.55 所示。

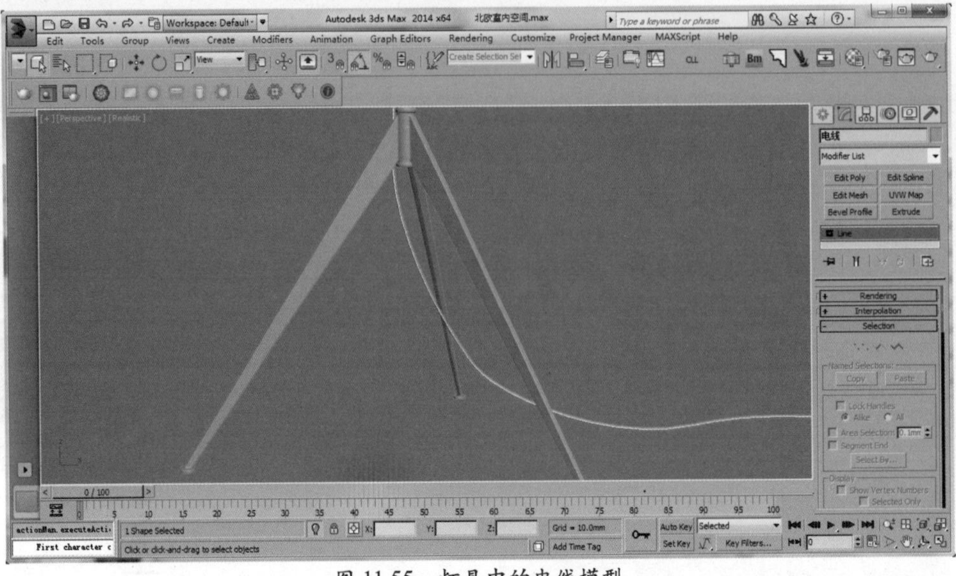

图 11.55　灯具中的电线模型

胶皮材质的选择以及材质命名，想必已非常的清楚了，材质方面依然照旧使用CoronaMtl（标准材质），如图 11.56 所示。

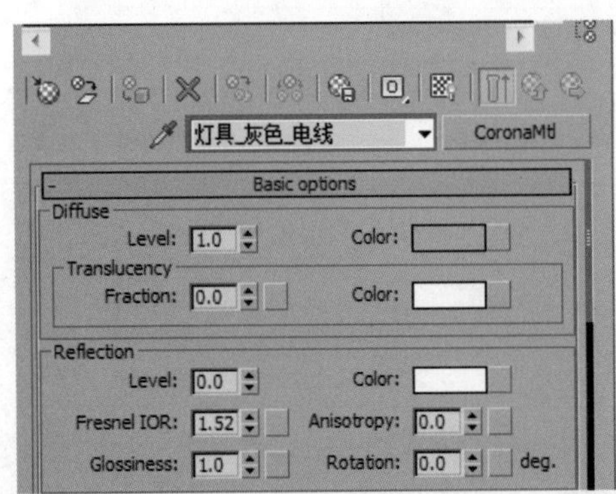

图 11.56　胶皮材质与命名

首先对于胶皮材质设置先要从它的表面 Color（颜色）选项来调节，设置 Color（颜色）RGB 参数值统一设置为的 180，如图 11.57 所示。

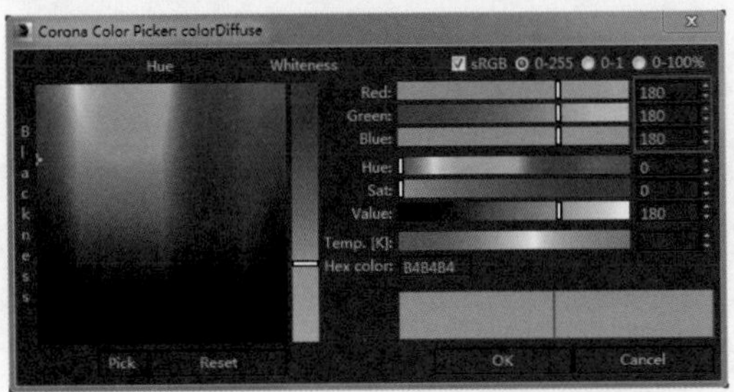

图 11.57　设置 Color（颜色）RGB 参数值为的 180

当颜色调整好以后，紧接着就是 Reflection（反射）选项中的设置，将反射内的 Level（级别）设置为 0.3，而 Glossiness（光泽度）设置为 0.5，如图 11.58 所示。

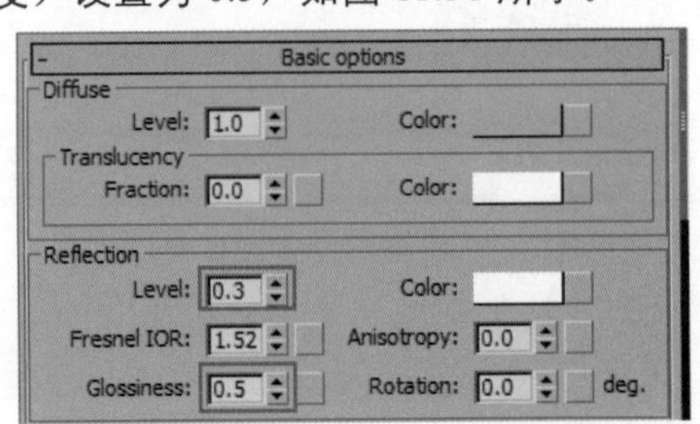

图 11.58　Reflection（反射）选项中的相关参数设置

材质效果

最后来看一下通过上述讲解条件后的胶皮材质球效果，如图 11.59 所示。

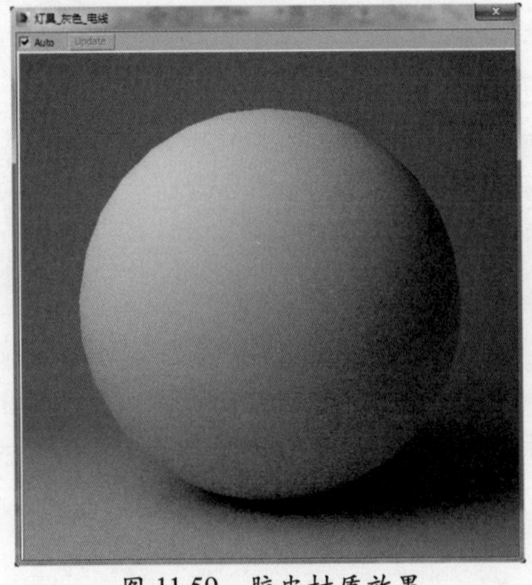

图 11.59　胶皮材质效果

当所有灯具所包含的材质都调节完成后，将已打开的灯具模型组关闭并启用渲染，这时可以通过 Frame Buffer（帧缓存）窗口，来查看灯具的渲染效果以及渲染进度，如图 11.60 所示。

图 11.60　场景灯具最终渲染效果

11.5.3　茶几材质

茶几模型

场景茶几模型以全木质材料为主，而实际生活中也有很多相同材料的茶几或者家具。

之所以使用此类木质材质，也是考虑到北欧室内空间的装饰风格，为了让茶几这部分变得更有生活氛围，可在茶几上面添加一些装饰陈设，如图 11.61 所示。

图 11.61　场景中的茶几以及装饰陈设

材质调节

茶几模型所应用的材质依旧为CoronaMtl（标准材质），命名规范相信读者已熟记在心，在此不再复述，茶几饰面的颜色直接使用材质本身的Diffuse（漫反射）颜色，并非使用3DS MAX外部的纹理贴图。

在Corona Color Picker（颜色拾色器）中设置茶几表面颜色参数值，如图11.62所示。

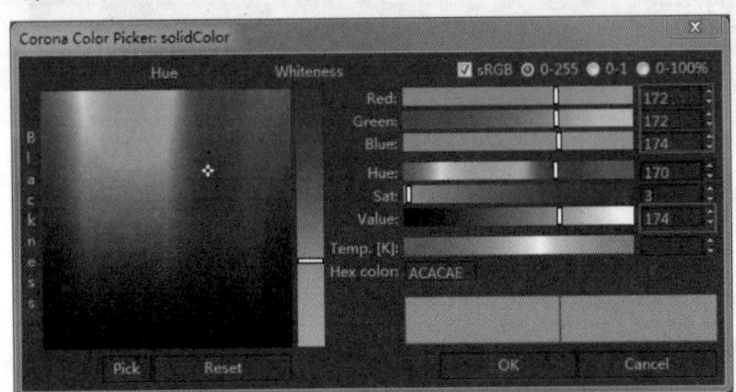

图 11.62　设置茶几材质表面颜色参数值

茶几表面颜色选定后，将材质中的Reflection（反射）选项内部的Level（级别）参数值设置为1.0，而Fresnel IOR（菲尼尔反射率）也从默认参数值1.52修改为1.8，最后是Glossiness（光泽度）命令选项参数设置，如图11.63所示。

图 11.63　设置Glossiness（光泽度）参数值为0.6

为了让茶几表面的反射效果产生变化，因此在材质Reflection（反射）选项中直接添加一张3DS MAX程序贴图Falloff（衰减），如图11.64所示。

添加在Reflection（反射）选项中的Falloff（衰减）贴图内部的相关设置选项保持默认即可，不必去修改，如图11.65所示。

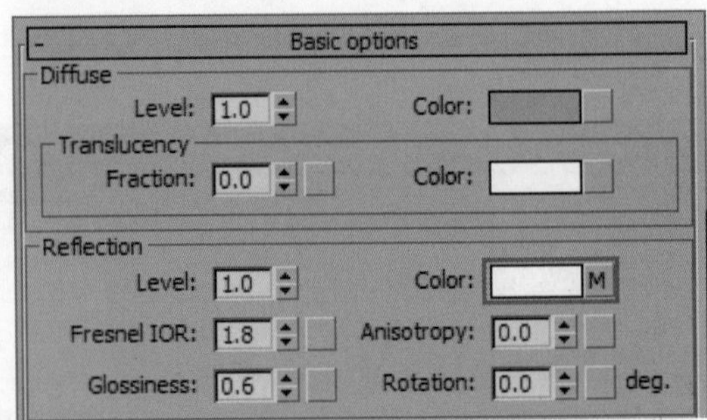

图 11.64　Color（颜色）选项当中添加Falloff

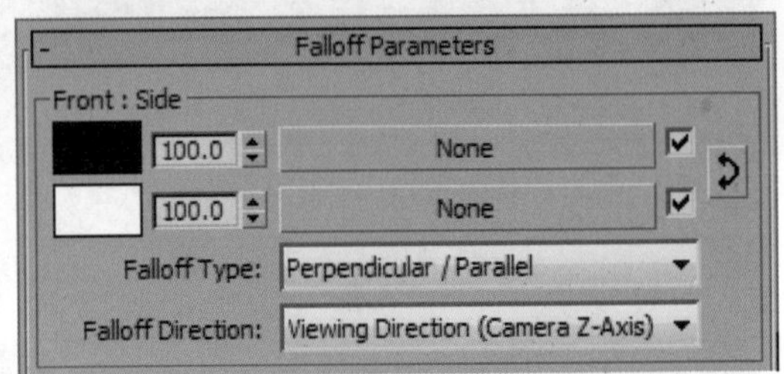

图 11.65　Falloff（衰减）贴图

当茶几材质的基础选项都设置好后，需要为整体的材质增加一些细节，将一张黑白的木纹贴图添加到材质的Bump（凹凸）选项中。

Bump（凹凸）选项中的黑白贴图，如图11.66所示。

图 11.66　Bump（凹凸）选项中的黑白贴图

为了让纹理贴图的细节在渲染图像上显示的更好，将贴图内的Blur（模糊）选项参数值设置为0.1，如图11.67所示。

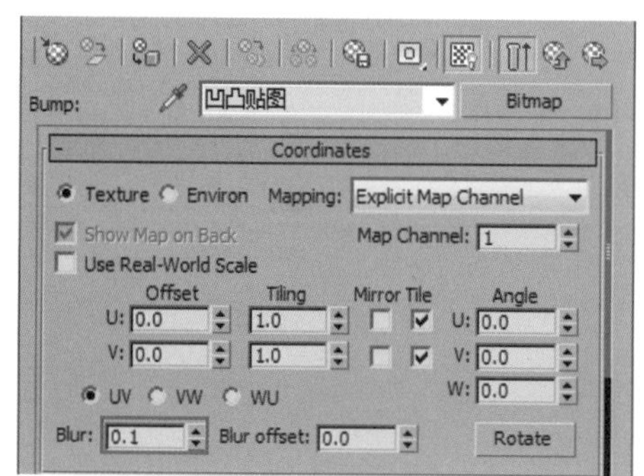

图 11.67　设置贴图 Blur（模糊）选项参数为 0.1

为了得到一个合适的材质表面凹凸效果，设置 Bump（凹凸）选项的数量参数值，将数量参数值设置为 0.5，如图 11.68 所示。

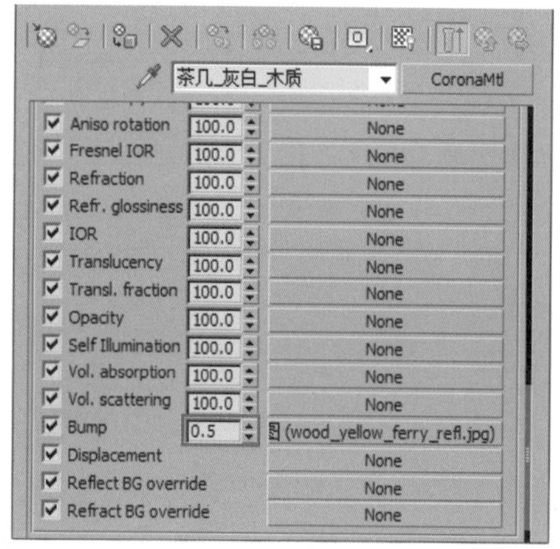

图 11.68　设置 Bump（凹凸）选项数量参数值

材质效果

通过上述讲解的参数与设置项得到了最终的茶几材质效果，如图 11.69 所示。

茶几材质调节好后，就需要通过场景灯光测试材质效果，茶几渲染的最终效果，如图 11.70 所示。

图 11.69　茶几材质球

图 11.70　场景茶几材质渲染的最终效果

11.5.4 玻璃材质

玻璃材质

案例场景中所应用到玻璃材质的主要有户外玻璃以及玻璃器皿，如图 11.71 所示。

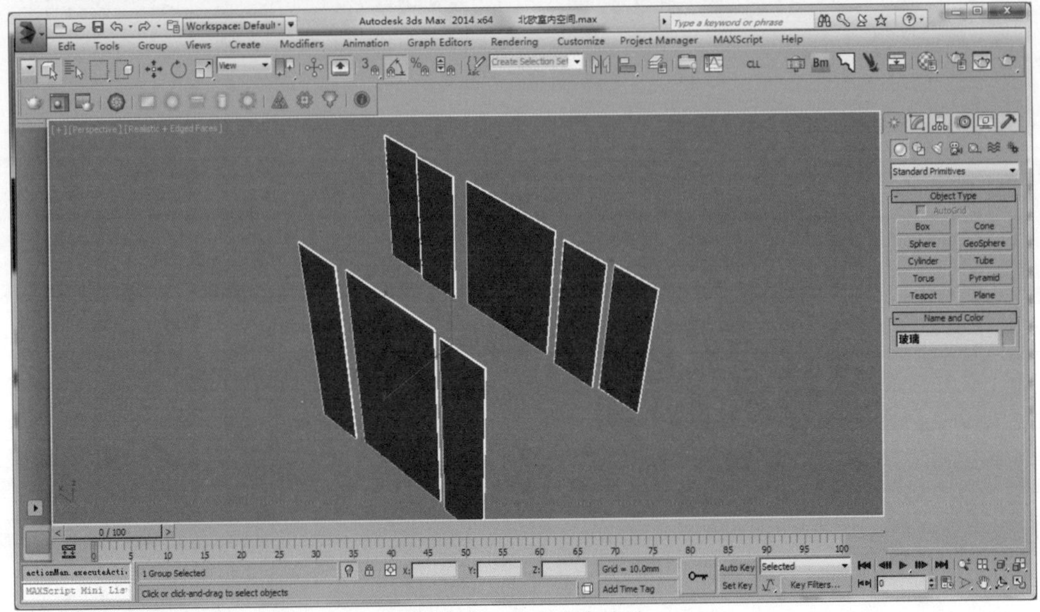

图 11.71 户外玻璃模型

材质调节

Corona 渲染器中调节玻璃材质是最简单、最便捷的。玻璃材质主要集中在颜色、反射、折射选项方面，将这三方面设置好后便可以得到非常真实的玻璃效果，如图 11.72 所示。

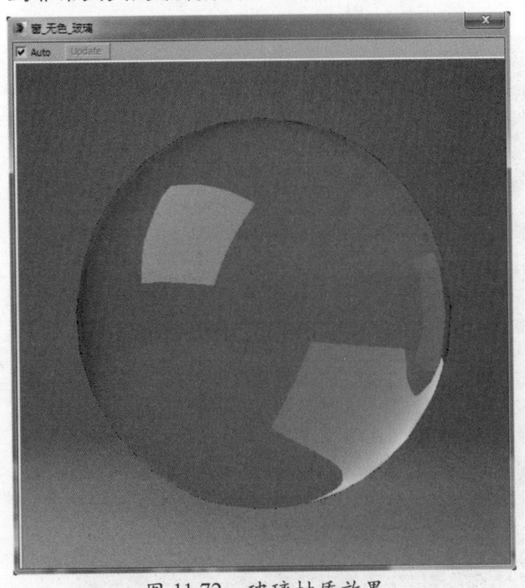

图 11.72 玻璃材质效果

玻璃材质的参数设置如上所述，主要集中在反射与折射选项中，笔者对于玻璃材质参数设置为读者朋友总结为两个 1.0，分别是将反射 Level（级别）选项设置为 1.0，其次是折射的 Level（级别）也设置为 1.0，如图 11.73 所示。

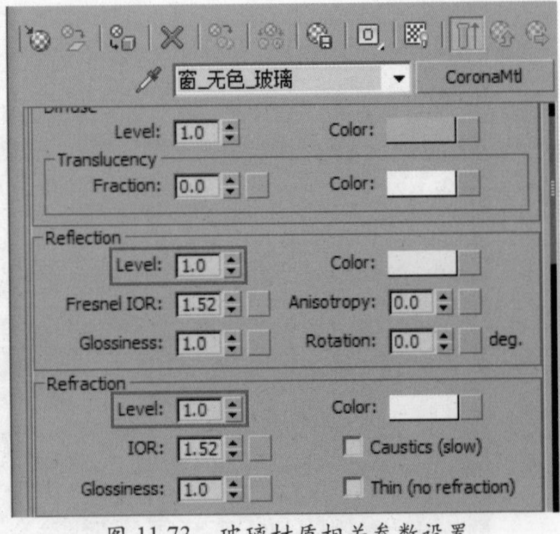

图 11.73 玻璃材质相关参数设置

11.5.5　窗帘材质

窗帘是现实生活当中的必须用品同时也是软装配饰中的重要项，因此在室内设计当中尤为重要，本案例虽为模拟的室内场景空间，但也不能忽略这部分。

本案例场景中的窗帘饰面为黑白网格花纹，如图 11.74 所示。

图 11.74　窗帘饰面为黑白网格花纹

将窗帘材质 Reflection（反射）选项中的 Level（级别）设置为 1.0，而 Glossiness（光泽度）同样设置为 0.1，但为了让材质的光泽稍显清晰些，最好的方法就是使用 Fresnel IOR（菲尼尔反射率）复选项，将 Fresnel IOR（菲尼尔反射率）设置为 2.0，如图 11.75 所示。

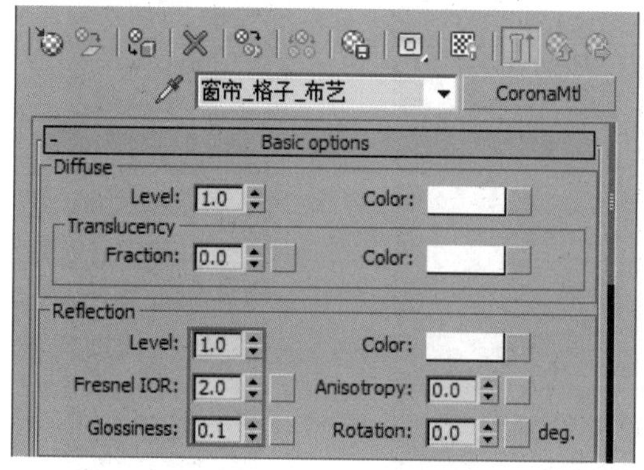

图 11.75　Reflection（反射）选项相关参数设置

窗帘的基础材质项调节好后，就需要对窗帘的饰面进行设置，在 Color（颜色）选项中添加一张纹理贴图即可，如图 11.76 所示。

窗帘模型饰面所使用的纹理贴图，如图 11.77 所示。

图 11.76　Color（颜色）选项

图 11.77　窗帘模型饰面所使用的纹理贴图

为了让贴图渲染呈现清晰，设置贴图内的 Blur（模糊）选项参数值设置为 0.1，如图 11.78 所示。

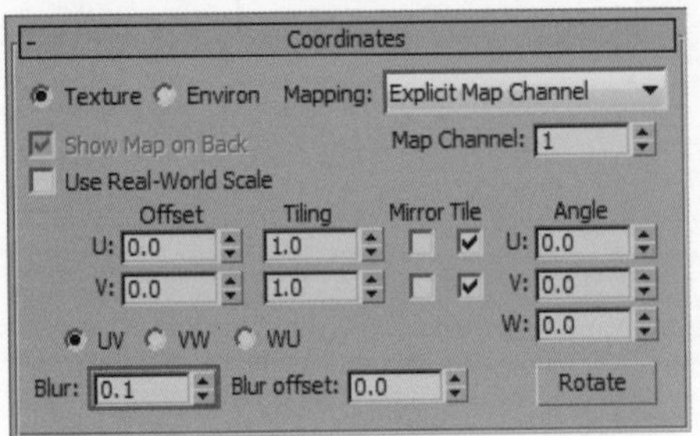

图 11.78　设置 Blur（模糊）参数为 0.1

最后将 Color（颜色）选项中的黑白贴图以拖曳复制的方式，复制到 Bump（凹凸）选项中，但 Bump（凹凸）数量参数值不宜过高，具体相关设置参数如图 11.79 所示。

窗帘材质效果，如图 11.80 所示。

场景中的窗帘在 Frame Buffer（帧缓存）窗口中的渲染效果如图 11.81 所示。

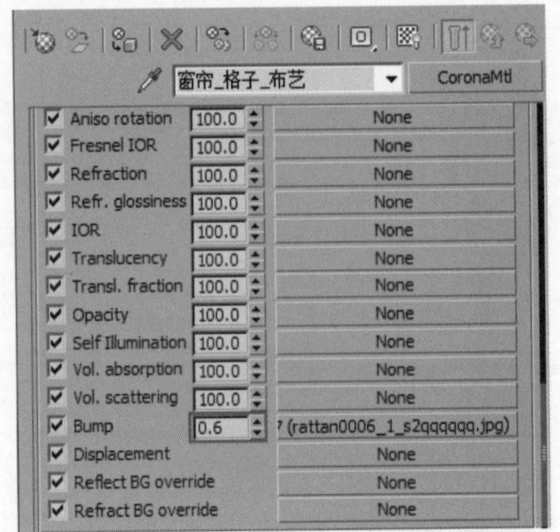

图 11.79　设置 Bump（凹凸）数量参数值为 0.6

图 11.80　窗帘材质效果

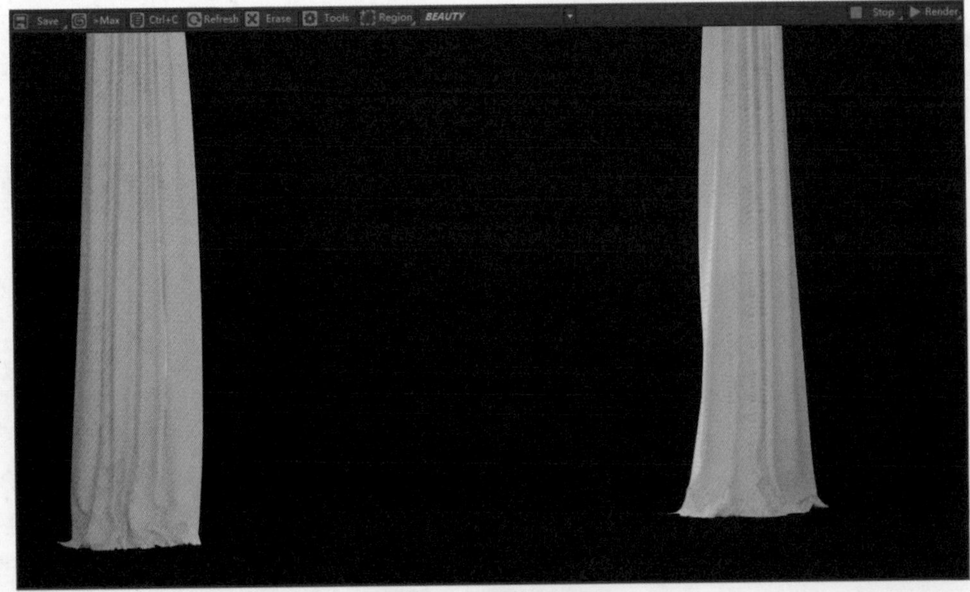

图 11.81　窗帘渲染效果

11.6　材质重点

读者不难发现本案例整个场景中的材质选择使用的都为 CoronaMtl（标准材质），并且大多数的材质都设置了 Reflection（反射）选项，因此总结得出对于任何类型的材质调节都需要在 Reflection（反射）选项上多下一些功夫。

Corona 渲染器调节材质时与交互式渲染配合时，这会让材质的调节工作变得简单，其次建议初次学习 Corona 渲染器的读者在调节材质前最好找一些示例参考，以便知道自己想要什么样式的材质效果同时也是有一个调节参考，希望读者朋友谨记。

笔者在平时的工作当中积累了很多的材质并将其整理为库，以便下次使用，也可以将自己常用的材质设置并保持为库，如图 11.82 所示。

图 11.82　包含不同种类的材质库

11.7　后期调节

当渲染完毕后，我们就需要对最终渲染完成的图像进行后期处理，以便可以很好地进行效果方面的修正，使用 Photoshop CS3 打开渲染完成的图像，如图 11.83 所示。

图 11.83　Photoshop CS3 打开渲染完成的图像

相信不难看出渲染图像有些灰度，就是人们常说的发灰、灰图等等，因此需要先调节图像的亮度和对比度来改变当前图像效果。

复制背景图层，然后单击“图像”菜单 → “调整” → “曲线”命令或使用快捷键Crtl+M，如图 11.84 所示。

图 11.84　启用“曲线”命令

在打开“曲线”命令对话框，设置内部参数，以调高整体图像的亮度，如图 11.85 所示。

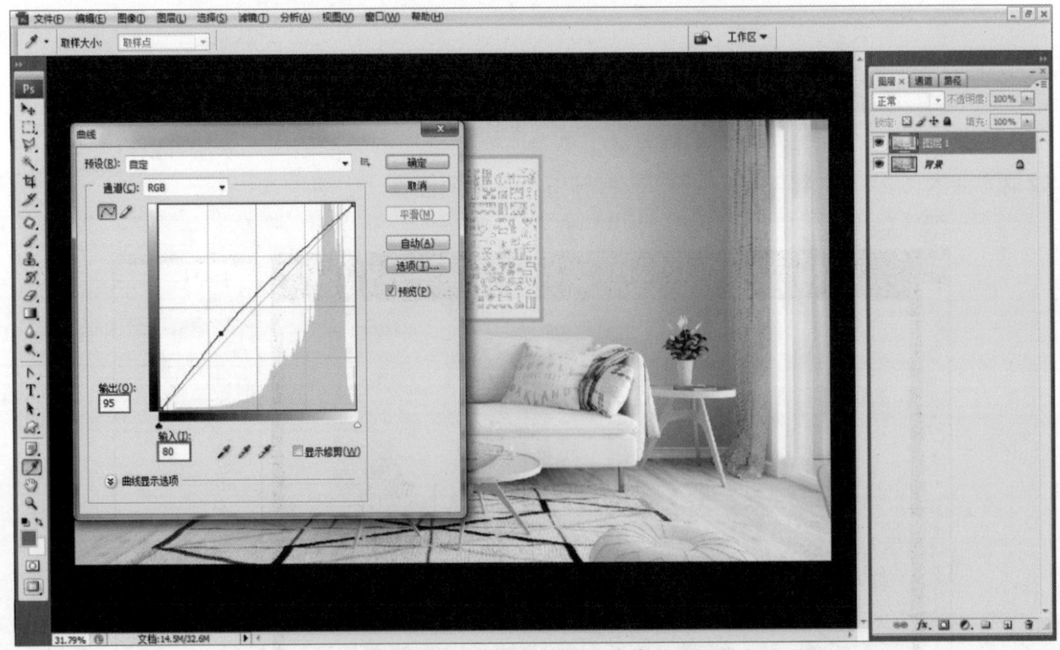

图 11.85　设置“曲线”内部参数

调整图像亮度后，图像现在看起来不再那么的灰，创建调节图层中的“可选颜色”调节层，为渲染完成的图像调节局部颜色，如图 11.86 所示。

图 11.86　创建“可选颜色”调节层

在“可选颜色”调节层中将颜色选项设置为“绿色”，并设置相关参数值，如图 11.87 所示。

图 11.87　设置“可选颜色”相关参数值

渲染图像经过“可选颜色”调节层的调整，不难发现图像的整体颜色偏蓝，并且在整体的亮度上也有稍示提高，为了让图像中的亮度适宜以及进一步拉开整体的层次关系，使用“亮度 / 对比度”命令是最合适不过的，如图 11.88 所示。

图 11.88 设置图像“亮度 / 对比度”相关参数值

新建空白图层后使用“盖印图层”命令的快捷键 Ctrl + Alt + Shift + E，将当前所有图层合并到新建的空白图层上，合并图层会自动命名为“图层 2”，如图 11.89 所示。

图 11.89 通过“盖印图层”命令合并所有图层

执行“盖印图层”命令后，单击“图像”菜单 → “调整” → “去色”命令或者使用快捷键 Shift+Ctrl+U，如图 11.90 所示。

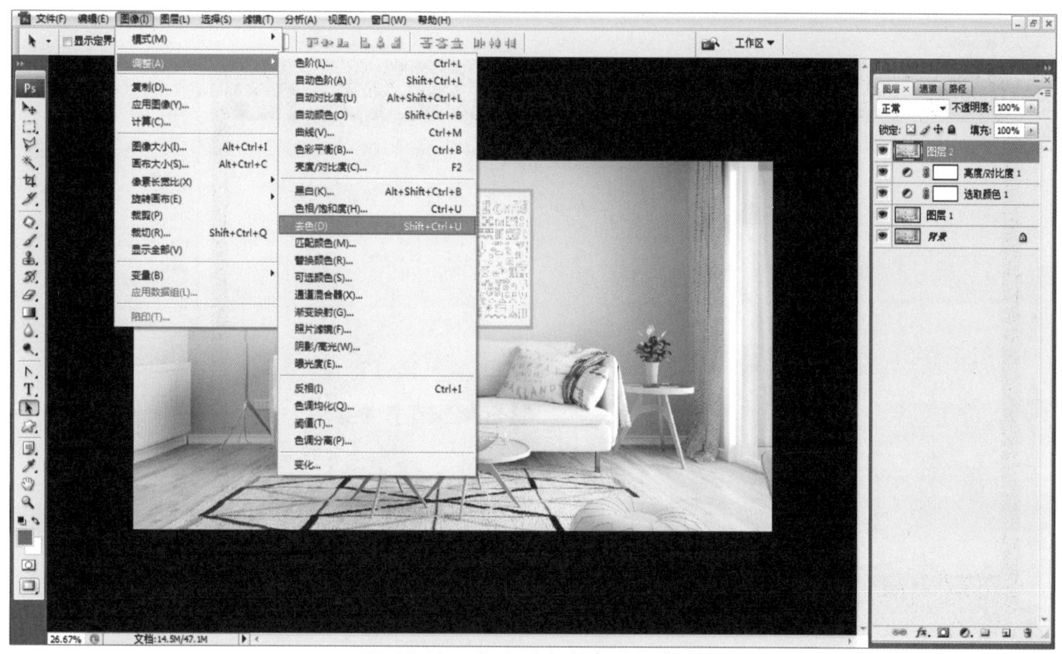

图 11.90　启用“去色命令”命令

将渲染图像变为黑色单色后，单击“滤镜”菜单 → “其他” → “高反差保留”命令，并设置相关参数以控制细节半径。

设置“高反差保留”项参数值为 1.0，如图 11.91 所示。

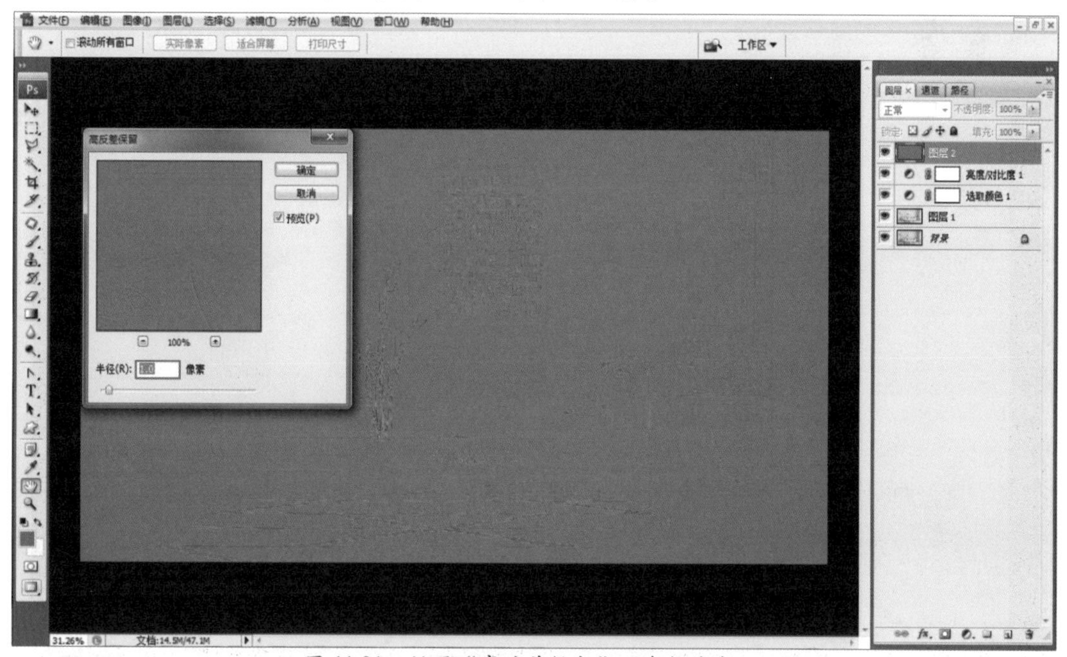

图 11.91　设置“高反差保留”项参数值为 1.0

“高反差保留”命令执行后，需要通过图层中的“混合模式”进行图层间的叠加效果方面的处理，以求得到完美的锐化效果，如图 11.92 所示。

图 11.92　选择“图层混合”中的“叠加”选项模式

讲解到这里也意味着后期的修饰工作结束，不知是否感觉到惊讶与意外，其实使用 Corona 渲染器制图并不需要过多的后期处理，也不像想象的那么复杂。

一般在后期图像软件当中常应用的有“锐化”命令以及提高图像亮度的一些操作等等，无需对每个图像的局部进行逐个的调节，通过后期软件的修饰最终图像效果，如图 11.93 所示。

图 11.93　修饰后的最终图像效果

如果在色调方面读者朋友想多调节几个色调，笔者建议在最终完成的基础上，使用“色彩平衡”命令，而且在“色彩平衡”中的“高光”“中间调”“阴影”分别对应着图像中的“亮

部”“灰部”“暗部”，可以根据需要进行不同区域的色彩调节，这三项中“中间调”的调节会直接影响整体颜色的倾向性，建议读者使用，如图 11.94 所示。

图 11.94 使用“色彩平衡”调节图像色调

除了上述讲解的“色彩平衡”外，使用调节图层中的“照片滤镜”也可以快速地为图像完成着色效果，以便可以快速决定图像色调的倾向。

创建“照片滤镜”调节图层，如图 11.95 所示。

图 11.95 创建“照片滤镜”调节图层

在“照片滤镜”设置项中自带很多可以选择的色调预设，并且也可以通过“颜色”选项根据个人需要进行颜色方面的任意调节包括颜色的饱和度设置等，如图 11.96 所示。

图 11.96　“照片滤镜”中的颜色预设

到这里本案例就讲解完了，希望广大的读者认真并仔细的阅读，总结出其中的知识点和制作方法等。

11.8　本章小节

本章通过柔和自然的光线颜色来烘托北欧室内空间的干净整洁与简单朴素，根据真实的光线和材质分析得到，场景中各项材质的设置依据以及在材质方面的调节重点，这些都是本章的亮点，而且本案例全部采用 Corona 渲染器内置的灯光项，为全面地展示与讲解 Corona 渲染器的灯光应用与变化，不仅如此，在后面的图像处理方面，笔者也讲解了在后期图像软件中如何简单快速地处理一张渲染图像，同时讲解了两种不同的调色命令，最后多加练习，掌握本章案例中所讲解的重点知识。

第 12 章 复古室内案例

◆ **本章学习目标**

◎ 理解场景灯光创建和系统
◎ 学习表现复古室内风格
◎ 掌握 Corona 线框材质设置方法

本章介绍与讲解 Corona 渲染器灯光系统以及“线框”材质的设置方法，希望读者从中可以完整地掌握设计、表现、线框这三项知识点，在后期的调图与制图方面也会融入新的知识点。

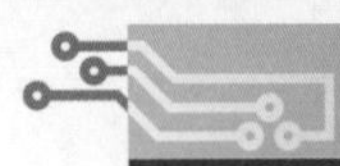

12.1 设计说明

本章案例的设计灵感来源于笔者的一次观影，将影片中的某些具有时代特点的元素拿到本案例中并将其放大拓展，复古风格的室内装饰在家装风格中并不常见，而且也有很多人对此风格不熟悉。

本章讲解的复古室内案例如图 12.1 所示。

图 12.1 本章所讲解的室内案例

12.2 场景灯光

12.2.1 创建主灯光

每个空间都有着自己独特的一套灯光系统，不管室内还是室外，工装或者家装。但相信长期接触这方面的读者不难发现它们之间存在着某些共同性或特点。

本章案例中的灯光按照真实世界的光源类型，进行灯光强度以及样式的推敲，以确保最终渲染图像的品质以及真实度，同时为了了解并学习到更多的灯光技术和要点，因此本案例中的主要场景光源选择为 3DS MAX 自带的 Daylight（天光）。

单击 Systems（系统）中的 Daylight（天光）按钮，如图 12.2 所示。

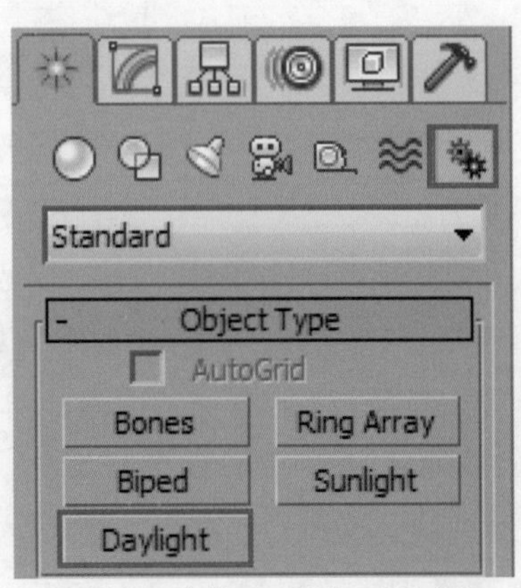

图 12.2 选择 Daylight（天光）

Daylight（天光）在窗口中的样子有些类似“风玫瑰”或者“指南者”，Daylight（天光）内部有精确设定时间的选项，因此大大地方便了对灯光的控制，如图 12.3 所示。

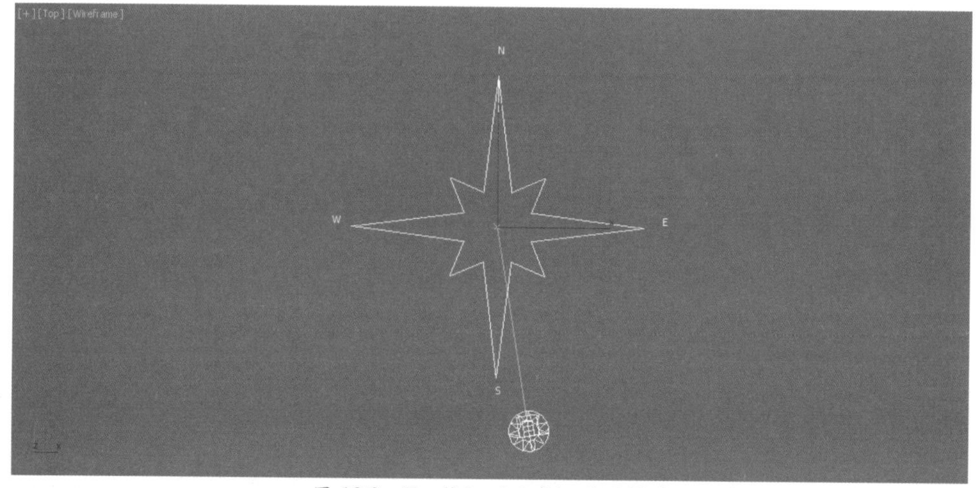

图 12.3　Daylight（天光）显示样式

具体常用的选项有 Sunlight（太阳光）、Skylight（天空光）以及 Position（位置），具体相关选项如图 12.4 所示。

图 12.4　基础设置面板

初次使用 Daylight（天光）时，创建以及调整灯光都非常的不习惯，这主要是对它的属性和相关的设置选项不够了解所造成的，下面笔者就具体讲述 Daylight（天光）应如何使用。

如果使用 Daylight（天光）在 Corona 渲染器中，建议将灯光位置的设置模式更改为 Manual（手动）模式选项，这样在操作上就非常的方便了。

对于灯光的选择与设置，根据使用的渲染器设置相应的灯光类型即可，对于初次尝试使用 Daylight（天光）的读者，可以参考一下本章案例中的灯光设置，如图 12.5 所示。

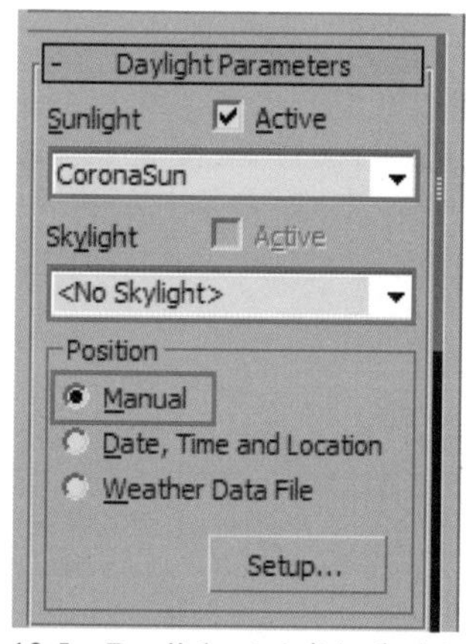

图 12.5　Daylight（天光）基础设置

如果将 Daylight（天光）内的 Sunlight（太阳光）模式更改为 CoronaSun（太阳光）后，内部的设置参数选项也会发生改变，根据选择灯光模式的不同来替代相应的设置选项。

本案例中 Daylight（天光）强度与颜色的设置，如图 12.6 所示。

案例中的灯光设置好后，可以测试一下灯光对场景的照明强度，但需要注意这个强度不单单是指空间的亮度，除了亮度外，还要观察空间内的光线反弹情况和光线所涉及的范围，如图 12.7 所示。

图 12.6　Daylight（天光）强度与颜色设置

图 12.7　场景空间的灯光效果

12.2.2　创建环境光

Daylight（天光）对于场景中的局部照明效果还是不错的，但从整体图面上来看，空间中还是存在着大量的暗部，因此需要创建补光为场景提供二次光线照明，可以在窗口处创建一盏 Corona Light（标准灯光）作为空间暗部的补光，单击 Corona Light（标准灯光）按钮，如图 12.8 所示。

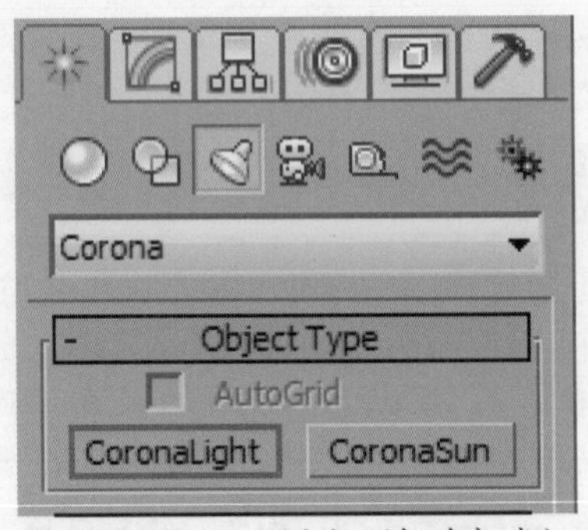

图 12.8　Corona Light（标准灯光）

创建的 CoronaLihgt（标准灯光）尺寸无需特意的设置，灯光仅将窗口覆盖住即可，如图 12.9 所示。

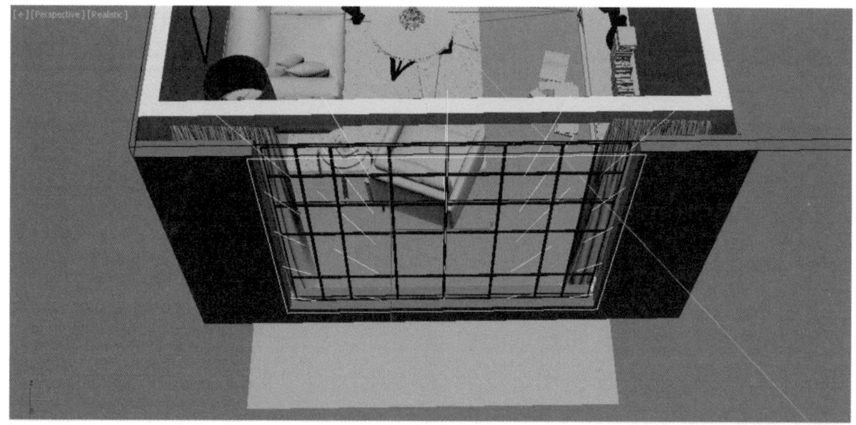

图 12.9　Corona Light（标准灯光）大小

Corona Light（标准灯光）创建好后，不要急于测试灯光的效果，先简单地设置一下，不然会影响之前已创建并设置好的 Daylight（天光）照明范围和光线强度。

本案例中的 Corona Light（标准灯光）设置并不像之前讲解过的案例，仅将灯光内的 Visible directly（直接可见性）和 Occlude other lights（阻挡其他灯光）选项设置即可，具体相关设置如图 12.10 所示。

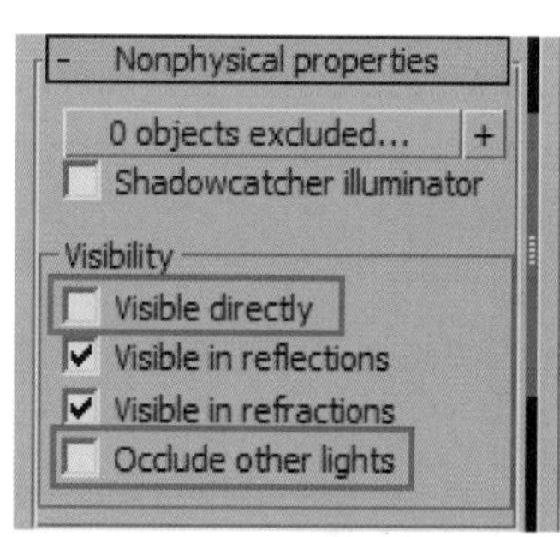

图 12.10　Corona Light（标准灯光）可见性设置

Corona Light（标准灯光）设置好后进行场景的灯光测试渲染，在窗口处创建的 Corona Light（标准灯光）为场景的照明提供了很好的二次照明补充，如图 12.11 所示。

图 12.11　室内补光照明效果

除了上面讲解的两盏室内场景照明灯光外，室内气氛灯光的创建也是必要的，因为气氛灯光会给画面增添空间上的带入感，但此类灯光不要随意创建，以免破坏画面的整体性。

本案例中选择落地灯作为气氛灯光，为画面增添带入感，创建 Corona Light（标准灯光）并且将灯光类型设置为 Sphere（球形），如图 12.12 所示。

为了测试落地灯的照明范围与效果，可将之前创建的 Daylight（天光）和窗口处的 Corona Light(标准灯光) 暂时性关闭，以便更好地查看落地灯的照明范围和强度。

落地灯照明效果如图 12.13 所示。

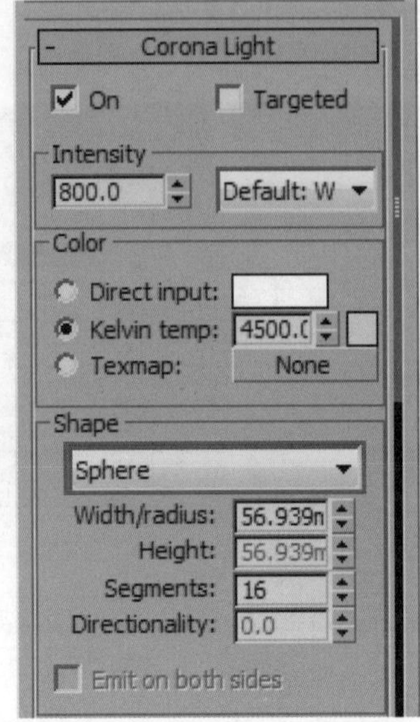

图 12.12　落地灯光 Sphere（球形）设置

图 12.13　落地灯照明效果

落地灯设置好的同时也意味着场景内的灯光已全部布置完成，不难看出场景灯光的都是按照现实光线推敲布置的，最终场景灯光的渲染效果如图 12.14 所示。

图 12.14 最终灯光效果

12.3 场景问题

相信在使用 Corona 渲染器制图时遇到不少问题，不管是在灯光或者整理方面，甚至有很多朋友说 Corona 渲染器不好用、不方便等等，这些在笔者看来可以总结为一句话，那可能是你还不够了解，笔者挑一些常见问题来为读者讲解一下原理和解决方法，以便可以帮助你更加深入地了解。

12.3.1 纹理显示

在模型贴图纹理显示时，不难发现模型饰面纹理并不会显示，就算反复地单击“显示纹理”按钮也是同样的结果，如图 12.15 所示。

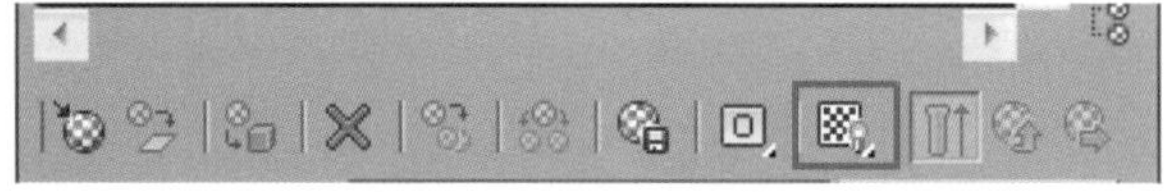

图 12.15 显示纹理按钮

如果遇到材质不显示这一问题，可以使用 Corona 自带的脚本插件来快速地完成这一操作，选择要显示纹理饰面的模型。单击 MAXScript（脚本）菜单 → Run Script（运行脚本）命令选项，运行 Corona 渲染器自带的 Corona Converter 脚本插件，如图 12.16 所示。

对于 Corona 渲染器自带的转换插件，在前面的章节中已有详细的讲解，如果忽略或者忘记了，可以重新将知识温故一下，说不定还能有意外的惊喜。

直接单击 Corona Converter 脚本插件中的 Show maps in VP（selected obj）（显示选择物体贴图）按钮即可，如图 12.17 所示。

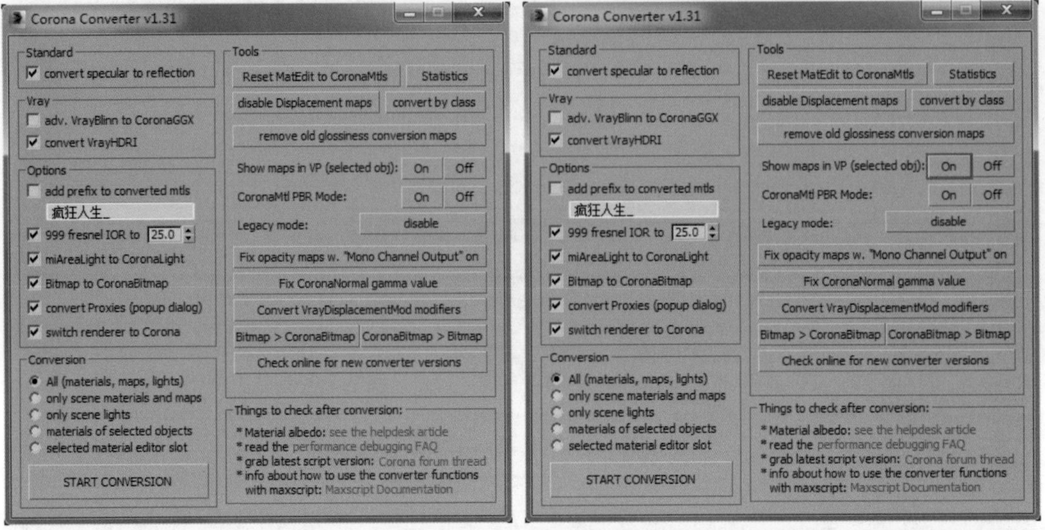

图 12.16　Corona 渲染器转换脚本插件　　　图 12.17　“显示选择物体贴图”按钮

12.3.2　灯光漏洞

3DS MAX 自带的 Daylight（天光）与 Corona 渲染器配合使用时不显示灯头图标，这在灯光的控制方面可以说是非常大的漏洞，那么这个问题应该如何解决？

其实这个问题主要集中在 3DS MAX 的软件方面，因为很多读者朋友安装 3DS MAX 软件后很少去关注它，比如新版本的功能以及漏洞修复等等，因此一些 BUG（漏洞）修复，自然也是不了解的。如果想解决这个问题可以去 3DS MAX 官网下载 Service Pack（修复文件包），如图 12.18 所示。

Autodesk 3ds Max 2014 Service Pack 5

Mar 11 2014 | Download

Applies to 3ds Max 2014

Share　Add to Collection +

Autodesk® 3dsMax® 2014的Service Pack 5包括基于客户反馈的稳定性和性能问题的修复程序。

3dsMax2014_SP5。msp（MSP-137142Kb）

图 12.18　Service Pack（修复文件包）

12.3.3　光度学灯光

设计者在测试或创建场景中的筒灯时，会根据个人习惯选择 Corona 渲染器自带的 IES（光域网）或者使用 Photometric（光度学）灯光。但如果选择使用 Photometric（光度学）灯光的话，需要注意两个方面，一是不要使用中文命名的灯光文件，其二是注意灯光强度值，可以使用较大的参数值。

Photometric（光度学）灯光设置如图 12.19 所示。

图 12.19　Photometric（光度学）灯光设置

12.3.4　交互式渲染

对于 Corona 交互式渲染，相信在本书前面的章节当中已了解并学习了如何使用，但为什么总是操作不好呢？使用时需要注意什么？

在使用交互式渲染之前最好明确，当前激活的视图是哪一个，因为 3DS MAX 默认情况下有四个视图，激活某一个视图的同时在周边会有一圈较粗的黄色线，如图 12.20 所示。

图 12.20　视图周边显示的黄色粗线

笔者建议最好将 3DS MAX 操作视图的数量减少，以便更好地对视图中的交互式渲染进行设置，单击 Views（菜单）→ Viewport Configuration（视图配置）选项，在弹出的设置面板当中进行具体的相关设置如图 12.21 所示。

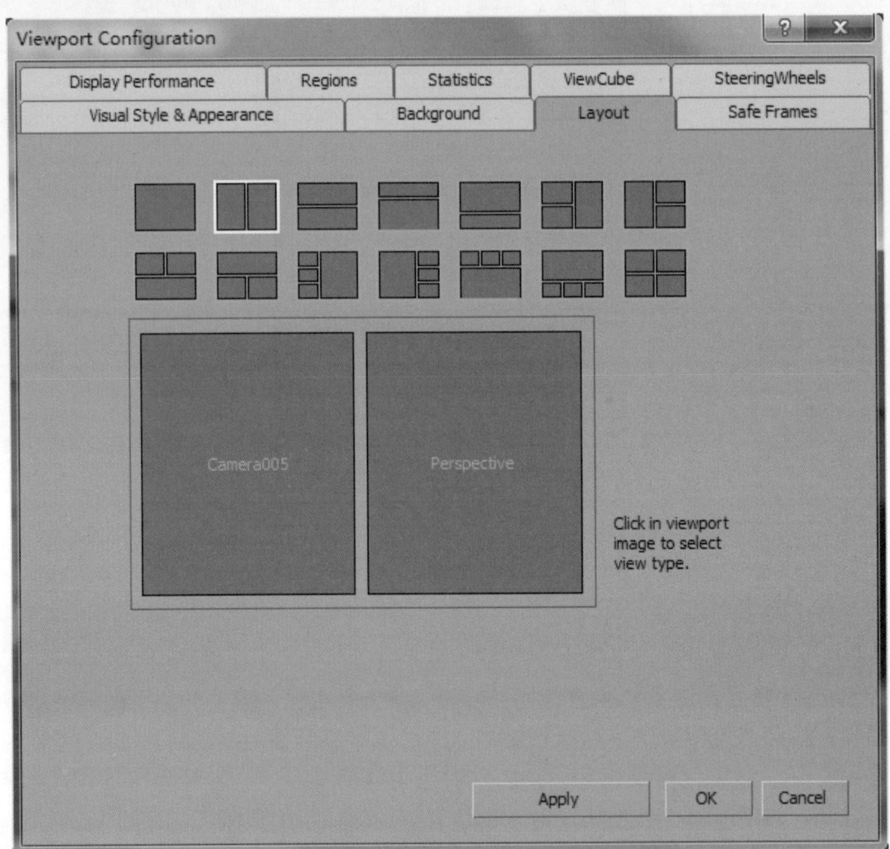

图 12.21　Viewport Configuration（视图配置）设置面板

设置场景视图为双相机视图，如图 12.22 所示。

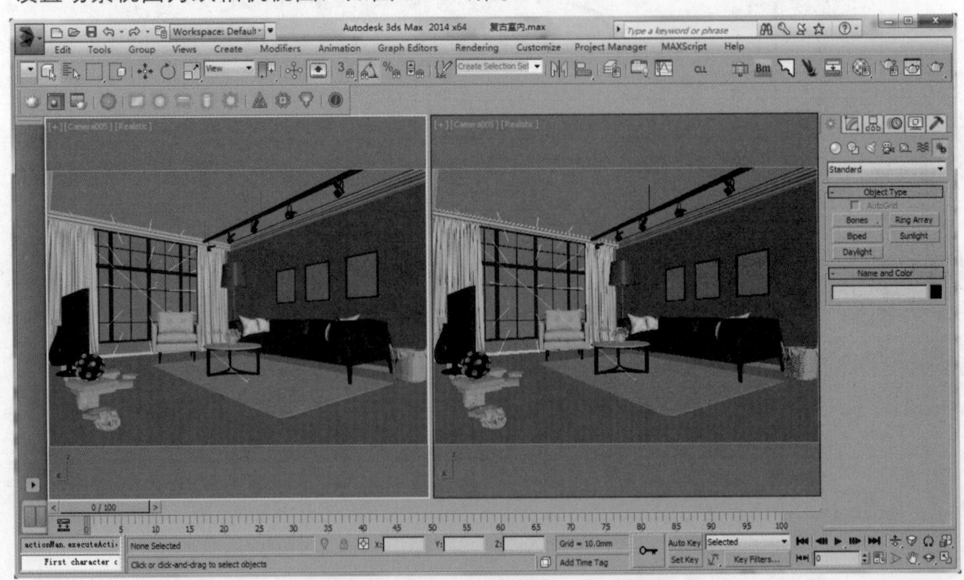

图 12.22　设置场景视图为双相机视图

以上都是笔者想通过本案例教给读者朋友的内容，这里面包含着笔者的一些操作习惯，不过希望读者先行消化，等完全掌握后便可以根据个人的习惯加以调整。

12.4　渲染参数

渲染设置的参数在任何一款渲染器当中都非常重要的，几乎可以说任何的效果和操作都与参数息息相关，读者朋友要知道测试渲染是为最终图像的渲染品质把关，测试渲染环节中的渲染参数对比最终图像的出图参数简略了很多。

12.4.1　测试渲染

案例中的图像大小根据渲染环节的不同，设置的尺寸大小也不相同。由于是测试阶段，设置较小的图像尺寸最为适宜，有些习惯将图像最长边的大小设置为 500，有的则将图像尺寸最长边设置为 800，笔者推荐后者的尺寸设置，如图 12.23 所示。

相信读者不是第一次在本书当中看到 Corona 渲染器设置非常简单的字眼，在测试阶段仅将 Scene（场景面板）中的 Pass limit（通过限制）进行设置即可，而在窗口的外景方面，勾选 Direct visibility override（直接可见性覆盖）选项并可以通过该设置选项中的 Color（颜色）来控制窗外的色彩，具体相关设置选项如图 12.24 所示。

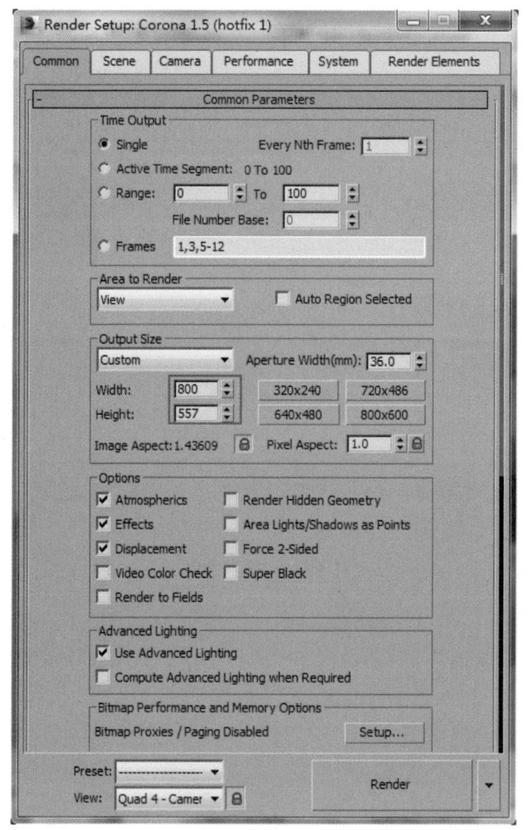

图 12.23　测试图像尺寸大小。

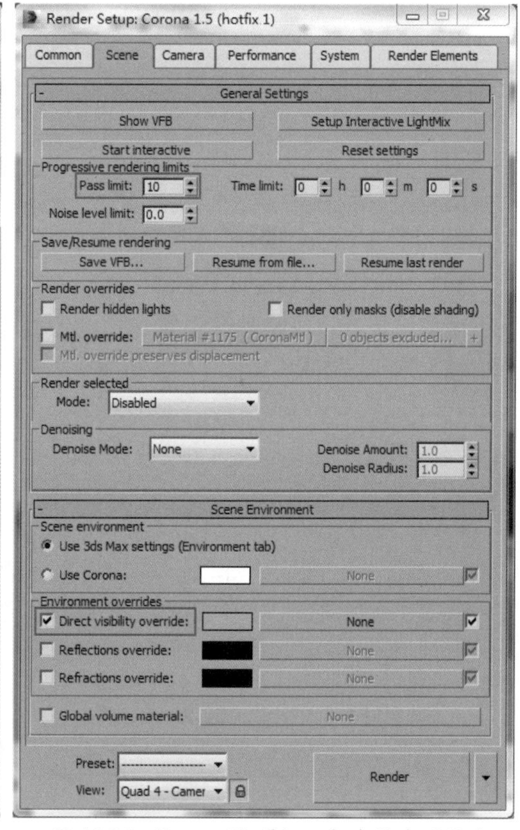

图 12.24　Scene（场景）面板中的选项设置

测试阶段的参数不断地深入调节，也会使用到 Camera（相机）面板中的一些功能选项，例如：White balance[K]（白平衡）以及一些其他的图像曝光设置等等，如图 12.25 所示。

Corona 渲染器的 Performance（性能）面板保存的默认参数对大部分的场景渲染已足够使用了，建议保持默认即可，如图 12.26 所示。

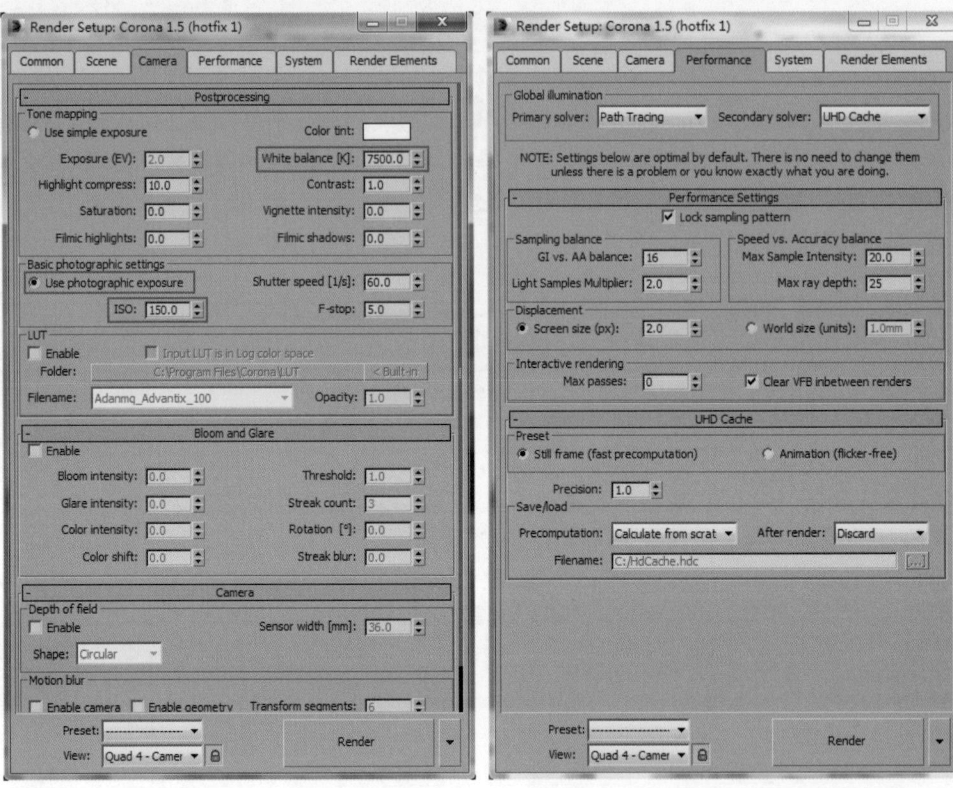

图 12.25　Camera“相机”面板中的设置选项

图 12.26　Performance“性能”面板

除了上述讲到的 Performance（性能）面板不需要设置外，保持默认设置选项的还有 System（系统）面板，如图 12.27 所示。

图 12.27　System（系统）面板

上面讲解的就是本案例在渲染测试阶段所使用与调节的面板设置选项，不难看出，测试渲染阶段可调节的设置选项非常少，因此 Corona 渲染器非常适合想简单快速学习一款渲染器的读者。

12.4.2　出图参数

最终出图的参数设置是建立在测试渲染参数基础上的，可以说调节的设置选项并未产生过多的改变，仅是个别选项内的参数的修改，例如：图像大小等，如图 12.28 所示。

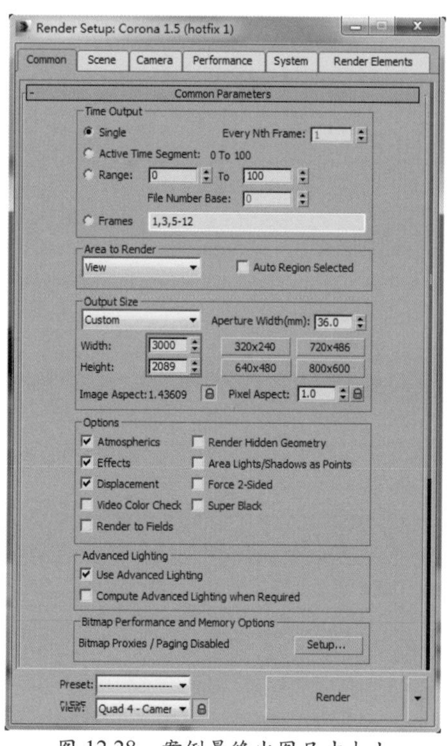

图 12.28　案例最终出图尺寸大小

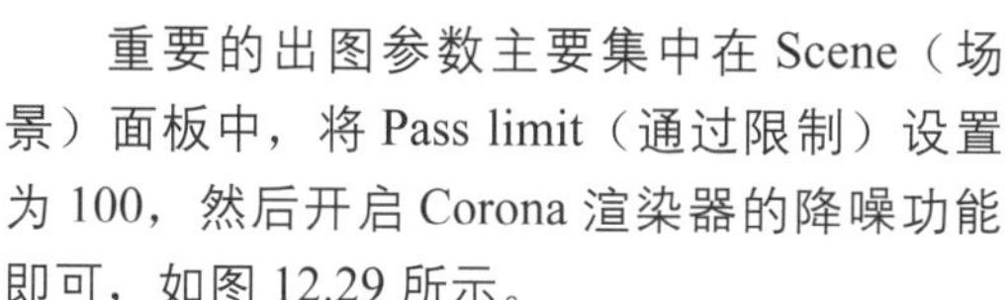
重要的出图参数主要集中在 Scene（场景）面板中，将 Pass limit（通过限制）设置为 100，然后开启 Corona 渲染器的降噪功能即可，如图 12.29 所示。

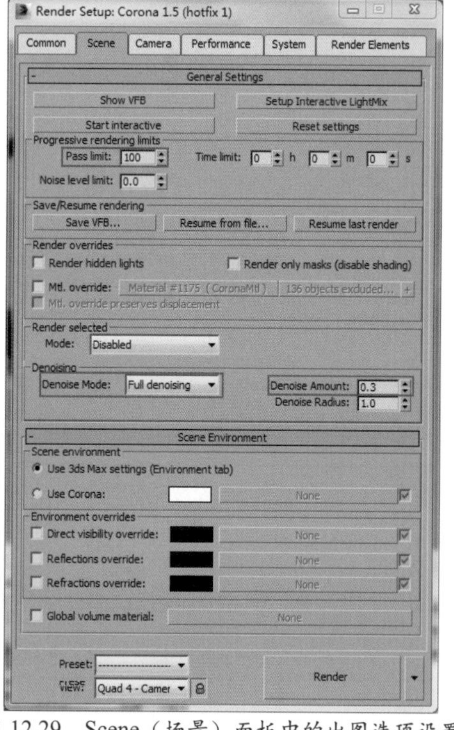

图 12.29　Scene（场景）面板中的出图选项设置

对测试参数与出图参数最容易的判读，便是查看一下该渲染文件的“元素面板”，看面板内是否有可用元素，如图 12.30 所示。

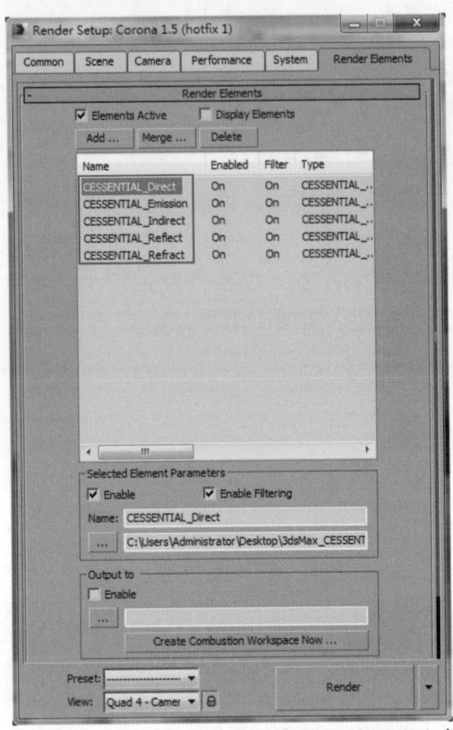

图 12.30　在“元素面板”中添加的可用元素

12.5 场景材质

12.5.1 属性材质

场景中的材质主要体现在一些图像较大的场景物件，例如：沙发、地板、窗帘、墙面、地毯等等，在调节场景材质前建议大家最好为所有场景中的模型赋予一个基础材质，当然这个基础材质并不是读者想象的 CoronaMtl（标准材质），而是带有基础属性的 CoronaMtl（标准材质），如图 12.31 所示。

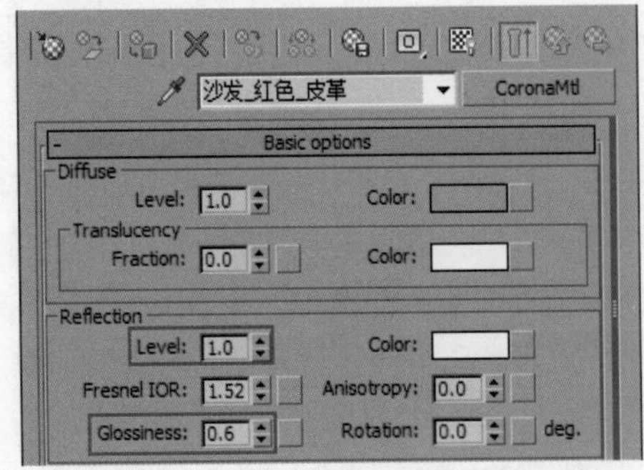

图 12.31　带有基础属性的沙发材质

当调节好一个基础材质后，可以将调节好的材质在“材质编辑器”中进行复制，直到将所有材质都复制成具有相同属性的材质。

将材质进行复制操作，并不是指材质需要关联，这点需要注意，如图 12.32 所示。

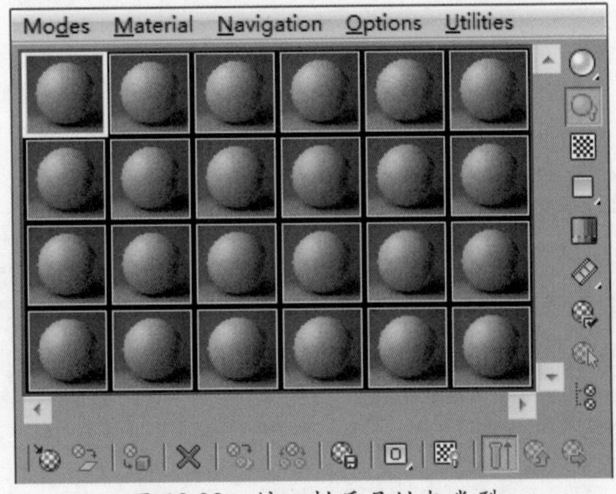

图 12.32　统一材质属性与类型

除了上述讲解的逐个手动复制材质编辑中的材质外，也可以像笔者一样使用脚本插件来统一完成材质属性的操作，从而简化这一烦琐的操作，如图 12.33 所示。

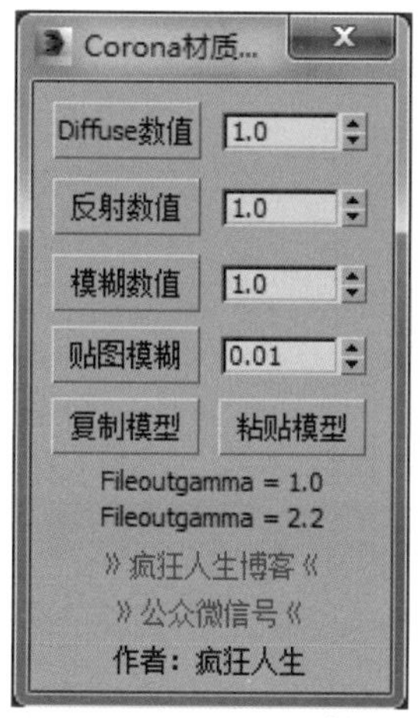

图 12.33　Corona 材质脚本插件

当所有材质属性都统一后就可以逐个赋予到场景中的模型单体，进行进一步的材质调节，材质在调节方面分为粗调与细调两个环节。

12.5.2　材质调节

沙发材质

对于沙发材质在调节前最好找一些参考，以便决定是模拟哪一种皮革效果，这是因为现实生活中的皮革有很多样式，例如：硬皮、软皮等等。选择沙发材质时，在漫反射的颜色选项中添加一张纹理贴图，用来模拟真实世界中的图案与色彩。

本案例沙发材质使用的纹理贴图如图 12.34 所示。

图 12.34　沙发材质使用的纹理贴图

添加纹理贴图会自动跳转到贴图的设置面板，在面板内将 Blur（模糊）设置选项中的参数从默认值 1.0 修改为 0.01，其目的是让渲染出来的纹理更加清晰，如图 12.35 所示。

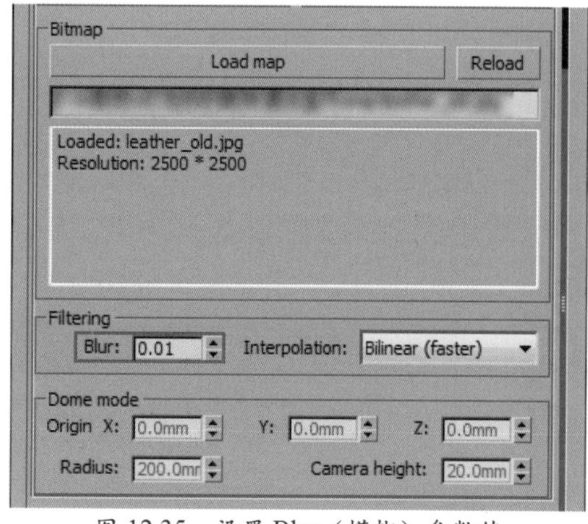

图 12.35　设置 Blur（模糊）参数值

对于材质中的反射强度设置，由于使用的是带有基础属性的材质，所以反射的很多属性可以简略，例如：反射开关、反射模糊等等，当然也可以使用黑白贴图来控制或者修改基础属性的材质选项。

为了让沙发材质的模糊效果自然随机，将一张黑白纹理贴图添加到材质的 Reflection Glossiness（反射光泽度）选项中，如图 12.36 所示。

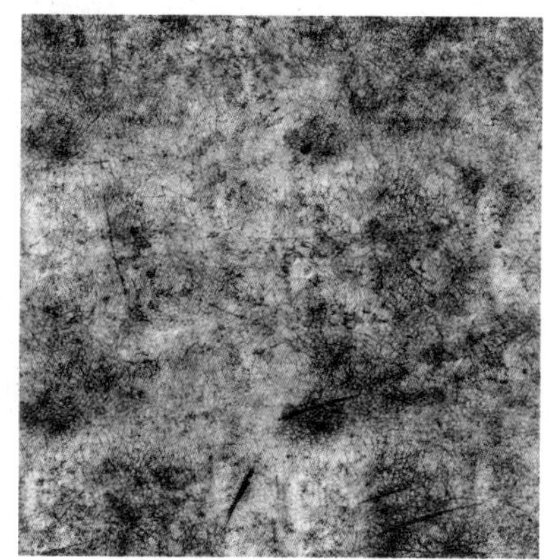

图 12.36　Reflection Glossiness（反射光泽度）中使用的纹理贴图

虽然在 Reflection （反射光泽度）中添加了黑白纹理贴图，但是不难看出，材质的反射变化过于剧烈，因此对添加在 Reflection

Glossiness（反射光泽度）选项当中的黑白纹理贴图的调节是必然的，如图 12.37 所示。

图 12.37 沙发材质的反射效果

对于 Reflection Glossiness（反射光泽度）中的黑白纹理贴图的调节有多种方式，但笔者认为最简单有效的调节，是空间贴图的数量强度，如图 12.38 所示。

Maps

	Amount	Map
Diffuse	100.0	2070297231 (leather_old.jpg)
Reflection	100.0	None
Refl. glossiness	50.0	?7232 (leather_old_bump.jpg)
Anisotropy	100.0	None
Aniso rotation	100.0	None
Fresnel IOR	100.0	None
Refraction	100.0	None
Refr. glossiness	100.0	None
IOR	100.0	None
Translucency	100.0	None
Transl. fraction	100.0	None
Opacity	100.0	None
Self Illumination	100.0	None
Vol. absorption	100.0	None
Vol. scattering	100.0	None
Bump	1.0	None
Displacement		None
Reflect BG override		None
Refract BG override		None

图 12.38 设置 Reflection Glossiness（反射光泽度）贴图数量

调节贴图数量参数后，可以直观地看到沙发材质表面的模糊强度减弱了，如图 12.39 所示。

图 12.39 沙发材质表面模糊效果的前后对比

可以在 CoronaMtl（标准材质）当中直接使用贴图的 Bump（凹凸）选项来模拟现实中的皮革凹凸，Bump（凹凸）选项当中所要使用的贴图一定是黑白纹理贴图，这样才能更准确地产生表面的凹凸效果，除此之外由于 Reflection Glossiness（反射光泽度）中也添加了一张黑白纹理贴图，因此材质的凹凸效果最好也要与之匹配，不然在最终渲染的材质上会出现错缝或者断痕。

Bump（凹凸）贴图如图 12.40 所示。

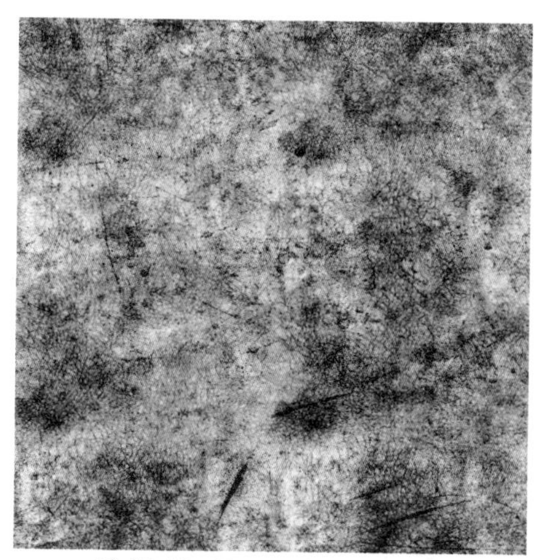

图 12.40　Bump（凹凸）贴图

沙发材质设置好后，可以测试渲染材质在场景中的效果，是否能展现出沙发模型在场景中的体量以及环境关系，如图 12.41 所示。

图 12.41　沙发测试渲染效果

地板材质

地板在整个图像的画面中占有非常大的部分，因此地板材质的调节要精细而纹理要清晰，不然其他模型的材质调节控制得再好，都会因地板材质不好而导致品质下降。

地板材质同上述讲解的沙发材质相同，都是使用带有基础属性的材质来进行调节的，这样做的好处就是快速方便，而且对于场景之前的光影反射会更加的清晰，如图 12.42 所示。

地板_木色_木头
CoronaMtl
Basic options
Diffuse
Level: 1.0
Color:
Translucency
Fraction: 0.0
Color:
Reflection
Level: 1.0
Color:
Fresnel IOR: 1.52
Anisotropy: 0.0
Glossiness: 0.6
Rotation: 0.0
deg.

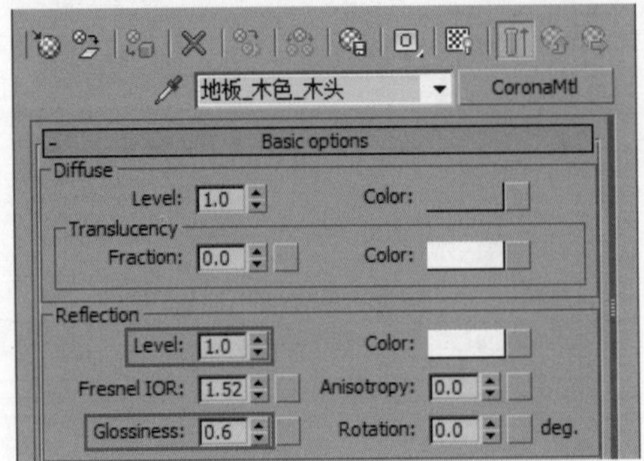

图 12.42　地板基础材质设置的属性参数

在漫反射颜色通道中添加一张地板纹理贴图并将模糊度参数修改为 0.1，如图 12.43 所示。

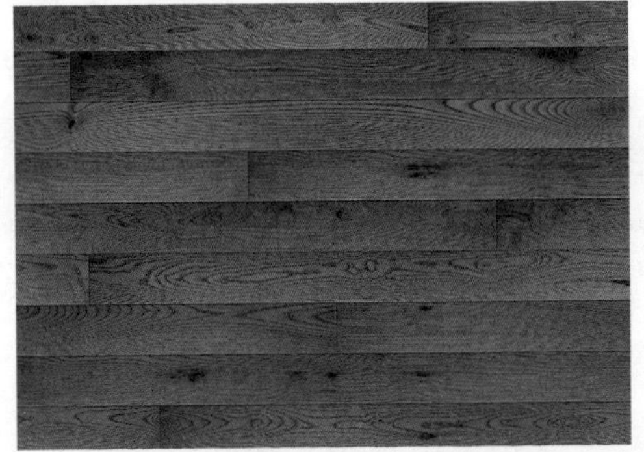

图 12.43　漫反射通道中的纹理贴图

材质的反射参数值保持 1.0 不变，但由于真实的地板是具有表面高光的变化，所以在材质的 Reflection Glossiness（反射光泽度）中添加一张程序贴图 Falloff（衰减），如图 12.44 所示。

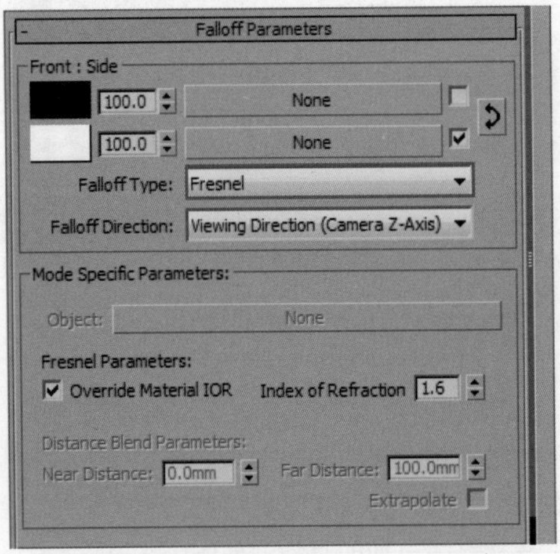

Falloff Parameters
Front : Side
100.0
None
100.0
None
Falloff Type: Fresnel
Falloff Direction: Viewing Direction (Camera Z-Axis)
Mode Specific Parameters:
Object: None
Fresnel Parameters:
Override Material IOR
Index of Refraction 1.6
Distance Blend Parameters:
Near Distance: 0.0mm
Far Distance: 100.0mm
Extrapolate

图 12.44　Falloff（衰减）贴图的设置选项

为了让材质中的 Reflection Glossiness（反射光泽度）效果更加精细以及光泽变化更多，在 Falloff（衰减）贴图中再次增添一张黑白的纹理贴图，如图 12.45 所示。

Falloff Parameters
Front : Side
100.0
linek_yasen_hazelnut_4_bp.jpg)
100.0
None
Falloff Type: Fresnel
Falloff Direction: Viewing Direction (Camera Z-Axis)

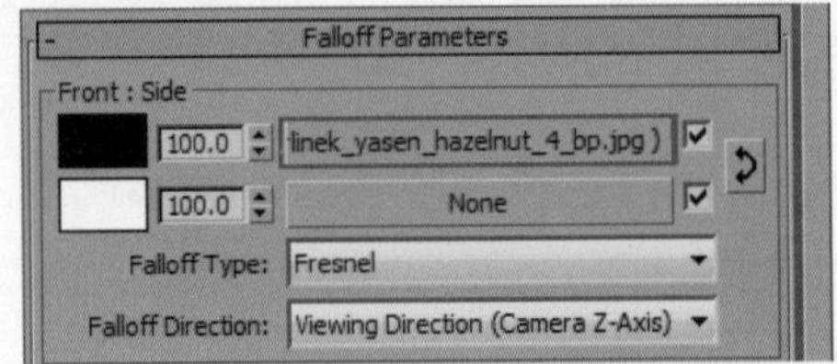

图 12.45　Falloff（衰减）中添加的纹理贴图的选项

可以将地板材质中的漫反射纹理贴图通过 Photoshop 的图像调节命令，调节为黑白纹理贴图，之后添加到 Falloff 中，如图 12.46 所示。

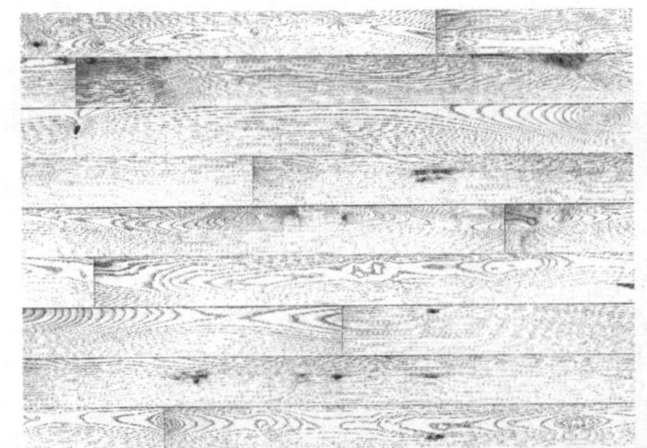

图 12.46　添加在 Falloff 中的黑白纹理贴图

以上讲解的操作完成后，就得到一个非常不错的地板材质，而且材质表面的变化也是非常明显的，尤其是材质的边缘与中心，如图 12.47 所示。

地板_木色_木头
Auto
Update

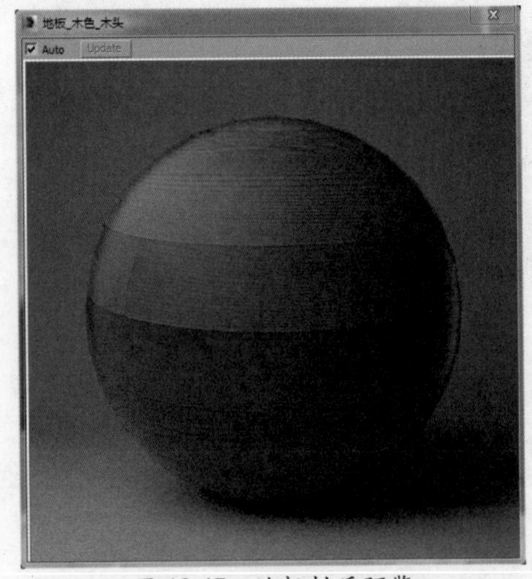

图 12.47　地板材质预览

为了模拟地板上面的凹凸效果，在Bump（凹凸）通道当中添加一张纹理贴图，同样直接使用之前经Photoshop调节好的黑白纹理贴图即可，设置凹凸Amount（数量值）为-0.3，如图12.48所示。

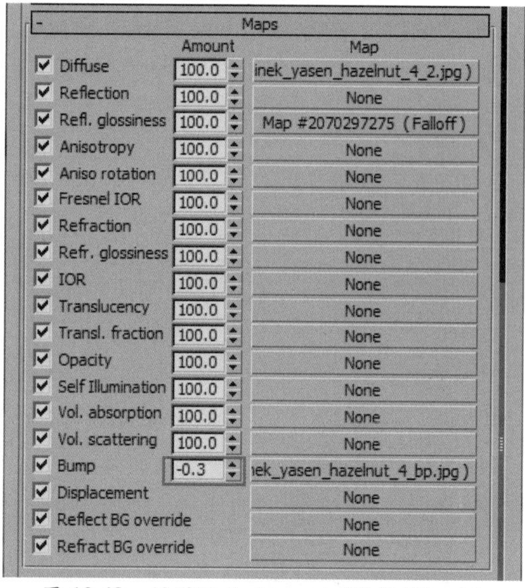

Maps	Amount	Map
☑ Diffuse	100.0	inek_yasen_hazelnut_4_2.jpg)
☑ Reflection	100.0	None
☑ Refl. glossiness	100.0	Map #2070297275 (Falloff)
☑ Anisotropy	100.0	None
☑ Aniso rotation	100.0	None
☑ Fresnel IOR	100.0	None
☑ Refraction	100.0	None
☑ Refr. glossiness	100.0	None
☑ IOR	100.0	None
☑ Translucency	100.0	None
☑ Transl. fraction	100.0	None
☑ Opacity	100.0	None
☑ Self Illumination	100.0	None
☑ Vol. absorption	100.0	None
☑ Vol. scattering	100.0	None
☑ Bump	-0.3	iek_yasen_hazelnut_4_bp.jpg)
☑ Displacement		None
☑ Reflect BG override		None
☑ Refract BG override		None

图12.48 设置凹凸Amount（数量值）-0.3

材质凹凸效果设置好后，对比添加凹凸效果材质前后的变化，不难看出材质的光泽度区域控制的非常好，但可能有些读者朋友会产生疑惑，添加凹凸后的材质是不是过于剧烈了，其实大多数情况下在材质球上面所看到的效果并不是百分之百的，因此一定要通过渲染才能正确地判断材质效果，如图12.49所示。

图12.49 地板材质添加凹凸前后的对比

为了真实地查看地板材质在场景中的渲染效果，测试渲染场景是一定的，通过Corona渲染器本身自带的Mtl.override（材质替代）功能可以将地板材质以外的材质项覆盖，以便更好地独立观察场景中的地板材质，如图12.50所示。

图 12.50　场景中的地板渲染效果

墙面材质

墙面可以说在我们的生活中无处不在，它是室内空间的重要组成部分，在装饰方面也有很多的选择，例如：壁纸、硅藻泥、彩漆等等，这些都是墙面上可以装饰的材料。

对于墙面材质的模拟表现主要抓住以下特点。

- 表面有细小的凹凸效果。
- 有少量的反光效果，并且光泽范围较大。

根据上述讲解与分析，再结合渲染场景做出快速地判断，判断什么样的表现形式适合我们的墙面，墙面占场景画面多少等等。

对于本案例的墙面笔者在制作时并未将其表现的很精细，因为它不仅不是场景中的重点表现对象而且墙体的简略表现也会凸显场景当中的主体，例如：沙发、地板、陈设品等等。

墙面颜色可以通过材质的 Diffuse（漫反射）调节，通过 Corona 自带的拾色器调节即可，如图 12.51 所示。

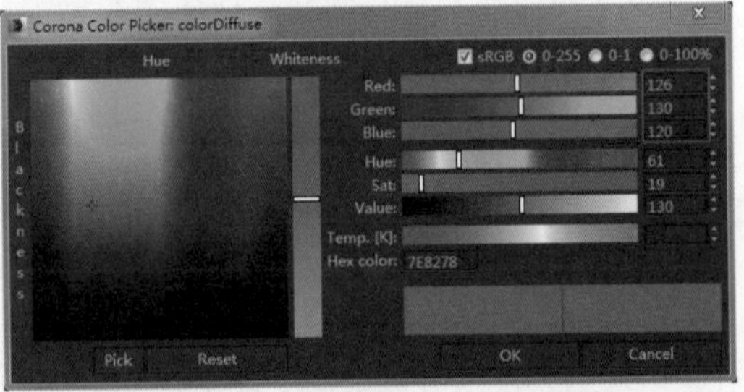

图 12.51　墙面颜色参数值

墙面材质的反射强度，无需像前面讲解的材质那样设置较高的参数，仅设置一半参数值（0.5）即可，然后设置光泽范围大小，如图 12.52 所示。

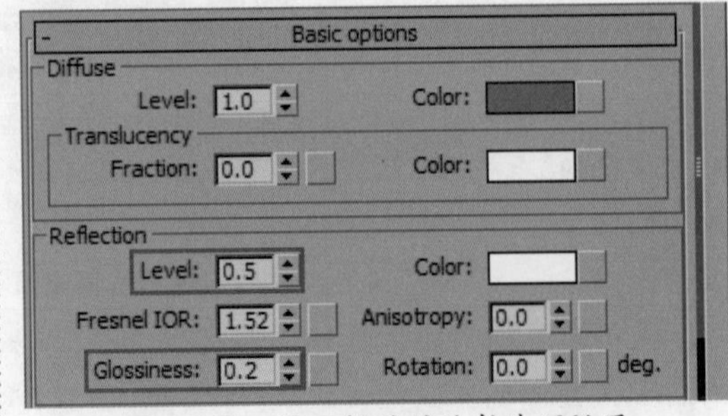

图 12.52　墙面材质的反射选项设置

设置好墙面材质的反射选项后，可以得到非常好的材质光泽效果，如果想要加强光泽效果可以增加Level（层级）和Glossiness（光泽度）这两个参数选项，具体的墙面材质光泽效果如图12.53所示。

图12.53　墙面材质光泽效果

当墙面的光泽效果产生后，仅剩的操作是墙体表面的凹凸效果，凹凸效果的产生使用一张黑白纹理贴图即可，如图12.54所示。

图12.54　凹凸中使用的黑白纹理贴图

虽然凹凸功能选项当中添加了黑白纹理贴图，但凹凸的Amount（数量值）也需要设置以满足效果需要，默认1.0在效果上不太合适，经过笔者测试0.5的凹凸数量值较为适合，如图12.55所示。

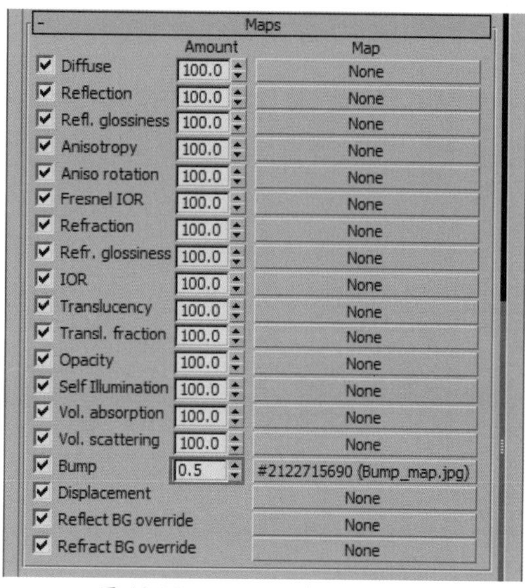

图12.55　设置凹凸数量值为0.5

虽然凹凸数量已设置，但是为了避免墙面产生强烈的噪点效果，需要将凹凸当中所使用的黑白纹理贴图的Blur（模糊）参数选项控制一下，设置Blur（模糊）参数值为1.5，如图12.56所示。

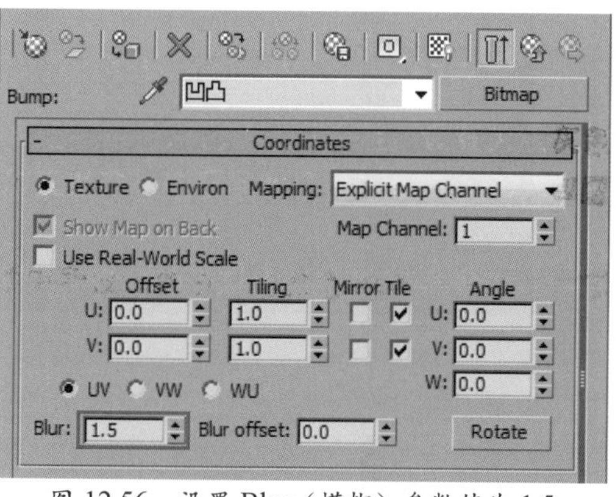

图12.56　设置Blur（模糊）参数值为1.5

墙面材质调节好后，直接渲染测试查看最终的墙面渲染效果，如图12.57所示。

测试材质阶段建议使用交互式渲染进行单体的孤立渲染，这样在细节方面可以得到非常好的效果把控，如图12.58所示。

图 12.57　墙面最终渲染效果

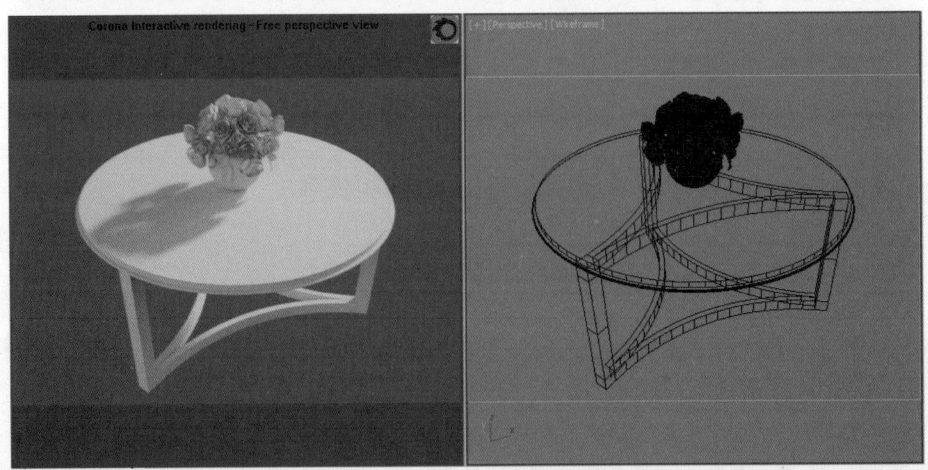

图 12.58　单体的孤立渲染

装饰画材质

装饰画作为墙面上的主要装饰，它的表现是不能忽略的，一般在国内装饰画的模型是都以整体模型为主并配以多维子材质的组合搭配，这样组合的装饰画在材质设置方面比较方便，同时在模型修改和编辑方面也是不错的，如图 12.59 所示。

图 12.59　本案例装饰画材质

按照 Multi/Sub-Object（多维子）材质中的顺序，首先是对画框材质的调节，通过材质的命名可以得知画框的基础颜色为黑色，因此无须使用其他的外部位图，反使用材质漫反射中的颜色选项调节即可，如图 12.60 所示。

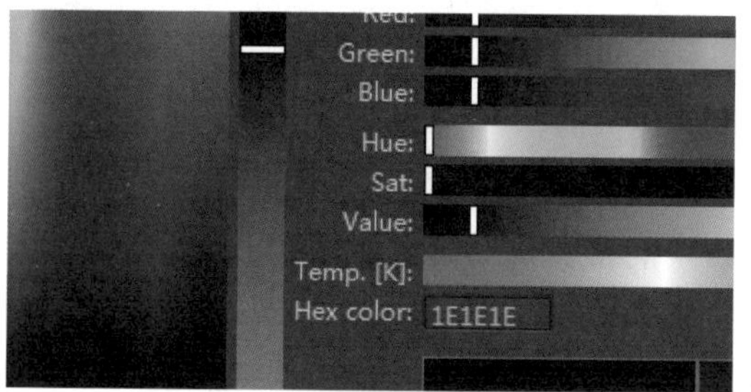

图 12.60　画框材质的颜色参数值

现实生活当中的物体都是有反射与光泽效果的，哪怕只是一张纸或一片叶子。因此材质反射部分的调节设置是不可避免的，设置材质 Level（反射强度）参数值为 0.3、Glossiness 光泽度为 0.5，当反射强度增加后材质漫反射中的颜色势必会发灰，为了防止这个问题的出现，可以适当地增加一些黑色，如图 12.61 所示。

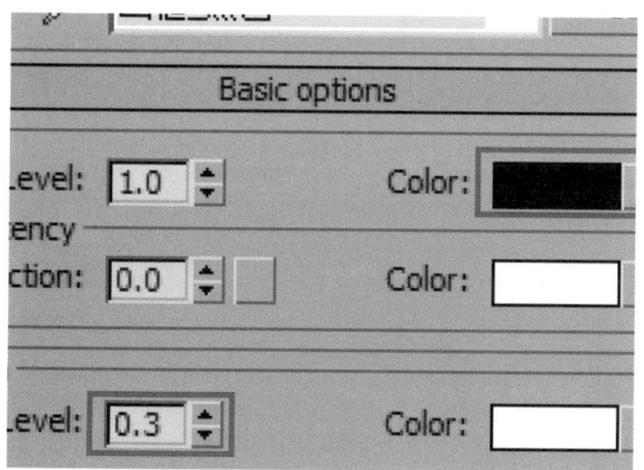

图 12.61　画框材质的基础设置

虽然在材质球当中观察，感觉材质是发黑的，但 Corona 渲染器在使用时是需要开启 Gamma（伽马）设置选项的，因此颜色方面不用担心，如图 12.62 所示。

说到装饰画当然离不开它的主体，本案例选择的装饰画俏皮可爱，选择了三只拟人的动物头像，它们分别是熊、狮子、鹿，如图 12.63 所示。

图 12.62　画框材质效果

图 12.63　装饰画纹理贴图

为了让装饰画的纹理贴图在渲染中显得更加清晰，将贴图内的 Blur（模糊）选项参数设置为 0.1，如图 12.64 所示。

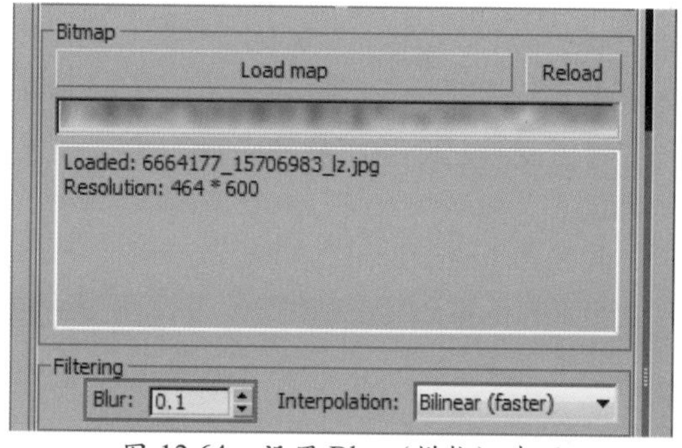

图 12.64　设置 Blur（模糊）选项

设置反射功能选项内部的 Level（级别）和 Glossiness（光泽度）参数，让装饰画的表面产生光影上的变化，同时也是为了增加一下细节，具体相关参数设置如图 12.65 所示。

(2)：装饰画 CoronaMtl
Basic options
Diffuse
Level: 1.0 Color: M
Translucency
Fraction: 0.0 Color:
Reflection
Level: 0.5 Color:
Fresnel IOR: 1.52 Anisotropy: 0.0
Glossiness: 0.3 Rotation: 0.0 deg.

图 12.65 反射选项相关参数设置

反射的效果切记不要过高，因为这会直接影响人们对材质的感知与认识，一般装饰画多以木材和纸张类的物质绘画，所以并不会产生非常强烈的反射效果，如图 12.66 所示。

图 12.66 装饰图画材质效果

装饰画的两个重要组成部分材质调节好后，接着是外框玻璃材质，之所以添加玻璃主要是为了更好地呈现结构上的微妙变化，同时也是为了添加反射上的细节。

玻璃漫反射颜色参数值，如图 12.67 所示。

玻璃的材质调节非常简单，如果熟练的话，可以在三秒内调节出任意效果的玻璃，而且效果非常逼真。

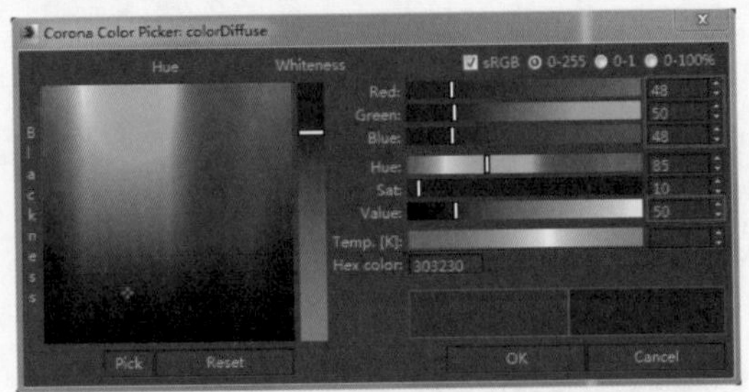

图 12.67 玻璃漫反射颜色参数值

玻璃效果主要表现在折射方面，但需要注意玻璃的反射要大过它的折射，玻璃材质中的相关反射选项参数的设置如图 12.68 所示。

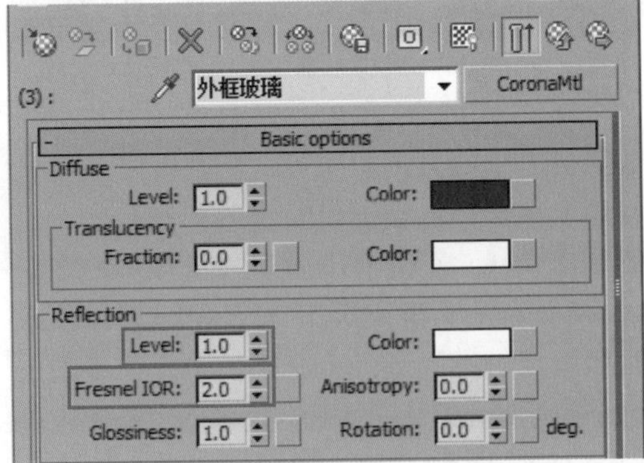

图 12.68 玻璃材质中反射设置

反射的相关选项参数设置好后，看一下当前的玻璃反射效果，如图 12.69 所示。

图 12.69 玻璃反射效果

当前玻璃的反射效果非常的强烈，反射

如此强烈的玻璃会影响装饰图画的清晰度以及整体的画面感，因此需要压制反射效果，最好的压制方法是通过玻璃材质中的 Color（颜色）选项，在选项内添加贴图即可，如图 12.70 所示。

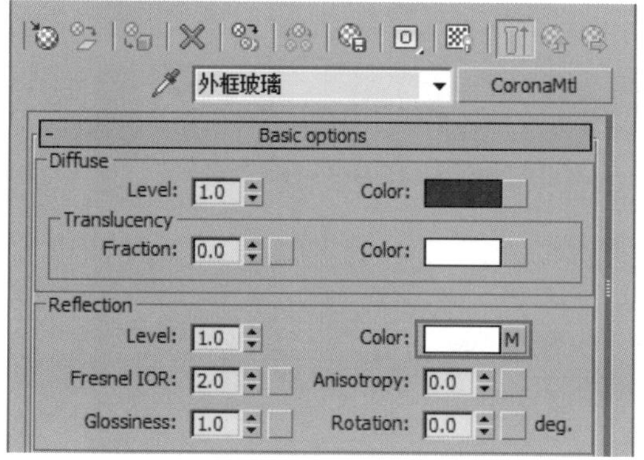

图 12.70　添加贴图的 Color（颜色）选项

添加 3DS MAX 自带的程序贴图 Falloff（衰减）贴图并对内部的设置选项进行相关的调节设置，如图 12.71 所示。

虽然设置了 Falloff（衰减）贴图的类型，但为了进一步压制反射效果，可以使用 Falloff 内部的 Mix Curve（混合曲线）进行二次调节以便手动控制反射效果，如图 12.72 所示。

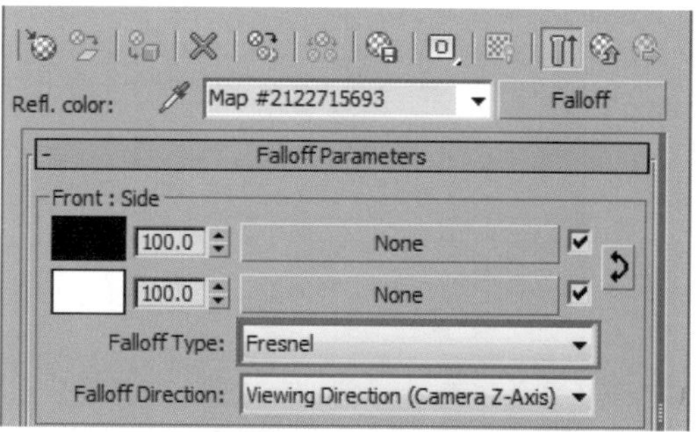

图 12.71　设置 Falloff Type（衰减类型）

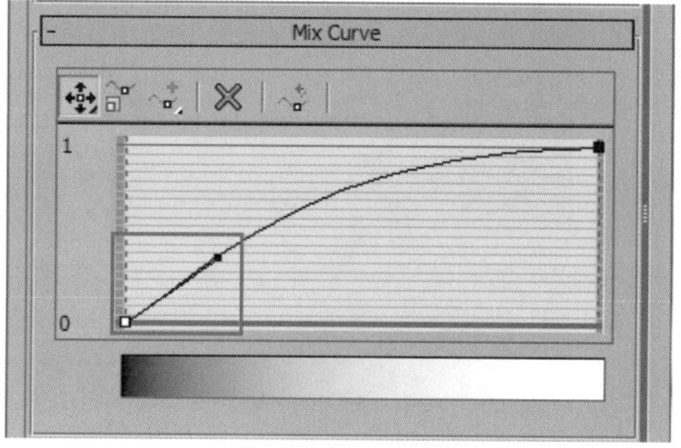

图 12.72　自定义 Mix Curve（混合曲线）

通过调节后，可以非常直观地看到玻璃材质的反射变化，材质反射在添加 Falloff（衰减）贴图前后的对比如图 12.73 所示。

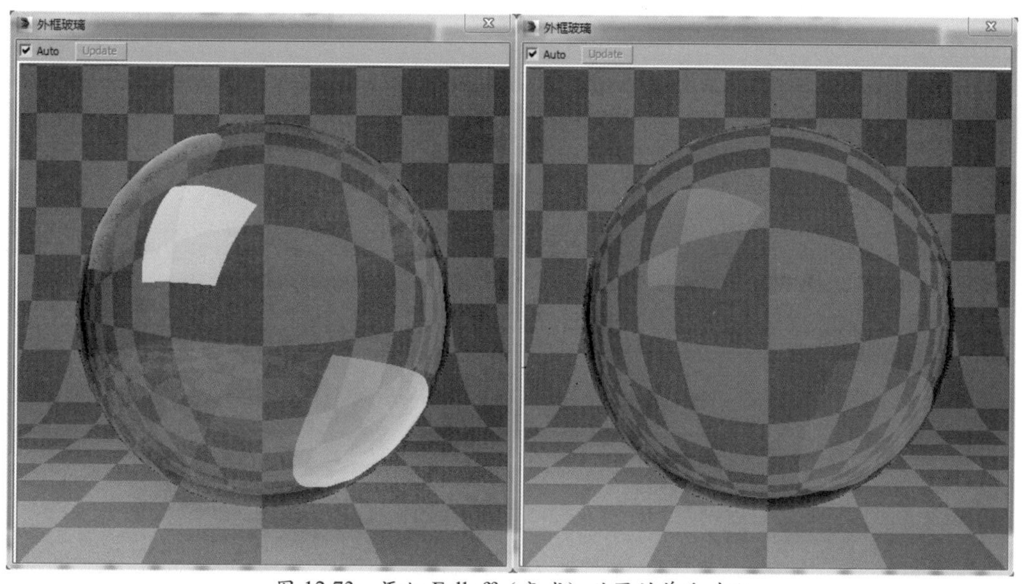

图 12.73　添加 Falloff（衰减）贴图的前后对比

最后将调节好的装饰画 Multi/Sub-Object（多维子）材质，在材质编辑器中复制属性相同的三份，但注意属性不要关联，之后将每个材质中的装饰图画更换即可，如图 12.74 所示。

图 12.74 墙面装饰图渲染效果

地毯材质

地毯材质无须在带有基础属性的 Corona 材质上进行调节，因为地毯无需反射与光泽等效果，所以将地毯材质重置为标准的 Corona 材质即可，如图 12.75 所示。

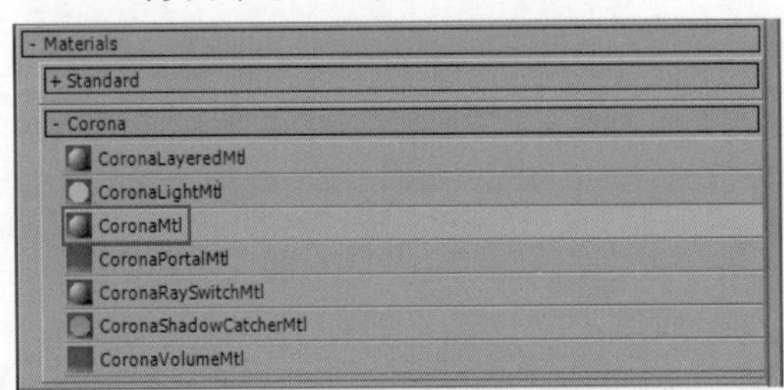

图 12.75 CoronaMtl（标准材质）

添加一张纹理贴图在地毯材质中的 Diffuse（漫反射）选项内，如图 12.76 所示。

图 12.76 地毯纹理贴图

设置纹理贴图的 Blur（模糊）选项参数值，其目的是为了让地毯的纹理贴图更加清晰，而且这样操作在后期的编辑当中添加锐化效果时，会给人一种硬朗的感觉。

设置纹理贴图的 Blur（模糊）参数值为 0.1，如图 12.77 所示。

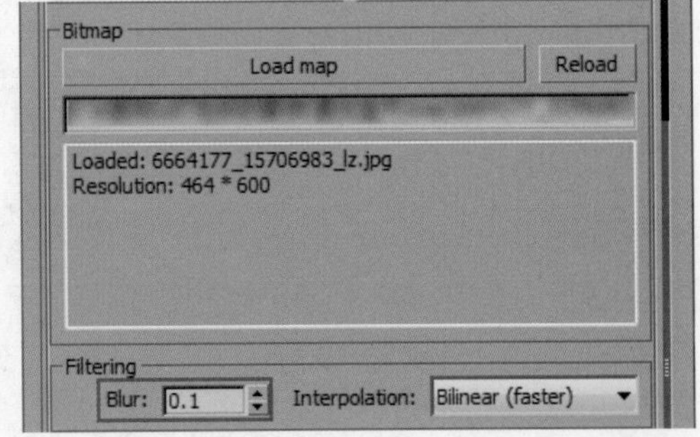

图 12.77 设置纹理贴图的 Blur（模糊）参数值为 0.1

地毯材质的凹凸选项是关键，贴图的凹凸效果不能将 Diffuse（漫反射）中的纹理贴图使用到 Bump（凹凸）功能选项中，需要重新添加一张外部的纹理贴图，如图 12.78 所示。

图 12.78　Bump（凹凸）功能选项内的纹理贴图

在 Bump（凹凸）功能选项中所使用的纹理贴图最好是黑白单色的纹理贴图，因此需要对贴图进行去色处理，纹理贴图常用的去色处理方法，多为在 Photoshop 中进行调节设置。其实在 3DS MAX 中也有一些去色的处理方法，例如：CoronaOut（输出）、ColorCorrection（颜色矫正）等色彩处理贴图，笔者推荐使用 CoronaOut（输出）贴图，如图 12.79 所示。

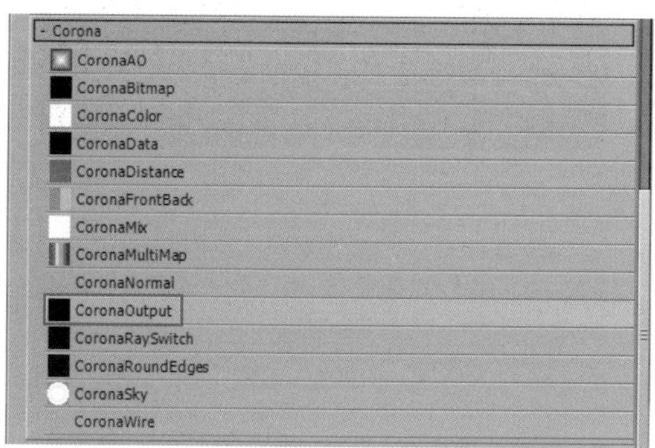

图 12.79　使用 CoronaOut（输出）贴图

凹凸功能选项中的纹理贴图添加到 CoronaOutput（输出）贴图后，将内部的 Saturation（饱和度）设置为 -1 参数值，如图 12.80 所示。

图 12.80　设置 Saturation（饱和度）为 -1 参数值

经过 CoronaOutput（输出）贴图的调节，Bump（凹凸）功能选项中的纹理贴图已变为黑白单色，如图 12.81 所示。

图 12.81　调节后的凹凸纹理贴图

设置地毯材质 Bump（凹凸）数量的强度会直接影响地毯的效果表现，设置凹凸 Amount（数量）参数值为 10，如图 12.82 所示。

Maps

	Amount	Map
☑ Diffuse	100.0	mosaic_fresco-sky-profile.jpg）
☑ Reflection	100.0	None
☑ Refl. glossiness	100.0	None
☑ Anisotropy	100.0	None
☑ Aniso rotation	100.0	None
☑ Fresnel IOR	100.0	None
☑ Refraction	100.0	None
☑ Refr. glossiness	100.0	None
☑ IOR	100.0	None
☑ Translucency	100.0	None
☑ Transl. fraction	100.0	None
☑ Opacity	100.0	None
☑ Self Illumination	100.0	None
☑ Vol. absorption	100.0	None
☑ Vol. scattering	100.0	None
☑ Bump	10.0	凹凸贴图（CoronaOutput）
☑ Displacement		None
☑ Reflect BG override		None
☑ Refract BG override		None

图 12.82　设置 Bump（凹凸）数量参数值为 10

地毯材质设置后，可以通过测试渲染来查看一下当前的地毯材质效果，如图 12.83 所示。

图 12.83 地毯材质的渲染效果

木纹材质

木纹材质的调节方式与前面几个材质基本一致，同样使用 CoronaMtl（标准材质）作为木纹材质的主要调节材质，首先设置材质的选项为 Diffuse（漫反射）选项，如图 12.84 所示。

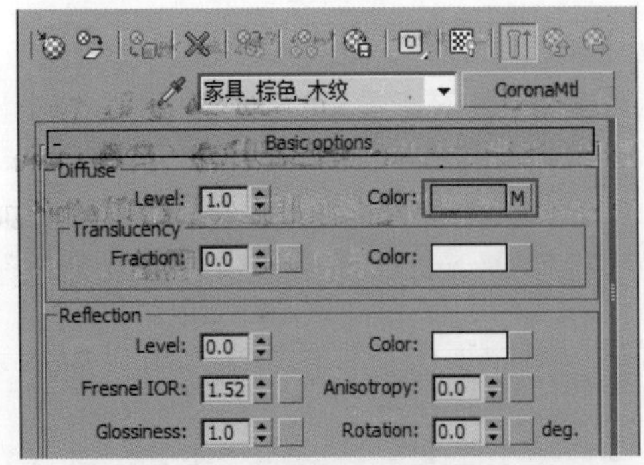

图 12.84 设置 Diffuse（漫反射）选项

在 Diffuse（漫反射）选项中添加的贴图需要根据设计的软装配色而定，木纹材质中使用的纹理贴图如图 12.85 所示。

图 12.85 木纹贴图

在贴图的设置面板中首先根据需要设置一下纹理贴图的 Tiling（平铺）数量和 Angle W（旋转角度），如图 12.86 所示。

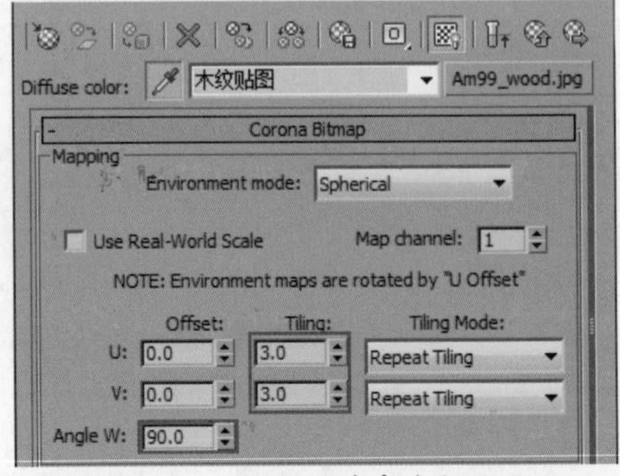

图 12.86 纹理贴图内部参数设置项

为了让木纹使用的纹理贴图在最终渲染的图像中显示清晰，可以设置纹理贴图中的Blur（模糊）选项为一个合适的参数值，如图12.87所示。

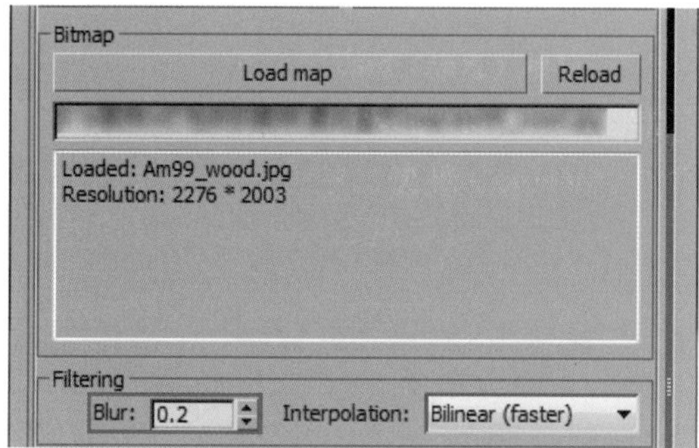

图 12.87　设置 Blur（模糊）选项参数为 0.2

木纹材质调节主要是在反射选项方面，由于Diffuse（漫反射）中的纹理贴图较暗，因此反射强度参数值不需要设置过高，如图12.88所示。

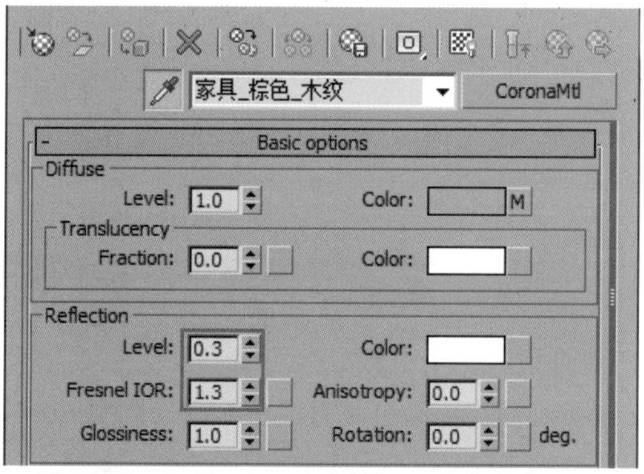

图 12.88　Reflection（反射）项内部参数设置

为了让木纹材质的光泽效果可以与Diffuse（漫反射）中纹理贴图相匹配，因此Reflection（反射）选项和Glossiness（光泽度）选项中都需要使用一张相同的贴图。但需要将纹理贴图的色彩去除，使用ColorCorrection（颜色矫正）贴图为纹理贴图做色彩处理，如图12.89所示。

当纹理贴图的颜色去除后，可以使用Output（输出）贴图对纹理贴图中的黑白部分进行调节，拉开黑白区域的对比，但需要注意为了压制光亮需要勾选Clamp（钳制），具体相关参数设置如图12.90所示。

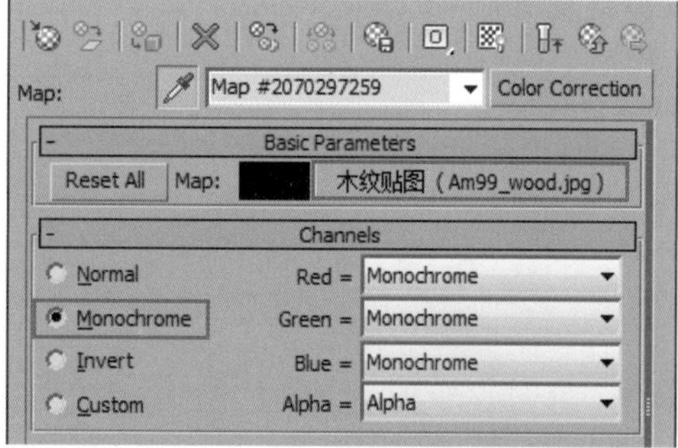

图 12.89　ColorCorrection（颜色矫正）设置

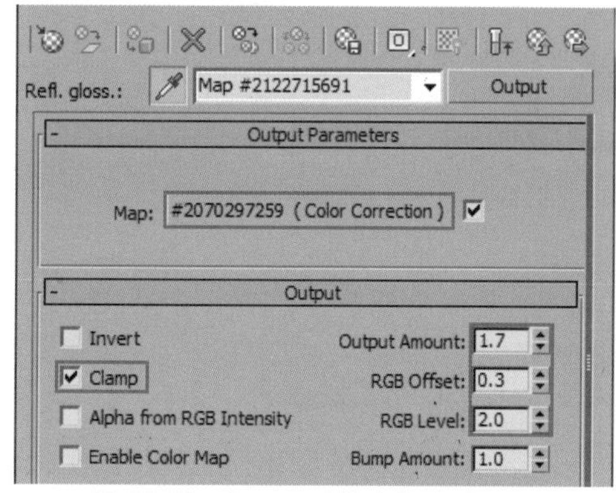

图 12.90　Output（输出）贴图设置

如果想再次修改木纹材质的光泽效果，只能通过Output（输出）贴图内部的参数选项调节，最终通过Output（输出）贴图调节的光泽度贴图如图12.91所示。

图 12.91　最终调节的光泽度贴图

不难发现，添加光泽度贴图后的木纹材质最终呈现的颜色和材质高光光泽都已发生改变。需要谨记，不管怎样调节材质，切记材质表面不要产生纯黑的颜色。添加光泽度贴图前后的材质效果对比，如图 12.92 所示。

图 12.92　木纹材质效果的前后对比

对于木纹材质的效果主要查看反射上的变化和木纹颜色，最后来看一下当前木纹材质在图像中的渲染效果，如图 12.93 所示。

图 12.93　木纹材质家具的渲染效果

上述讲解已将本案例中的物体材质介绍完，希望读者能够理解与掌握其中的技术要点和知识点，最后重新设置图像的出图尺寸即可，如图 12.94 所示。

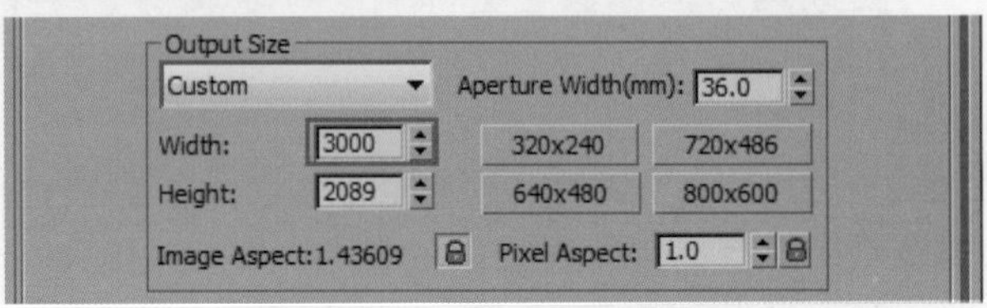

图 12.94　设置图像出图尺寸

12.6　后期调节

使用 Photoshop CS3 打开渲染完成的最终图像，打开后可以看出刚渲染完成的图像还是比较灰暗的，下面通过 Photoshop CS3 内部的图像调整选择进行修改。

Photoshop CS3 中的初始图像如图 12.95 所示。

图 12.95　Photoshop CS3 中的初始图像

复制背景图层，然后启用“曲线”命令选项或者使用快捷键 Ctrl+M 将命令激活在弹出的对话框中，设置“曲线”内部相关的参数选项，如图 12.96 所示。

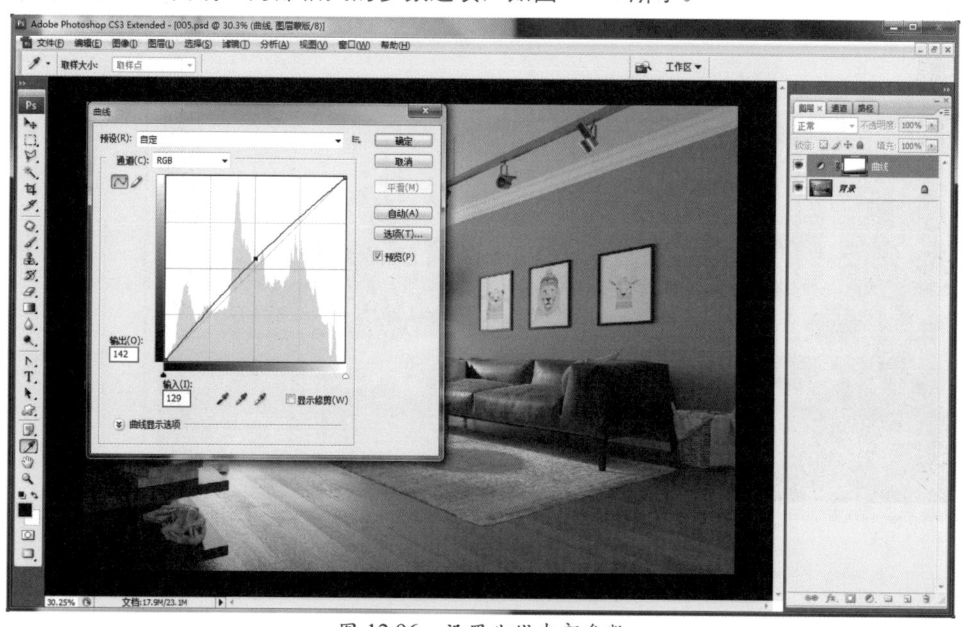

图 12.96　设置曲线内部参数

使用图层面板内调整图层，在内部选择创建“亮度 / 对比度”图层选项，如图 12.97 所示。

图 12.97　创建“亮度 / 对比度”调整图层

“亮度 / 对比度”调节图层创建好后会自动弹出相关设置对话框，在对话框内设置适合的参数值，注意只要将图像中的暗部与灰度提亮与加重即可，如图 12.98 所示。

图 12.98　“亮度 / 对比度”调节图层相关参数设置

为了营造窗口处的辉光效果，可以先使用“图层蒙版”在窗口处大致勾勒一个窗口形状出来，然后使用“曲线命令”进行亮度上的提高，如图 12.99 所示。

图 12.99　“曲线命令”参数设置

通过“可选颜色”调节图层，对图像中的红颜色进行微调，让图像中的红颜色不再那么突兀，具体相关参数设置如图 12.100 所示。

图 12.100　“可选颜色”调节图层参数设置

除了图像中的红色部分外，独立沙发的黄色在整体的图像中也非常突兀，因此使用“色相 / 饱和度”调节图像，将黄颜色饱和度抽掉一些，设置饱和度强度参数为 -30，如图 12.101 所示。

图 12.101　设置饱和度强度参数 -30

待图像调整好后新建一个空白图层，名称保持默认即可，该步骤是为了制作锐化效果，之所以不使用“滤镜”菜单中的锐化选项，是因为它没有图层锐化效果修改方便，如图 12.102 所示。

图 12.102　新建空白图层

使用 Shift+Ctrl+Alt+E“盖印图层”命令快捷键，将当前所有的图层合并到当前的图层 1 中，如图 12.103 所示。

图 12.103　使用“盖印图层”命令合并图层

将图层 1 执行“去色”处理，这样可以更加精确地取半径范围，推荐使用“去色”命令快捷键 Shift+Ctrl+U，如图 12.104 所示。

图 12.104　执行“去色”命令

单击“滤镜”→“高反差保留”选项，并将半径范围取值设置为 0.3，该范围值不宜过大，应以保证效果为前提，如图 12.105 所示。

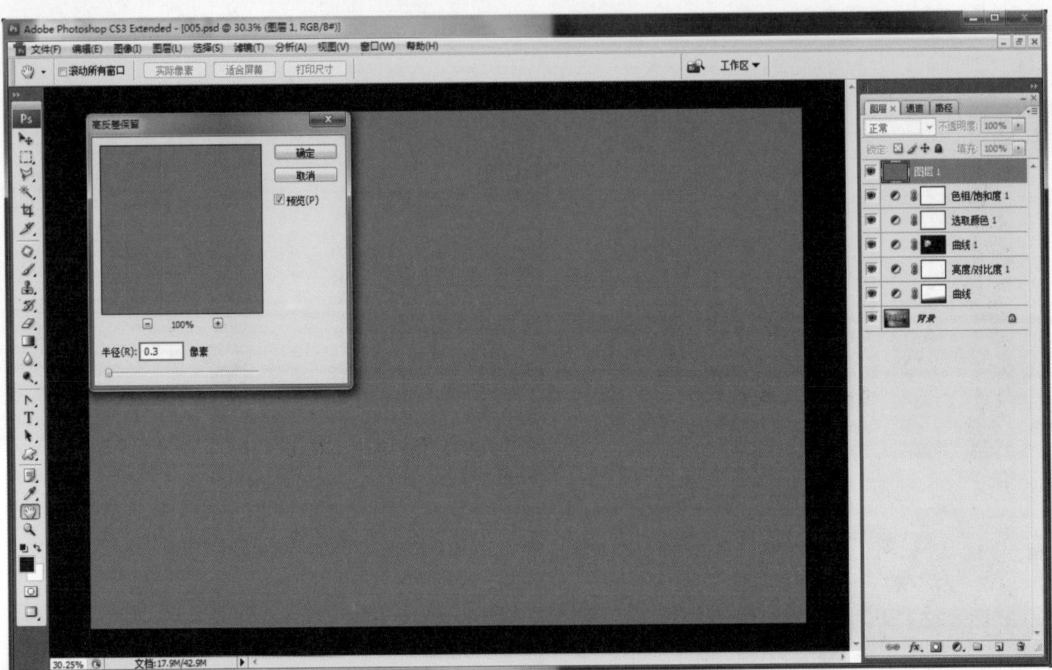

图 12.105　设置“高反差保留”半径参数为 0.3

将“高反差保留”效果图层制作好后，需要使用图层面板的“混合模式”，将该图层与下面的其他图层进行混合，将“高反差保留”图层模式设置为“叠加”，如图 12.106 所示。

图 12.106　设置“高反差保留”图层模式

由于最终图像的颜色效果过白过亮，为了压制颜色添加一个调节图层“曲线”，将整体的亮度压制一下，具体相关参数设置如图 12.107 所示。

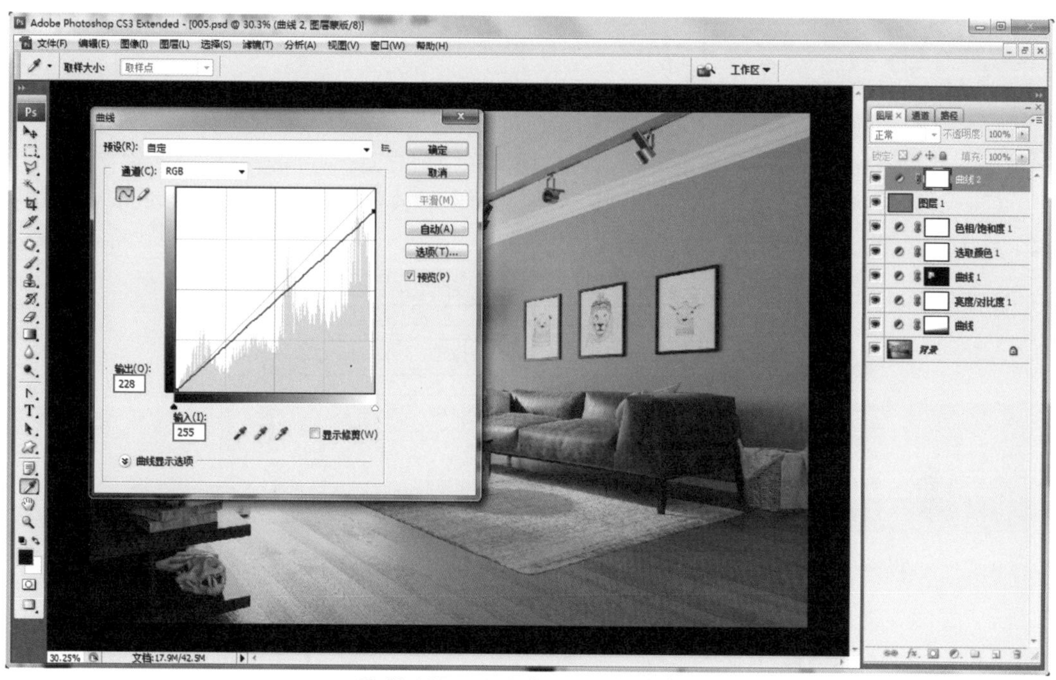

图 12.107　设置“曲线”相关参数

图像亮度被“曲线”命令压制后，造成图像当中出现大量的灰调，使得图像的对比效果不明显，因此在“曲线”当中添加了一个控制点，专门用来控制图像中的灰调，如图 12.108 所示。

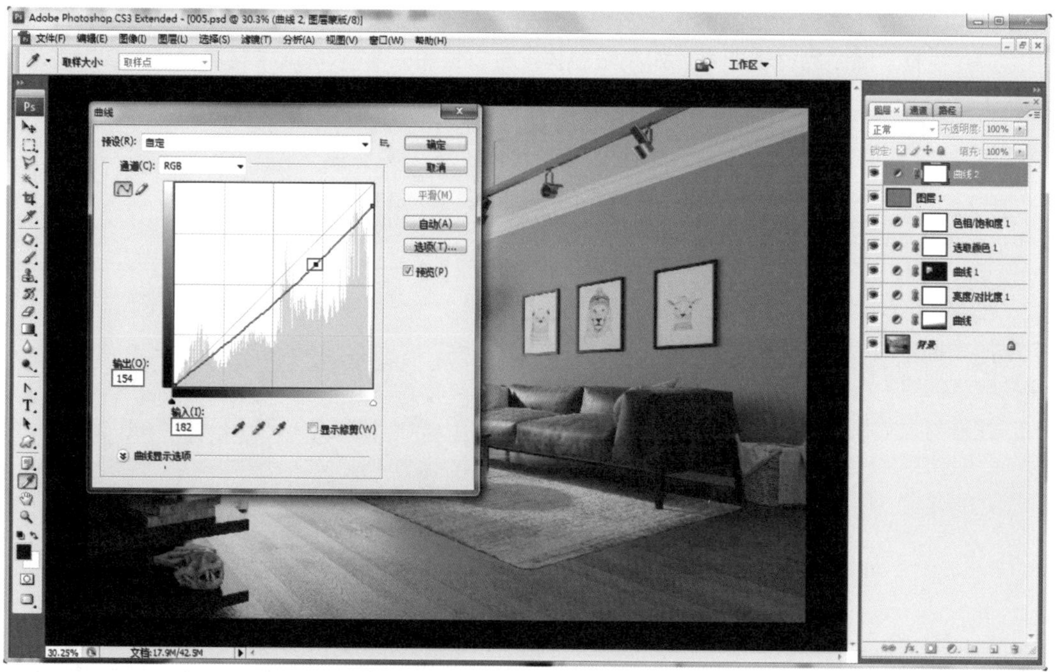

图 12.108　设置灰调的控制点参数

12.7 线框材质

场景线框图在某些情况下也是必需的，例如：构造线、模型线框的表现等等。总体来说线框图在某些情况下也是一种表现形式，多数应用在模型方面。

Corona 渲染器自带一张程序贴图，用于设置模型线框效果，该程序贴图为 CoronaWire（线框）贴图，如图 12.109 所示。

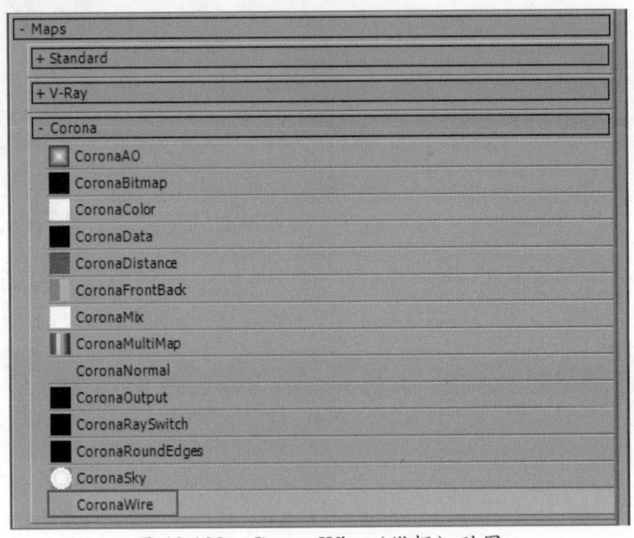

图 12.109　CoronaWire（线框）贴图

CoronaWire（线框）贴图的使用主要集中在单体和整体两个方面，如果是单体，直接使用添加“线框”贴图的材质即可，如果是整体，可以使用 Mlt override（材质替代）功能选项，如图 12.110 所示。

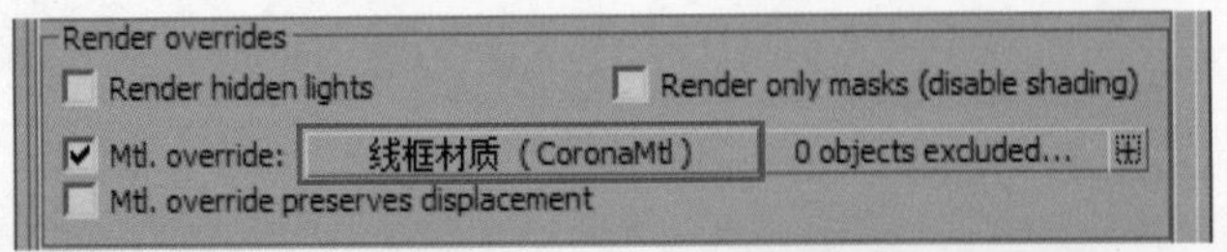

图 12.110　启用 Mlt override（材质替代）功能选项

在 Mlt override（材质替代）功能选项当中添加线框材质，无需调节材质的任何属性，保持默认即可。

线框材质如图 12.111 所示。

图 12.111　线框材质

CoronaWire（线框）贴图相关参数设置保持默认值即可，如果发现模型线框过粗可以将 Pixels（像素）半径参数设置小一些，如图 12.112 所示。

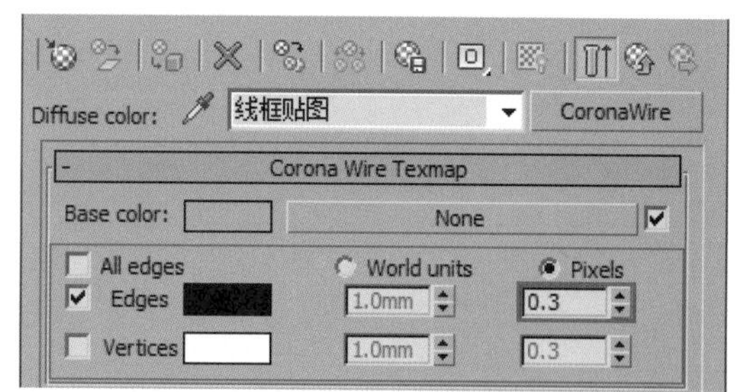

图 12.112　线框贴图设置

线框材质所呈现的段数是由模型本身的线框段数决定的，如果场景模型线段过多需要对线框粗细和尺寸大小进行多次测试和确认。

案例模型线框渲染效果如图 12.113 所示。

图 12.113　案例模型线框渲染效果

12.8　本章小结

在本章中学习了“线框”贴图的使用、复古风格的表现方法以及图像的后期制作方法。虽然很多人强调后期处理的重要性，但笔者认为在室内表现方面要更加注重前期的渲染环节，后期的处理仅仅是在渲染的基础上进行的修饰，千万不要认为后期的处理能解决所有问题，希望能够重视前期渲染。

第 13 章

饰品渲染

◆ 本章学习目标

◎ 场景照明系统
◎ 掌握材质设置

本章介绍与讲解新的 Corona 渲染器的灯光系统以及“线框”材质的设置方法，希望从中可以完整的掌握设计、表现、线框这三项知识点。不仅如此，在后期的调图与制图方面也会加入新的知识点。

13.1　创建相机／检查模型

13.1.1　创建相机

在实际的工作案例当中，场景的相机视角都是由表现师决定，客户则决定是否需要这些相机视角，这是因为在相机视角创建方面客户并不专业，因此你需要给客户好的相机角度以及相关的意见指导，在本案例场景当中笔者使用 3DS MAX 自带的标准相机来创建当前场景的视角，在相机面板当中单击 Target（目标相机）按钮，如图 13.1 所示。

图 13.1　Target（目标相机）

在 Top（顶视图）当中拖曳鼠标将 Target（目标相机）创建出来，具体创建位置如图 13.2 所示。

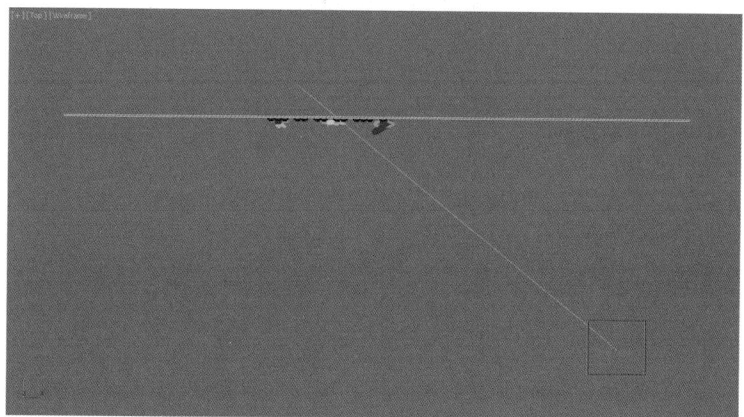

图 13.2　Target（目标相机）位置

按 F 键将当前的 Top（顶视图）切换到 Front（前视图），以调节 Target（目标相机）高度，如图 13.3 所示。

图 13.3　Target（目标相机）高度

当 Target（目标相机）位置确定好后，可以根据需要对相机相关选项参数进行设置，如图 13.4 所示。

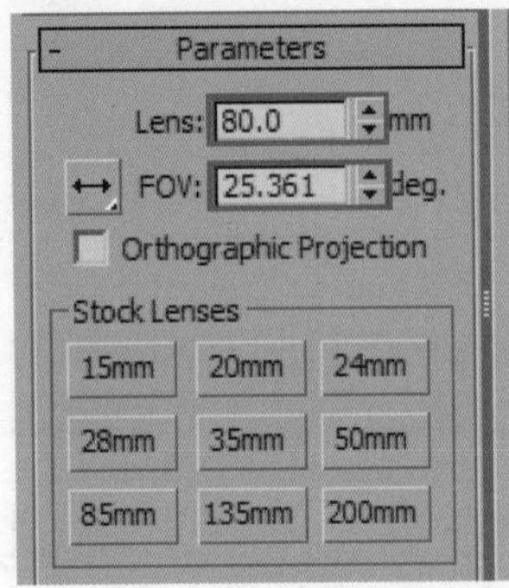

图 13.4　相机选项参数设置

在 Common（公用）渲染面板中，通过设置 Output Size（输出大小）参数选项，来确定最后的场景构图，具体参数设置如图 13.5 所示。

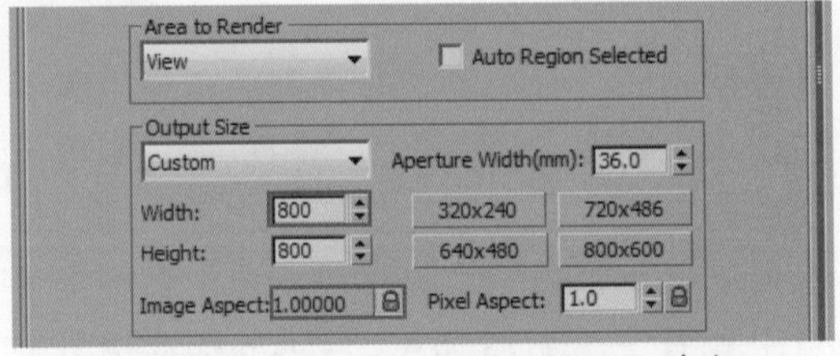

图 13.5　Output Size（输出大小）参数

切换到已设置好的相机视角，查看是否需要调节，如图 13.6 所示。

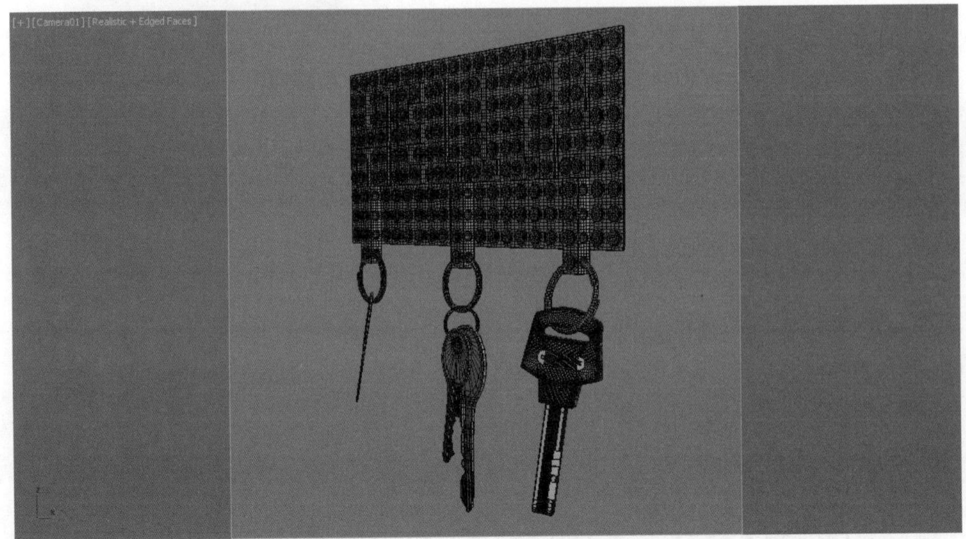

图 13.6　场景渲染视角

13.1.2　检查模型

模型制作完成后需要在做渲染前，检查一下模型是否存在法线错误、断面、重面等问题，因此在相机视角确定后可以通过渲染场景小样图来排除场景模型的问题，除此以外，通过渲染小样图也可以更好地检查整体模型在渲染方面是否会出现模型漂浮、漏光等问题，所以模型的检查是非常必要的。

首先使用快捷键 F10 将“渲染设置”面板激活并单击 Scene（场景）→ Mtl.override（替代材质）选项按钮，如图 13.7 所示。

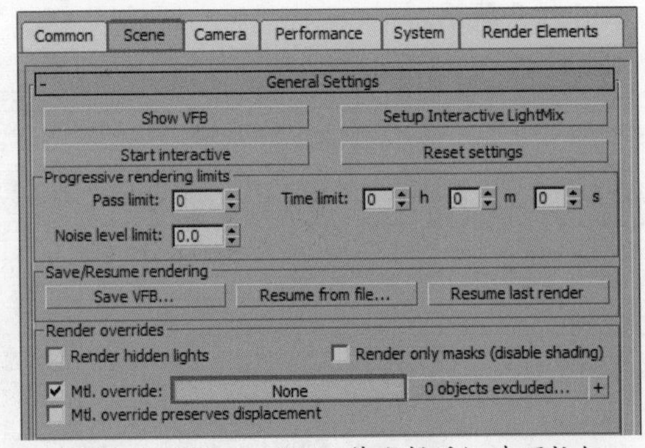

图 13.7　Mtl.override（替代材质）选项按钮

在弹出的 Material/Map Browser（材质贴图浏览器）面板中选定 CoronaMtl（标准材质）作为场景所有模型的替代材质，如图 13.8 所示。

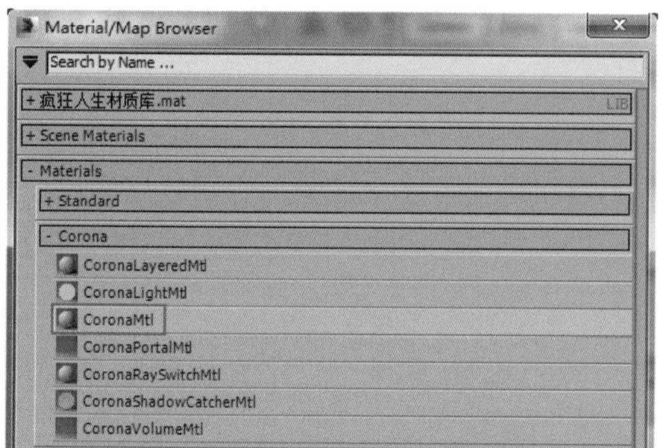

图 13.8　CoronaMtl（标准材质）

选定作为替代材质的 CoronaMtl（标准材质）仅将材质名称重新命名即可，其他选项设置保持默认，如图 13.9 所示。

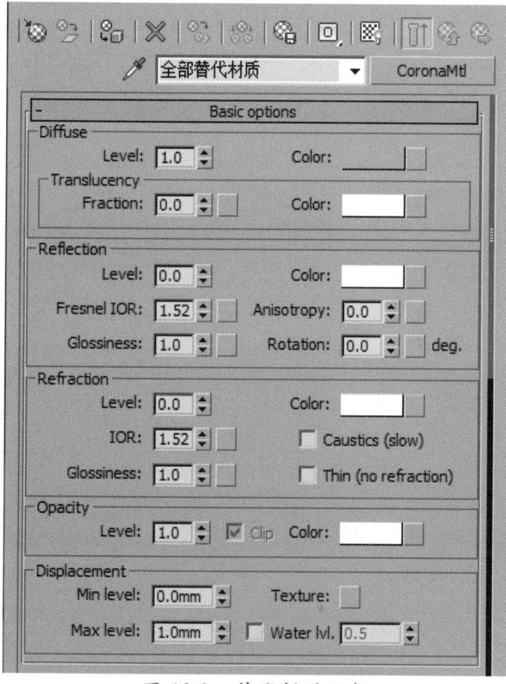

图 13.9　替代材质面板

设置 Pass limit（通过限制）选项参数，以便可以正常结束渲染，如图 13.10 所示。

测试渲染使用的灯光在属性方面仅将 Intensity（强度）选项参数和灯光尺寸设置即可，具体相关参数设置如图 13.11 所示。

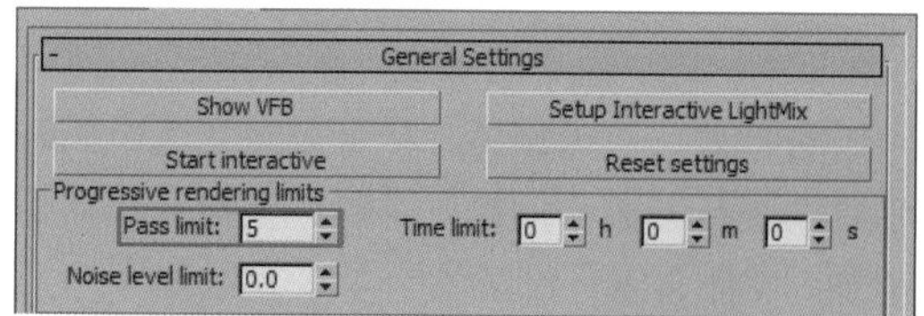

图 13.10　设置 Pass limit（通过限制）选项

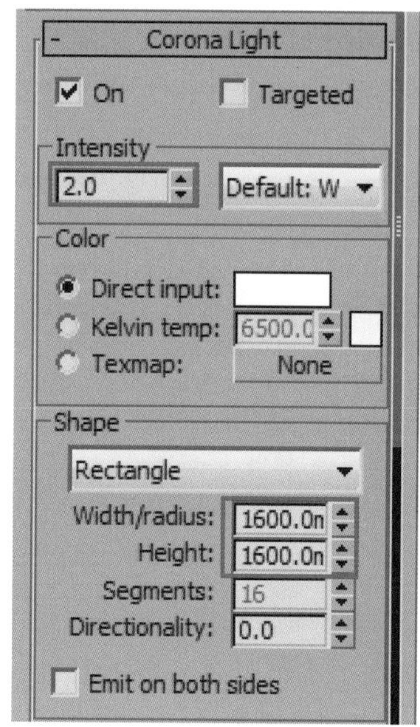

图 13.11　相关参数设置

模型在渲染图像小样当中，并未发现漂浮、漏光、叠面、断面等错误，如图 13.12 所示。

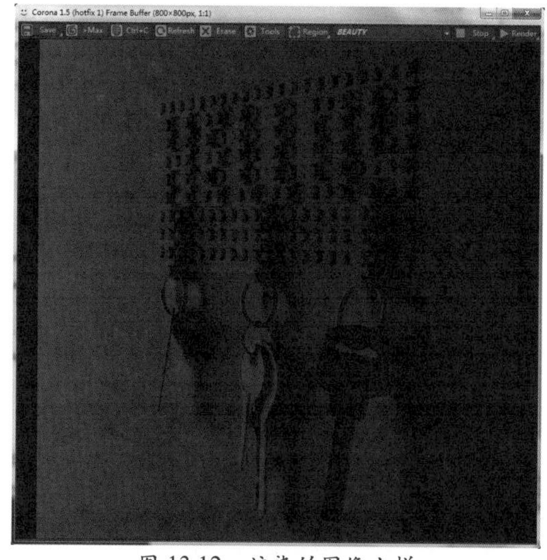
图 13.12　渲染的图像小样

13.2 场景材质

当模型检查无误后，便可以对场景中的各项材质进行设置，例如：钥匙、塑料、扣环等材质，希望读者仔细认真学习本节内容。

背景墙材质

模型中的背景墙模型非常简单，仅是一个正方形的面片模型，但需要注意这个面片模型是带小点儿厚度的，如图 13.13 所示。

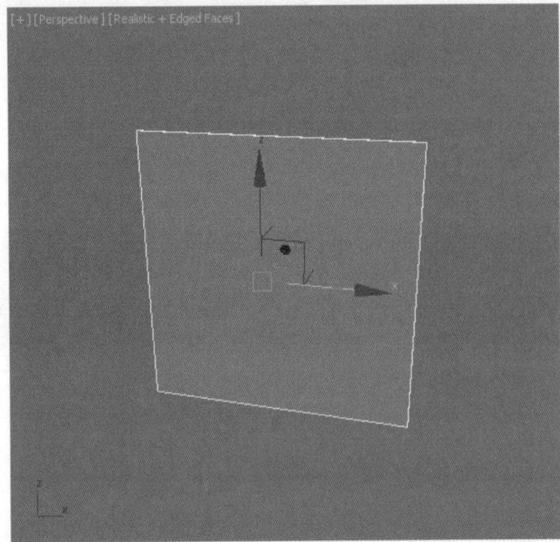

图 13.13　背景墙模型

背景墙材质使用的材质为 CoronaMtl（标准材质），先设置背景墙材质的表面基础颜色，具体颜色参数设置如图 13.14 所示。

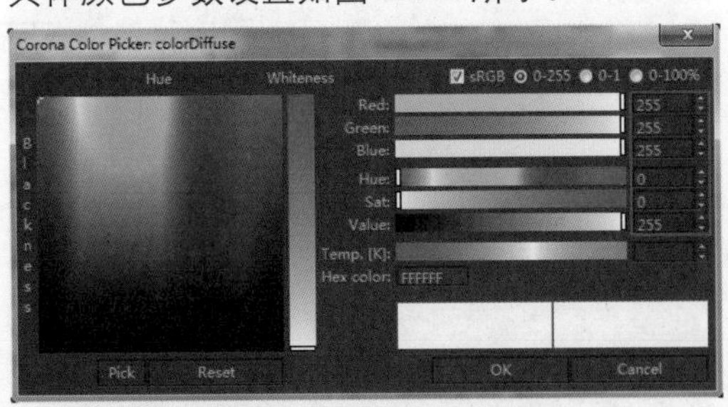

图 13.14　基础颜色参数

由于背景墙的基础颜色为纯白色，因此为了不让背景墙材质在灯光的照射下产生曝光效果，设置 Diffuse（漫反射）属性下的 Level（级别）参数，以便控制材质的感光度，而在材质反射方面保持相对的光滑效果即可。一旦背景墙材质在渲染的图像中显得粗糙无变化，就会影响整个图面的水润效果。具体材质属性相关参数的设置如图 13.15 所示。

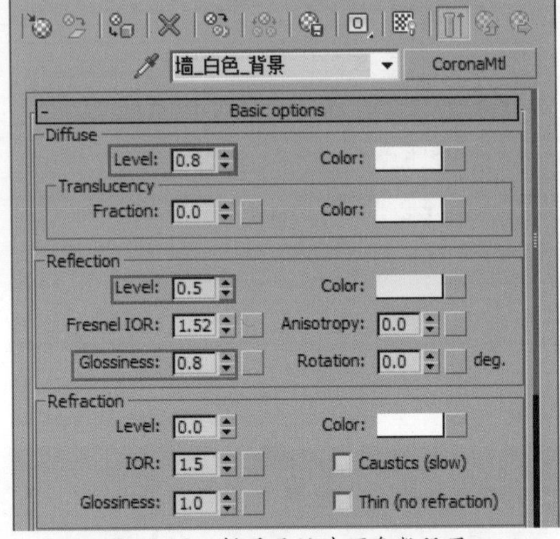

图 13.15　材质属性选项参数设置

预览设置好的背景墙材质球，可以粗略地判断最终呈现的材质效果，如图 13.16 所示。

图 13.16　背景墙材质球效果

乐高装饰材质

乐高装饰主要是指场景模型中的装饰板，模型非常的卡通，因与乐高的积木玩具相似而得名，如图 13.17 所示。

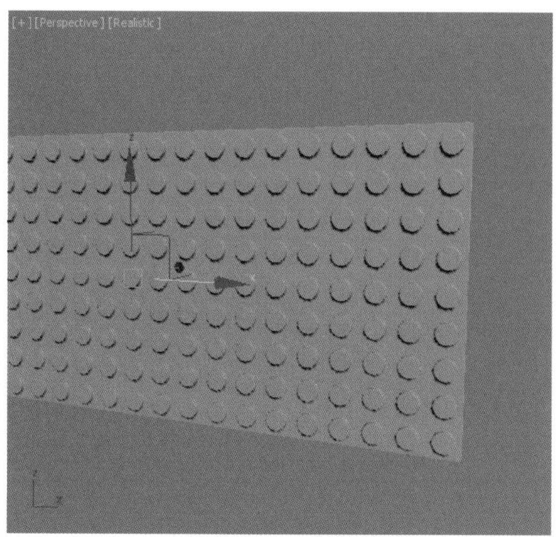

图 13.17　乐高装饰模型

首先在乐高装饰材质的 Diffuse（漫反射）中添加一张 CoronaAo（阻光）贴图，其目的是让它表面的凹凸变化更加明显与清晰，如图 13.18 所示。

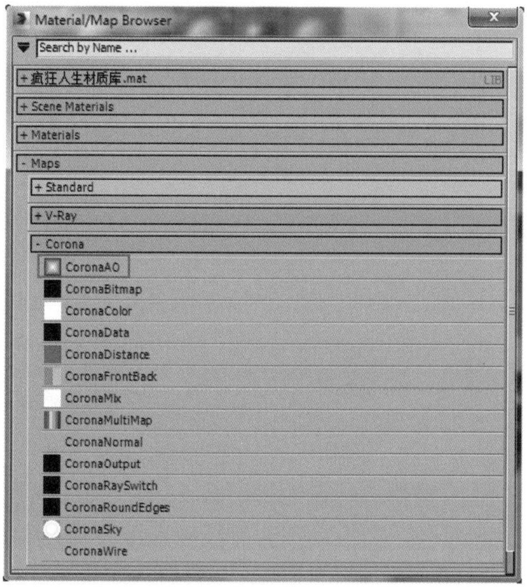

图 13.18　CoronaAo（阻光）贴图

设置 CoronaAo（阻光）贴图中的 Max Distance（最大距离）选项参数，控制阻光效果产生的位置区域，具体的相关参数设置如图 13.19 所示。

乐高装饰材质在反射属性方面的设置也是非常简单的，将反射 Level（级别）选项参数为 1.0，同时也包括对 Glossiness（光泽度）选项参数的设置，以便控制高光的范围效果，如图 13.20 所示。

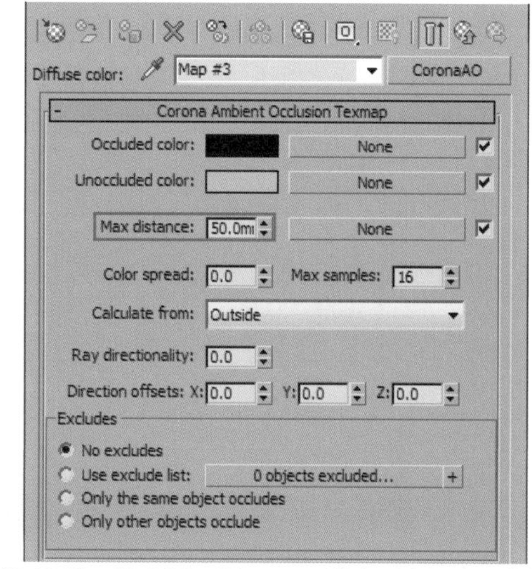

图 13.19　设置 Max Distance（最大距离）选项参数

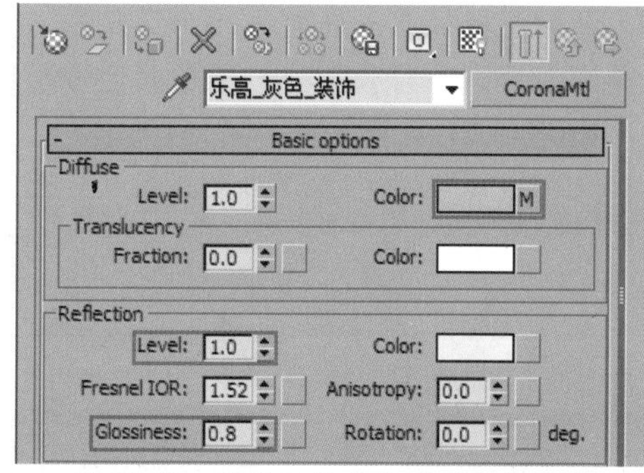

图 13.20　材质反射属性选项参数设置

通过上述讲解操作，便可以得到用于渲染的最终材质球，如图 13.21 所示。

图 13.21　乐高装饰材质球效果

图标材质

图标模型是指场景中的 Hello（你好）字母拼写，如图 13.22 所示。

图 13.22　Hello（你好）字母图标模型

设置图标材质的表面颜色为深灰色，直接通过 Diffuse（漫反射）的拾取颜色面板即可，如图 13.23 所示。

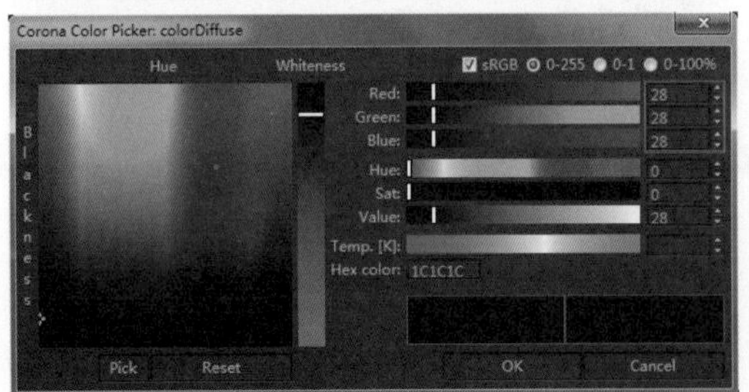

图 13.23　深灰色参数

设置反射 Level（级别）参数为 0.5、Glossiness（光泽度）为 0.9，这样可以得到反射较弱而高光较强的材质效果，如图 13.24 所示。

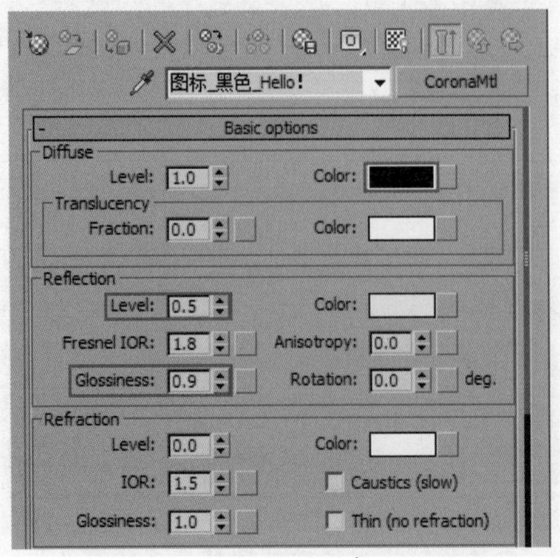

图 13.24　图标材质反射属性设置

图标材质设置完成后，来看一下设置好的材质球效果，如图 13.25 所示。

图 13.25　图标材质球效果

扣环材质

场景模型的钥匙扣环模型如图 13.26 所示。

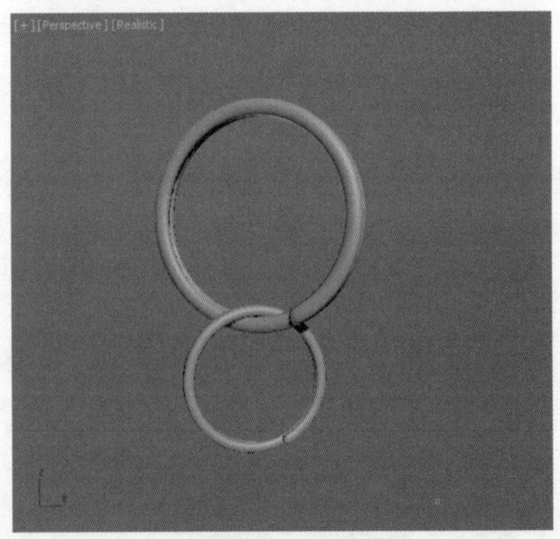

图 13.26　扣环模型

设置扣环材质的 Diffuse（漫反射）颜色为深灰色，在拾取颜色面板中直接设置 Value（明度）选项参数即可，具体相关参数设置如图 13.27 所示。

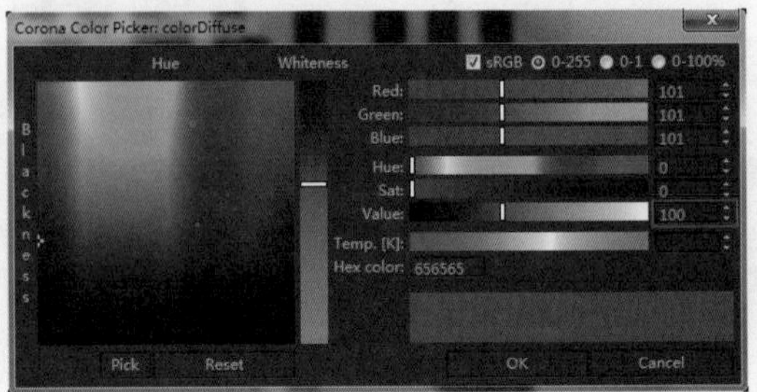

图 13.27　设置 Value（明度）选项参数为 100

扣环材质反射属性的调节重点在于反射属性的强度，如果反射过弱，产生的金属效果极不真实，因此启用反射属性选项后，需要提高 Fresnel IOR（菲涅尔反射率）选项参数，将其参数值设置为 100，以便控制材质参数较为强烈的反射效果，而其他相关参数设置如图 13.28 所示。

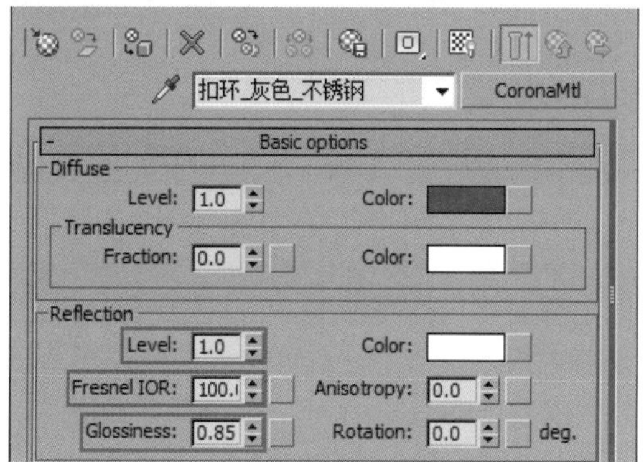

图 13.28　反射属性相关参数设置

如果在测试渲染过程中发现扣环材质的反射效果不够，依然增加 Fresnel IOR（菲涅尔反射率）选项参数，下面来看一下扣环材质的最终效果，如图 13.29 所示。

图 13.29　扣环材质球效果

钥匙材质

案例场景中的钥匙模型是使用 poly（多边形）编辑而成的，建议在制作时，可先使用二维线段勾勒出一个钥匙轮廓，如图 13.30 所示。

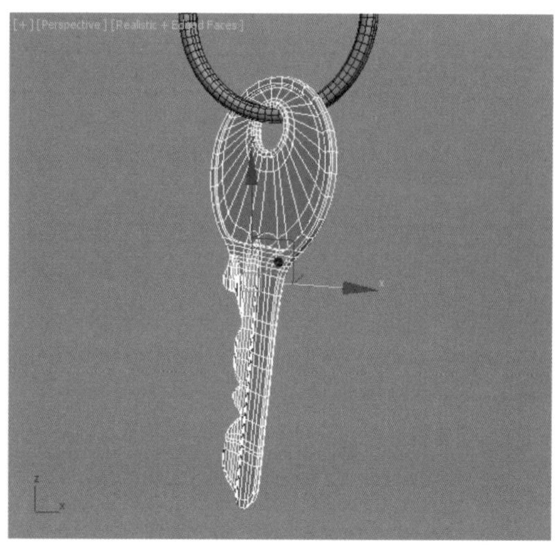

图 13.30　钥匙模型

钥匙材质之所以在 Diffuse（漫反射）中添加 CoronaAo（阻光）贴图，是为了在模型表面或与其他周边模型接触时可以产生一些细节，具体 CoronaAo（阻光）贴图的相关参数设置如图 13.31 所示。

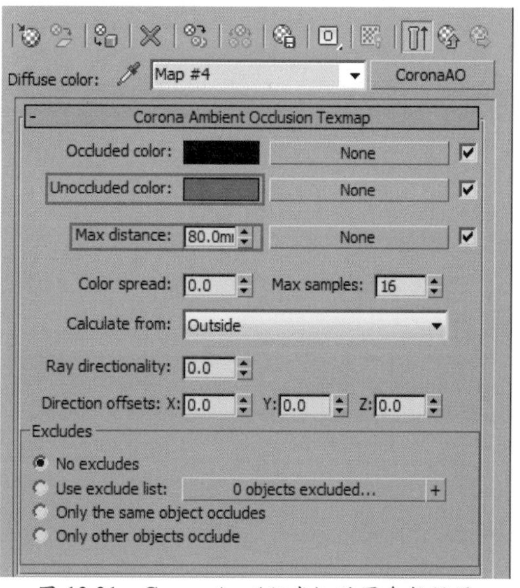

图 13.31　CoronaAo（阻光）贴图参数设置

在反射属性方面为了和扣环材质产生较大的差异，钥匙材质并未设置较高的反射，如图 13.32 所示。

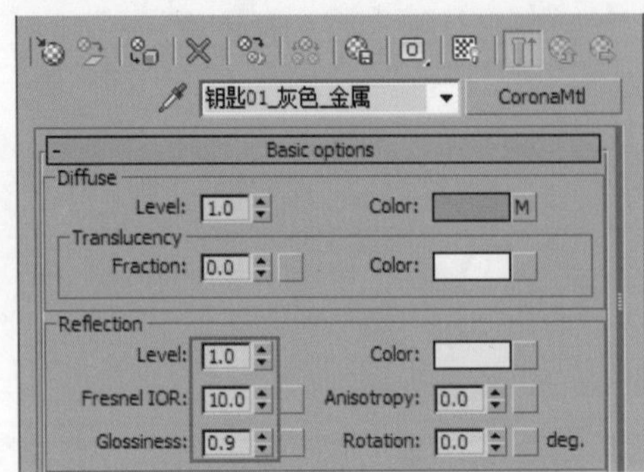

图 13.32　反射属性相关参数设置

通过上述讲解操作，便可以得到最终的钥匙材质效果，如图 13.33 所示。

图 13.33　钥匙材质球效果

塑料材质

场景模型中应用塑料材质的模型，如图 13.34 所示。

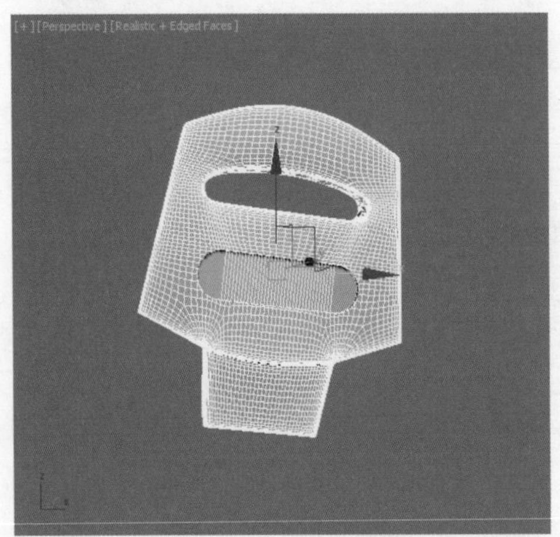

图 13.34　钥匙柄模型

设置塑料材质的基础表面颜色为黑色，在拾取颜色器面板中将颜色 Value（明度）以及颜色 RGB 参数值统一设置为 20，如图 13.35 所示。

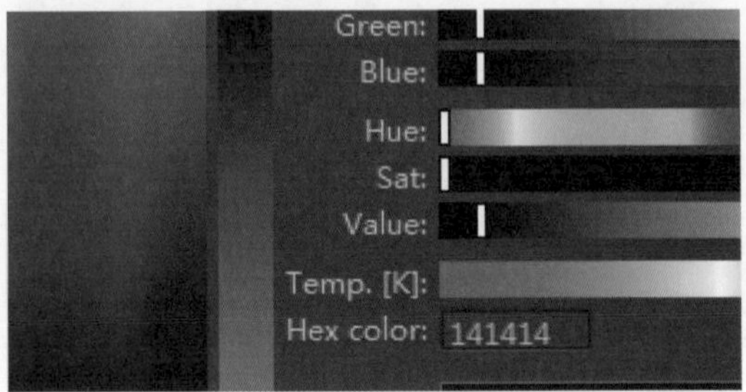

图 13.35　统一颜色设置参数

启用材质反射属性并设置 Fresnel IOR（菲涅尔反射率）选项命令，虽然得到了较高的反射效果，但为了产生柔和的高光效果，将反射属性下的 Glossiness（光泽度）选项参数设置为 0.85，如图 13.36 所示。

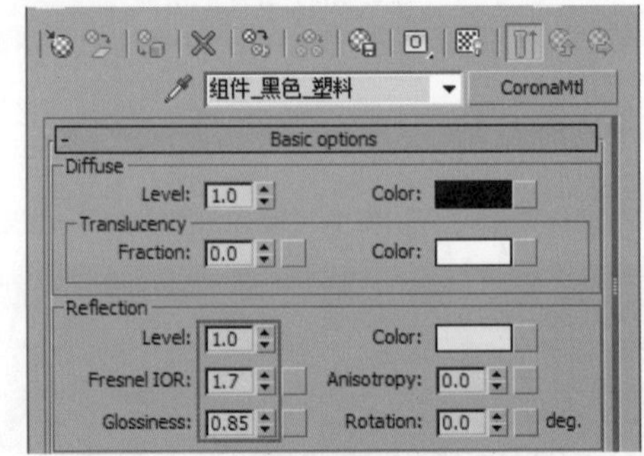

图 13.36　塑料反射属性参数设置

设置好上述相关选项参数后，便可以得到塑料球材质，如图 13.37 所示。

图 13.37　塑料材质球效果

文字材质

场景中的文字模型是指附着在塑料钥匙手柄上模型的文字符号，如图 13.38 所示。

图 13.38　文字模型

文字材质的基础颜色为白色，直接设置材质 Diffuse（漫反射）属性下的 Color（颜色）选项命令便可以快速达到想要的表面颜色效果，具体相关颜色参数设置如图 13.39 所示。

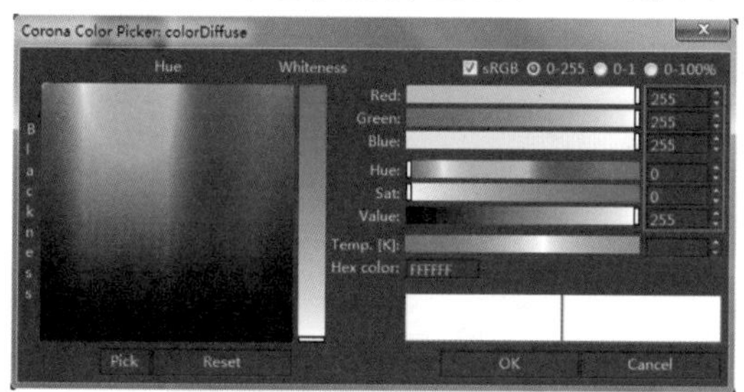

图 13.39　颜色参数设置

文字的基础表面颜色为纯白色，很容易产生曝光效果，从而导致该部分的结构模糊不清，因此将 Diffuse（漫反射）属性下的 Level（级别）选项参数设置为 0.7，如图 13.40 所示。

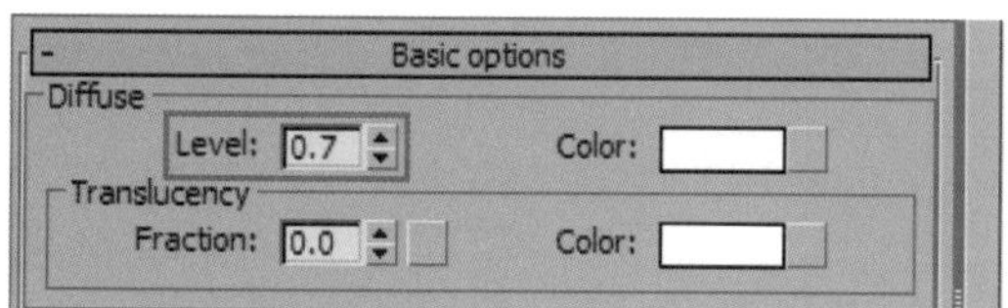

图 13.40　设置 Level（级别）选项参数

文字材质在反射属性方面的设置与前面几个材质的应用属性相同，都是主要集中在 Level（级别）、Fresnel IOR（菲涅尔反射率）、Glossiness（光泽度）这三方面，具体相关参数设置如图 13.41 所示。

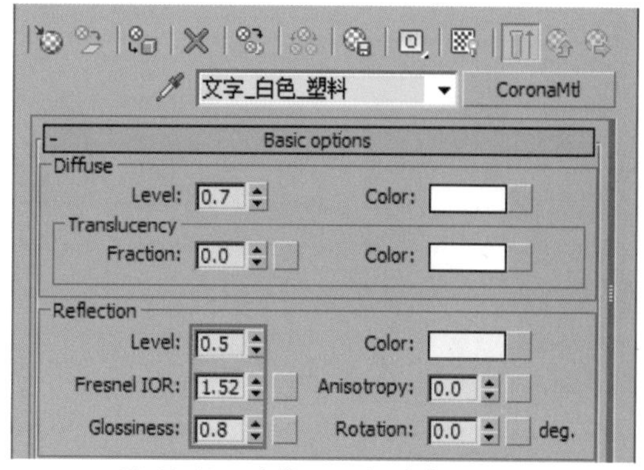

图 13.41　反射属性相关参数设置

通过设置材质的相关反射属性选项参数，便可以快速得到合适的文字材质效果，但需要注意文字材质要与其相邻的钥匙柄材质产生差异，如图 13.42 所示。

图 13.42　文字材质球效果

装饰材质

场景中剩下的最后一部分模型为钥匙扣上的装饰模型，装饰模型的材质调节相对烦琐，虽然烦琐，但与之前的几个材质设置相似，首先在场景中选择任意的单体模型，如图 13.43 所示。

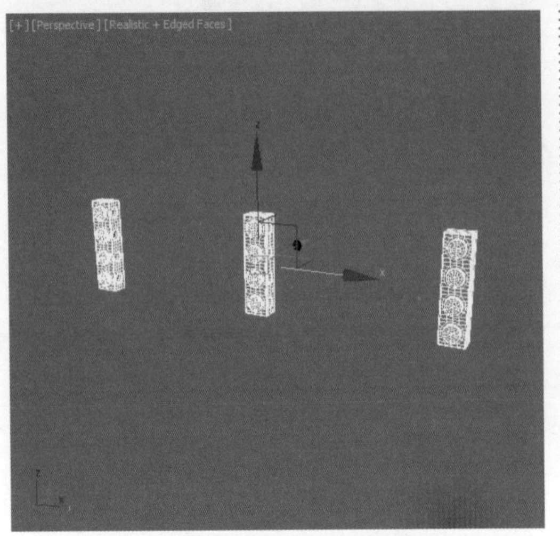

图 13.43　选择中间的单体模型

选择好后切到当前模型的编辑面板，在编辑面板中找到 Attach（附加）选项按钮，并单击启用该选项按钮，如图 13.44 所示。

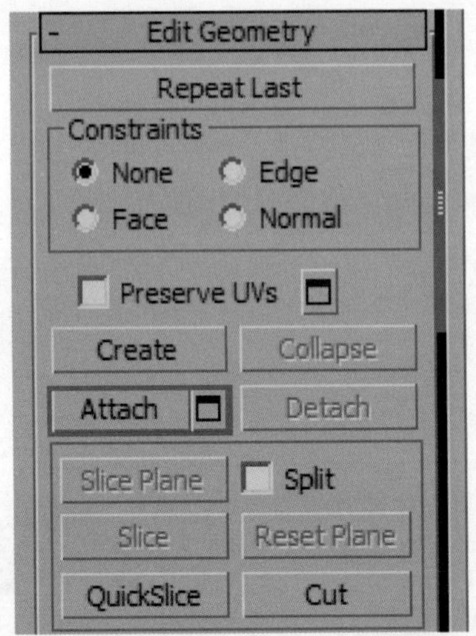

图 13.44　Attach（附加）选项按钮

在弹出的 Attach List（附加列表）面板中，将其他未选择的两个单体模型都选中，之后单击下方的 Attach（附加）选项按钮，如图 13.45 所示。

模型都合并后同样再次切换回模型的编辑面板中，在 Editable poly（编辑多边形）命令下，使用 Matterial ID（材质编号）选项为合并后的模型设定相关的材质编号，如图 13.46 所示。

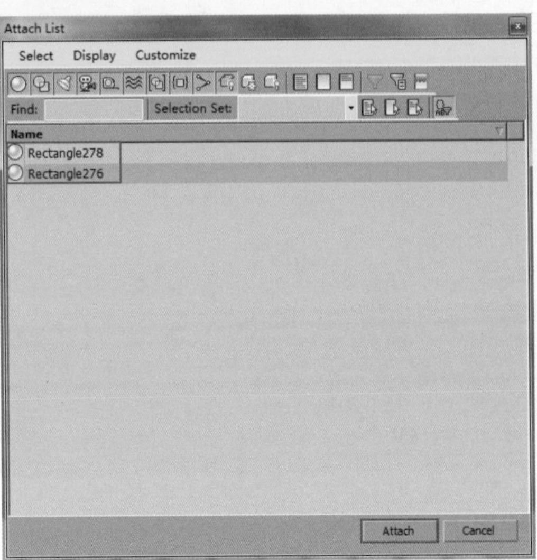

图 13.45　Attach List（附加列表）面板

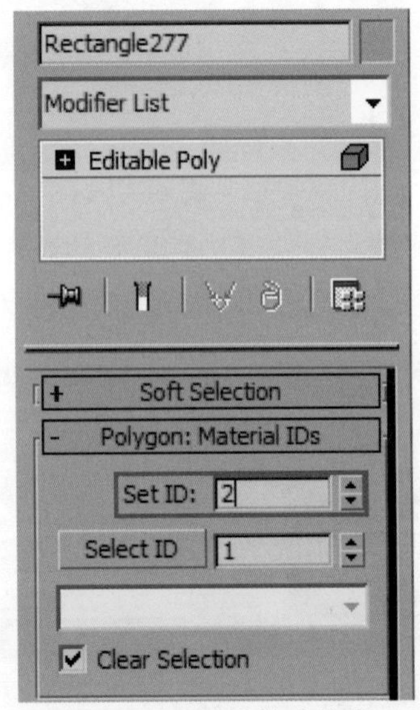

图 13.46　设置材质编号

上述操作完成后，在 Material/Map Browser（材质贴图浏览器）面板中，双击启用 Multi/Sub-Object（多维子材质），如图 13.47 所示。

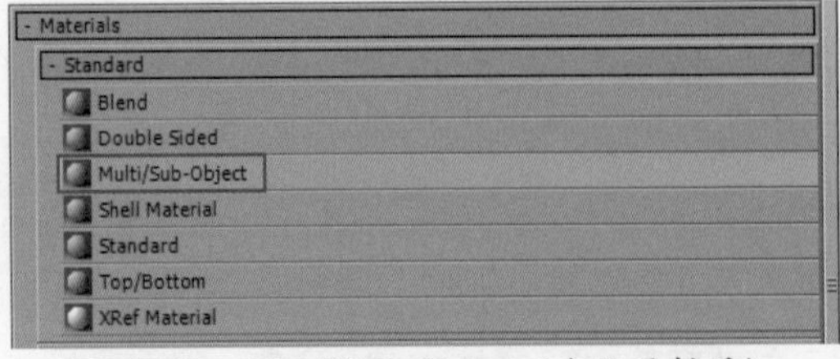

图 13.47　Multi/Sub-Object（多维子材质）

弹出相关的 Replace Material（取代材质）选项面板，选择第一个命令选项即可，该命令选项表示删除模型本身自带的材质，如图 13.48 所示。

图 13.48　Replace Material（取代材质）选项面板

按照之前讲解过的材质命令规范，将刚创建的 Multi/Sub-Object（多维子材质）重新命名，修改名称为“装饰 _ 多彩 _ 数量”，如图 13.49 所示。

图 13.49　Multi/Sub-Object（多维子材质）的名称

根据模型的数量，设置 Multi/Sub-Object（多维子材质）内的子材质数量，将子材质数量设置为 3，如图 13.50 所示。

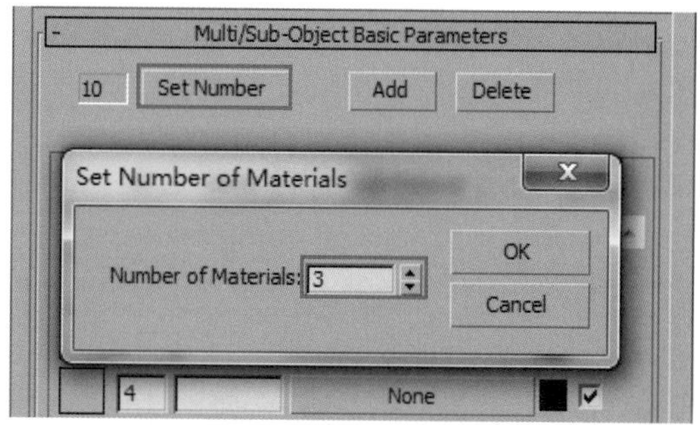

图 13.50　设置子材质应用数量

在 Multi/Sub-Object（多维子材质）编号为“1”的子材质中添加 CoronaMtl（标准材质），并命名为“塑料 01”，如图 13.51 所示。

图 13.51　添加 CoronaMtl（标准材质）

首先设置“塑料 01”材质的 Color（颜色）选项，如图 13.52 所示。

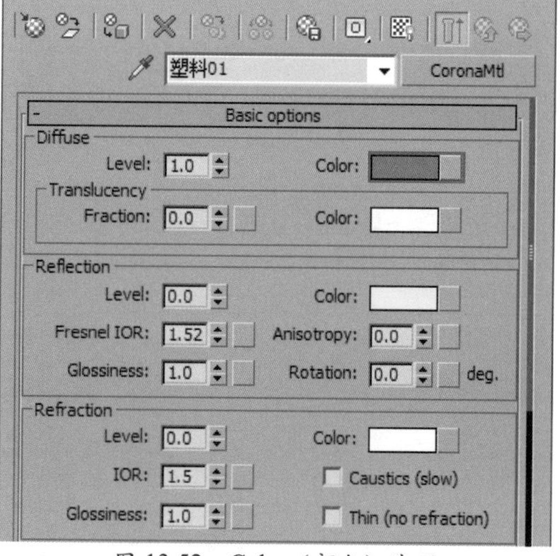

图 13.52　Color（颜色）选项

将“塑料 01”材质的表面颜色设置为蓝色，但颜色的饱和度不宜过高，建议带有一些颜色上的偏差，具体相关颜色参数设置如图 13.53 所示。

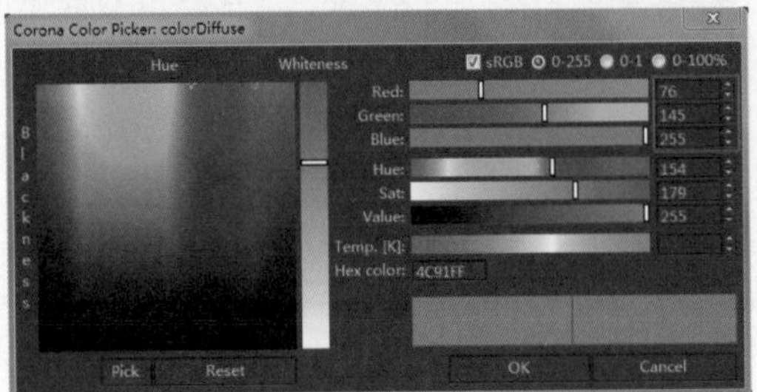

图 13.53　蓝颜色参数

设置“塑料 01”材质较低的反射效果，同时为了产生大范围的高光和反射模糊效果，将 Glossiness（光泽度）选项也设置为较低的参数值，具体相关参数设置如图 13.54 所示。

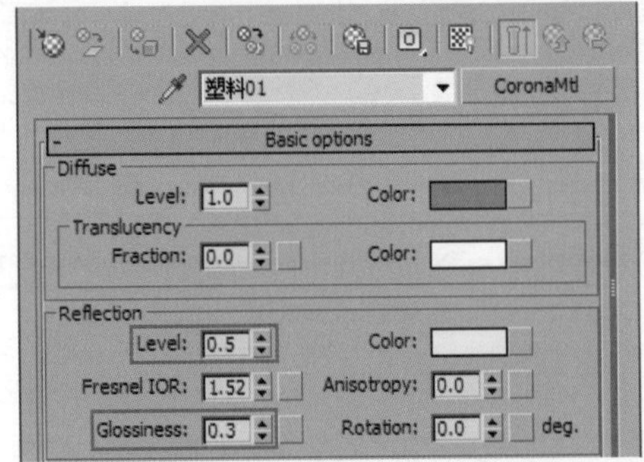

图 13.54　反射属性相关设置参数

最后来看一下通过上述讲解设置选项参数后得到的塑料材质效果，如图 13.55 所示。

图 13.55　塑料 01 材质球效果

当“塑料 01”材质球设置好后，拖曳复制到其他的子材质中，如图 13.56 所示。

图 13.56　复制塑料 01 材质

拖曳复制材质时会弹出相关的选项设置面板，在选项面板中选择 Copy（复制）选项命令，这是为了保证每个材质都是独立的而非实例关联，如图 13.57 所示。

图 13.57　Copy（复制）选项命令

当所有材质都复制完成后，在 Multi/Sub-Object（多维子材质）中的子材质都会统一显示为以“塑料 01”命名的 CoronaMtl（标准材质），如图 13.58 所示。

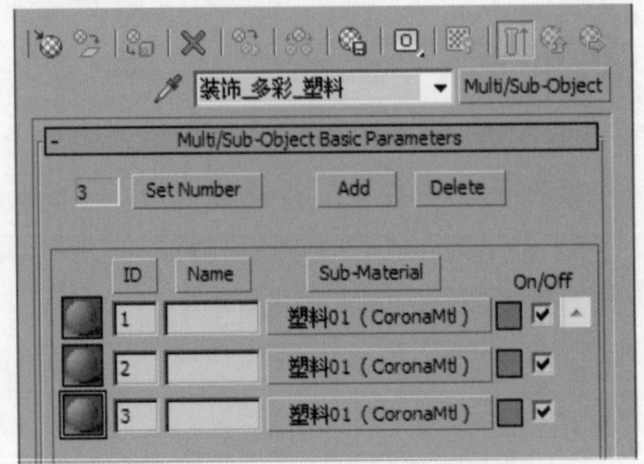

图 13.58　统一子材质的类型

修改 Multi/Sub-Object（多维子材质）编号 2 子材质当中的 CoronaMtl（标准材质），将材质的基础表面颜色设置为黄色，具体设置的相关颜色参数值如图 13.59 所示。

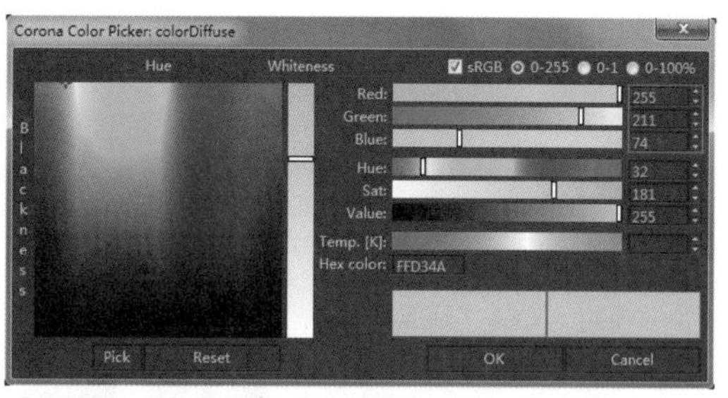

图 13.59　编号 2 材质 Diffuse（漫反射）颜色参数

修改 Multi/Sub-Object（多维子材质）编号 3 子材质中的 CoronaMtl（标准材质），将材质的基础颜色设置为红色，具体设置的相关颜色参数值如图 13.60 所示。

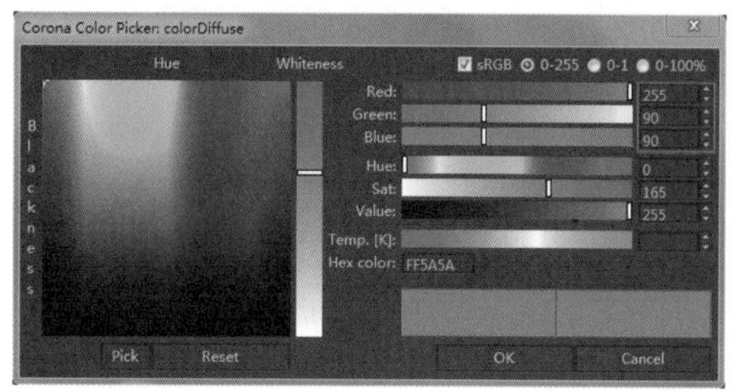

图 13.60　编号 3 材质 Diffuse（漫反射）颜色参数

注意在修改颜色时材质的名称也要一并修改，当 Multi/Sub-Object（多维子材质）内的子材质都按照上述讲解操作完成后，如图 13.61 所示。

图 13.61　设置好的 Multi/Sub-Object（多维子材质）

最后来看一下 Multi/Sub-Object（多维子材质）通过上述讲解调节设置好的装饰材质，如图 13.62 所示。

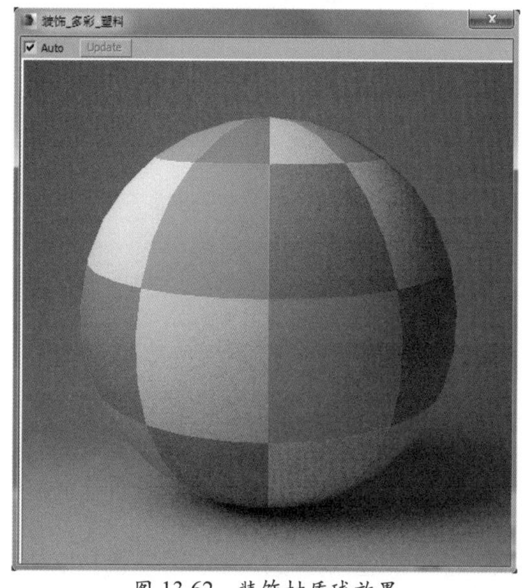

图 13.62　装饰材质球效果

将场景中所有模型物体都显示出来，以便查看是否在材质方面有遗漏的问题，如图 13.63 所示。

图 13.63　带有材质的场景模型

13.2　灯光设置与调节

13.2.1　创建场景照明

由于 Corona 渲染器带有交互式渲染，因此建议在对场景灯光创建与测试时使用，以便提高工作效率，如图 13.64 所示。

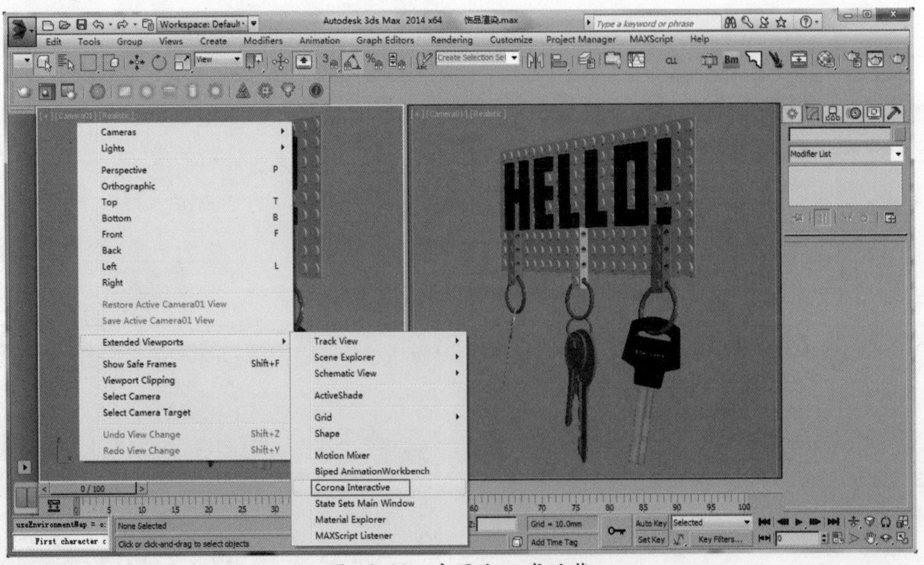

图 13.64　启用交互式渲染

在 Corona 渲染器面板中找到 Scene Environment（场景环境）卷展栏，并在环境选项中添加一张 Vray 渲染器带有的 HDRI（高范围动态贴图），如图 13.65 所示。

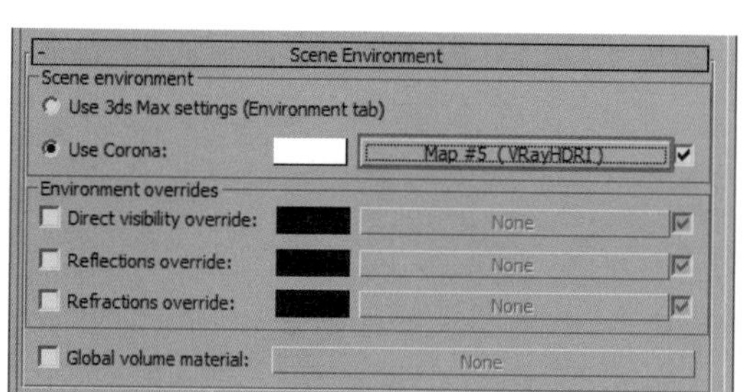

图 13.65　添加 VRayHDRI（高范围动态贴图）

在材质编辑器中，将 VRayHDRI（高范围动态贴图）的贴图类型设置为 Spherical（球形），通过设置 Horiz rotation（水平旋转）选项的参数控制贴图在水平方向的位置，具体相关参数设置如图 13.66 所示。

Scene Environment（场景环境）当中添加的 VRayHDRI（高范围动态贴图），已足够为整个案例场景提供高亮的灯光照明和光影的细节变化，因此无须添加任何的补光，如图 13.67 所示。

图 13.66　Horiz rotation（水平旋转）选项参数

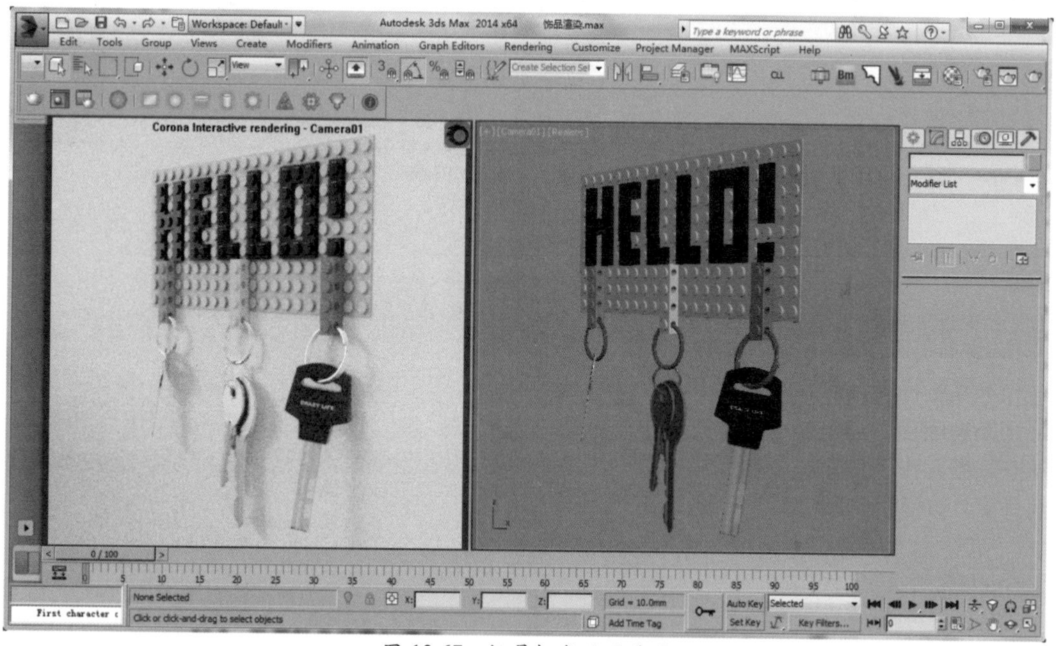

图 13.67　场景灯光照明效果

13.2.2　场景最终渲染

本案例的渲染设置仅使用 Scene（场景）渲染面板中的三个参数选项即可，分别是 Pass limit（通过限制）、Denoise Mode（降噪模式）和 Denoise Amount（降噪数量），具体相关参数设置，如图 13.68 所示。

通过电脑的渲染计算，最后完成了本案例的最终图像渲染，如图 13.69 所示。

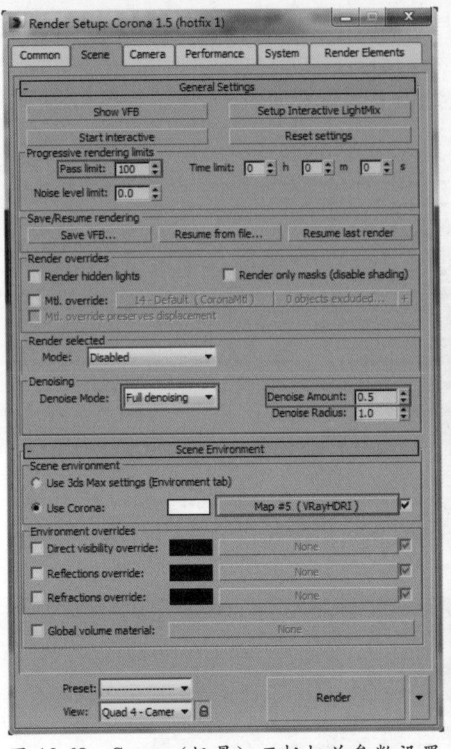

图 13.68　Scene（场景）面板相关参数设置

图 13.69　最终渲染的案例图像效果

13.3　本章小结

本章已将案例中的各项材质和在渲染前模型的检查内容都为读者朋友讲解，希望可以理解该部分内容。对于场景的灯光照明并未使用过多的灯光，而是使用了 VRayHDRI（高范围动态贴图）作为场景的主要照明来源。在渲染参数的设置方面，请读者一定要掌握各个参数的含义，以便更好地搭配。

第 14 章

材质参考

◆ **本章学习目标**

◎ 学习材质思路
◎ 掌握材质设置

本章主要讲解不同种类的材质调节，以便可以更好地模拟现实生活当中不同种类的材质，例如：玻璃、金属、木材等，给一些在材质调节方面比较欠缺的读者们一些提供参考和指导。

14.1 墙面材质

14.1.1 乳胶漆材质

按 M 键打开 Material Editor（材质编辑器），选择一个材质球，将其命名为“乳胶漆”后，单击 Standard（标准）按钮，如图 14.1 所示。

图 14.1 Standard（标准）按钮

在弹出的 Material/Map Browser（材质 / 贴图浏览器）面板中，选择 CoronaMtl（标准材质），如图 14.2 所示。

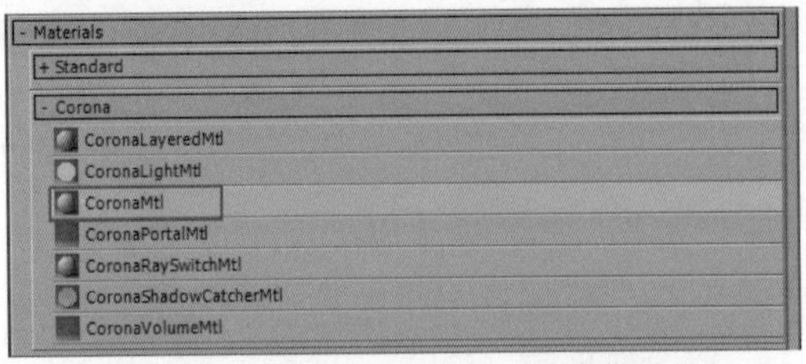

图 14.2 选择 CoronaMtl（标准材质）

以白色乳胶漆为例，不需要使用任何的纹理贴图，仅设置材质中的 Diffuse（漫反射）颜色选项即可，设置 Color（颜色）为白色，如图 14.3 所示。

图 14.3 设置 Diffuse（漫反射）为白颜色

Diffuse（漫反射）中的白颜色设置，直接在拾色器面板中设置 Value（明度）参数值为 225 即可，如图 14.4 所示。

在材质的 Maps（贴图）卷展栏下的 Bump（凹凸）选项中添加一张黑白贴图，并设置凹凸强度参数值为 0.3，如图 14.5 所示。

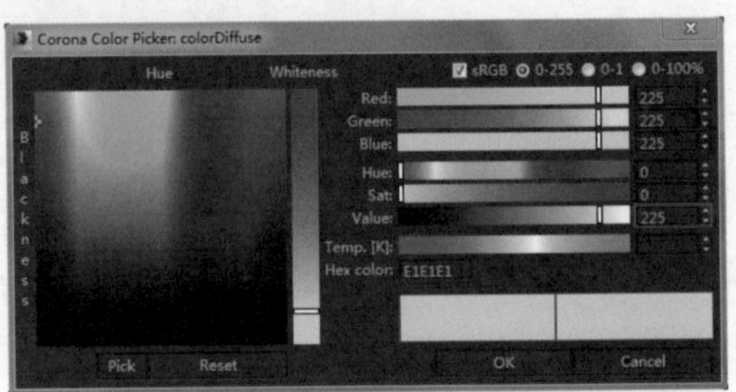

图 14.4 设置 Value（明度）参数值为 225

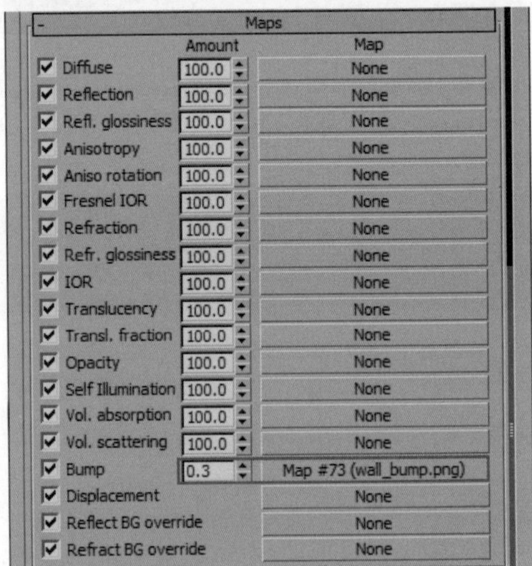

图 14.5 Bump（凹凸）选项相关设置

应用在 Bump（凹凸）选项中的黑白纹理贴图，如图 14.6 所示。

图 14.6 黑白纹理贴图

使用黑白纹理贴图是用于模拟墙面的肌理效果，如图 14.7 所示。

图 14.7　乳胶漆材质球效果

14.1.2　硅藻泥材质

按 M 键打开 Material Editor（材质编辑器），选择一个材质球，将其命名为“硅藻泥”后，单击 Standard（标准）按钮，如图 14.8 所示。

图 14.8　Standard（标准）按钮

在 Material/Map Browser（材质 / 贴图浏览器）中，选择 CoronaMtl（标准材质）作为“硅藻泥材质”的主要调节材质，如图 14.9 所示。

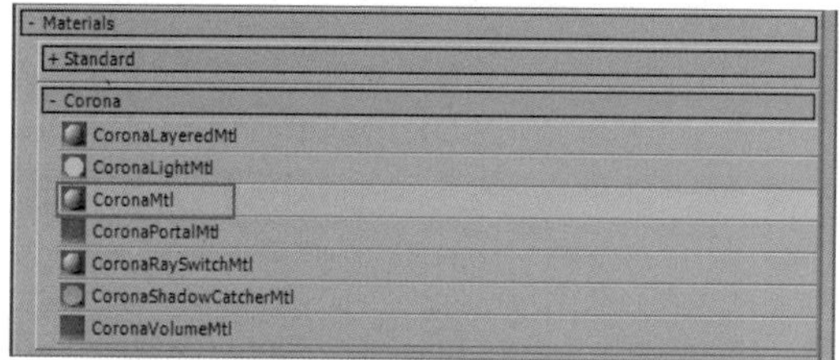

图 14.9　选择 CoronaMtl（标准材质）

设置“硅藻泥材质”的 Diffuse（漫反射）颜色为“香槟色”，如图 14.10 所示。

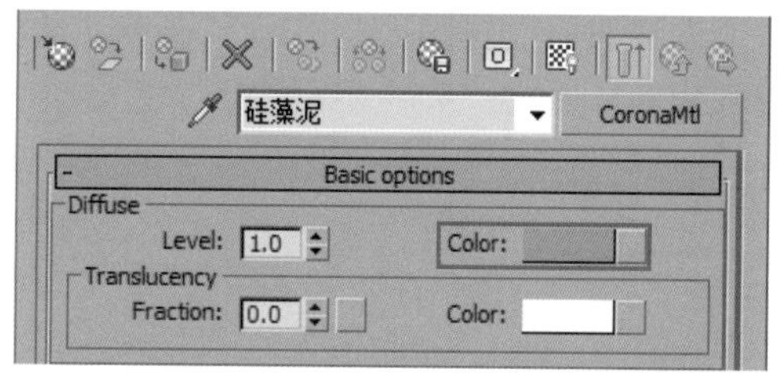

图 14.10　设置 Diffuse（漫反射）颜色

“香槟色”颜色的 RGB 相关参数值如图 14.11 所示。

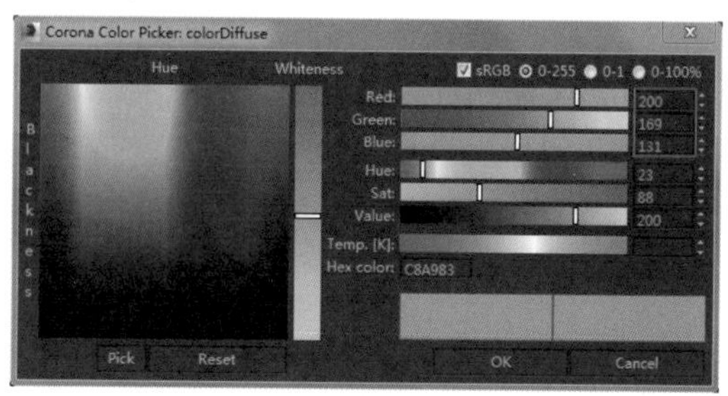

图 14.11　RGB 参数值

将材质反射属性下的 Level（级别）选项参数设置为 0.5，将 Glossiness（光泽度）选项参数设置为 0.6，如图 14.12 所示。

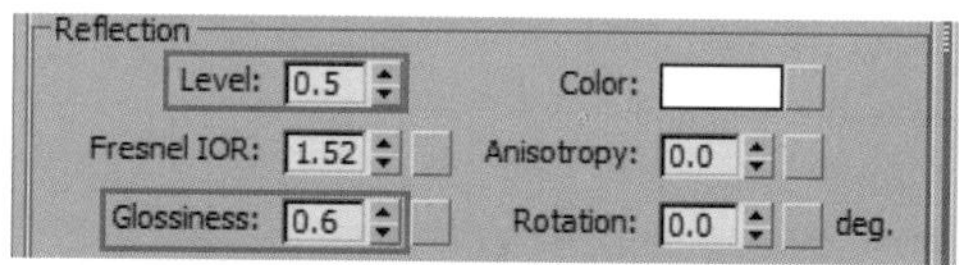

图 14.12　反射属性相关选项参数设置

在材质的 Maps（贴图）卷展栏下的 Bump（凹凸）选项中添加一张黑白贴图，而凹凸强度参数值保持默认不变，如图 14.13 所示。

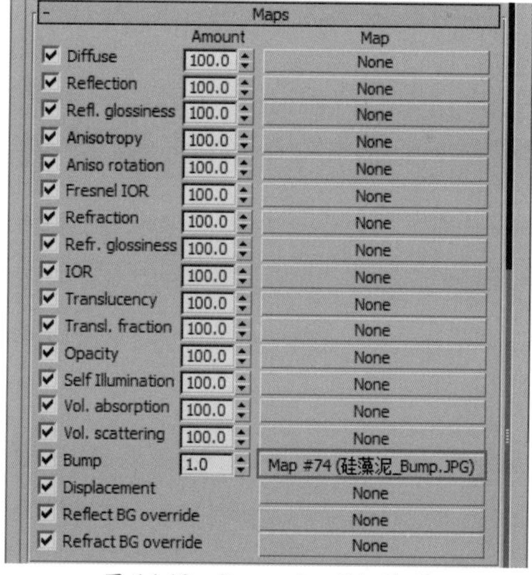

图 14.13　Bump（凹凸）选项

设置黑白纹理贴图的 Blur（模糊）选项参数为 0.1，如图 14.14 所示。

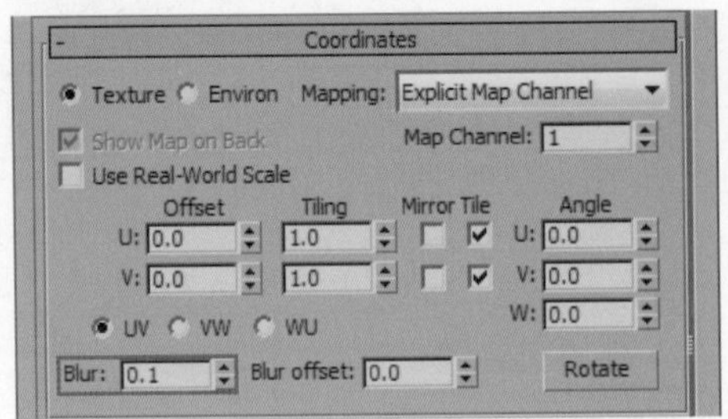

图 14.14 设置贴图 Blur（模糊）选项参数

应用在 Bump（凹凸）选项中应用的黑白纹理贴图，如图 14.15 所示。

图 14.15 硅藻泥纹理贴图

硅藻泥材质的重点在于光泽与表面凹凸效果，如图 14.16 所示。

图 14.16 硅藻泥材质球效果

14.1.3 砖墙材质

按 M 键打开 Material Editor（材质编辑器），选择一个材质球，将其命名为"砖墙"后，单击 Standard（标准）按钮，如图 14.17 所示。

图 14.17 单击 Standard（标准）按钮

在 Material/Map Browser（材质 / 贴图浏览器）中，选择 CoronaMtl（标准材质）作为"硅藻泥材质"的主要调节材质，如图 14.18 所示。

图 14.18 选择 CoronaMtl（标准材质）

在 Diffuse（漫反射）属性下的 Color（颜色）选项中添加一张外部纹理贴图，如图 14.19 所示。

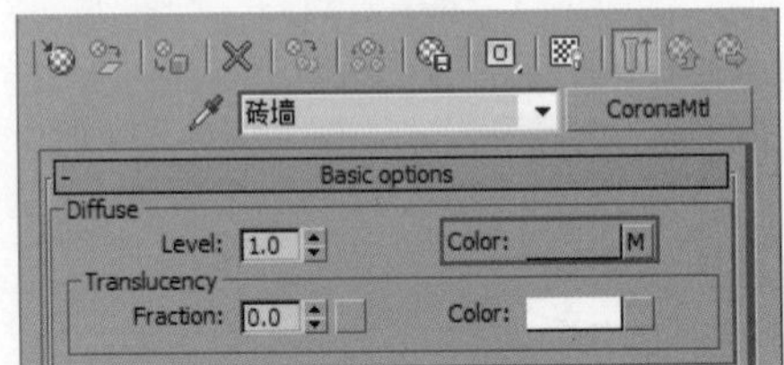

图 14.19 Color（颜色）选项

应用在 Color（颜色）选项中的砖墙纹理贴图，如图 14.20 所示。

图 14.20 砖墙纹理贴图

设置砖墙纹理贴图的 Blur（模糊）选项参数为 0.1，如图 14.21 所示。

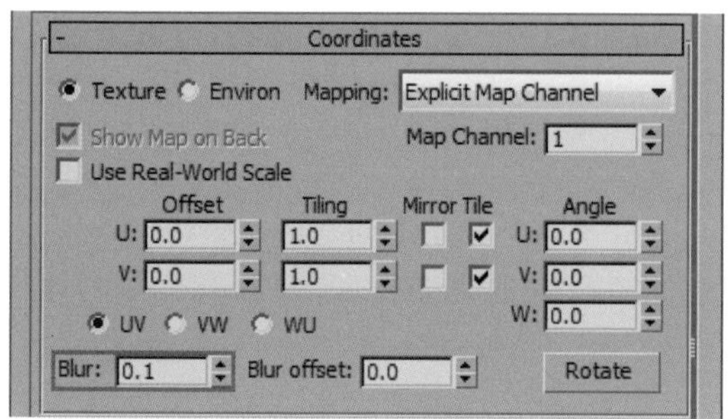

图 14.21 设置 Blur（模糊）选项参数

将“砖墙材质”反射属性下的 Level（级别）选项参数设置为 0.14，将 Glossiness（光泽度）选项参数设置为 0.61，如图 14.22 所示。

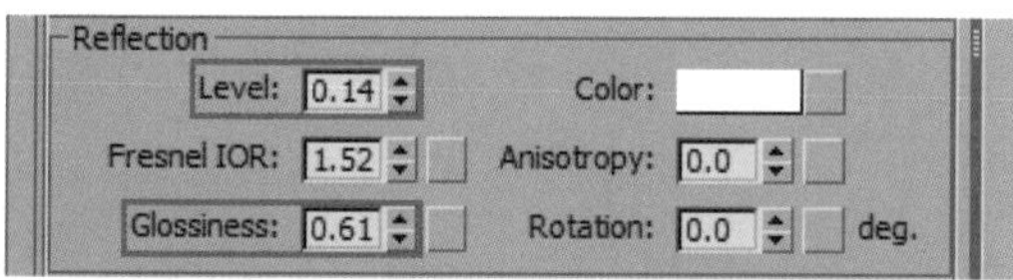

图 14.22 反射属性相关选项参数设置

将应用在 Diffuse（漫反射）的砖墙纹理贴图复制到 Maps（贴图）卷展栏下面的 Bump（凹凸）选项中，并且将 Amount（数量）参数设置为 10，如图 14.23 所示。

Maps	Amount	Map
Diffuse	100.0	砖墙纹理 (砖墙纹理贴图.jpg)
Reflection	100.0	None
Refl. glossiness	100.0	None
Anisotropy	100.0	None
Aniso rotation	100.0	None
Fresnel IOR	100.0	None
Refraction	100.0	None
Refr. glossiness	100.0	None
IOR	100.0	None
Translucency	100.0	None
Transl. fraction	100.0	None
Opacity	100.0	None
Self Illumination	100.0	None
Vol. absorption	100.0	None
Vol. scattering	100.0	None
Bump	10.0	Map #2 (砖墙纹理贴图.jpg)
Displacement		None
Reflect BG override		None
Refract BG override		None

图 14.23 凹凸数量参数

在将“砖墙纹理贴图”复制到 Bump（凹凸）选项时，会弹出相关的选项面板，选择 Copy（复制）模式复选项即可，如图 14.24 所示。

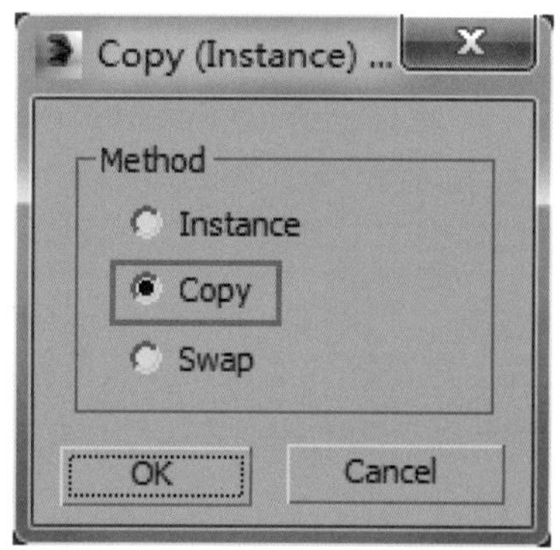

图 14.24 Copy（复制）模式选项

切换到贴图选项功能面板，单击 Bitmap（位图）按钮，如图 14.25 所示。

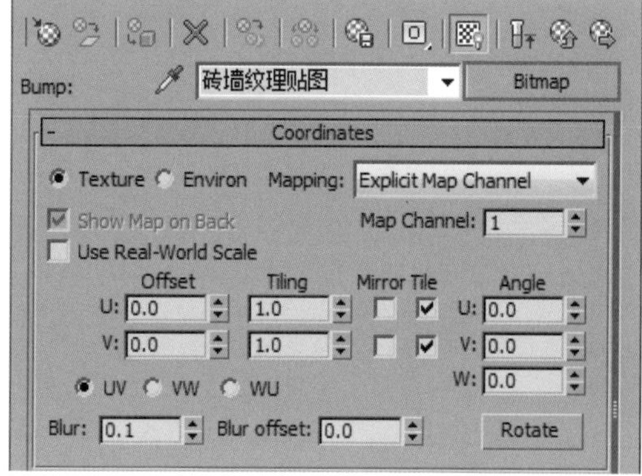

图 14.25 Bitmap（位图）按钮

在弹出的 Material/Map Browser（材质 / 贴图浏览器）中选择 CoronaOutput（输出）贴图，如图 14.26 所示。

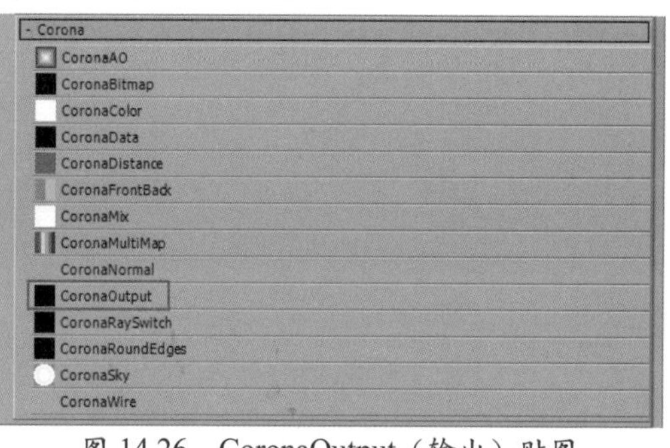

图 14.26 CoronaOutput（输出）贴图

使用 CoronaOutput（输出）贴图的目地是为了更好地生成材质凹凸效果，设置 CoronaOutput（输出）贴图的 Saturation（饱和度）选项参数值为 -1，将砖墙纹理贴图变为黑白贴图，如图 14.27 所示。

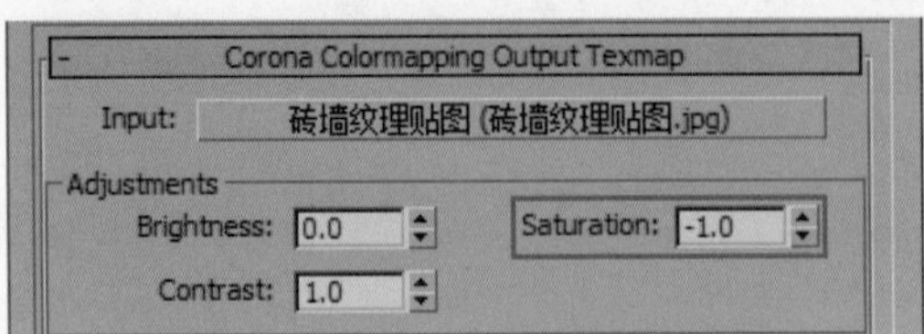

图 14.27　Saturation（饱和度）选项参数

通过上述讲解的选项和参数设置，完成了最后的砖墙材质，如图 14.28 所示。

图 14.28　砖墙材质球效果

14.1.4　壁纸材质

按 M 键打开 Material Editor（材质编辑器），选择一个材质球，将其命名为"壁纸"后，单击 Standard（标准）按钮，如图 14.29 所示。

图 14.29　Standard（标准）按钮

在弹出的 Material/Map Browser（材质 / 贴图浏览器）面板中，选择 CoronaMtl（标准材质），如图 14.30 所示。

以黄色壁纸为例，设置材质 Diffuse（漫反射）属性下的 Color（颜色）选项，设置 Color（颜色）为黄色，如图 14.31 所示。

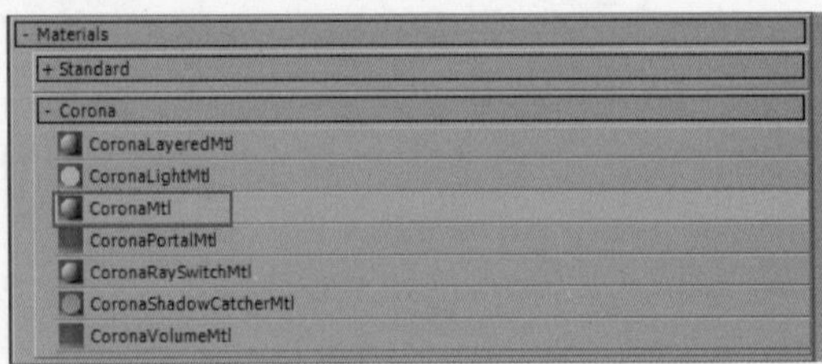

图 14.30　选择 CoronaMtl（标准材质）

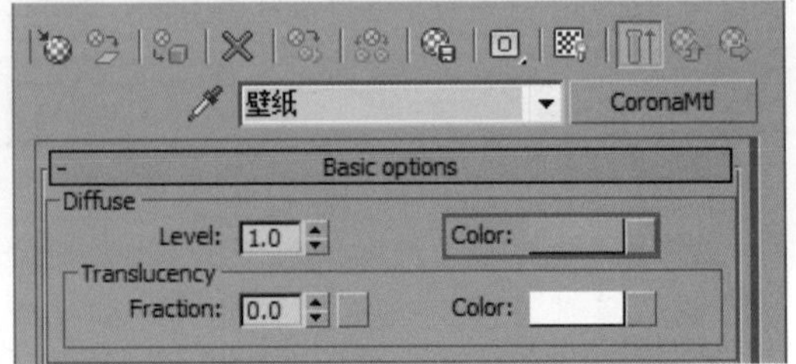

图 14.31　设置 Diffuse（漫反射）为黄颜色

壁纸材质 Diffuse（漫反射）中的黄颜色 RGB 相关参数设置如图 14.32 所示。

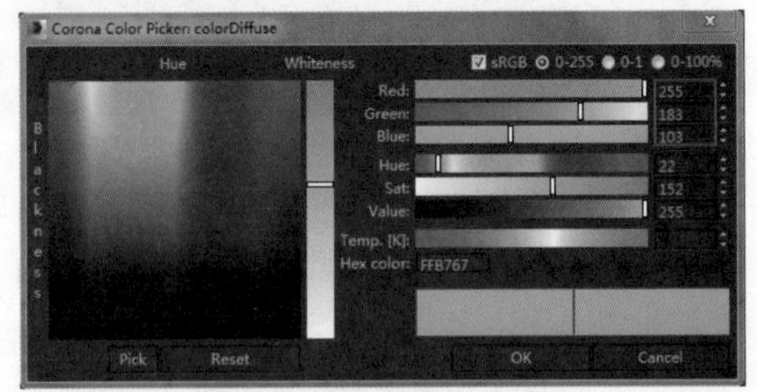

图 14.32　RGB 相关参数

将"砖墙材质"反射属性下的 Level（级别）选项参数设置为 1.0，将 Glossiness（光泽度）选项参数设置为 0.6，如图 14.33 所示。

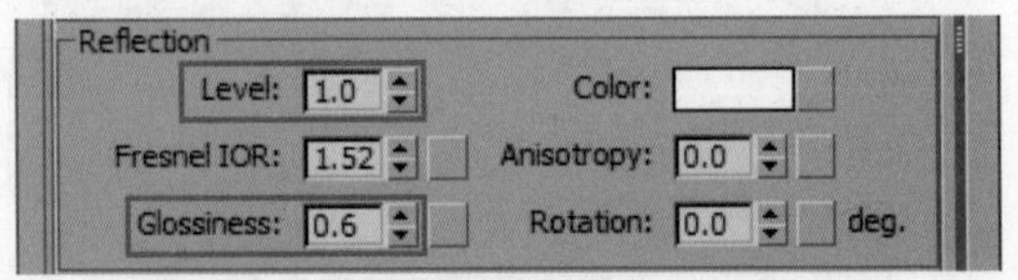

图 14.33　反射属性相关选项参数设置

在 Fresnel IOR（菲涅尔反射率）选项中添加一张纹理贴图，如图 14.34 所示。

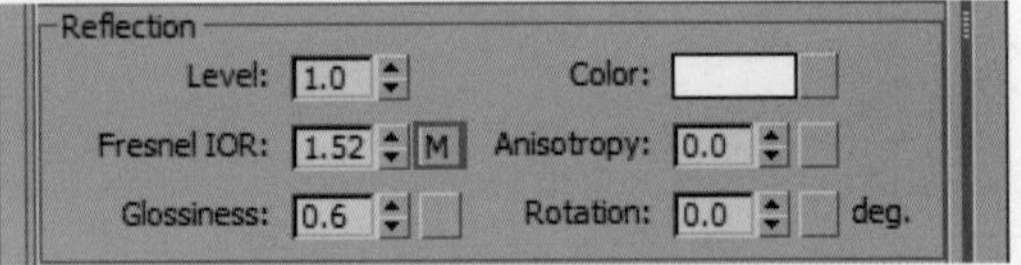

图 14.34　应用纹理贴图项

应用在 Fresnel IOR（菲涅尔反射率）选项中的黑白花纹贴图，如图 14.35 所示。

图 14.35 黑白花纹贴图

设置在 Fresnel IOR（菲涅尔反射率）选项中的黑白花纹贴图 Tiling（平铺）数量，以便得到合适的花纹大小，相关设置参数如图 14.36 所示。

壁纸材质的最终效果如图 14.37 所示。

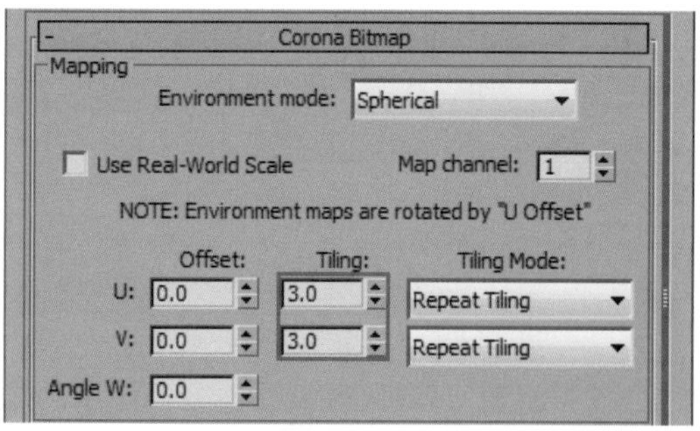

图 14.36 设置贴图 Tiling（平铺）数量

图 14.37 壁纸材质球效果

14.1.5 墙布材质

按 M 键打开 Material Editor（材质编辑器），选择一个材质球，将其命名为“墙布”后，单击 Standard（标准）按钮，如图 14.38 所示。

在弹出的 Material/Map Browser（材质 / 贴图浏览器）面板中，选择 CoronaMtl（标准材质），如图 14.39 所示。

图 14.38 Standard（标准）按钮

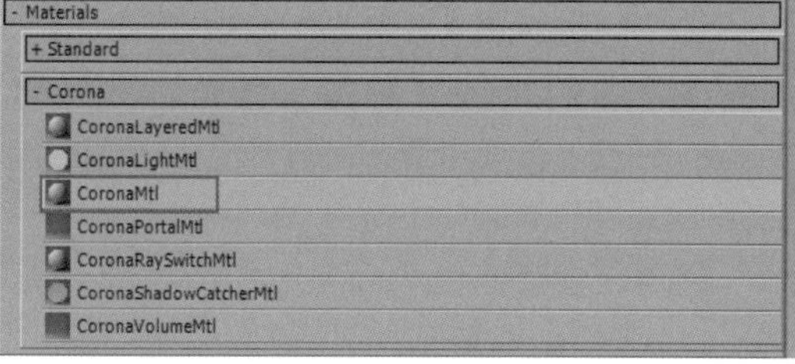

图 14.39 选择 CoronaMtl（标准材质）

在 Diffuse（漫反射）属性下的 Color（颜色）选项中添加一张纹理贴图，如图 14.40 所示。

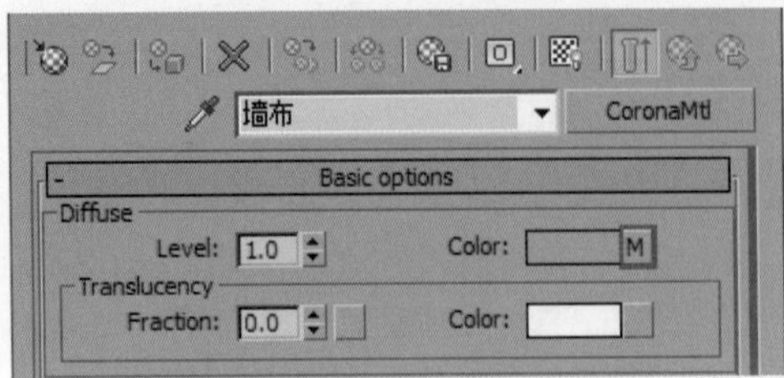

图 14.40 Color（颜色）选项

墙布材质 Color（颜色）选项中应用的布艺纹理贴图，如图 14.41 所示。

图 14.41 布艺纹理贴图

将材质的反射属性 Level（级别）选项参数设置为 1.0，将反射的 Glossiness（光泽度）设置为 0.2，以得到较大的高光光泽效果，如图 14.42 所示。

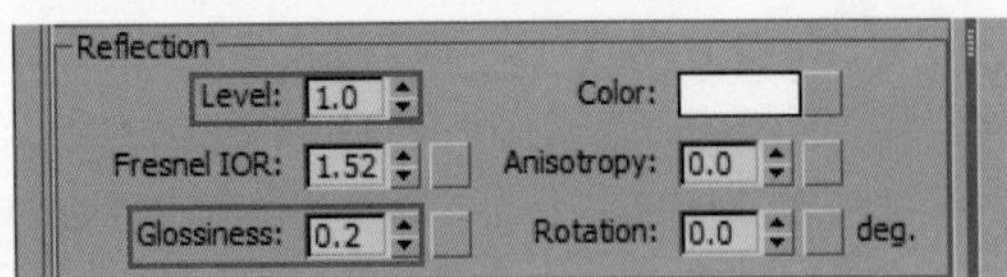

图 14.42 反射属性相关选项参数设置

在材质的 Maps（贴图）卷展栏下面的 Bump（凹凸）选项中添加一张布艺凹凸贴图，如图 14.43 所示。

应用在材质凹凸中的布艺凹凸纹理贴图样式，如图 14.44 所示。

墙布材质的调节设置与“硅藻泥材质”类型，重点都在于表面凹凸效果上的变化和样式，如图 14.45 所示。

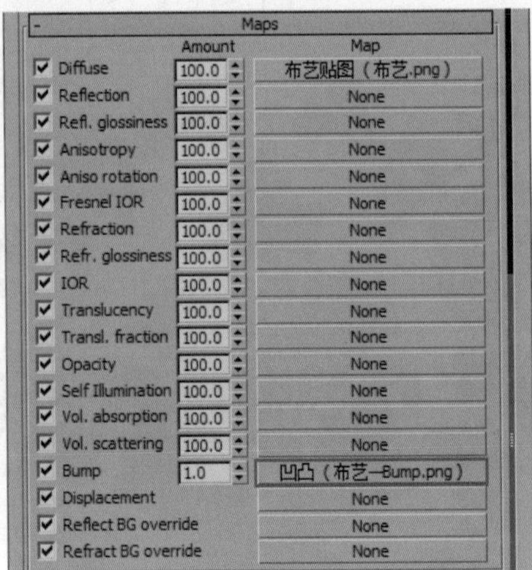

图 14.43 Bump（凹凸）选项

图 14.44 布艺凹凸贴图

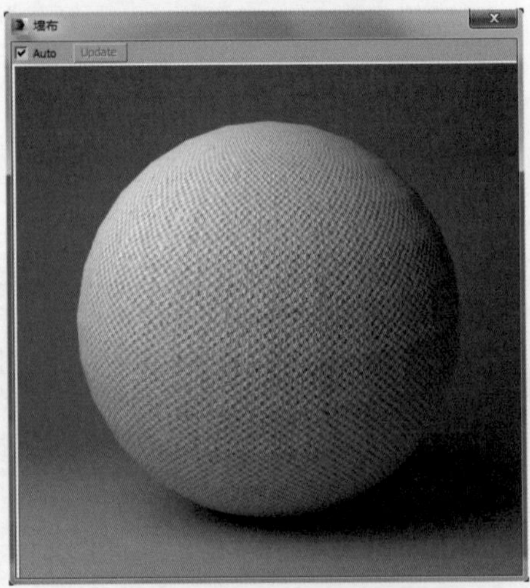

图 14.45 墙布材质球效果

14.2　玻璃材质

14.2.1　平板玻璃材质

按M键打开Material Editor（材质编辑器），选择一个材质球，将其命名为“平板玻璃”后，单击Standard（标准）按钮，如图14.46所示。

图 14.46　Standard（标准）按钮

在弹出的Material/Map Browser（材质/贴图浏览器）面板中，选择CoronaMtl（标准材质），如图14.47所示。

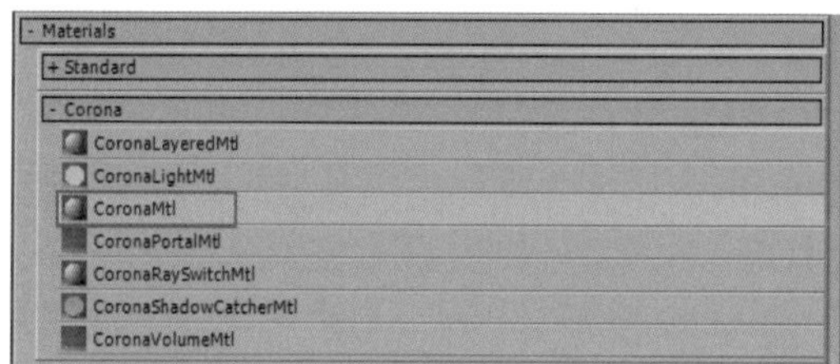

图 14.47　选择CoronaMtl（标准材质）

材质的基础表面颜色保持不变，因此不需要设置Diffuse（漫反射）属性下的Color（颜色）选项，保持默认颜色即可，如图14.48所示。

图 14.48　Color（颜色）选项

在材质的Reflection（反射）属性中，将Level（级别）选项参数设置为1.0，其他选项参数保存默认即可，如图14.49所示。

图 14.49　Level（级别）选项参数

在材质的Refraction（折射）属性中，将Level（级别）选项参数设置为1.0，将IOR（折射率）选项参数设置为1.33，如图14.50所示。

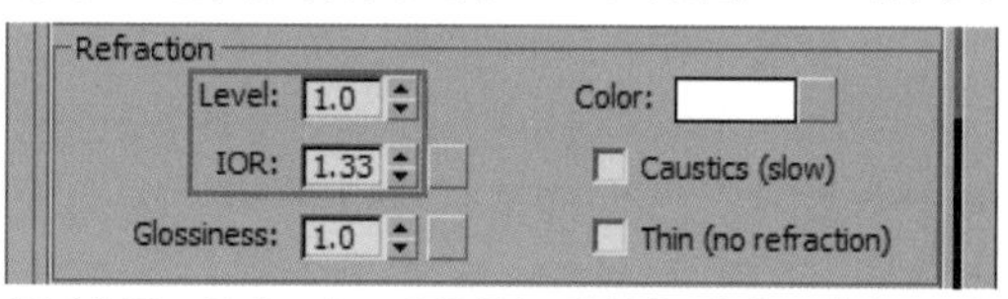

图 14.50　Refraction（折射）属性相关选项参数设置

通过上述选项设置，简单快速地调节好平板玻璃材质，如图14.51所示。

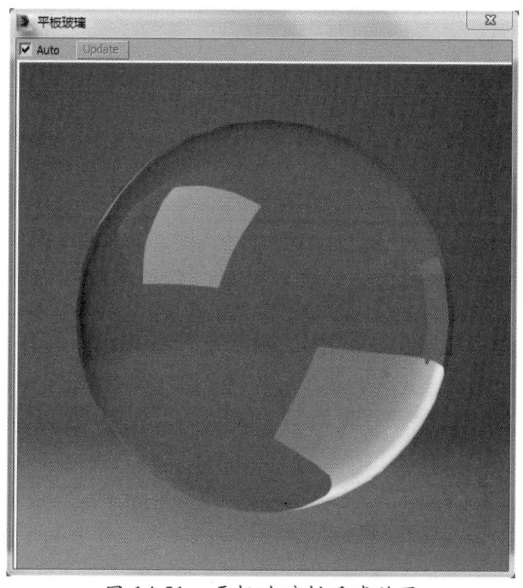

图 14.51　平板玻璃材质球效果

14.2.2　磨砂玻璃材质

按M键打开Material Editor（材质编辑器），选择一个材质球，将其命名为“磨砂玻璃”后，单击Standard（标准）按钮，如图14.52所示。

图 14.52　Standard（标准）按钮

在弹出的Material/Map Browser（材质/贴图浏览器）面板中，选择CoronaMtl（标准材质），如图14.53所示。

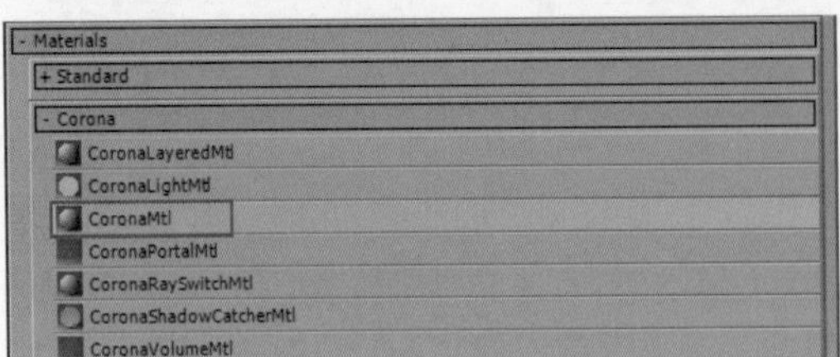

图 14.53　选择 CoronaMtl（标准材质）

材质 Diffuse（漫反射）属性下的 Color（颜色）选项参数值保持默认 186 即可，因为无须调节材质的基础表面颜色，如图 14.54 所示。

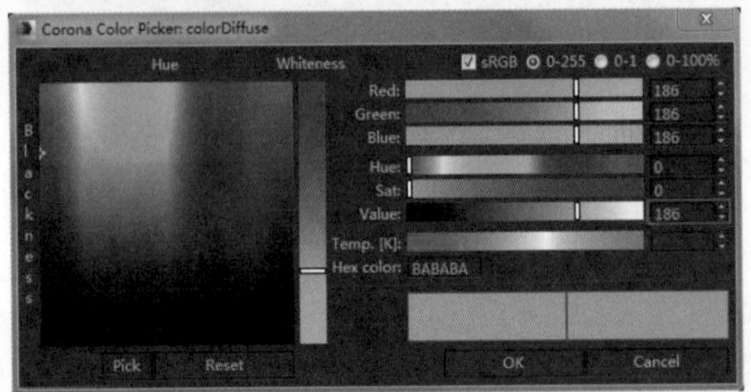

图 14.54　Color（颜色）选项参数值

在 Reflection（反射）属性下面，将 Level（级别）选项参数设置为 1.0，将 Glossiness（光泽度）选项参数设置为 0.5，如图 14.55 所示。

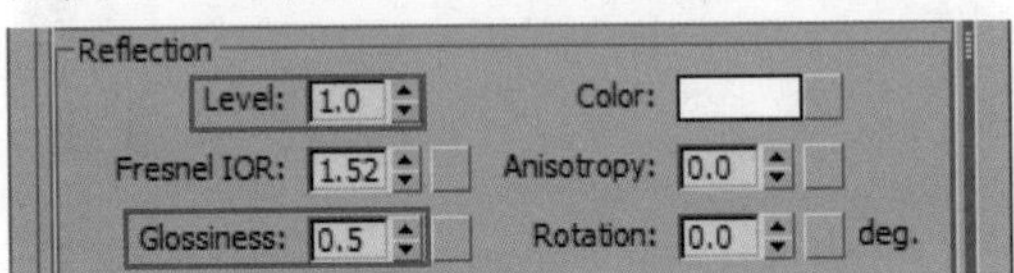

图 14.55　Reflection（反射）属性相关设置参数

在 Refraction（折射）属性下面，将 Level（级别）选项参数设置为 1.0，将 IOR（折射率）设置为 1.33，其他选项参数保存不变，如图 14.56 所示。

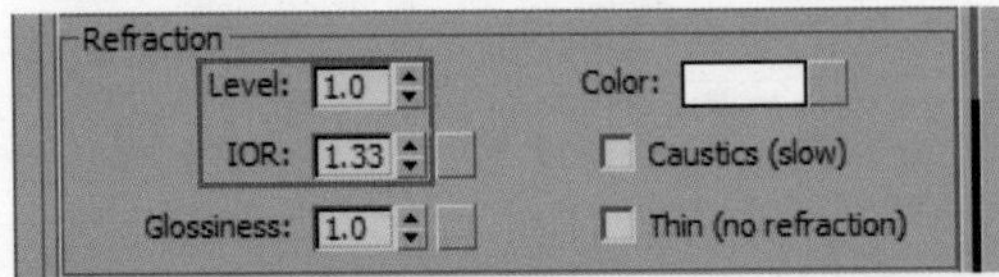

图 14.56　Refraction（折射）属性相关设置参数

通过设置 Reflection（反射）属性下的 Glossiness（光泽度）选项参数，并可以达到效果非常好的磨砂玻璃效果，如图 14.57 所示。

除了上述讲解的通过设置反射 Glossiness（光泽度）选项参数外，设置 Refraction（折射）属性下的 Glossiness（光泽度）选项参数同样也可以制作磨砂玻璃效果，如图 14.58 所示。

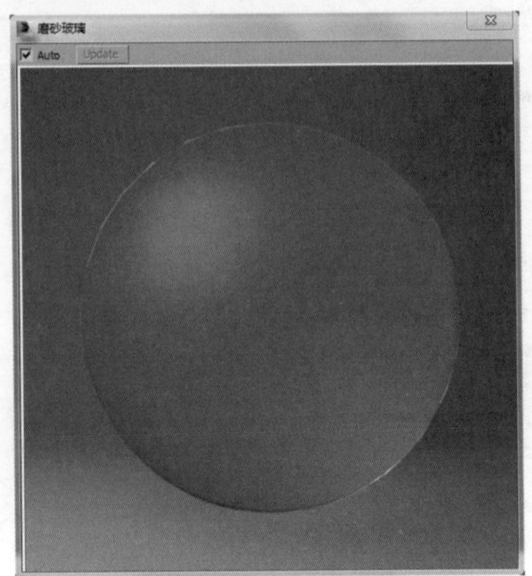

图 14.57　磨砂玻璃材质球效果

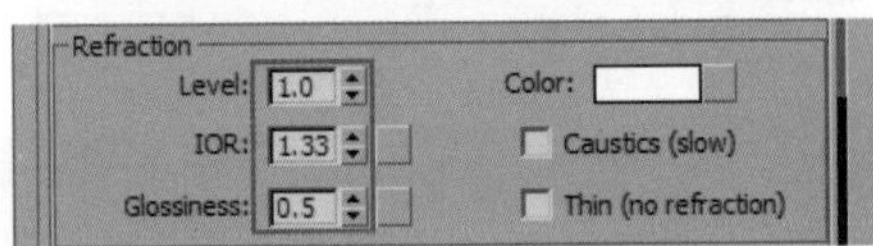

图 14.58　Refraction（折射）属性相关选项设置参数

当设置图 Refraction（折射）属性下的 Glossiness（光泽度）选项参数时，反射属性的 Glossiness（光泽度）调制回默认参数值 1.0，如图 14.59 所示。

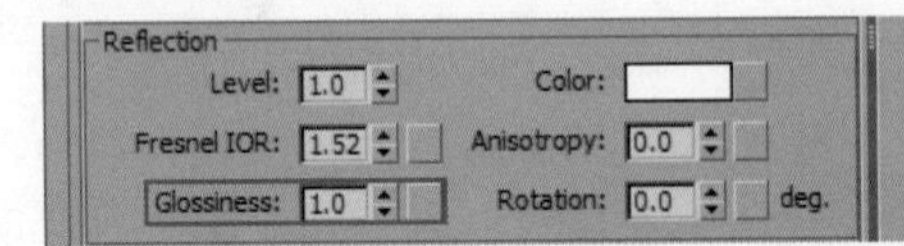

图 14.59　设置反射 Glossiness（光泽度）选项参数为 1.0

通过设置 Refraction（折射）属性下的 Glossiness（光泽度）选项，调节的磨砂玻璃效果如图 14.60 所示。

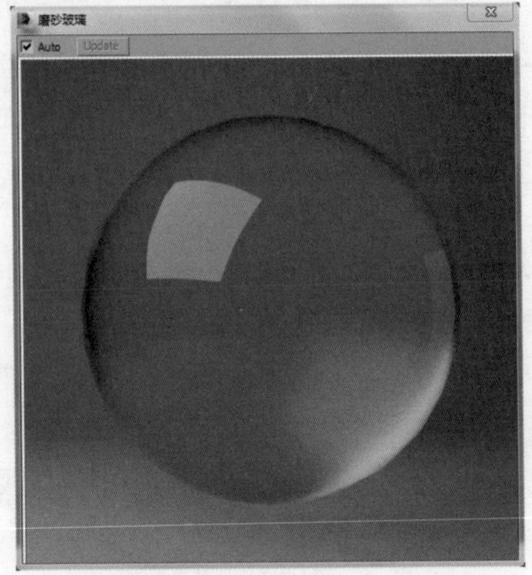

图 14.60　磨砂玻璃材质球效果

通过设置上述两种不同属性下的 Glossiness（光泽度）选项参数，可以制作出不同效果的磨砂玻璃，具体哪一种效果适合你的渲染场景，就需要读者自行选择了。两种不同效果的磨砂玻璃如图 14.61 所示。

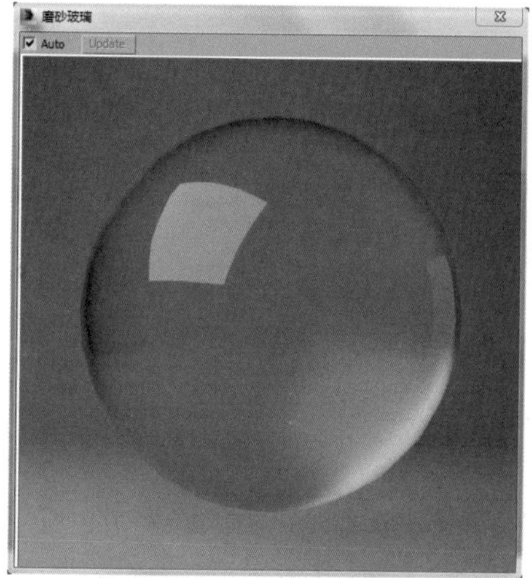

图 14.61　不同效果的磨砂玻璃

14.2.3　印花玻璃材质

按 M 键打开 Material Editor（材质编辑器），选择一个材质球，将其命名为“印花玻璃”后，单击 Standard（标准）按钮，如图 14.62 所示。

图 14.62　Standard（标准）按钮

在弹出的 Material/Map Browser（材质 / 贴图浏览器）面板中，选择 CoronaMtl（标准材质），如图 14.63 所示。

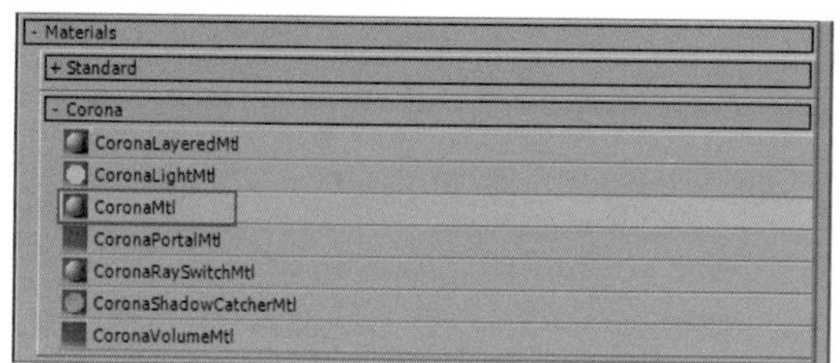

图 14.63　选择 CoronaMtl（标准材质）

设置 Diffuse（漫反射）属性下面的 Color（颜色）选项为黑色，如图 14.64 所示。

在 Reflection（反射）属性下面设置 Level（级别）选项参数为 1.0，并在 Fresnel IOR（菲涅尔反射率）和 Glossiness（光泽度）当中添加纹理贴图，如图 14.65 所示。

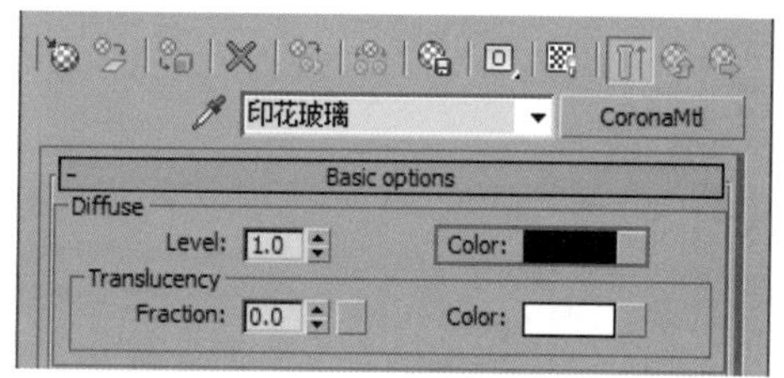

图 14.64　设置 Color（颜色）选项

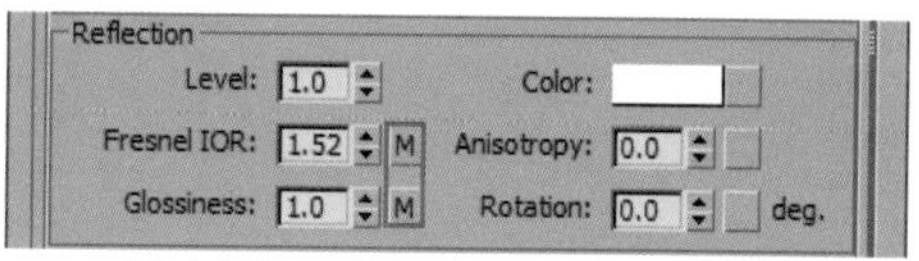

图 14.65　反射属性相关选项设置

Fresnel IOR（菲涅尔反射率）和 Glossiness（光泽度）当中的纹理贴图，在复制时是以 Instance（实例）的模式相互关联的，如图 14.66 所示。

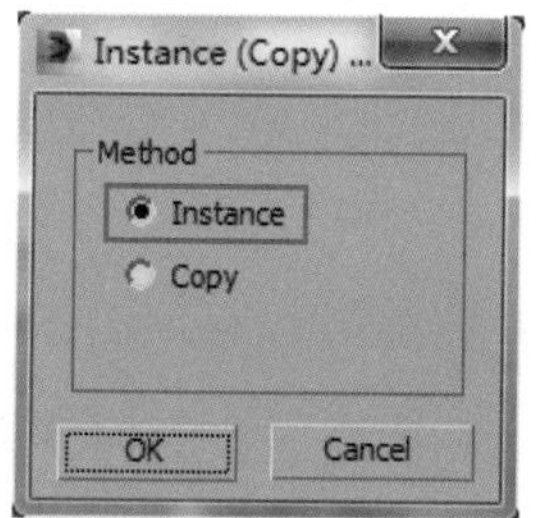

图 14.66　Instance（实例）模式

应用在 Fresnel IOR（菲涅尔反射率）和 Glossiness（光泽度）当中的纹理贴图，如图 14.67 所示。

图 14.67　印花纹理贴图

设置 Refraction（折射）属性下面的 Level（级别）选项和 IOR（折射率）选项，设置相关选项参数值为 1.0 与 1.3，如图 14.68 所示。

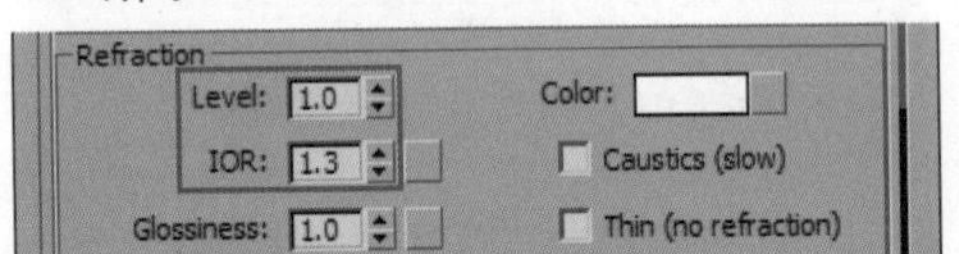

图 14.68　Refraction（折射）属性相关选项参数设置

通过上述讲解的操作设置，完成印花玻璃材质的调节，如图 14.69 所示。

图 14.69　印花玻璃材质球效果

14.2.4　彩色玻璃材质

按 M 键打开 Material Editor（材质编辑器），选择一个材质球，将其命名为“彩色玻璃”后，单击 Standard（标准）按钮，如图 14.70 所示。

图 14.70　Standard（标准）按钮

在弹出的 Material/Map Browser（材质 / 贴图浏览器）面板中，选择 CoronaMtl（标准材质），如图 14.71 所示。

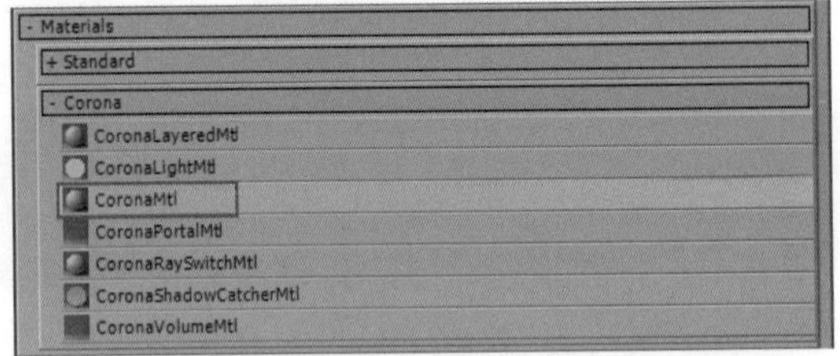

图 14.71　选择 CoronaMtl（标准材质）

在材质 Diffuse（漫反射）属性下面的 Color（颜色）选项中，添加一张纹理贴图，如图 14.72 所示。

图 14.72　Color（颜色）选项当中添加纹理贴图

将 Reflection（反射）属性下面的 Level（级别）设置为 1.0 即可，如图 14.73 所示。

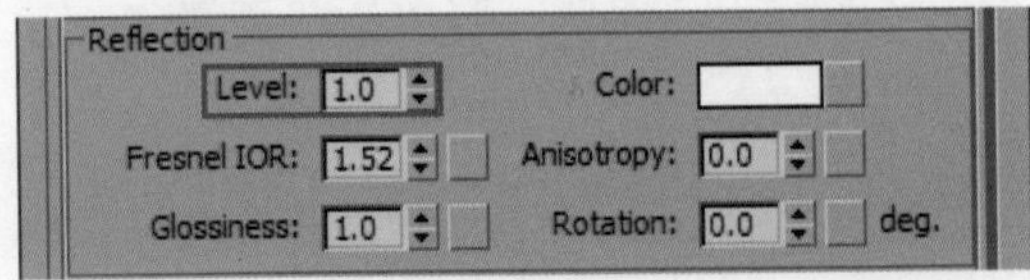

图 14.73　设置反射 Level（级别）选项参数

在 Refraction（折射）属性下面，将 Level（级别）设置为 1.0，将 IOR（折射率）设置为 1.33，如图 14.74 所示。

在 Absorption（吸收项）的 Color（颜色）选项当中添加一张纹理贴图，并设置

Distance（距离）选项参数值为 8000，如图 14.75 所示。

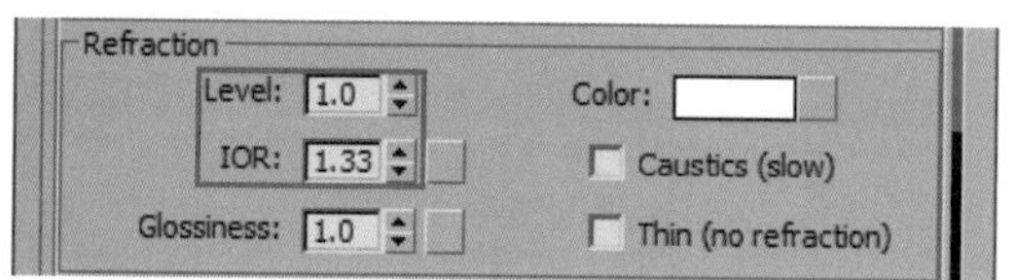

图 14.74　Refraction（折射）属性相关选项参数设置

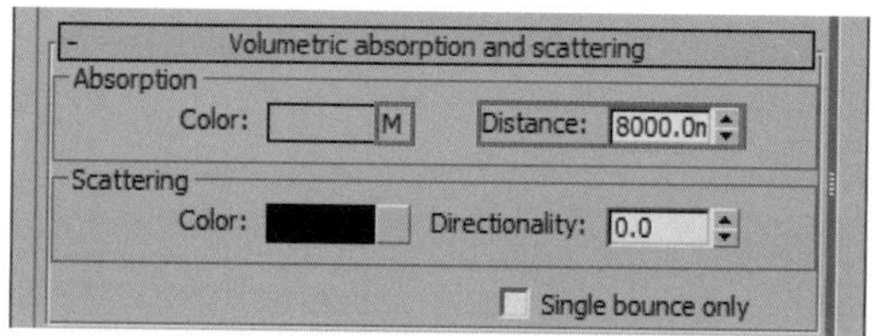

图 14.75　Absorption（吸收项）选项设置

在 Diffuse（漫反射）和 Absorption（吸收项）的 Color（颜色）选项中应用的为同一张纹理贴图，如图 14.76 所示。

最后完成的彩色玻璃材质效果，如图 14.77 所示。

图 14.76　材质中所应用的彩色贴图

图 14.77　彩色玻璃材质球效果

14.2.5　镜面玻璃材质

按 M 键打开 Material Editor（材质编辑器），选择一个材质球，将其命名为“镜面玻璃”后，单击 Standard（标准）按钮，如图 14.78 所示。

图 14.78　Standard（标准）按钮

在弹出的 Material/Map Browser（材质 / 贴图浏览器）面板中，选择 CoronaMtl（标准材质），如图 14.79 所示。

设置材质 Diffuse（漫反射）属性下的 Color（颜色）选项，将颜色设置为黑色，如图 14.80 所示。

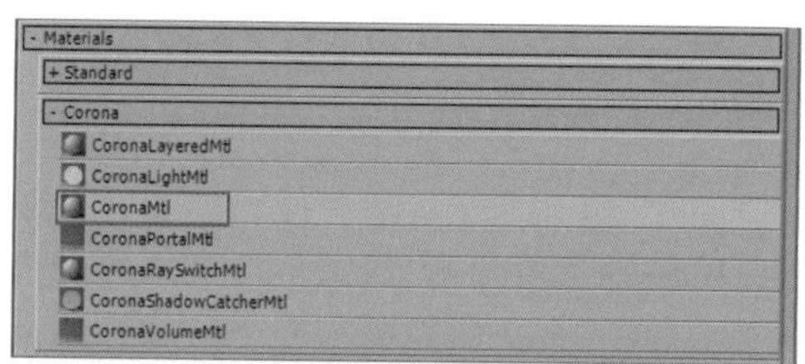

图 14.79　选择 CoronaMtl（标准材质）

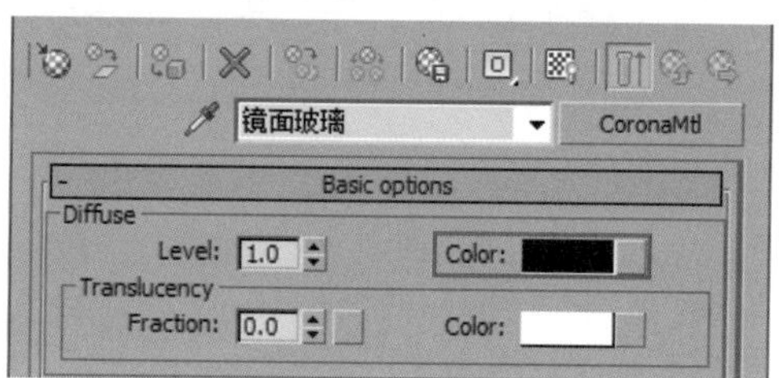

图 14.80　设置 Color（颜色）选项为黑色

在 Color（颜色）选项中所设置的黑色不要为纯黑色，保留一些颜色明度，如图 14.81 所示。

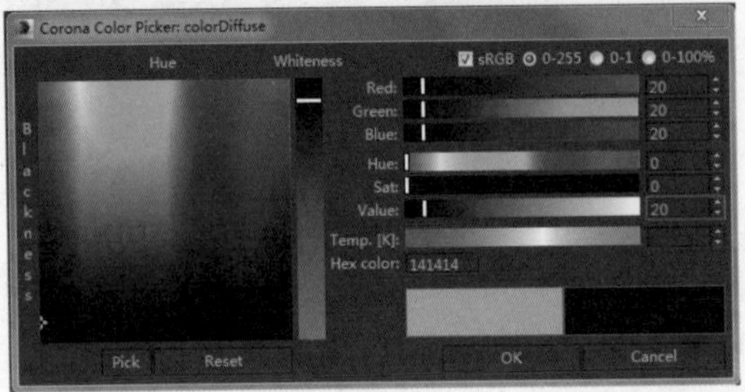

图 14.81　设置颜色 Value（明度）选项参数为 20

在 Reflection（反射）属性下，将 Level（级别）设置为 1.0，将 Fresnel IOR（菲涅尔反射率）设置为 5.0，而其他选项参数保存默认，如图 14.82 所示。

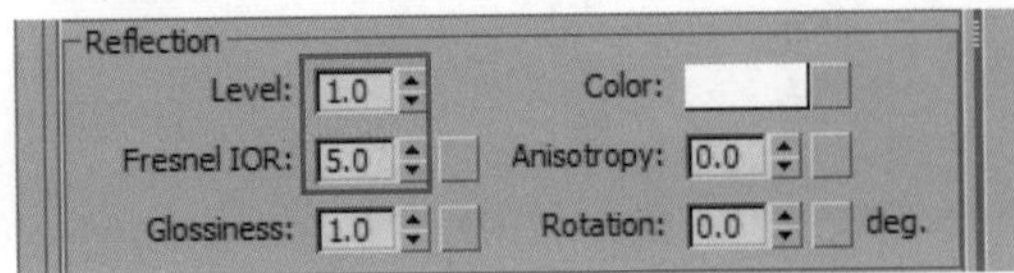

图 14.82　Reflection（反射）属性相关参数设置

将 Refraction（折射）属性中的 Level（级别）选项参数设置为 1.0，将 IOR（折射率）设置为 1.3，如图 14.83 所示。

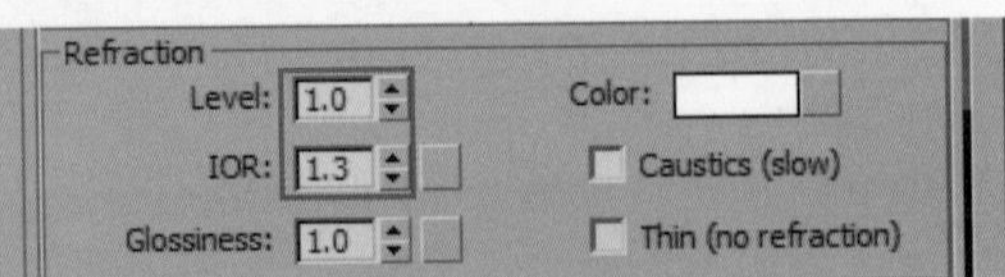

图 14.83　Refraction（折射）属性相关选项参数设置

通过上述讲解设置选项参数后完成镜面玻璃材质的调节，如图 14.84 所示。

图 14.84　镜面玻璃材质球效果

14.3　金属材质

14.3.1　铝合金材质

按 M 键打开 Material Editor（材质编辑器），选择一个材质球，将其命名为“铝合金”后，单击 Standard（标准）按钮，如图 14.85 所示。

图 14.85　Standard（标准）按钮

在弹出的 Material/Map Browser（材质 / 贴图浏览器）面板中，选择 CoronaMtl（标准材质），如图 14.86 所示。

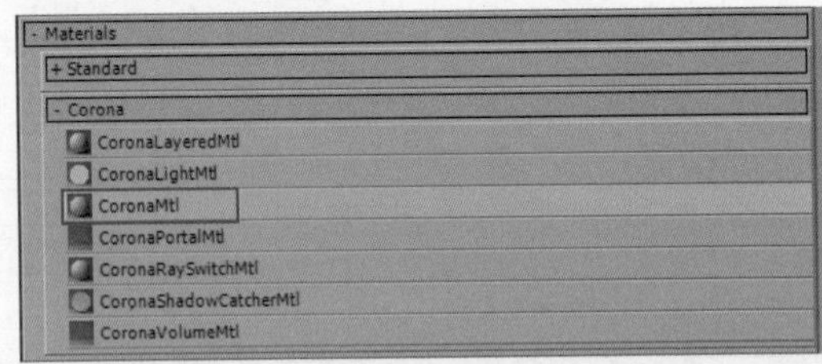

图 14.86　选择 CoronaMtl（标准材质）

在材质的 Diffuse（漫反射）属性下的 Color（颜色）选项中添加一张纹理贴图，如图 14.87 所示。

将 Reflection（反射）属性下面的 Level（级别）选项参数设置为 0.8，将 Fresnel IOR（菲涅尔反射率）选项参数设置为 5.0，并将 Diffuse（漫反射）属性中所应用的纹理贴图，

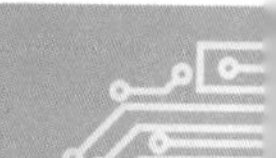

复制到在 Glossiness（光泽度）选项中，如图 14.88 所示。

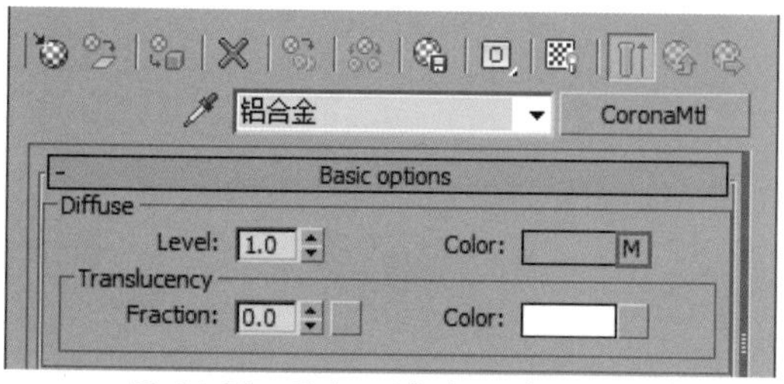
铝合金
CoronaMtl
Basic options
Diffuse
Level: 1.0
Color: M
Translucency
Fraction: 0.0
Color:
图 14.87 Color（颜色）选项设置

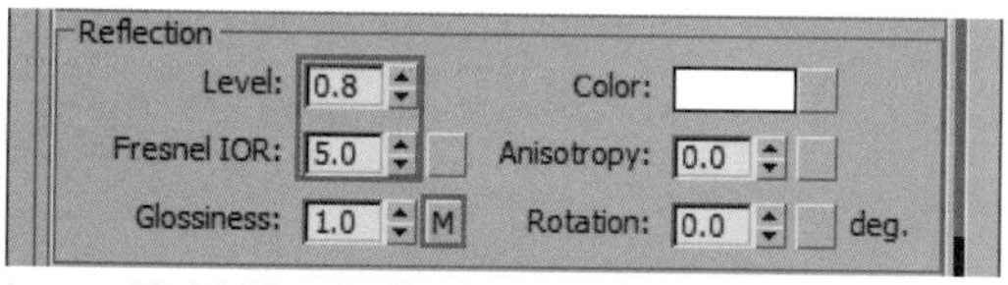
Reflection
Level: 0.8
Color:
Fresnel IOR: 5.0
Anisotropy: 0.0
Glossiness: 1.0 M
Rotation: 0.0 deg.
图 14.88 Reflection（反射）属性相关选项参数设置

在材质的 Maps（贴图）卷展栏下面，将 Diffuse（漫反射）属性下的 Color（颜色）选项中所应用的纹理贴图，同样以实例关联的模式复制到 Bump（凹凸）选项中，将 Bump（凹凸）强度的 Amount（数量）设置为 -0.2 参数值，如图 14.89 所示。

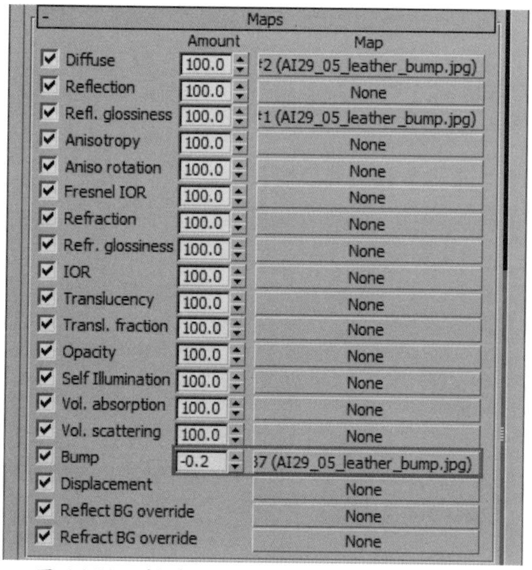
Maps
Amount
Map
Diffuse 100.0 :2 (AI29_05_leather_bump.jpg)
Reflection 100.0 None
Refl. glossiness 100.0 :1 (AI29_05_leather_bump.jpg)
Anisotropy 100.0 None
Aniso rotation 100.0 None
Fresnel IOR 100.0 None
Refraction 100.0 None
Refr. glossiness 100.0 None
IOR 100.0 None
Translucency 100.0 None
Transl. fraction 100.0 None
Opacity 100.0 None
Self Illumination 100.0 None
Vol. absorption 100.0 None
Vol. scattering 100.0 None
Bump -0.2 37 (AI29_05_leather_bump.jpg)
Displacement None
Reflect BG override None
Refract BG override None
图 14.89 材质 Bump（凹凸）选项相关设置

如图 14.90 所示的贴图是同时应用在材质的 Diffuse（漫反射）、Reflection（反射）属性和 Bump（凹凸）选项中的黑白纹理贴图。

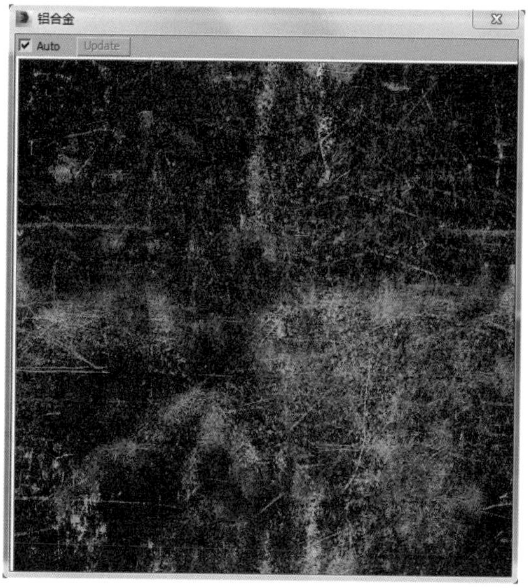

铝合金
Auto
Update
图 14.90 黑白纹理贴图

铝合金材质的设置关键在于，不要产生过于强烈的高光点，以较大的光泽、低反射效果为宜，最后调节设置的铝合金材质效果，如图 14.91 所示。

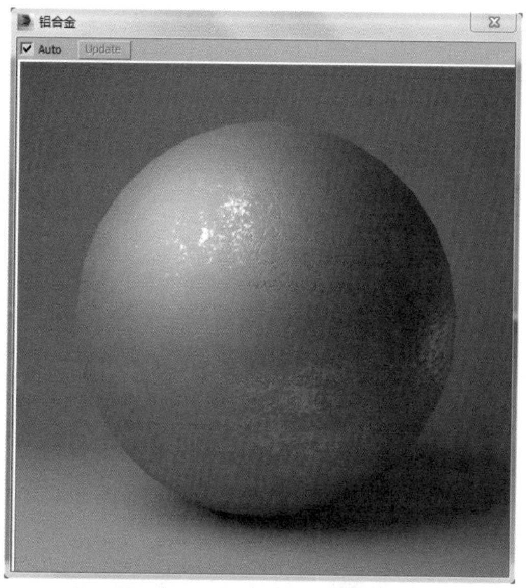

铝合金
Auto
Update
图 14.91 铝合金材质球效果

14.3.2 不锈钢材质

按 M 键打开 Material Editor（材质编辑器），选择一个材质球，将其命名为“不锈钢”后，单击 Standard（标准）按钮，如图 14.92 所示。

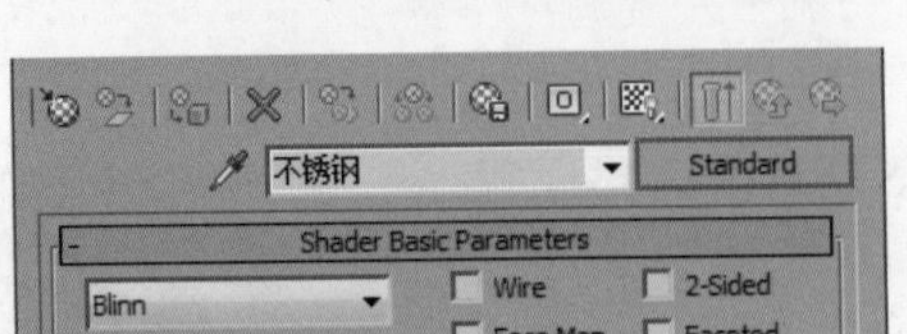

图 14.92　Standard（标准）按钮

在弹出的 Material/Map Browser（材质/贴图浏览器）面板中，选择 CoronaMtl（标准材质），如图 14.93 所示。

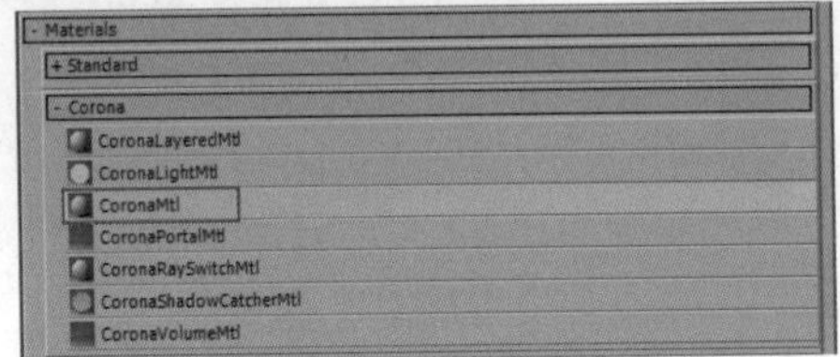

图 14.93　选择 CoronaMtl（标准材质）

在 Diffuse（漫反射）属性的 Color（颜色）选项中添加一张 Corona 渲染器自带的 CoronaAo 贴图，如图 14.94 所示。

图 14.94　Color（颜色）选项设置

在 CoronaAO（阻光）贴图中，将 Max distance（最大距离）选项使用一张黑白贴图控制，将 Color spread（颜色扩散）选项参数设置为 0.15，并将 Max samples（最大采样）选项参数设置为 40，而其他选项设置如图 14.95 所示。

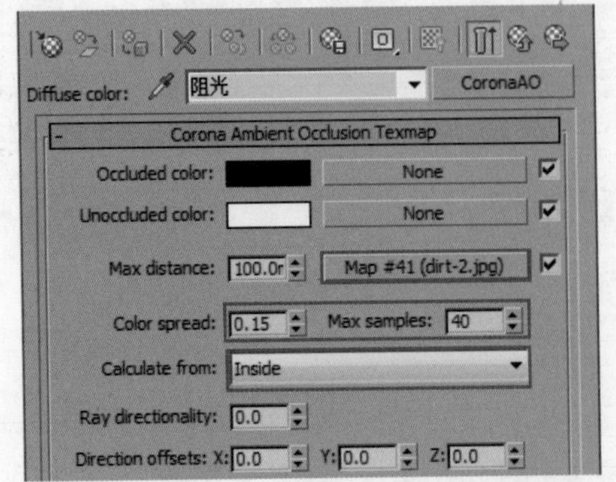

图 14.95　CoronaAO（阻光）贴图相关选项设置

应用在 CoronaAO（阻光）贴图 Max distance（最大距离）选项中的黑白纹理贴图，如图 14.96 所示。

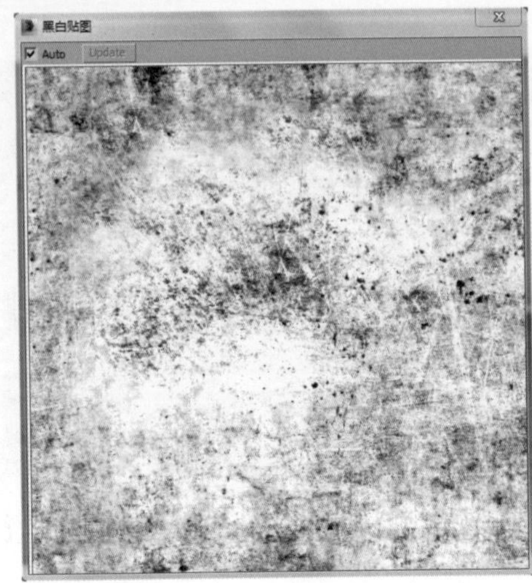

图 14.96　CoronaAO（阻光）贴图中的黑白纹理贴图

在 Reflection（反射）属性中，将 Level（级别）选项参数设置为 1.0，并将该选项所对应的 Color（颜色）选项进行设置如图 14.97 所示。

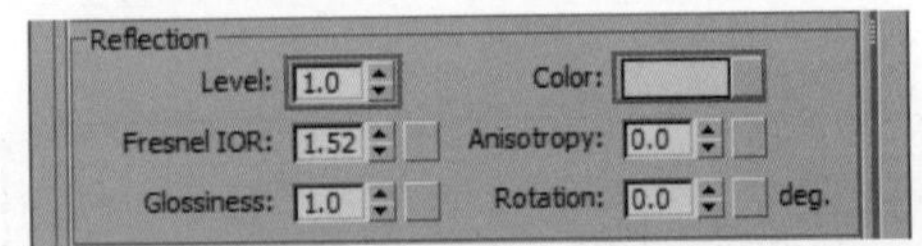

图 14.97　Reflection（反射）属性相关选项设置

Reflection（反射）属性中的 Color（颜色）选项参数设置，打开颜色拾取器面板后，仅将颜色的 Value（明度）选项参数值设置为 220 即可，如图 14.98 所示。

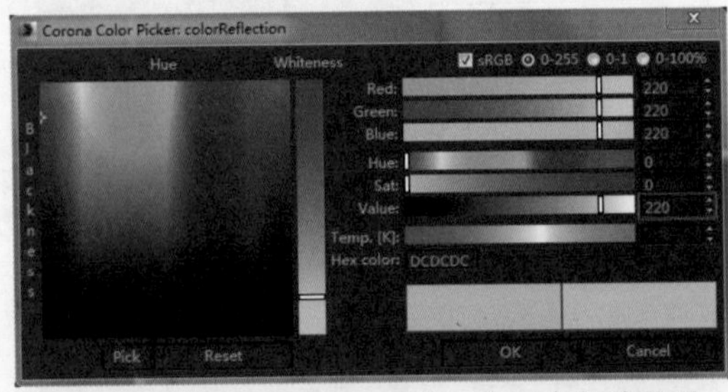

图 14.98　颜色 Value（明度）选项参数值设置

为了提高材质的反射效果，将 Reflection（反射）属性下的 FresnelIOR（菲涅尔反射率）选项参数设置为 15，将 Glossiness（光泽度）选项参数设置为 0.5 并将 Diffuse（漫反射）属性中的纹理贴图复制到该选项中，如图 14.99 所示。

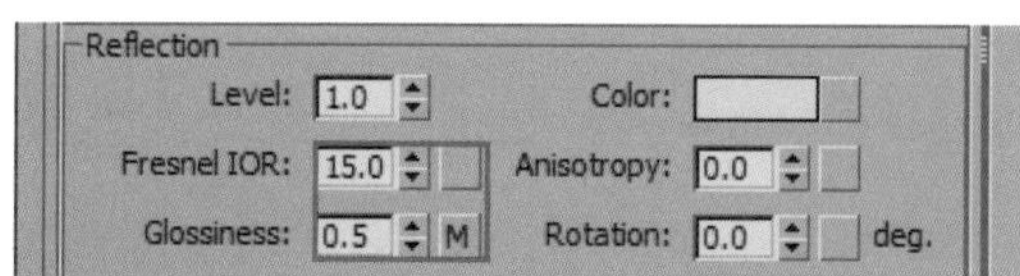

图 14.99　Reflection（反射）属性相关选项设置

找到在 Maps（贴图）卷展栏下面的 Refl.glossiness（反射光泽度）选项，将对应的 Amount（数量）参数值设置为 20，如图 14.100 所示。

Maps

	Amount	Map
☑ Diffuse	100.0	阳光（CoronaAO）
☑ Reflection	100.0	None
☑ Refl. glossiness	20.0	Map #4 (dirt-2.jpg)
☑ Anisotropy	100.0	None
☑ Aniso rotation	100.0	None
☑ Fresnel IOR	100.0	None
☑ Refraction	100.0	None
☑ Refr. glossiness	100.0	None
☑ IOR	100.0	None
☑ Translucency	100.0	None
☑ Transl. fraction	100.0	None
☑ Opacity	100.0	None
☑ Self Illumination	100.0	None
☑ Vol. absorption	100.0	None
☑ Vol. scattering	100.0	None
☑ Bump	1.0	None
☑ Displacement		None
☑ Reflect BG override		None
☑ Refract BG override		None

图 14.100　Refl.glossiness（反射光泽度）选项设置

完成的不锈钢材质最终效果如图 14.101 所示。

图 14.101　不锈钢材质球效果

14.3.3　黄铜材质

按 M 键打开 Material Editor（材质编辑器），选择一个材质球，将其命名为“黄铜”后，单击 Standard（标准）按钮，如图 14.102 所示。

图 14.102　Standard（标准）按钮

在弹出的 Material/Map Browser（材质 / 贴图浏览器）面板中，选择 CoronaMtl（标准材质），如图 14.103 所示。

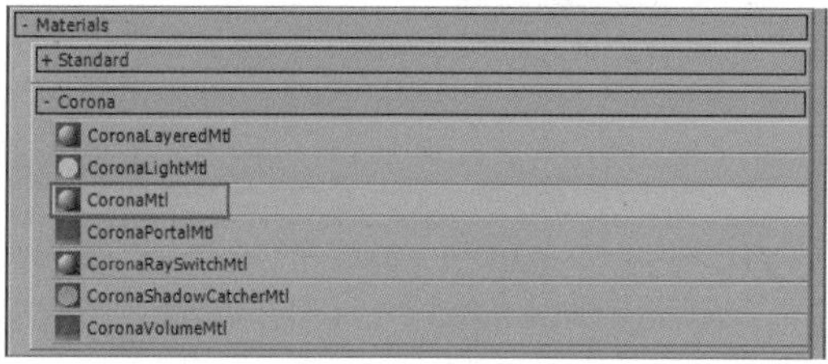

图 14.103　选择 CoronaMtl（标准材质）

在 Diffuse（漫反射）属性中的 Color（颜色）选项中添加一张 CoronaAO（阻光）贴图，如图 14.104 所示。

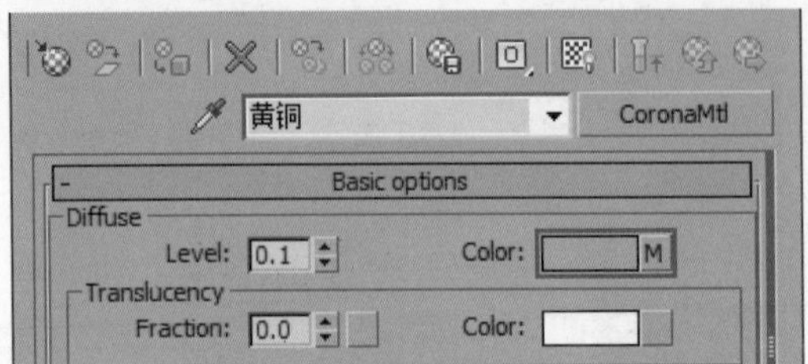

图 14.104　Color（颜色）选项

首先设置 Color（颜色）选项中的 CoronaAO（阻光）贴图的相关阻光颜色，如图 14.105 所示。

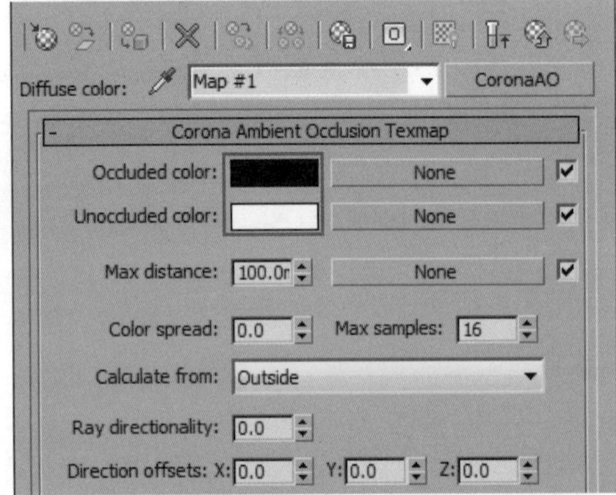

图 14.105　CoronaAO（阻光）贴图的颜色选项

将 Occluded color（阻光颜色）和 Unoccluded color（非受阻颜色）设置为统一的颜色，具体颜色的相关参数值如图 14.106 所示。

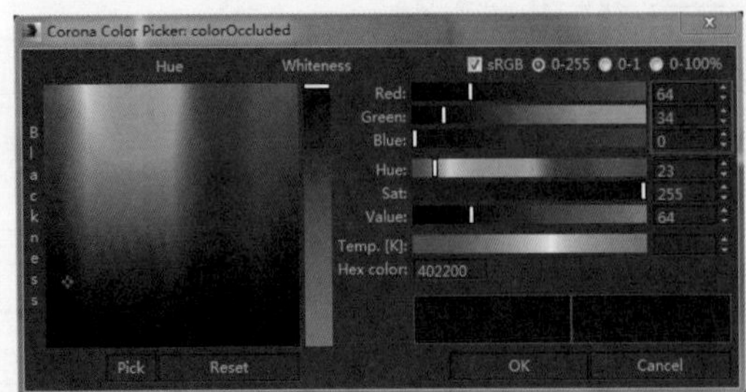

图 14.106　颜色设置相关参数

在 Max dostamce（最大距离）选项中添加一张纹理贴图，将 Color spread（颜色扩散）选项参数设置为 0.15，将 Max samples（最大采样）选项参数设置为 40，最后将 Calculate from（计算来源）选项设置为 Inside（内部）的模式，如图 14.107 所示。

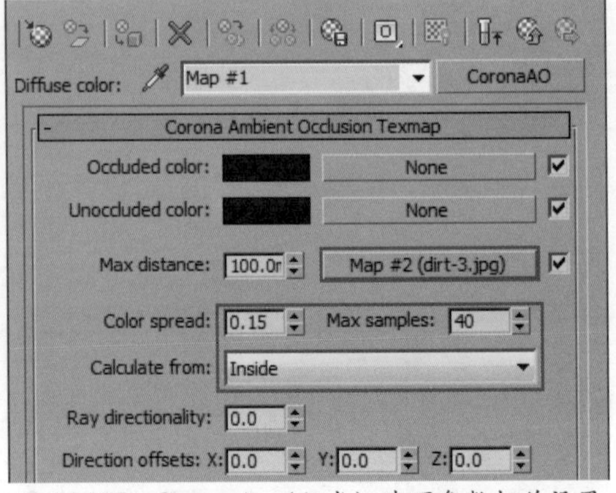

图 14.107　CoronaAo（阻光）选项参数相关设置

添加在 CoronaAo（阻光）贴图 Max distance（最大距离）选项中的纹理贴图，如图 14.108 所示。

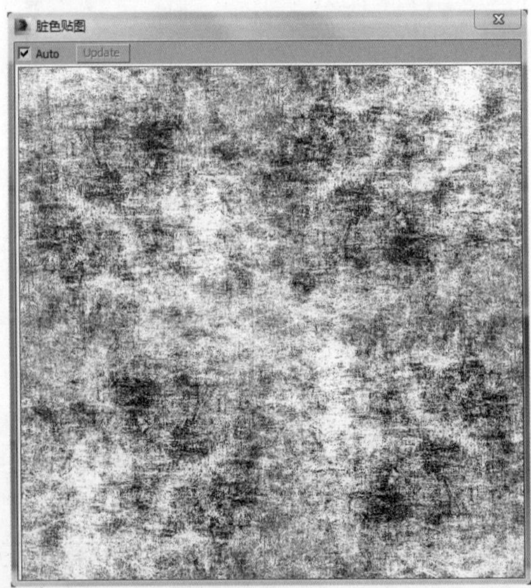

图 14.108　应用在 Max distance（最大距离）选项中的纹理贴图

黄铜材质的 Reflection（反射）属性下的相关选项参数设置如图 14.109 所示。

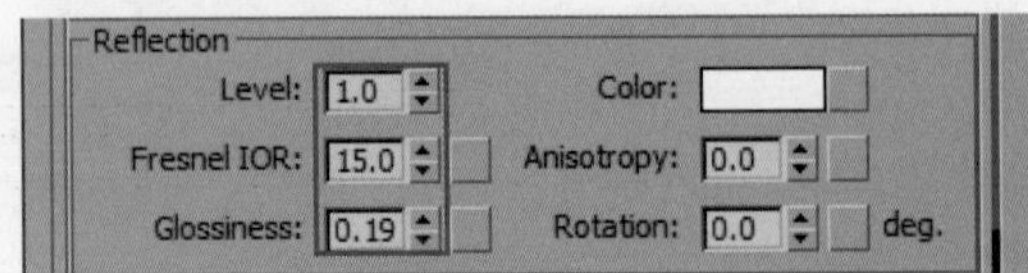

图 14.109　Reflection（反射）属性相关选项参数设置

更改 Reflection（反射）中的 Color（颜色）

选项，让材质表面的高光效果带有颜色变化，如图 14.110 所示。

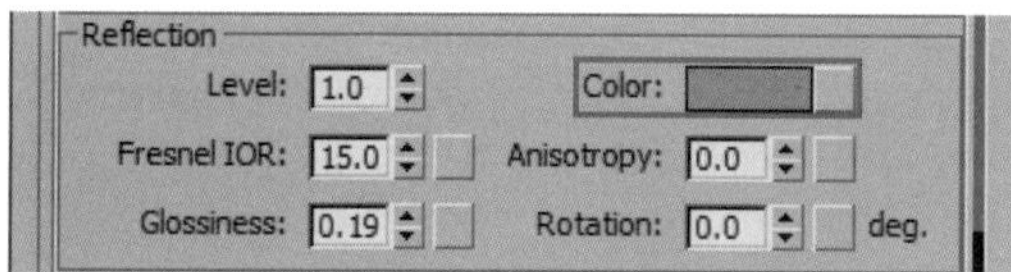

图 14.110　Color（颜色）选项

单击 Color（颜色）选项后，在弹出的颜色拾取器面板中，设置相关颜色的参数值如图 14.111 所示。

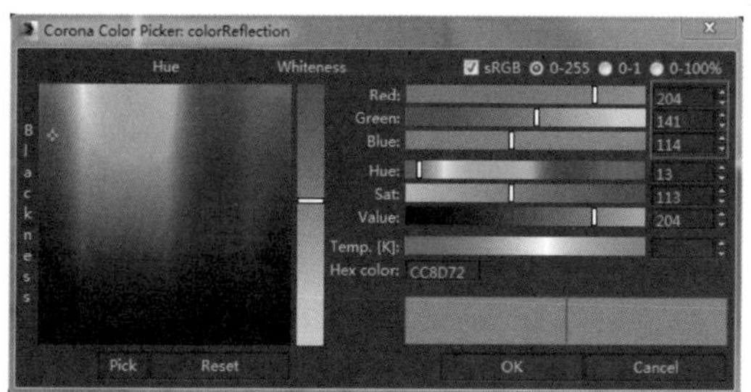

图 14.111　颜色拾取器面板当中参数值

在材质的 Maps（贴图）卷展栏下面的 Refl.glossiness（反射光泽度）选项中添加一张纹理贴图，并将 Amount（数量）参数值设置为 40，如图 14.112 所示。

Maps

	Amount	Map
☑ Diffuse	100.0	Map #47（CoronaAO）
☑ Reflection	100.0	None
☑ Refl. glossiness	40.0	Map #3 (dirt-2.jpg)
☑ Anisotropy	100.0	None
☑ Aniso rotation	100.0	None
☑ Fresnel IOR	100.0	None
☑ Refraction	100.0	None
☑ Refr. glossiness	100.0	None
☑ IOR	100.0	None
☑ Translucency	100.0	None
☑ Transl. fraction	100.0	None
☑ Opacity	100.0	None
☑ Self Illumination	100.0	None
☑ Vol. absorption	100.0	None
☑ Vol. scattering	100.0	None
☑ Bump	0.01	None
☑ Displacement		None
☑ Reflect BG override		None
☑ Refract BG override		None

图 14.112　Maps（贴图）卷展栏相关选项设置

应用在 Refl.glossiness（反射光泽度）中的纹理贴图，如图 14.113 所示。

通过上述的操作与相关选项参数的设置，最后完成了青铜材质的调节，如图 14.114 所示。

图 14.113　Refl.glossiness（反射光泽度）中的纹理贴图

图 14.114　青铜材质球效果

14.3.4　拉丝金属材质

按 M 键打开 Material Editor（材质编辑器），选择一个材质球，将其命名为“拉丝金属”后，单击 Standard（标准）按钮，如图 14.115 所示。

图 14.115　Standard（标准）按钮

在弹出的 Material/Map Browser（材质/贴图浏览器）面板中，选择 CoronaMtl（标准材质），如图 14.116 所示。

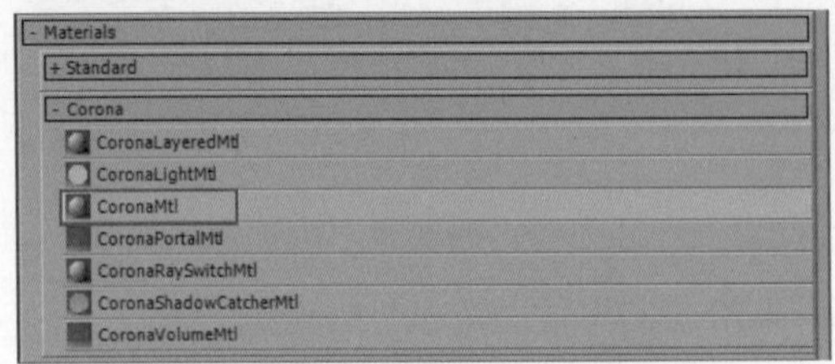

图 14.116　选择 CoronaMtl（标准材质）

拉丝金属材质的 Diffuse（漫反射）属性中的 Color（颜色）选项保持不变，依然使用默认的颜色作为材质的基础表面色，如图 14.117 所示。

拉丝金属材质的 Reflection（反射）属性方面的相关选项设置比较烦琐，如图 14.118 所示。

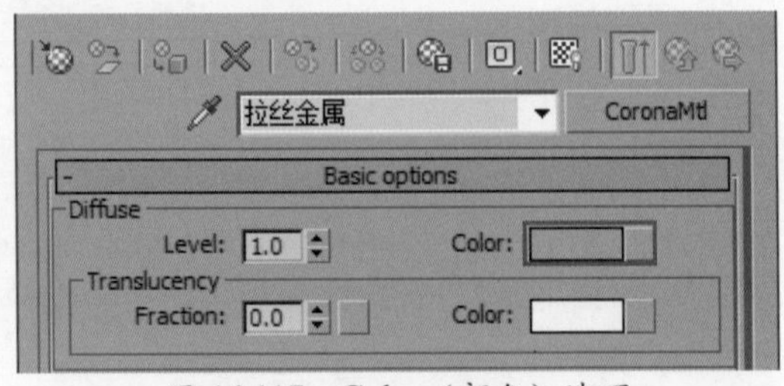

图 14.117　Color（颜色）选项

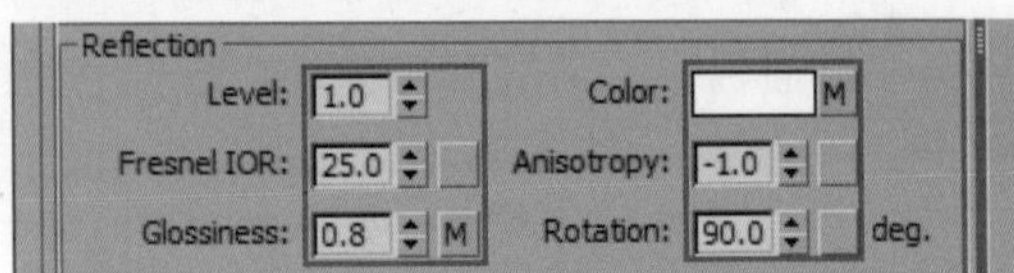

图 14.118　Reflection（反射）属性相关选项参数设置

同时应用 Reflection（反射）属性中的 Color（颜色）选项和 Glossiness（光泽度）选项中的纹理贴图，如图 14.119 所示。

通过上述的操作与设置后，完成了拉丝金属材质的最后材质效果如图 14.120 所示。

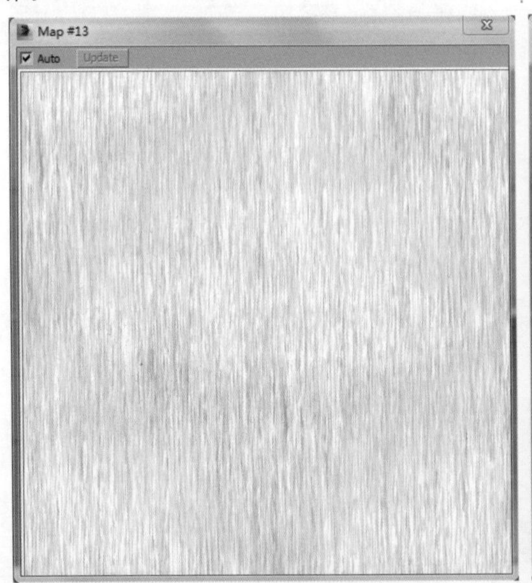

图 14.119　Reflection（反射）属性相关选项中的纹理贴图

图 14.120　拉丝金属材质球效果

14.3.5　磨砂金属材质

按 M 键打开 Material Editor（材质编辑器），选择一个材质球，将其命名为“磨砂金属”后，单击 Standard（标准）按钮，如图 14.121 所示。

图 14.121　Standard（标准）按钮

在弹出的 Material/Map Browser（材质 / 贴图浏览器）面板中，选择 CoronaMtl（标准材质），如图 14.122 所示。

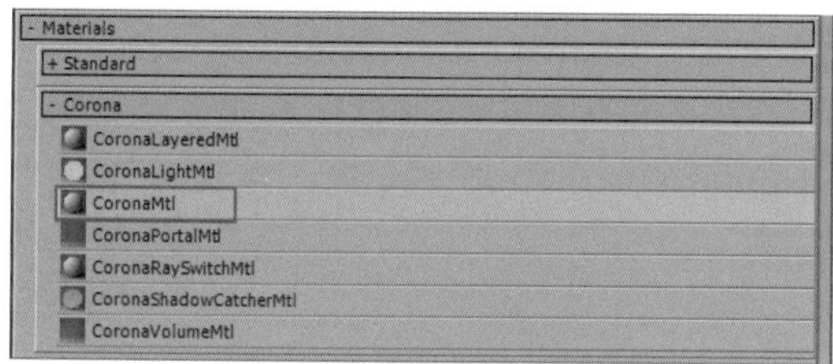

图 14.122 选择 CoronaMtl（标准材质）

虽然在材质的 Diffuse（漫反射）属性下的 Color（颜色）选项中添加了程序贴图，但也要将 Level（级别）选项参数设置为一个较合适的参数值，如图 14.123 所示。

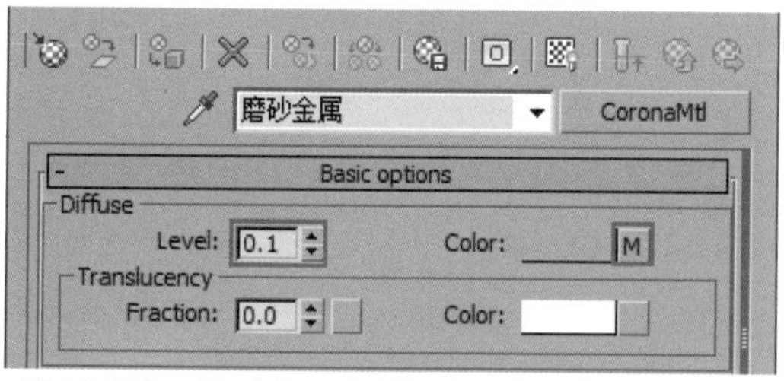

图 14.123 设置 Level（级别）选项参数值为 0.1

添加在 Diffuse（漫反射）属性下的 Color（颜色）选项中的程序贴图为 Mix（混合），并将 Mix（混合）贴图中的 Color#1 选项中的颜色，设置为浅灰色，如图 14.124 所示。

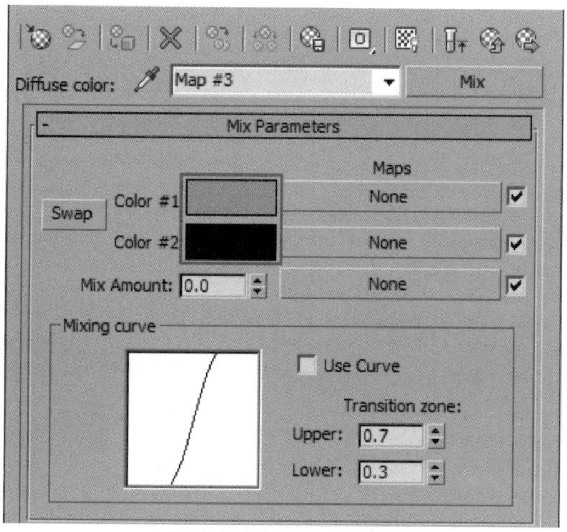

图 14.124 设置颜色

Mix（混合）贴图中 Color#1 选项的浅灰色颜色设置参数如图 14.125 所示。

在 Mix（混合）贴图中的 Mix Amount（混合数量）选项中添加一张 CoronaAO（阻光）贴图，如图 14.126 所示。

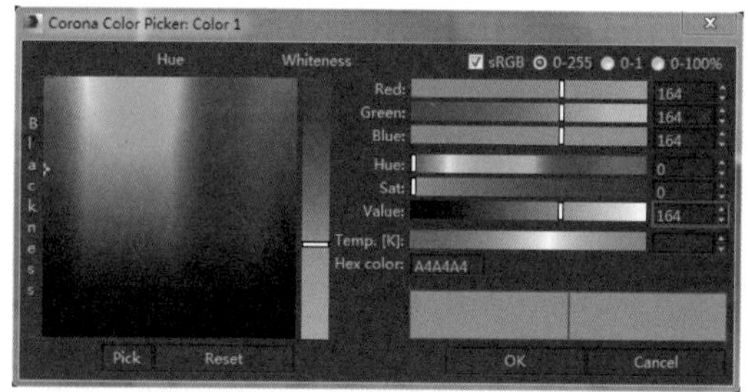

图 14.125 浅灰色颜色设置参数

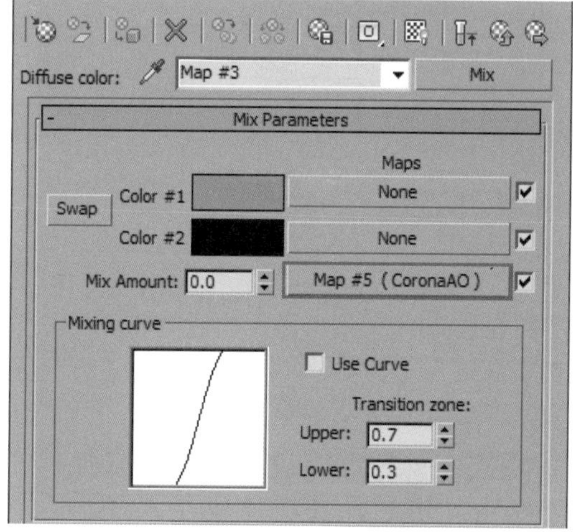

图 14.126 Mix Amount（混合数量）选项设置

添加在 Mix Amount（混合数量）选项中的 CoronaAO（阻光）贴图内部的相关选项与参数设置如图 14.127 所示。

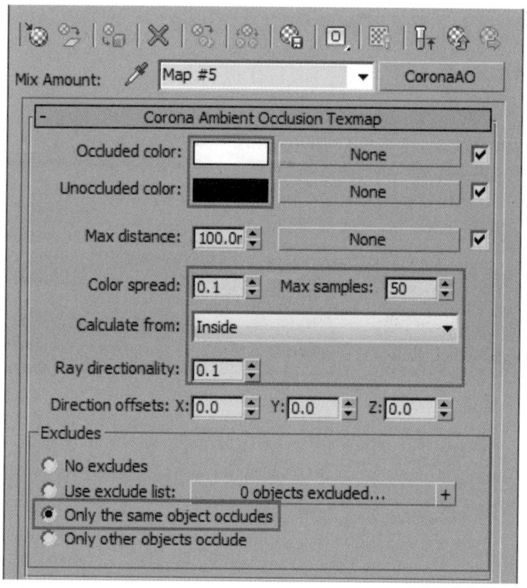

图 14.127 CoronaAO（阻光）贴图相关选项设置

在 CoronaAO（阻光）贴图中的 Max distance（最大距离）选项中添加一张 Smoke（烟雾）贴图，如图 14.128 所示。

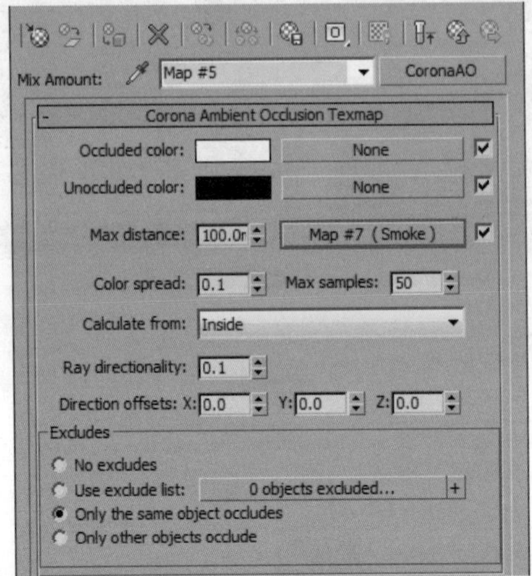

图 14.128　Max distance（最大距离）选项设置

在 Smoke（烟雾）贴图内部将 Size（大小）选项参数设置为 1.0，并将 Color#1 设置为浅灰色，如图 14.129 所示。

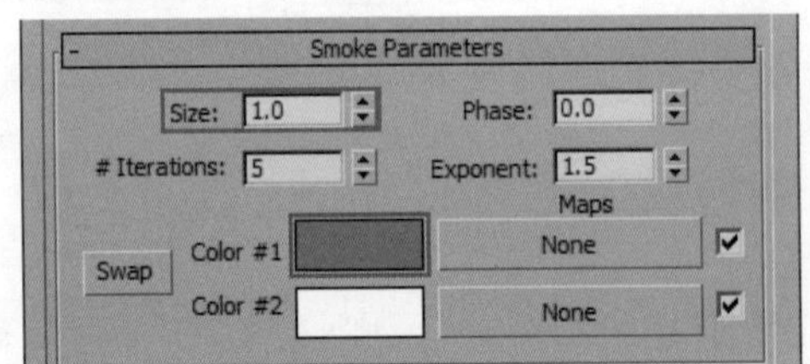

图 14.129　Smoke（烟雾）贴图相关选项设置

Smoke（烟雾）贴图中的 Color#1 颜色 RGB 参数值如图 14.130 所示。

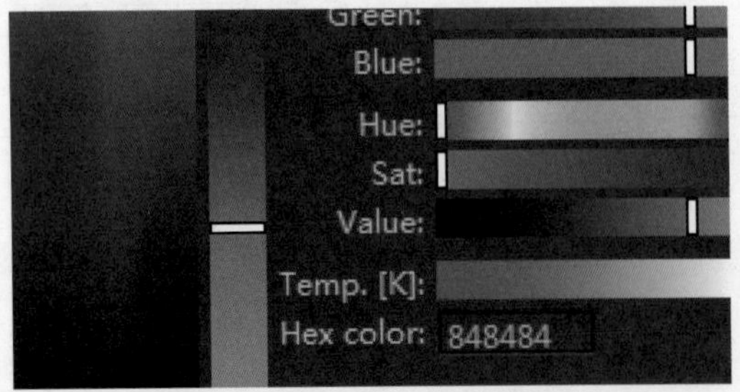

图 14.130　Color#1 颜色参数值

在材质的 Reflection（反射）属性中除了设置相关的 Level（级别）、Fresnel IOR（菲涅尔反射率）、Glossiness（光泽度）选项参数以外，在 Color 选项中需要添加一张纹理贴图，以做高光上的变化，如图 14.131 所示。

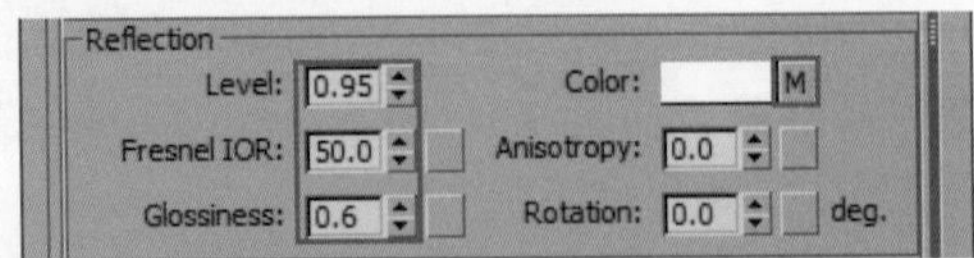

图 14.131　Reflection（反射）属性相关选项参数设置

在 Reflection（反射）属性中，Color（颜色）选项中所应用的黑白纹理贴图如图 14.132 所示。

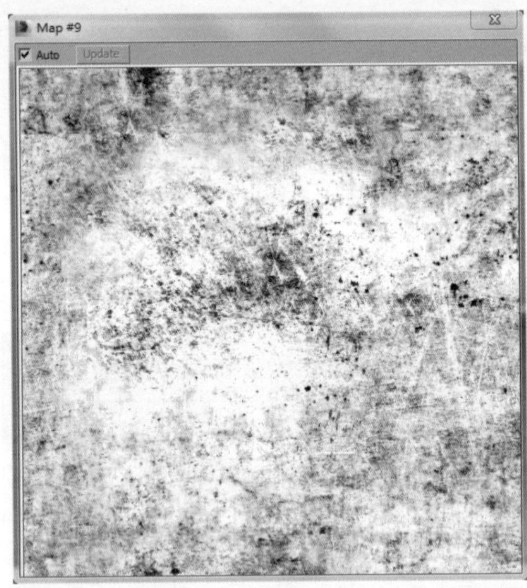

图 14.132　Reflection（反射）所应用的纹理贴图

将应用在 Reflection（反射）属性中的黑白纹理贴图，通过拖曳复制到 Maps（贴图）卷展栏中的 Bump（凹凸）选项中，并设置凹凸 Amount（数量）参数值为 0.02，如图 14.133 所示。

Maps

	Amount	Map
☑ Diffuse	100.0	Map #3 (Mix)
☑ Reflection	100.0	Map #9 (dirt-2.jpg)
☑ Refl. glossiness	100.0	None
☑ Anisotropy	100.0	None
☑ Aniso rotation	100.0	None
☑ Fresnel IOR	100.0	None
☑ Refraction	100.0	None
☑ Refr. glossiness	100.0	None
☑ IOR	100.0	None
☑ Translucency	100.0	None
☑ Transl. fraction	100.0	None
☑ Opacity	100.0	None
☑ Self Illumination	100.0	None
☑ Vol. absorption	100.0	None
☑ Vol. scattering	100.0	None
☑ Bump	0.02	Map #44 (dirt-2.jpg)
☑ Displacement		None
☑ Reflect BG override		None
☑ Refract BG override		None

图 14.133　Bump（凹凸）选项相关设置

通过上述讲解的操作，便可以完成磨砂金属材质的调节，如图 14.134 所示。

图 14.134　磨砂金属材质球效果

14.4　石材材质

14.4.1　大理石材质

按 M 键打开 Material Editor（材质编辑器），选择一个材质球，将其命名为“大理石”后，单击 Standard（标准）按钮，如 14.135 图所示。

图 14.135　Standard（标准）按钮

在弹出的 Material/Map Browser（材质 / 贴图浏览器）面板中，选择 CoronaMtl（标准材质），如图 14.136 所示。

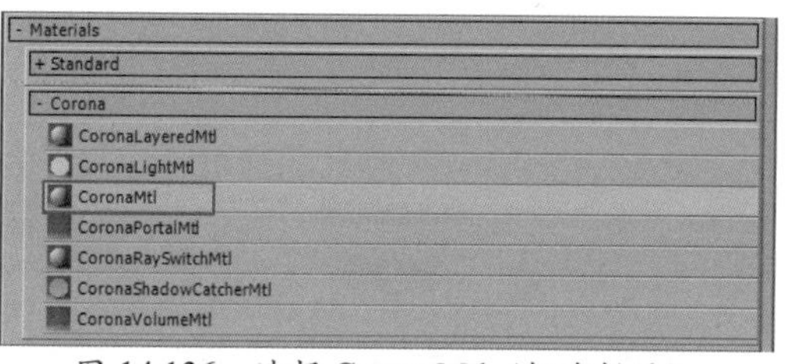

图 14.136　选择 CoronaMtl（标准材质）

将 Diffuse（漫反射）属性中的 Level（级别）选项参数设置为 0.7，并在对应的 Color（颜色）选项中添加一张纹理贴图，如图 14.137 所示。

图 14.137　Diffuse（漫反射）相关选项设置

在 Diffuse（漫反射）属性下，Color（颜色）选项中所应用的纹理贴图，如图 14.138 所示。

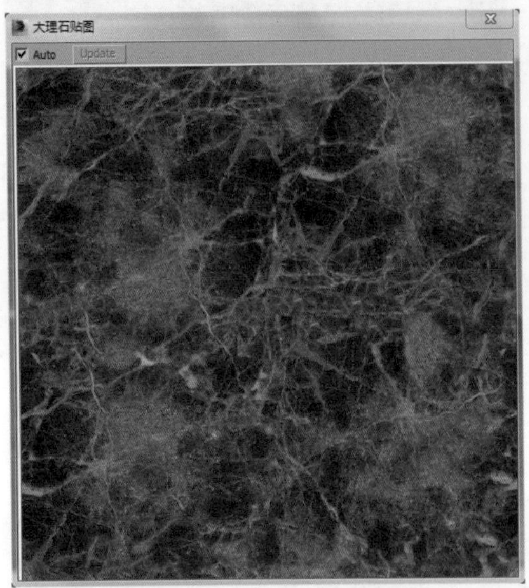

图 14.138　大理石纹理贴图

切换到贴图面板中，将 Blur（模糊）选项参数设置为 0.5，如图 14.139 所示。

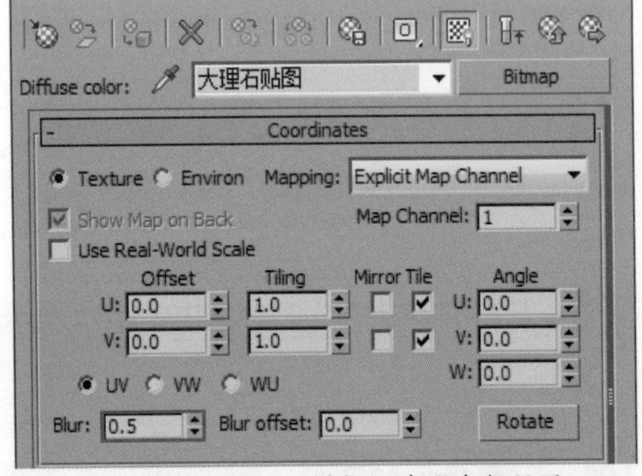

图 14.139　Blur（模糊）选项参数设置

将 Reflection（反射）属性中的 Level（级别）选项参数设置为 0.7，将 Fresnel IOR（菲涅尔反射率）选项参数设置为 2.0，并在 Glossiness（光泽度）选项中添加纹理贴图，如图 14.140 所示。

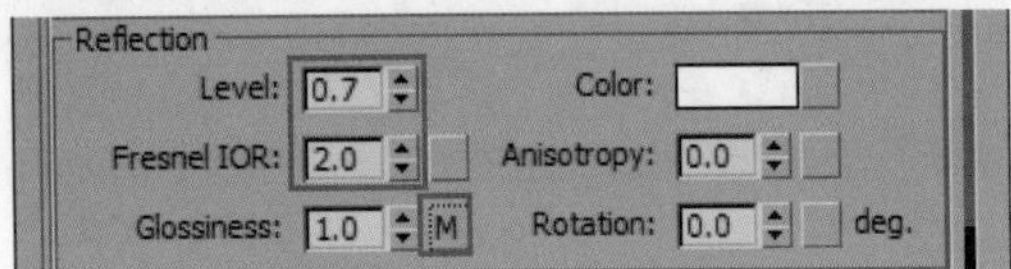

图 14.140　Reflection（反射）属性相关选项参数设置

添加在 Glossiness（光泽度）选项中的纹理贴图如图 14.141 所示。

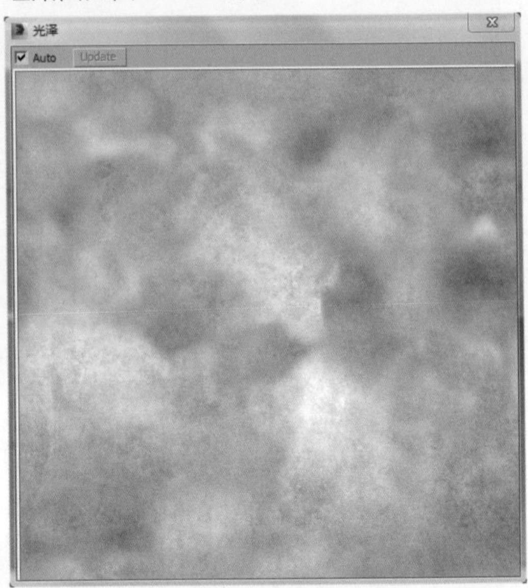

图 14.141　光泽度贴图

将 Maps（贴图）卷展栏下的 Diffuse（漫反射）选项中的纹理贴图，通过鼠标拖曳复制到 Bump（凹凸）选项中，并设置凹凸 Amount（数量）参数为 0.2，如图 14.142 所示。

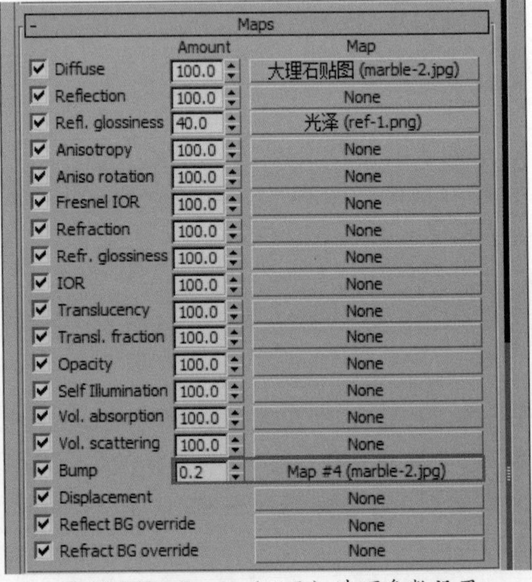

图 14.142　Bump（凹凸）选项参数设置

通过上述讲解的操作，最终完成的大理石材质效果如图 14.143 所示。

图 14.143 大理石材质球效果

14.4.2 陶瓷材质

按 M 键打开 Material Editor（材质编辑器），选择一个材质球，将其命名为“陶瓷”后，单击 Standard（标准）按钮，如图 14.144 所示。

图 14.144 Standard（标准）按钮

在弹出的 Material/Map Browser（材质 / 贴图浏览器）面板中，选择 CoronaMtl（标准材质），如图 14.145 所示。

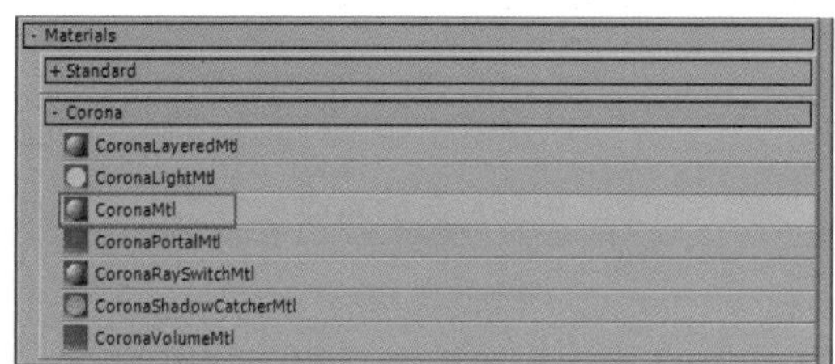

图 14.145 选择 CoronaMtl（标准材质）

在 Diffuse（漫反射）属性中的 Color（颜色）选项内添加一张纹理贴图，如图 14.146 所示。

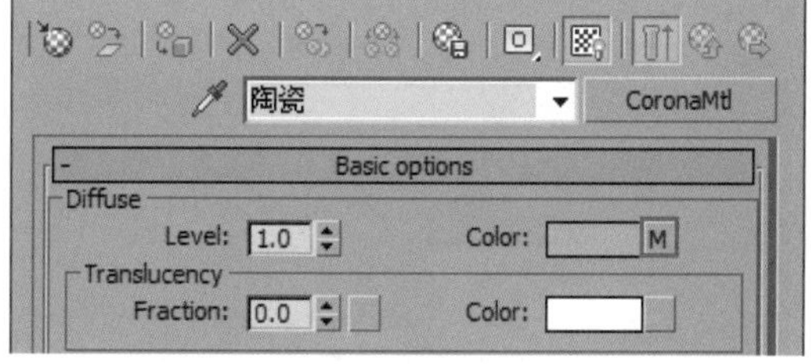

图 14.146 Color（颜色）选项设置

在 Color（颜色）选项中添加的纹理贴图如图 14.147 所示。

图 14.147 陶瓷纹理贴图

在 Reflection（反射）属性中将 Level（级别）选项参数设置为 1.0，将 Fresnel IOR（菲涅尔反射率）设置为 1.6，如图 14.148 所示。

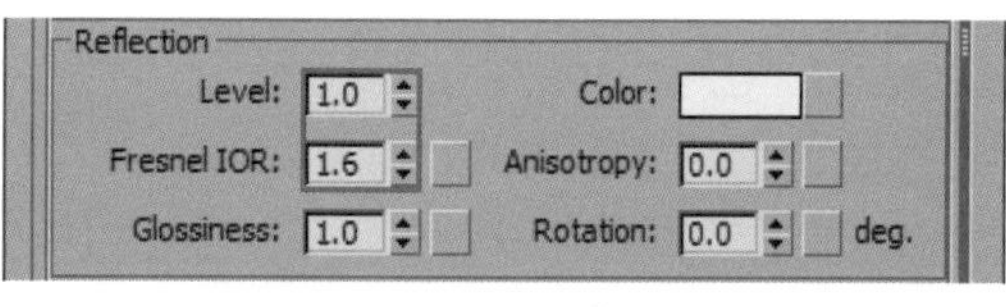

图 14.148 Reflection（反射）属性相关选项参数设置

通过上述讲解与相关选项的设置后，完成陶瓷材质的最终效果如图 14.149 所示。

图 14.149　陶瓷材质球效果

14.4.3　马赛克材质

按 M 键打开 Material Editor（材质编辑器），选择一个材质球，将其命名为“马赛克”后，单击 Standard（标准）按钮，如图 14.150 所示。

图 14.150　Standard（标准）按钮

在弹出的 Material/Map Browser（材质 / 贴图浏览器）面板中，选择 CoronaMtl（标准材质），如图 14.151 所示。

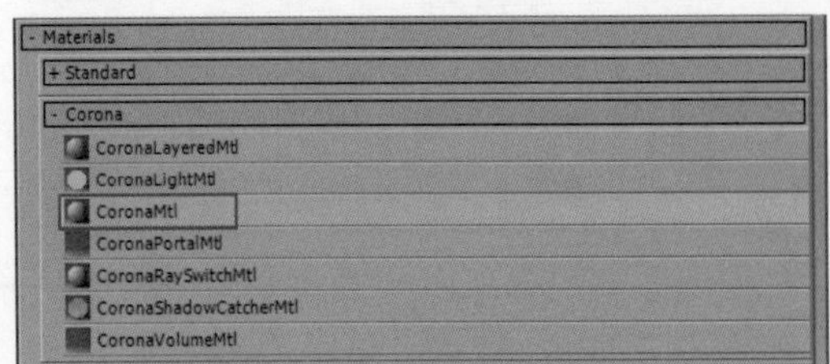

图 14.151　选择 CoronaMtl（标准材质）

在 Diffuse（漫反射）属性的 Color（颜色）选项中添加一张贴图，如图 14.152 所示。

图 14.152　Color（颜色）选项设置

在 Color（颜色）选项中所应用的纹理贴图如图 14.153 所示。

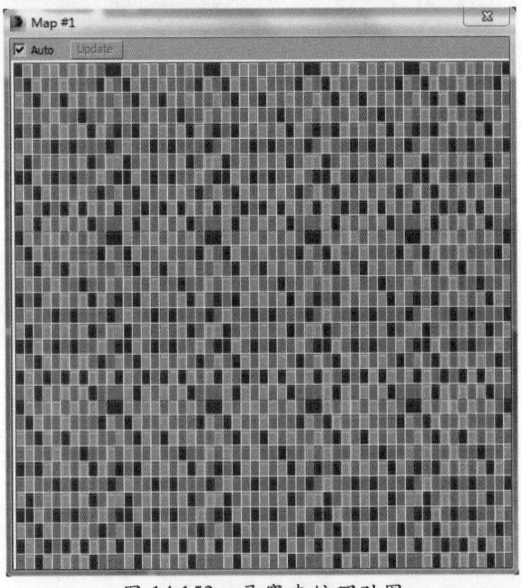

图 14.153　马赛克纹理贴图

将 Level（级别）选项参数设置为 1.0，将 Fresnel IOR（菲涅尔反射率）选项参数设置为 2.0，最后将 Glossiness（光泽度）选项参数设置为 0.6，如图 14.154 所示。

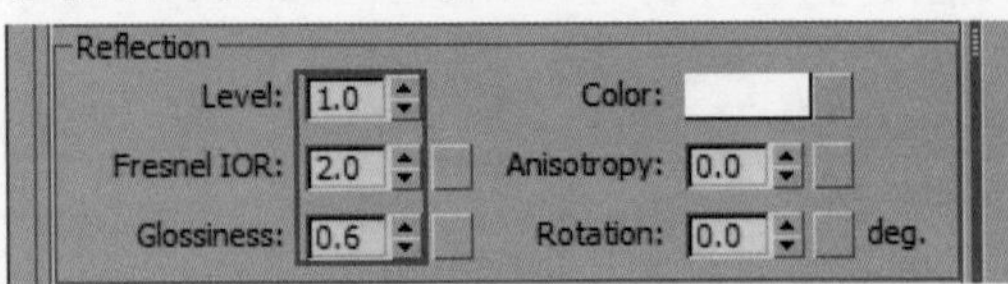

图 14.154　材质 Reflection（反射）属性相关选项参数设置

在 Mapsp（贴图）卷展栏中，将应用在 Diffuse（漫反射）选项中的马赛克纹理贴图，通过拖曳复制的方式，以实例关联的模式复制到 Bump（凹凸）选项中，并将凹凸 Amount（数量）参数设置为 -2.0，如图 14.155 所示。

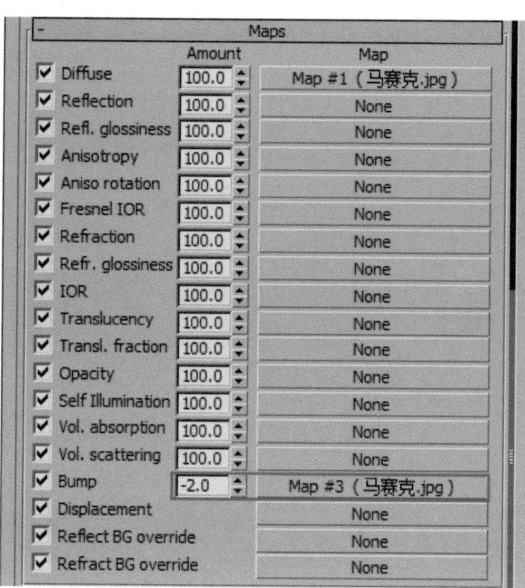

图 14.155　Bump（凹凸）选项相关设置

通过上述讲解与操作，完成的马赛克材质效果如图 14.156 所示。

图 14.156　马赛克材质球效果

14.4.4　文化石材质

按 M 键打开 Material Editor（材质编辑器），选择一个材质球，将其命名为“文化石”后，单击 Standard（标准）按钮，如图 14.157 所示。

在弹出的 Material/Map Browser（材质/贴图浏览器）面板中，选择 CoronaMtl（标准材质），如图 14.158 所示。

图 14.157　Standard（标准）按钮

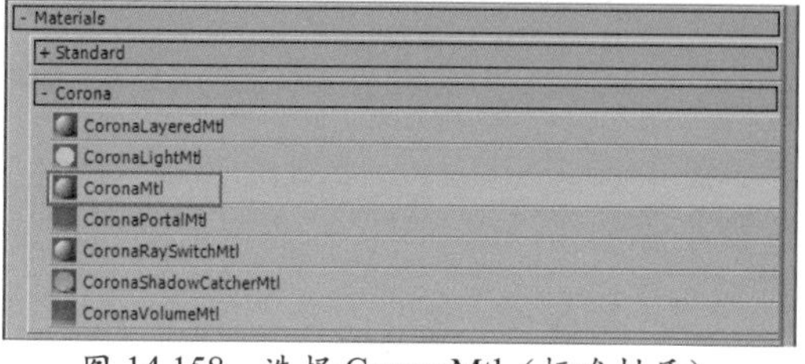

图 14.158　选择 CoronaMtl（标准材质）

在材质 Diffuse（漫反射）属性中的 Color（颜色）选项调节一张纹理贴图，如图 14.159 所示。

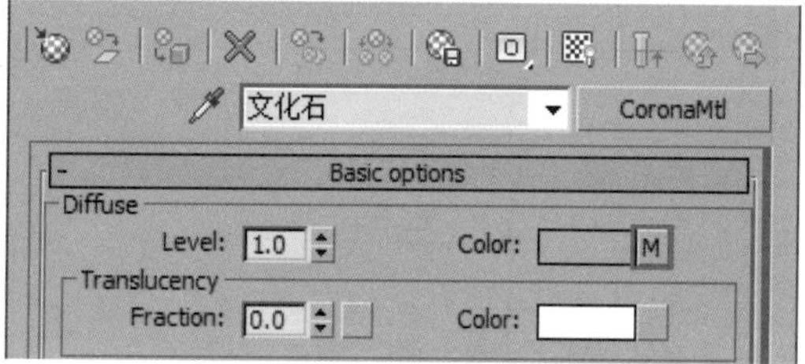

图 14.159　Color（颜色）选项设置

在 Color（颜色）选项中添加的文化石纹理贴图如图 14.160 所示。

图 14.160　文化石纹理贴图

除了在 Reflection（反射）属性的 Color

（颜色）选项中添加一张程序贴图外，其他在 Reflection（反射）属性相关选项参数设置如图 14.161 所示。

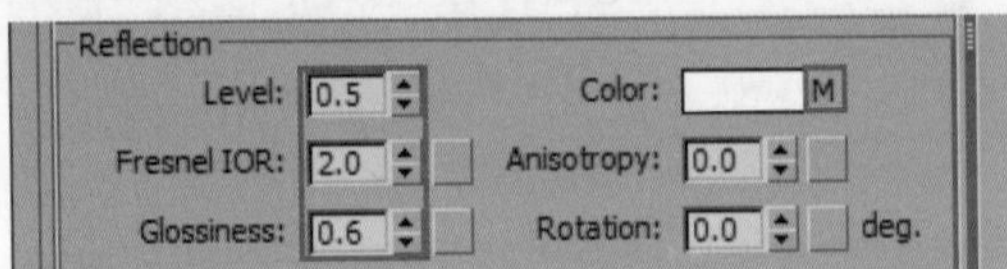

图 14.161　Reflection（反射）属性相关选项参数设置

在 Reflection（反射）属性的 Color（颜色）选项中添加了一张 Falloff（衰减）贴图，并将 Falloff（衰减）贴图中的颜色进行位置交换，如图 14.162 所示。

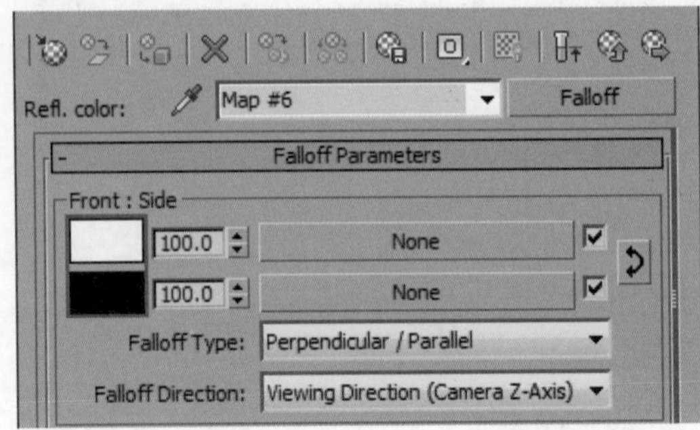

图 14.162　Falloff（衰减）贴图颜色设置

将 Maps（贴图）卷展栏 Diffuse（漫反射）选项中所应用的文化石贴图，以拖曳复制的方式复制到 Bump（凹凸）选项中，并将 Amount（数量）参数值设置为 3.0，如图 14.163 所示。

通过上述相关选项与参数的讲解和操作，最终完成的文化石材质效果如图 14.164 所示。

Maps	Amount	Map
☑ Diffuse	100.0	Map #4（文化石.jpg）
☑ Reflection	100.0	Map #6（Falloff）
☑ Refl. glossiness	100.0	None
☑ Anisotropy	100.0	None
☑ Aniso rotation	100.0	None
☑ Fresnel IOR	100.0	None
☑ Refraction	100.0	None
☑ Refr. glossiness	100.0	None
☑ IOR	100.0	None
☑ Translucency	100.0	None
☑ Transl. fraction	100.0	None
☑ Opacity	100.0	None
☑ Self Illumination	100.0	None
☑ Vol. absorption	100.0	None
☑ Vol. scattering	100.0	None
☑ Bump	3.0	Map #5（文化石.jpg）
☑ Displacement		None
☑ Reflect BG override		None
☑ Refract BG override		None

图 14.163　Bump（凹凸）选项相关设置

图 14.164　文化石材质球效果

14.5　布料材质

14.5.1　纱帘材质

按 M 键打开 Material Editor（材质编辑器），选择一个材质球，将其命名为“纱帘”后，单击 Standard（标准）按钮，如图 14.165 所示。

图 14.165　Standard（标准）按钮

在弹出的Material/Map Browser（材质/贴图浏览器）面板中，选择CoronaMtl（标准材质），如图14.166所示。

在Translucency（半透明）属性中将Fraction（分数）选项参数设置为0.6，并在对应的Color（颜色）选项中添加一张纹理贴图，如图14.167所示。

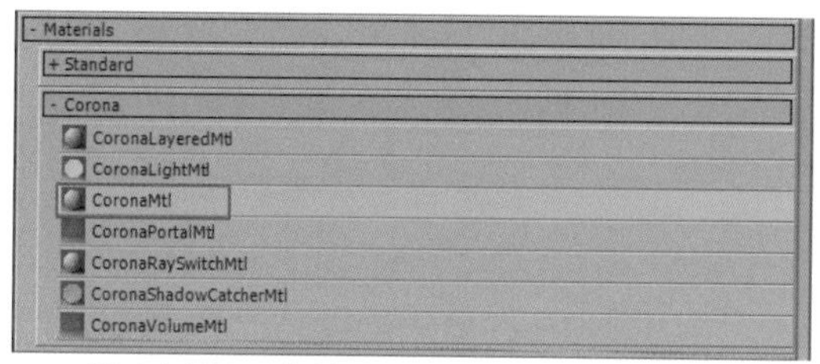

图14.166　选择CoronaMtl（标准材质）

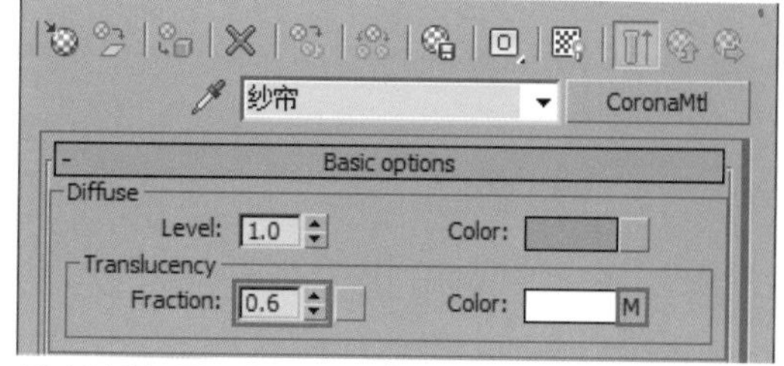

图14.167　Translucency（半透明）属性相关选项设置

添加在Translucency（半透明）属性Color（颜色）选项中的贴图，为Falloff（衰减）贴图，将Front（前面）选项颜色设置为深灰色，如图14.168所示。

通过下面的颜色拾色器便可以很清晰地查看深灰色的相关RGB参数值，如图14.169所示。

图14.168　Falloff（衰减）贴图相关颜色设置

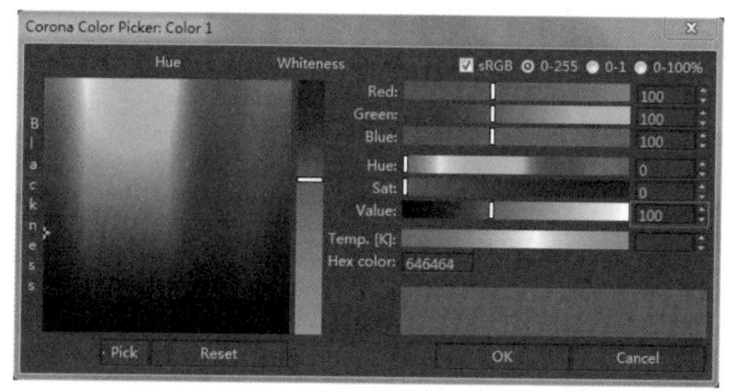

图14.169　深灰色的RGB参数值

将Reflection（反射）属性中的Color（颜色）选项进行颜色的变化设置，设置为浅灰色并且将Level（级别）选项和Fresnel IOR（菲涅尔反射率）选项参数设置为0.1和1.6，如图14.170所示。

Reflection（反射）属性下Color（颜色）选项中所设置的浅灰色颜色RGB参数值，如图14.171所示。

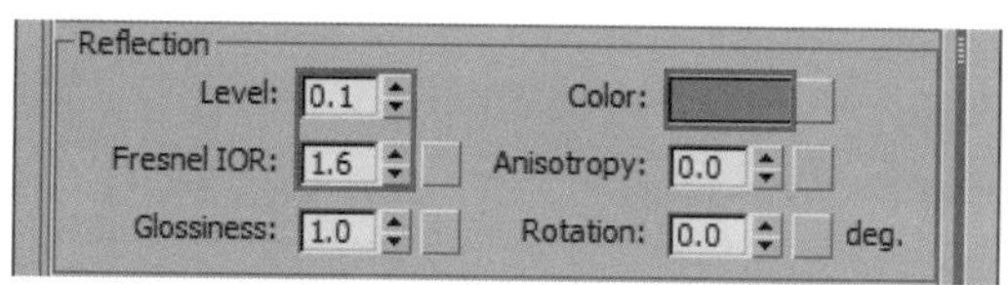

14.170　Reflection（反射）属性相关选项参数设置

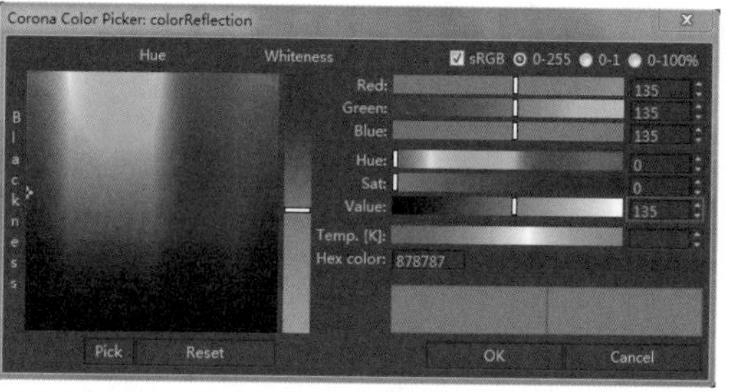

图14.171　设置Vlaue（明度）选项参数为135

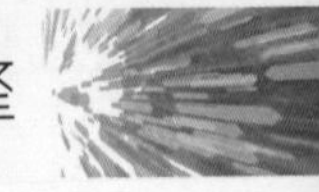

在Maps（贴图）卷展栏下面的Bump（凹凸）选项中添加一张纹理贴图，用于设置材质表面的凹凸效果，并将Amount（数量）参数值设置为0.8，如图14.172所示。

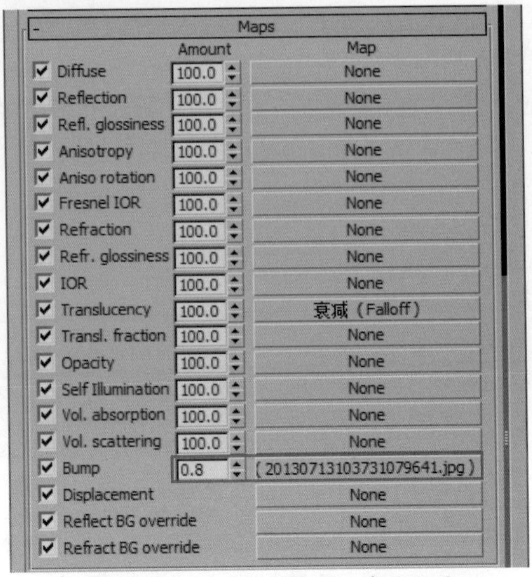

Maps
Amount
Map
Diffuse 100.0 None
Reflection 100.0 None
Refl. glossiness 100.0 None
Anisotropy 100.0 None
Aniso rotation 100.0 None
Fresnel IOR 100.0 None
Refraction 100.0 None
Refr. glossiness 100.0 None
IOR 100.0 None
Translucency 100.0 衰减（Falloff）
Transl. fraction 100.0 None
Opacity 100.0 None
Self Illumination 100.0 None
Vol. absorption 100.0 None
Vol. scattering 100.0 None
Bump 0.8 (20130713103731079641.jpg)
Displacement None
Reflect BG override None
Refract BG override None
图14.172　Bump（凹凸）选项设置

在Bump（凹凸）选项中添加的纹理贴图，如图14.173所示。

最后完成的材质效果如图14.174所示。

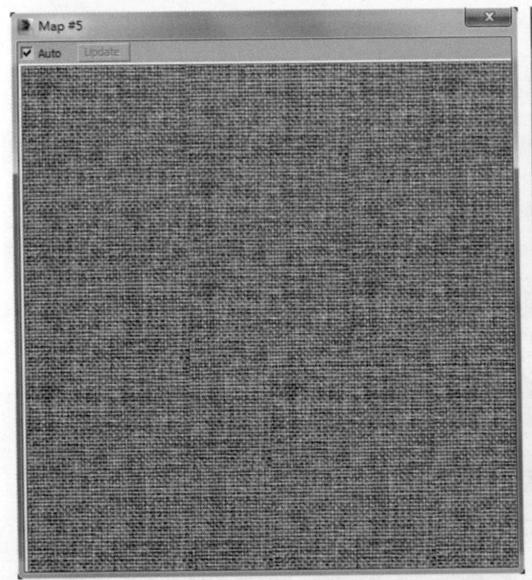

Map #5
Auto
Update
图14.173　Bump（凹凸）选项中的纹理贴图

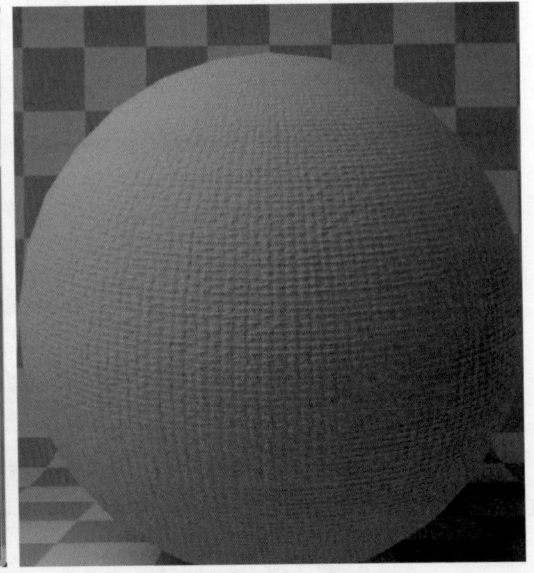

图14.174　纱帘材质球效果

14.5.2　布艺材质

按M键打开Material Editor（材质编辑器），选择一个材质球，将其命名为“布艺”后，单击Standard（标准）按钮，如图14.175所示。

布艺
Standard
Shader Basic Parameters
Blinn
Wire
2-Sided
Face Map
Faceted
图14.175　Standard（标准）按钮

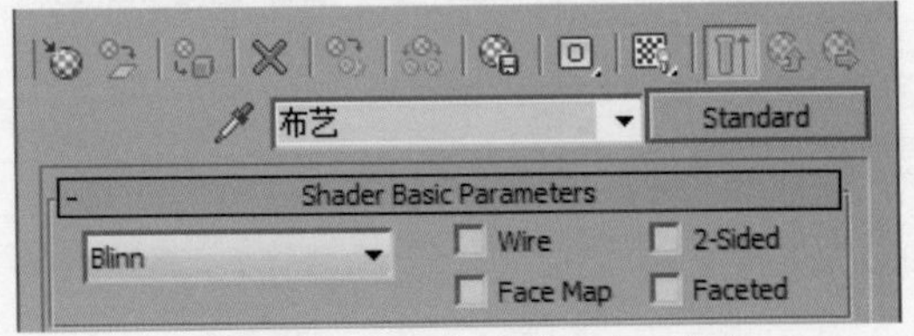

在弹出的 Material/Map Browser（材质/贴图浏览器）面板中，选择 CoronaMtl（标准材质），如图 14.176 所示。

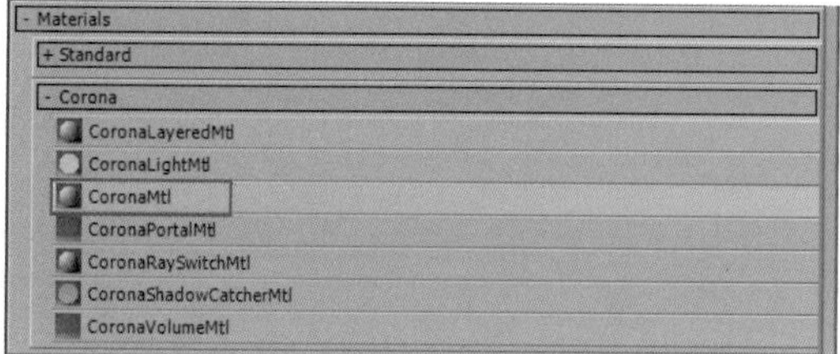

图 14.176　选择 CoronaMtl（标准材质）

在 Diffuse（漫反射）属性下的 Color（颜色）选项中添加一张贴图，如图 14.177 所示。

图 14.177　Color（颜色）选项设置

在 Color（颜色）选项中所添加的贴图，为 3DS MAX 自带的程序贴图 Falloff（衰减），如图 14.178 所示。

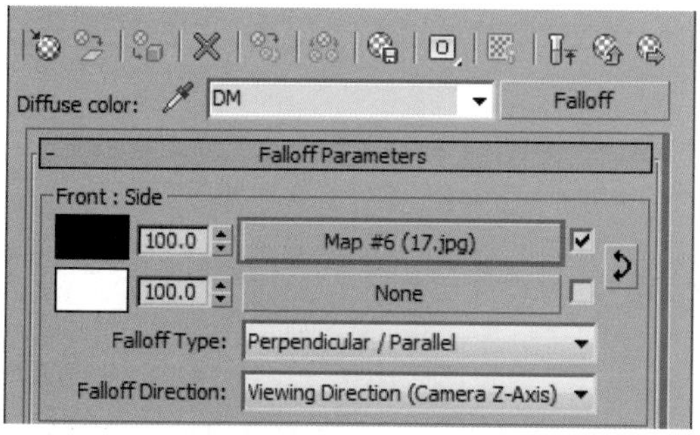

图 14.178　Falloff（衰减）贴图相关选项设置

在 Falloff（衰减）贴图中的 Front（前面）选项中添加一张布艺的纹理贴图，如图 14.179 所示。

Reflection（反射）属性下的 Level（级别）、Fresnel IOR（菲涅尔反射率）、Glossiness（光泽度）选项参数设置如图 14.180 所示。

图 14.179　Falloff（衰减）贴图中所应用的纹理贴图

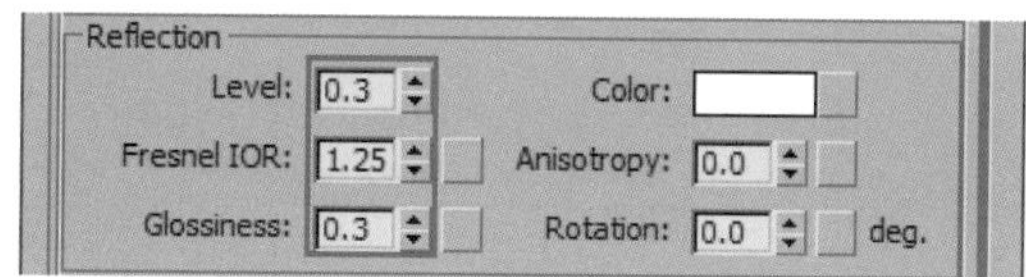

图 14.180　Reflection（反射）属性相关选项参数设置

通过上述相关选项的设置，最终完成的材质效果如图 14.181 所示。

图 14.181　布艺材质球效果

14.5.3 丝绸材质

按 M 键打开 Material Editor（材质编辑器），选择一个材质球，将其命名为“丝绸”后，单击 Standard（标准）按钮，如图 14.182 所示。

在弹出的 Material/Map Browser（材质 / 贴图浏览器）面板中，选择 CoronaMtl（标准材质），如图 14.183 所示。

图 14.182　Standard（标准）按钮

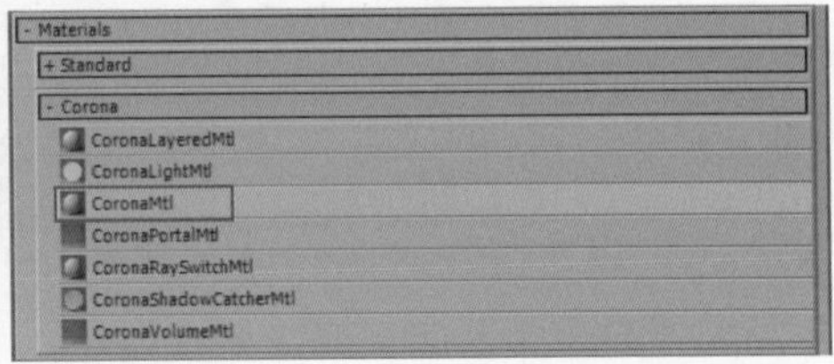

图 14.183　选择 CoronaMtl（标准材质）

在 Diffuse（漫反射）属性和 Translucency（半透明）属性下的 Color（颜色）选项中分别加入一张程序贴图 Falloff（衰减），并将 Fraction（分数）选项的参数设置为 0.35，如图 14.184 所示。

设置 Falloff（衰减）贴图中的相关颜色选项如图 14.185 所示。

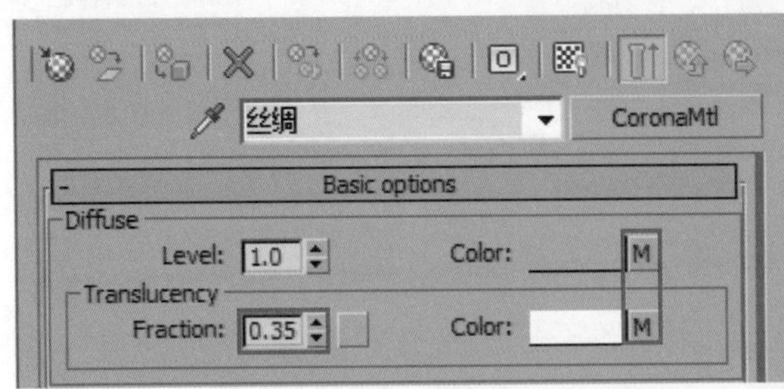

图 14.184　材质基础属性相关选项设置

图 14.185　Falloff（衰减）贴图中的颜色设置

Falloff（衰减）贴图中的 Front（前面）选项中的具体颜色 RGB 参数值设置如图 14.186 所示。

Falloff（衰减）贴图中的 Side（侧面）选项中的具体颜色 RGB 参数值设置如图 14.187 所示。

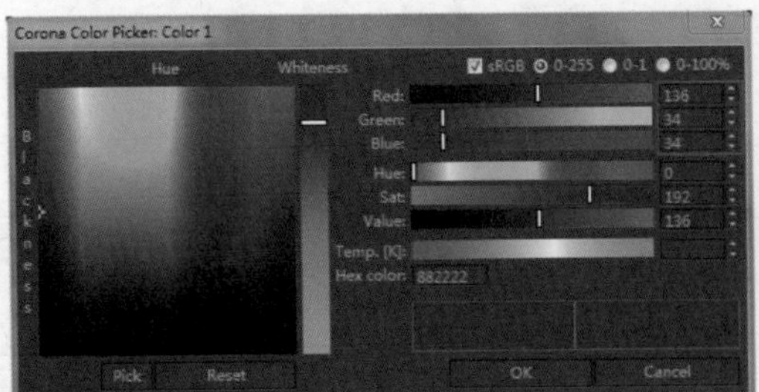

图 14.186　Front（前面）选项中的颜色参数值

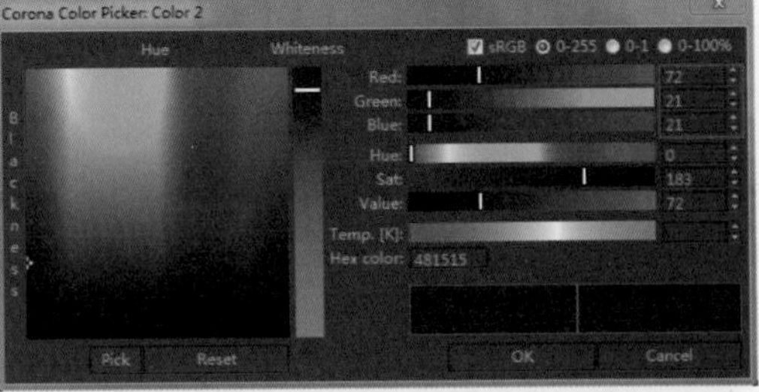

图 14.187　Side（侧面）选项中的颜色参数值

将 Reflection（反射）属性下的 Color（颜色）选项进行颜色的相关设置，并将 Level（级别）选项参数设置为 0.9，将 Fresnel IOR（菲涅尔反射率）选项参数设置为 2.8，最后将 Glossiness（光泽度）选项参数设置为 0.3，如图 14.188 所示。

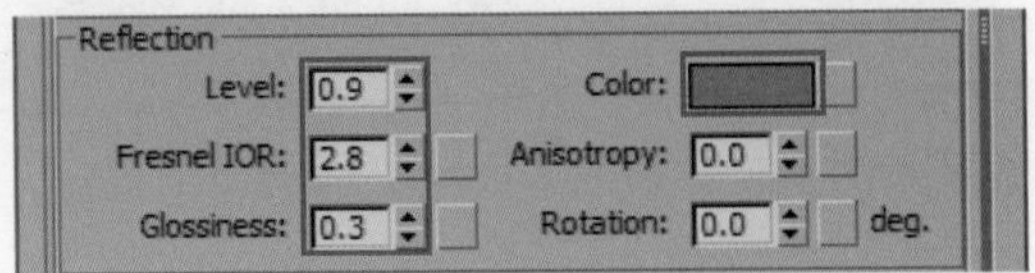

图 14.188　Reflection（反射）属性下的相关选项参数设置

Reflection（反射）属性下的 Color（颜色）选项中所设置的颜色 RGB 参数值如图 14.189。

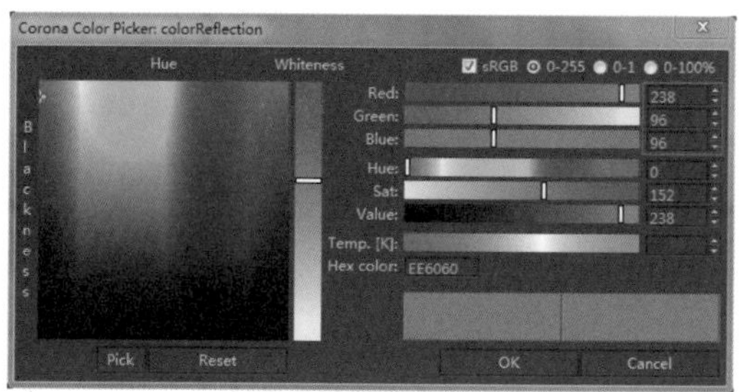

图 14.189　颜色 RGB 参数值

在 Maps（贴图）卷展栏中的 Bump（凹凸）选项中添加一张黑白纹理贴图，并将 Amount（数量）参数设置为 0.4，如图 14.190 所示。

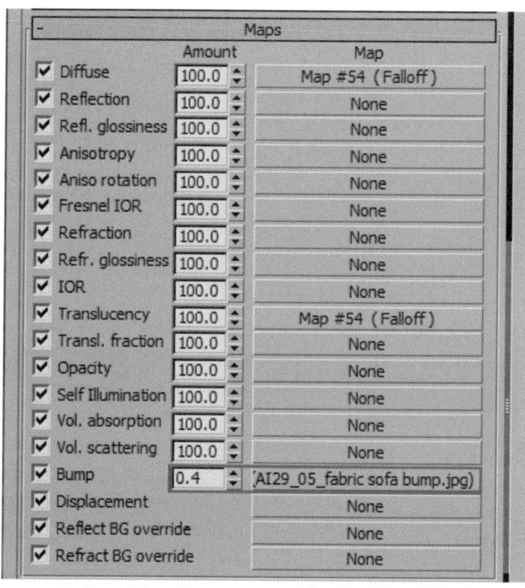

图 14.190　Bump（凹凸）选项相关设置

添加在 Bump（凹凸）选项中的黑白纹理贴图如图 14.191 所示。

图 14.191　Bump（凹凸）选项的纹理贴图

通过上述操作，最后完成的丝绸材质效果如图 14.192 所示。

图 14.192　丝绸材质球效果

14.6　皮革材质

14.6.1　黑色皮革材质

按 M 键打开 Material Editor（材质编辑器），选择一个材质球，将其命名为“黑色皮革”后，单击 Standard（标准）按钮，如图 14.193 所示。

图 14.193　Standard（标准）按钮

在弹出的 Material/Map Browser（材质/贴图浏览器）面板中，选择 CoronaMtl（标准材质），如图 14.194 所示。

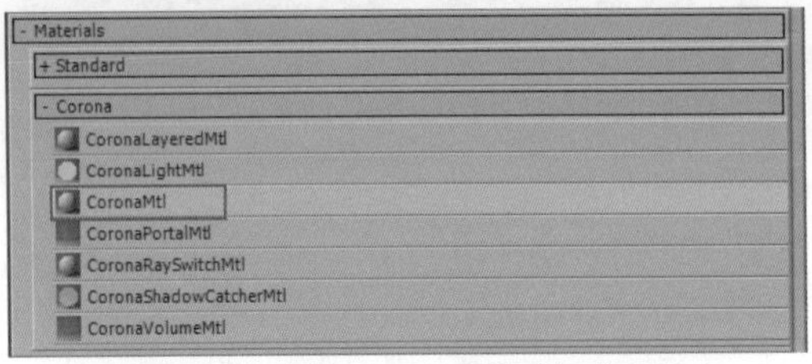

图 14.194　选择 CoronaMtl（标准材质）

在 Diffuse（漫反射）属性的 Color（颜色）选项中添加一张纹理贴图，如图 14.195 所示。

图 14.195　Color（颜色）选项设置

添加在 Color（颜色）选项中的皮革贴图，如图 14.196 所示。

图 14.196　黑色皮革纹贴图

在贴图面板中，将 Blur（模糊）选项设置为 0.01，以便渲染时可以得到较为清晰的纹理效果，如图 14.197 所示。

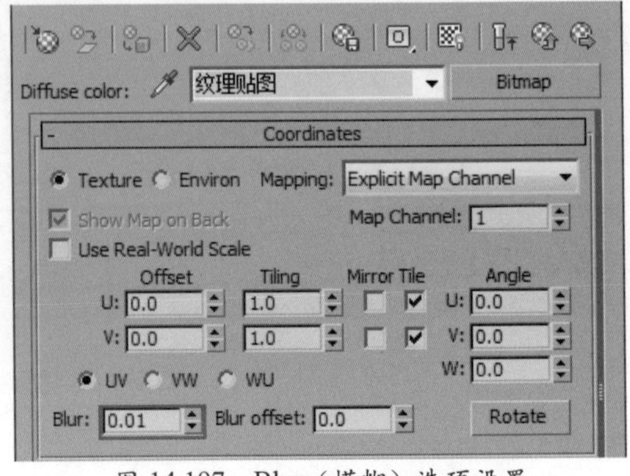

图 14.197　Blur（模糊）选项设置

在 Reflection 属性中将 Level（级别）选项设置为 0.7，将 Fresnel IOR（菲涅尔反射率）选项设置为 1.95，如图 14.198 所示，并在 Glossiness（光泽）选项中添加一张贴图。

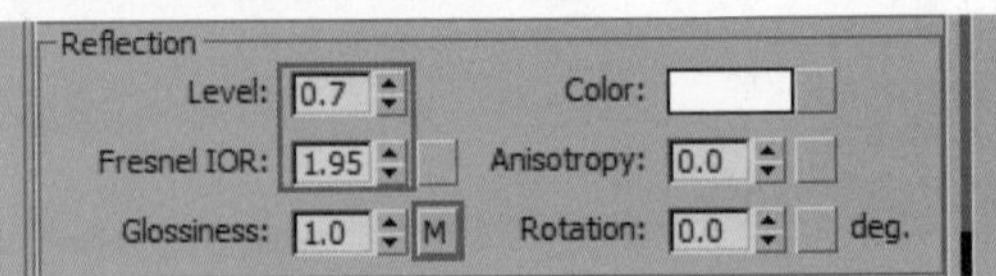

图 14.198　Reflection 属性相关选项设置

添加在 Glossiness（光泽）选项中的黑白纹理贴图如图 14.199 所示。

图 14.199　黑白光泽度贴图

在 Maps（贴图）卷展栏下面的 Diffuse（漫反射）选项中所应用的纹理贴图，通过拖曳复制的方式，复制到 Bump（凹凸）选项并设置 Amount（数量）参数值为 0.5，如图 14.200 所示。

Maps	Amount	Map
☑ Diffuse	100.0	纹理贴图 (pige.jpg)
☑ Reflection	100.0	None
☑ Refl. glossiness	100.0	Map #20 (Color Correction)
☑ Anisotropy	100.0	None
☑ Aniso rotation	100.0	None
☑ Fresnel IOR	100.0	None
☑ Refraction	100.0	None
☑ Refr. glossiness	100.0	None
☑ IOR	100.0	None
☑ Translucency	100.0	None
☑ Transl. fraction	100.0	None
☑ Opacity	100.0	None
☑ Self Illumination	100.0	None
☑ Vol. absorption	100.0	None
☑ Vol. scattering	100.0	None
☑ Bump	0.5	Map #1 (pige.jpg)
☑ Displacement		None
☑ Reflect BG override		None
☑ Refract BG override		None

图 14.200　Bump（凹凸）选项相关设置

通过上述操作完成的最终皮革材质效果如图 14.201 所示。

图 14.201　黑色皮革材质球效果

14.6.2　鳄鱼皮材质

按 M 键打开 Material Editor（材质编辑器），选择一个材质球，将其命名为“鳄鱼皮”后，单击 Standard（标准）按钮，如图 14.202 所示。

图 14.202　Standard（标准）按钮

在弹出的 Material/Map Browser（材质/贴图浏览器）面板中，选择 CoronaMtl（标准材质），如图 14.203 所示。

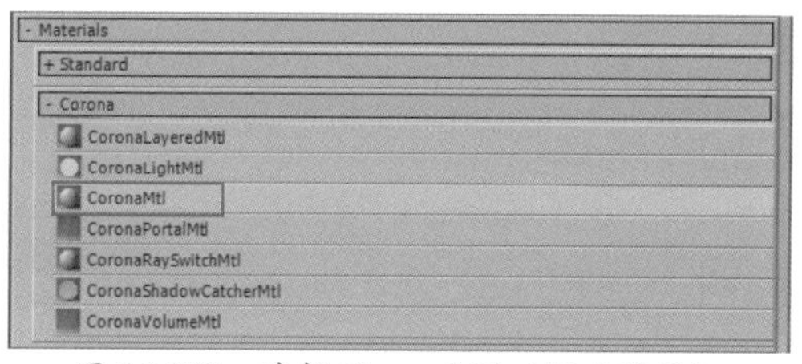

图 14.203　选择 CoronaMtl（标准材质）

在 Diffuse（漫反射）属性下的 Color（颜色）选项中添加贴图，如图 14.204 所示。

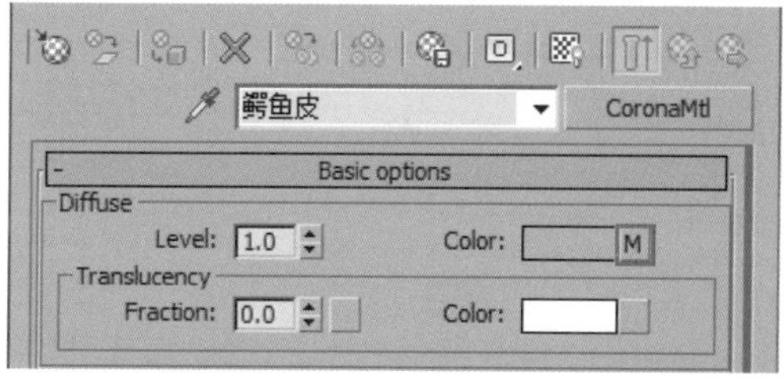

图 14.204　Color（颜色）选项设置

添加在 Color（颜色）选项中的纹理贴图如图 14.205 所示。

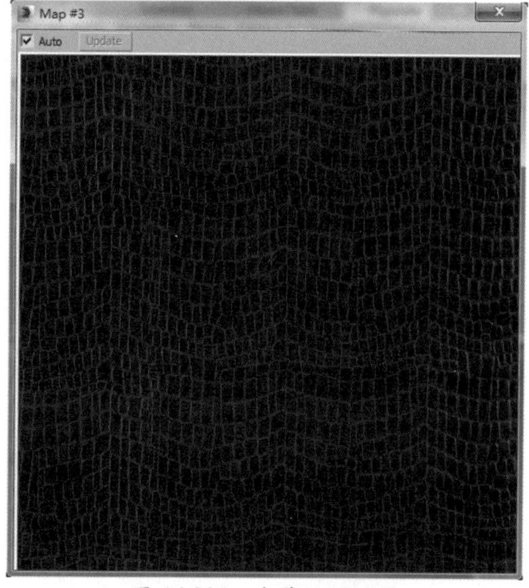

图 14.205　皮革纹理贴图

在 Reflection（反射）属性下除了常规的选项参数设置外，需要在 Color（颜色）选项和 Fresnel IOR（菲涅尔反射率）选项中各添加一张黑白贴图，以便控制高光生成的位置和光泽强度，如图 14.206 所示。

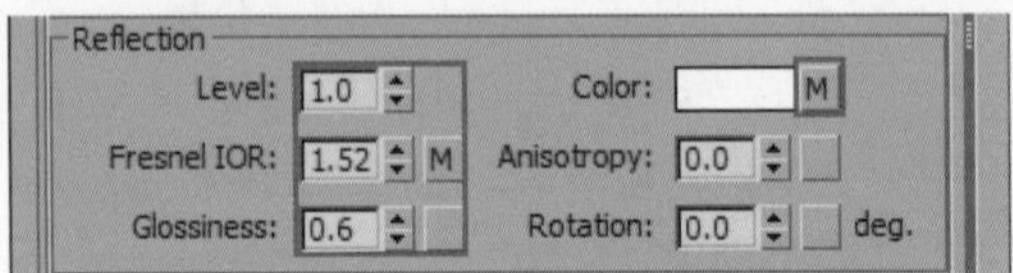

图 14.206　Reflection 属性相关选项参数设置

添加在 Fresnel IOR（菲涅尔反射率）选项中的黑白纹理贴图如图 14.207 所示。

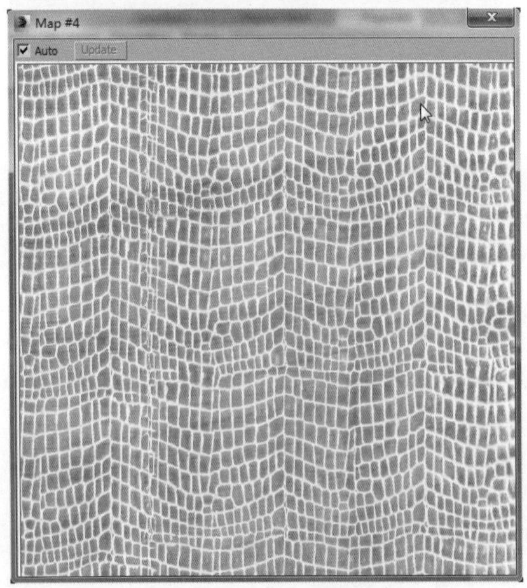

图 14.207　黑白纹理贴图

添加在 Reflection（反射）属性下的 Color（颜色）选项贴图为 Falloff（衰减）贴图，将Falloff（衰减）贴图的类型设置为Fresnel（菲涅尔），如图 14.208 所示。

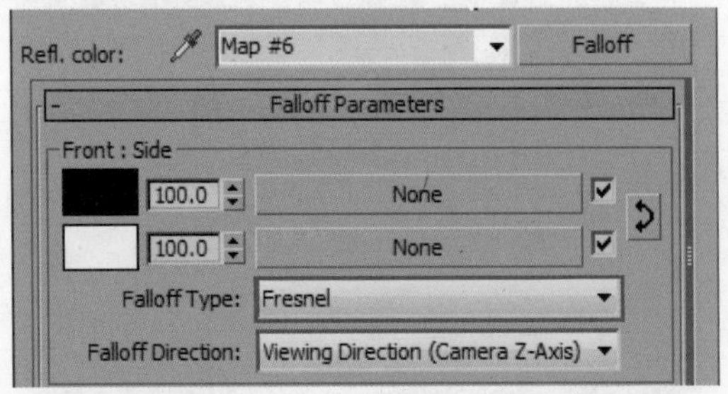

图 14.208　Falloff（衰减）贴图相关选项设置

在 Maps（贴图）卷展栏中，将 Fresnel IOR（菲涅尔反射率）中所应用的纹理贴图以拖曳复制的方式，复制到 Bump（凹凸）选项中，并将 Amount（数量）参数设置为 -0.5，如图 14.209 所示。

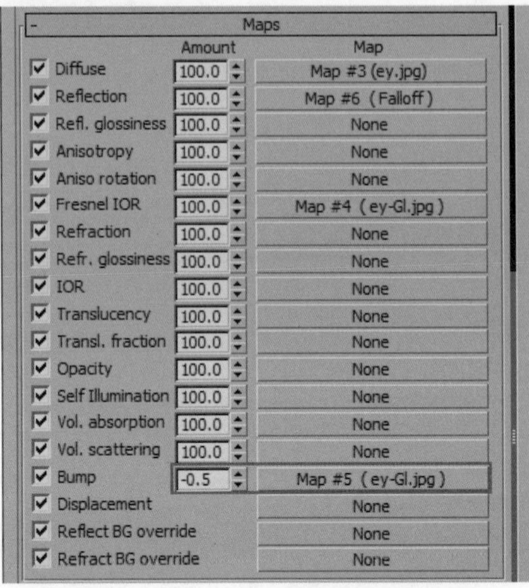

图 14.209　Bump（凹凸）选项相关参数设置

通过上述操作，完成的鳄鱼皮革材质效果如图 14.210 所示。

图 14.210　鳄鱼皮革材质球效果

14.6.3　翻毛皮材质

按 M 键打开 Material Editor（材质编辑器），选择一个材质球，将其命名为“翻毛皮”后，单击 Standard（标准）按钮，如图 14.211 所示。

图 14.211 Standard（标准）按钮

在弹出的 Material/Map Browser（材质/贴图浏览器）面板中，选择 CoronaMtl（标准材质），如图 14.212 所示。

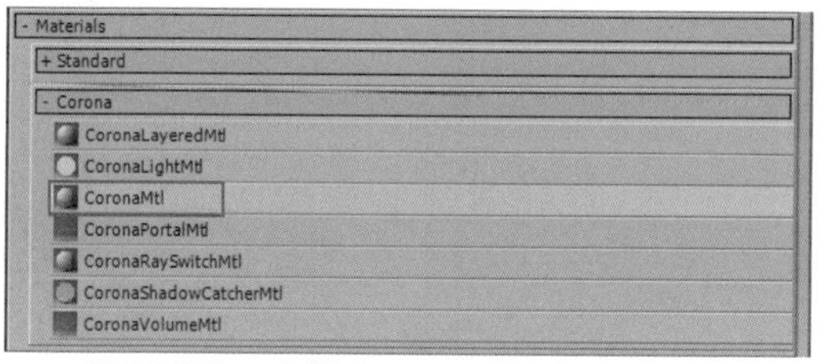

图 14.212 选择 CoronaMtl（标准材质）

设置 Diffuse（漫反射）属性下的 Color（颜色）选项，将选项内添加一张贴图，如图 14.213 所示。

图 14.213 Color（颜色）选项设置

添加在 Color（颜色）选项中的为 3DS MAX 自带的程序贴图 Falloff（衰减）贴图，并对添加的 Falloff（衰减）贴图做相关的设置操作，如图 14.214 所示。

图 14.214 Falloff（衰减）贴图中相关设置选项

首先在 Front（前面）选项中添加一张皮革的纹理贴图，如图 14.215 所示。

图 14.215 应用在 Front（前面）选项中的贴图

将 Side（侧面）选项中的颜色，按照下面颜色拾色器中的 RGB 颜色进行设置，以保证颜色上的精准，如图 14.216 所示。

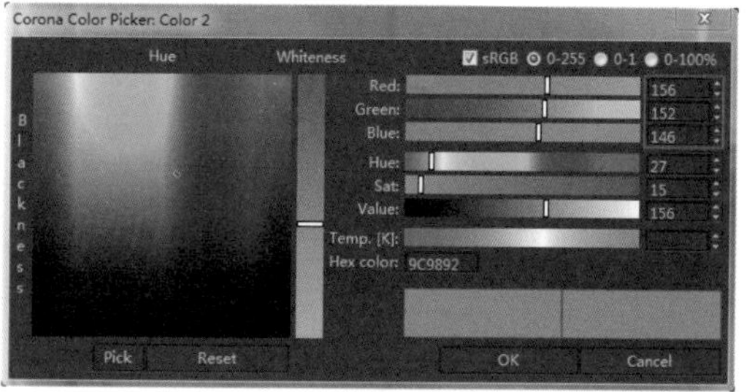

图 14.216 Side（侧面）选项中的颜色 RGB 参数值

将 Reflection（反射）属性下的 Level（级别）选项参数设置为 1.0，将 Glossiness（光泽度）选项参数设置为 0.2，如图 14.217 所示。

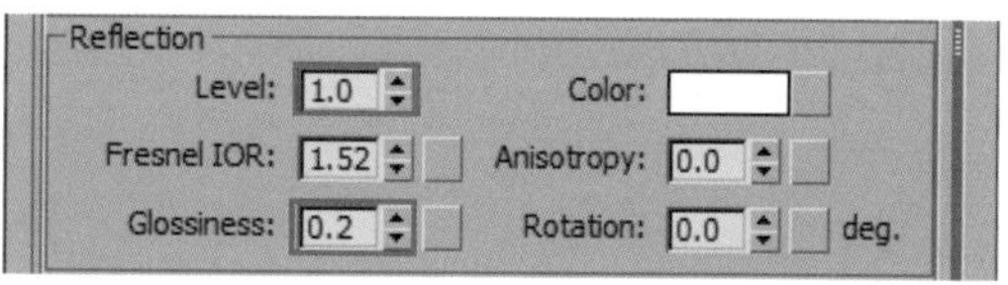

图 14.217 Reflection（反射）属性相关选项参数设置

在 Maps（贴图）卷展栏下的 Bump（凹凸）选项中添加一张纹理贴图，并设置相关的 Amount（数量）参数值为 20，如图 14.218 所示。

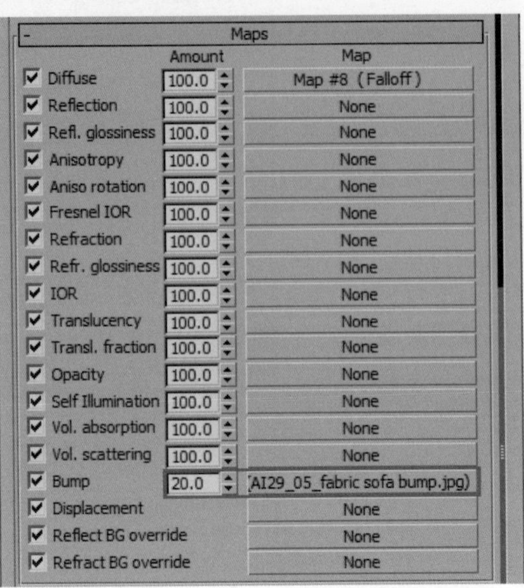

图 14.218 Bump（凹凸）选项相关设置

添加在 Bump（凹凸）选项中的黑白纹理贴图如图 14.219 所示。

通过上述操作，最后完成的翻毛皮材质效果如图 14.220 所示。

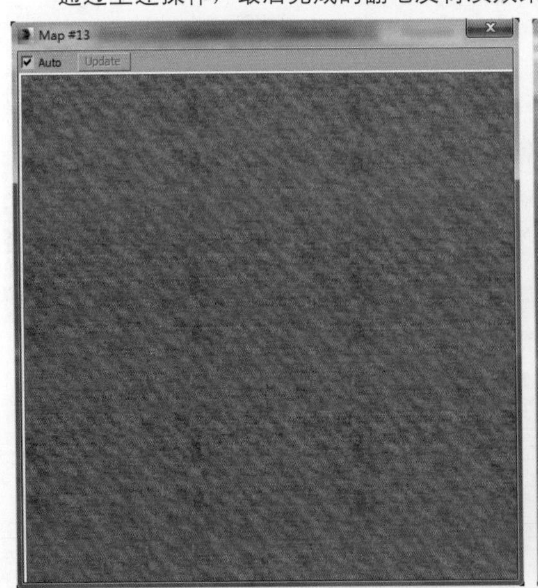

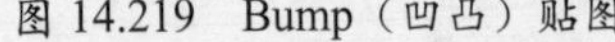
图 14.219 Bump（凹凸）贴图

图 14.220 翻毛皮材质球效果

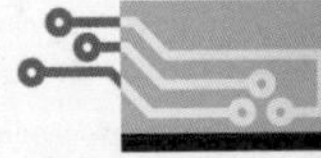

14.7 其他材质

14.7.1 地板材质

按 M 键打开 Material Editor（材质编辑器），选择一个材质球，将其命名为“地板”后，单击 Standard（标准）按钮，如图 14.221 所示。

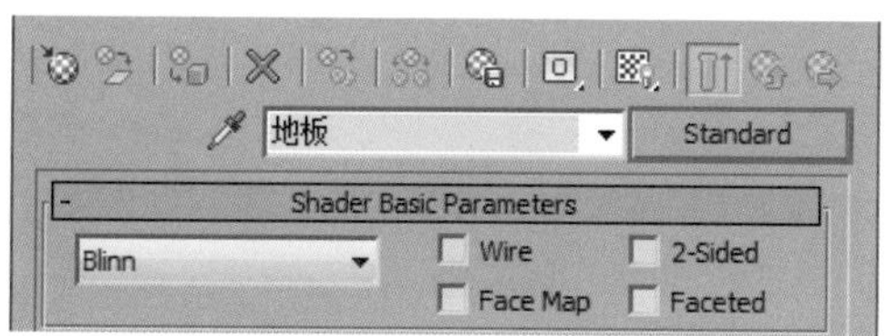

图 14.221　Standard（标准）按钮

在弹出的 Material/Map Browser（材质/贴图浏览器）面板中，选择 CoronaMtl（标准材质），如图 14.222 所示。

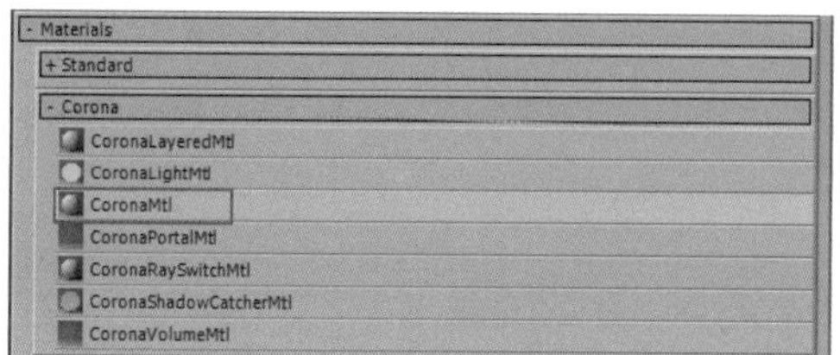

图 14.222　选择 CoronaMtl（标准材质）

设置 Diffuse（漫反射）属性下的 Color（颜色）选项，如图 14.223 所示，在 Color（颜色）选项中添加一张地板贴图。

图 14.223　Color（颜色）选项设置

添加在 Color（颜色）选项中的地板贴图如图 14.224 所示。

图 14.224　地板纹理贴图

设置 Reflection（反射）属性的 Level（级别）选项和 Fresnel IOR（菲涅尔反射率）选项参数，并在 Glossiness（光泽度）选择中添加一张贴图，具体相关参数设置如图 14.225 所示。

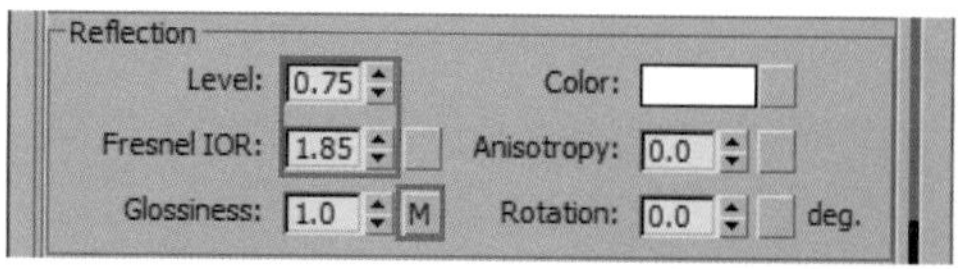

图 14.225　Reflection（反射）属性相关选项参数设置

添加在 Glossiness（光泽度）选项中的贴图为一张单色地板纹理贴图，如图 14.226 所示。

图 14.226　单色地板纹理贴图

通过上述操作设置，最后设置好的地板材质效果如图 14.227 所示。

图 14.227　地板材质球效果

14.7.2　木纹材质

按 M 键打开 Material Editor（材质编辑器），选择一个材质球，将其命名为“木纹”后，单击 Standard（标准）按钮，如图 14.228 所示。

图 14.228　Standard（标准）按钮

在弹出的 Material/Map Browser（材质 / 贴图浏览器）面板中，选择 CoronaMtl（标准材质），如图 14.229 所示。

- Materials
+ Standard
- Corona
CoronaLayeredMtl
CoronaLightMtl
CoronaMtl
CoronaPortalMtl
CoronaRaySwitchMtl
CoronaShadowCatcherMtl
CoronaVolumeMtl

图 14.229　选择 CoronaMtl（标准材质）

在 Diffuse（漫反射）属性下，将 Level（级别）选项参数设置为 0.8，并在 Color(颜色）选项中添加一张 CoronaAO（阻光）贴图，如图 14.230 所示。

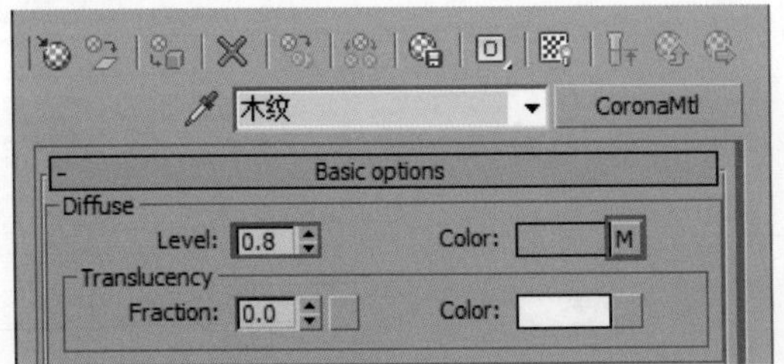

图 14.230　Diffuse（漫反射）属性相关选项设置

Color（颜色）选项中的 CoronaAO（阻光）贴图相关的选项参数设置如图 14.231 所示。

在 Occluded Color（阻光颜色）和 Unoccluded Color（非受阻颜色）选项中分别添加不同的纹理贴图，如图 14.232 所示。

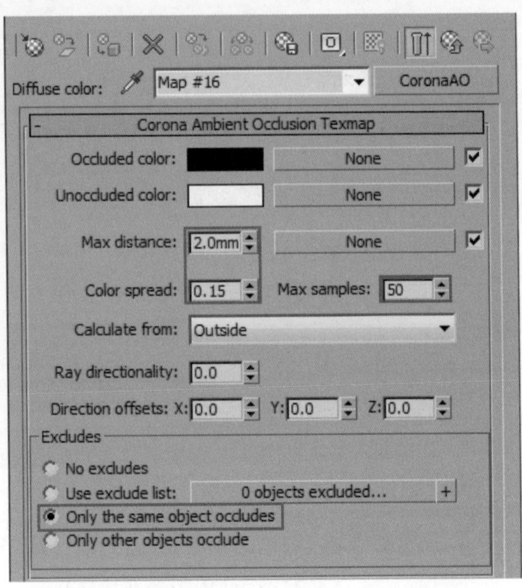

图 14.231　CoronaAO（阻光）贴图相关选项设置

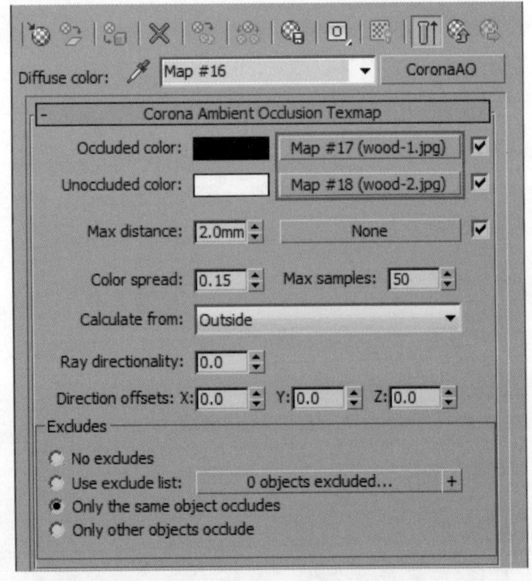

图 14.232　CoronaAO（阻光）贴图颜色设置

添加在 Occluded Color（阻光颜色）选项中的纹理贴图，如图 14.233 所示。

添加在 Unoccluded Color（非受阻颜色）选项中的纹理贴图如图 14.234 所示。

图 14.233 深色木纹贴图

图 14.234 浅黄色纹理贴图

将 Reflection（反射）属性下的 Level（级别）选项参数设置为 1.0，将 Fresnel IOR（菲涅尔反射率）选项参数设置为 1.8，将 Glossiness（光泽度）选项参数设置为 0.2，如图 14.235 所示。

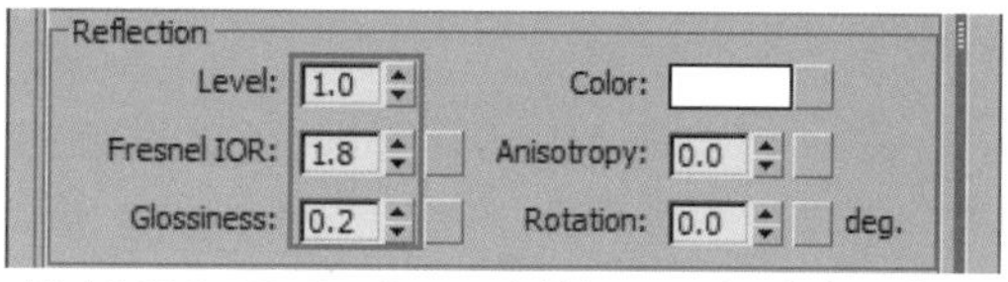

图 14.235 Reflection（反射）属性相关选项参数设置

在 Maps（贴图）卷展栏下面的 Bump（凹凸）选项中，添加一张经 Color Correction（颜色修正）贴图去色处理的纹理贴图，并设置 Amount（数量）参数值为 0.1，如图 14.236 所示。

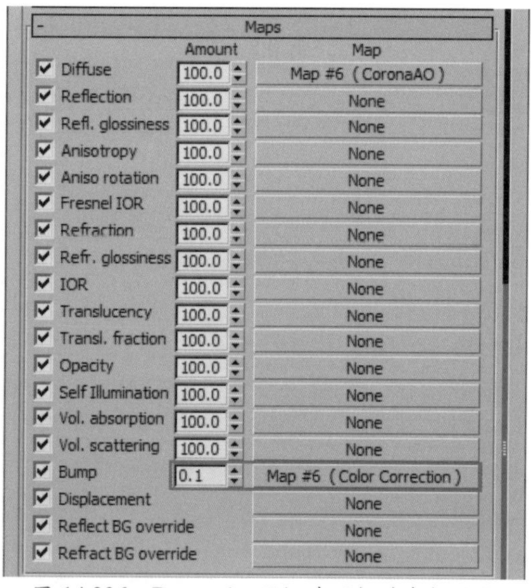

图 14.236 Bump（凹凸）选项相关参数设置

经 Color Correction（颜色修正）贴图去色处理后的纹理贴图，如图 14.237 所示。

通过上述操作设置，最终完成的木纹材质效果如图 14.238 所示。

图 14.237　Bump（凹凸）选项中应用的单色贴图

图 14.238　木纹材质球效果

14.7.3　香槟材质

按 M 键打开 Material Editor（材质编辑器），选择一个材质球，将其命名为“香槟”后，单击 Standard（标准）按钮，如图 14.239 所示。

图 14.239　Standard（标准）按钮

在弹出的 Material/Map Browser（材质 / 贴图浏览器）面板中，选择 CoronaMtl（标准材质），如图 14.240 所示。

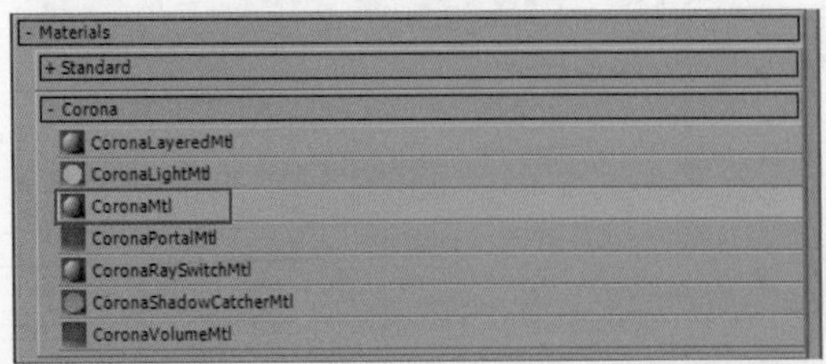

图 14.240　选择 CoronaMtl（标准材质）

由于香槟会应用到折射，Diffuse（漫反射）属性无法控制表面的着色效果，因此无须调节控制保存默认即可，如图 14.241 所示。

图 14.241　Diffuse（漫反射）属性选项保存默认设置

将 Reflection（反射）属性中的 Level（级别）选项参数设置为 0.35，将 Fresnel IOR（菲涅尔反射率）选项参数为 1.35，如图 14.242 所示。

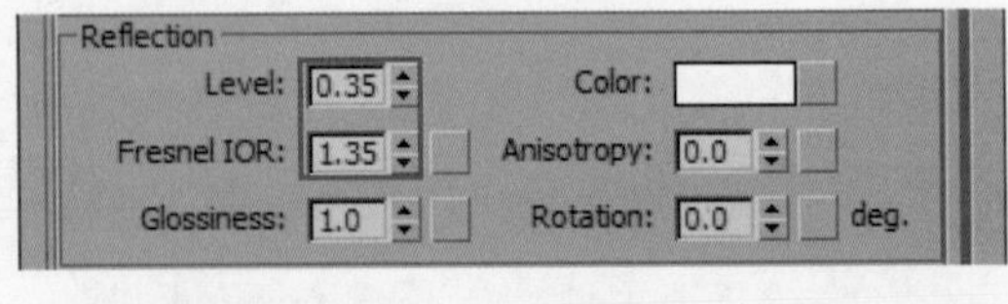

图 14.242　Reflection（反射）属性相关选项设置

在 Refraction（折射）属性中的 Level（级别）选项参数设置为 1.0 和 IOR（折射率）选项参数设置为 1.35 以外，在 Color（颜色）选项中添加一张贴图，以便控制材质表面着色效果，如图 14.243 所示。

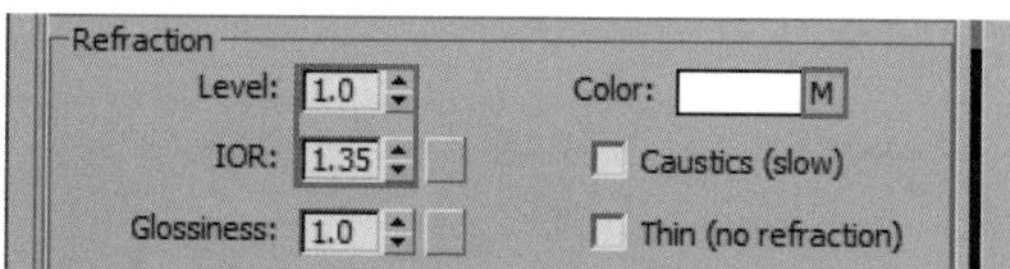

图 14.243　Refraction（折射）属性相关选项设置

在 Refraction（折射）属性的 Color（颜色）选项中添加的贴图为 Mix（混合），添加后需要对 Mix（混合）贴图中的 Color（颜色）#1 和 Color（颜色）#2 两个选项进行颜色上的变化设置，如图 14.244 所示。

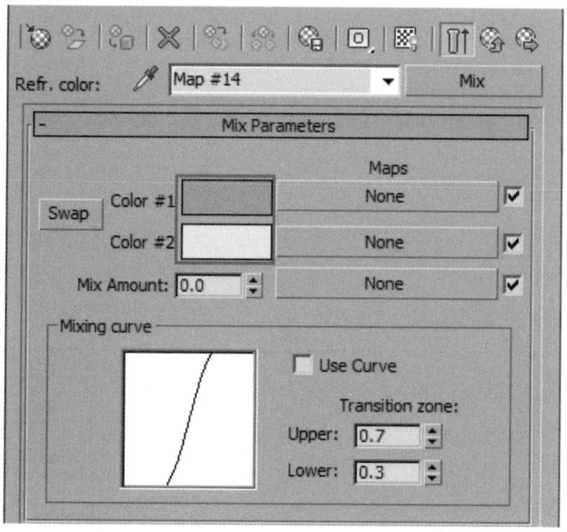

图 14.244　Mix（混合）贴图颜色设置

在 Mix（混合）贴图中的 Color（颜色）#1 选项中，所设置的黄颜色 RGB 参数值如图 14.245 所示。

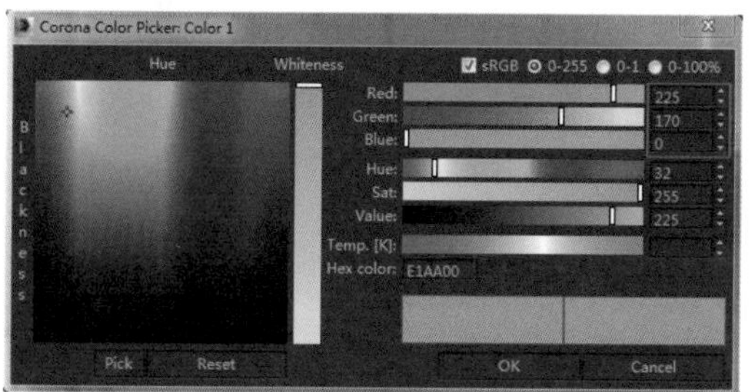

图 14.245　Color（颜色）#1 选项中颜色 RGB 参数值

在 Mix（混合）贴图中的 Color（颜色）#2 选项中，所设置的浅黄颜色 RGB 参数值如图 14.246 所示。

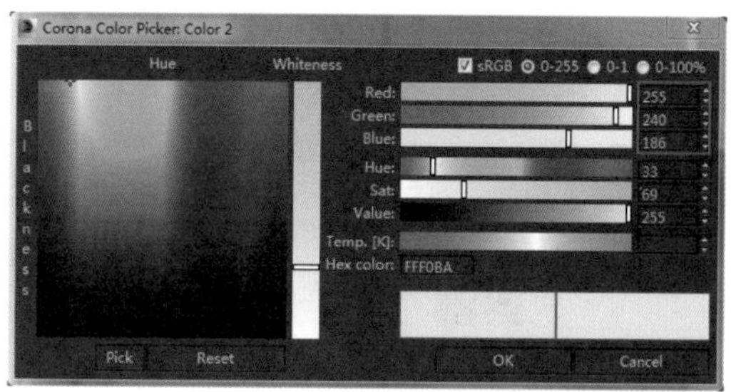

图 14.246　Color（颜色）#2 选项中颜色 RGB 参数值

当将 Mix（混合）贴图中的颜色设置好后，需要在 MixAmount（混合数量）选项中添加一张纹理贴图，如图 14.247 所示。

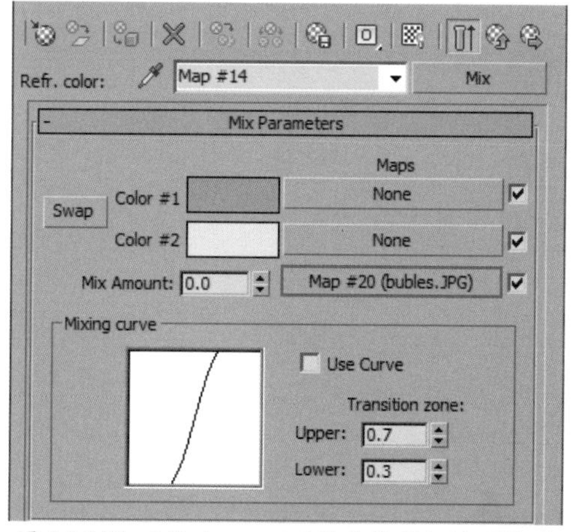

图 14.247　MixAmount（混合数量）选项设置

添加在 MixAmount（混合数量）选项中的纹理贴图如图 14.248 所示。

图 14.248　MixAmount（混合数量）选项中的单色纹理贴图

设置Absorption（吸收项）选项中的颜色，如图14.249所示。

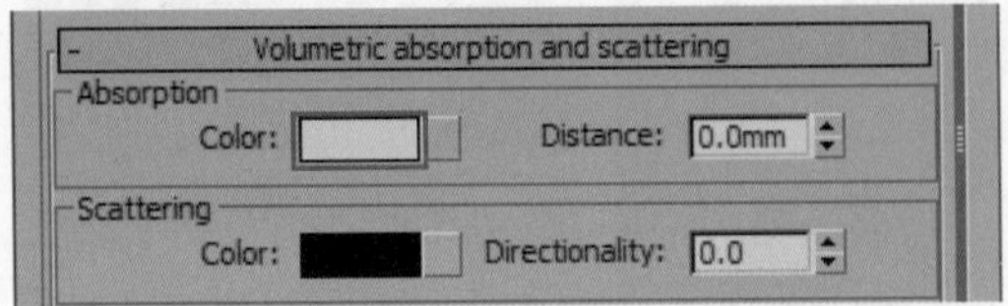

图 14.249　Absorption（吸收项）选项颜色设置

将Absorption（吸收项）选项中的颜色设置为浅黄色，具体颜色RGB参数值如图14.250所示。

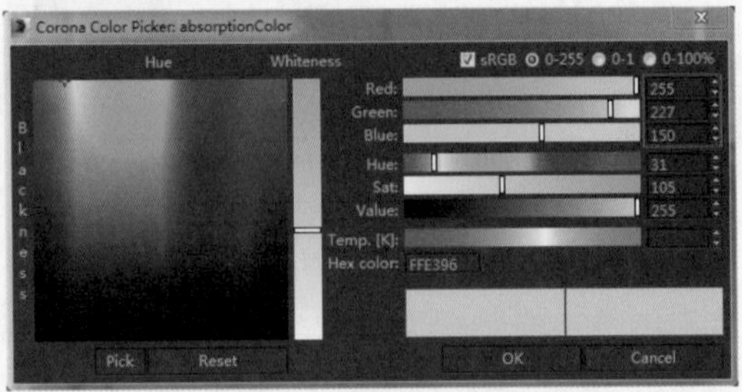

图 14.250　浅黄色RGB参数值

最后将应用在Mix Amount（混合数量）选项中的单色纹理贴图，复制到Maps（贴图）卷展栏下面的Bump（凹凸）选项中，并设置Amount（数量）参数值为-0.25，如图14.251所示。

通过上述操作设置，最终完成的香槟材质效果如图14.252所示。

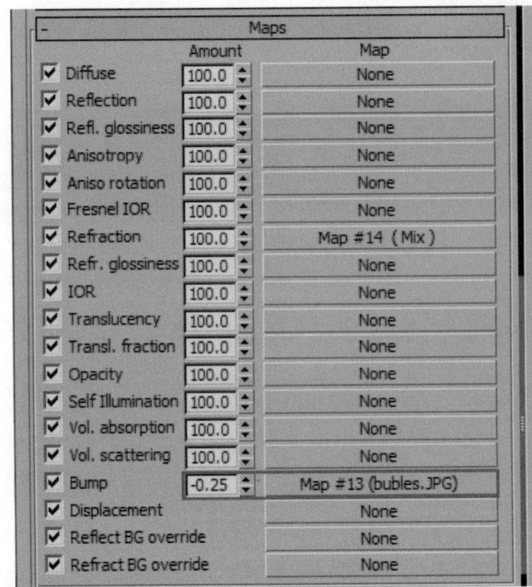

图 14.251　Bump（凹凸）选项设置

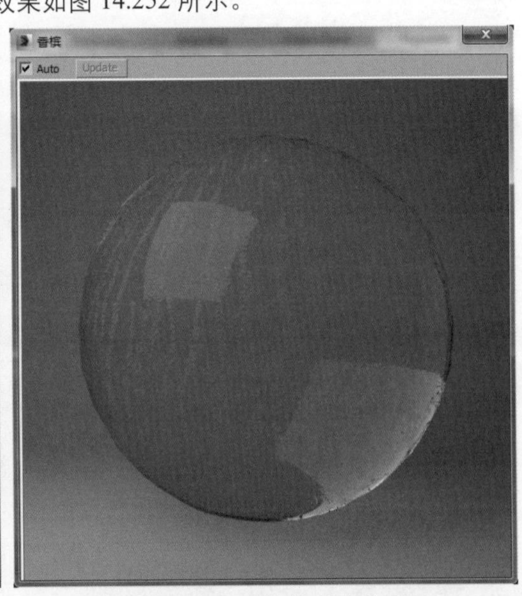

图 14.252　香槟材质球效果

14.7.4　红酒材质

按M键打开Material Editor（材质编辑器），选择一个材质球，将其命名为“红酒”后，单击Standard（标准）按钮，如图14.253所示。

图 14.253　Standard（标准）按钮

在弹出的Material/Map Browser（材质/贴图浏览器）面板中，选择CoronaMtl（标准材质），如图14.254所示。

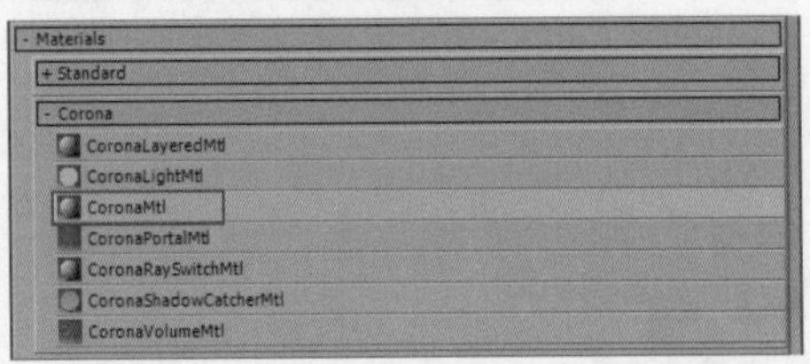

图 14.254　选择CoronaMtl（标准材质）

将 Diffuse（漫反射）属性中的 Color（颜色）选项设置为黑色，如图 14.255 所示。

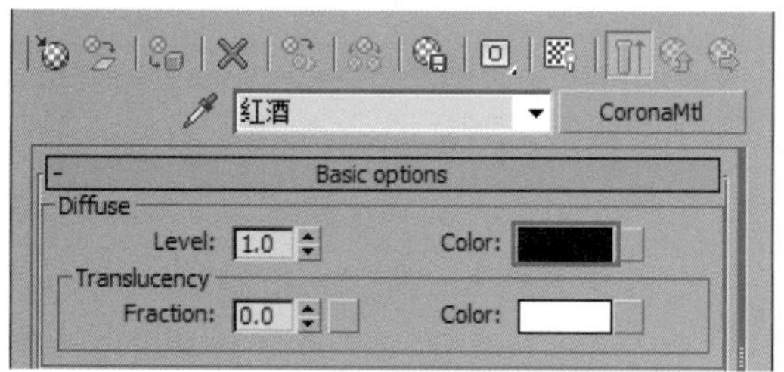

图 14.255 Color（颜色）选项设置

设置的颜色切记不能是纯黑色，具体颜色 RGB 参数值如图 14.256 所示。

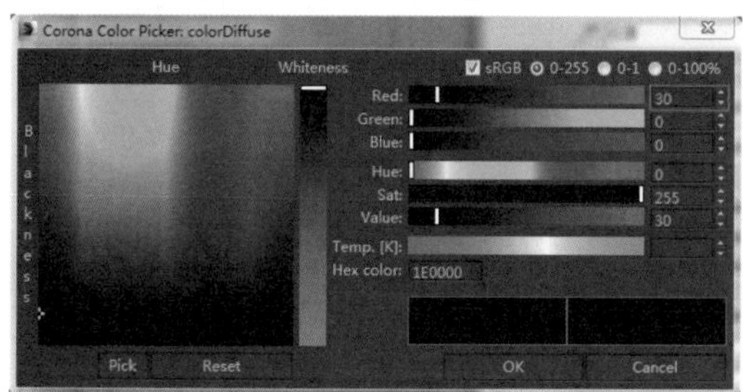

图 14.256 颜色 RGB 参数值

将 Reflection（反射）属性下的 Level（级别）选项参数设置为 0.35，将 Fresnel IOR（菲涅尔反射率）选项参数设置为 1.31，如图 14.257 所示。

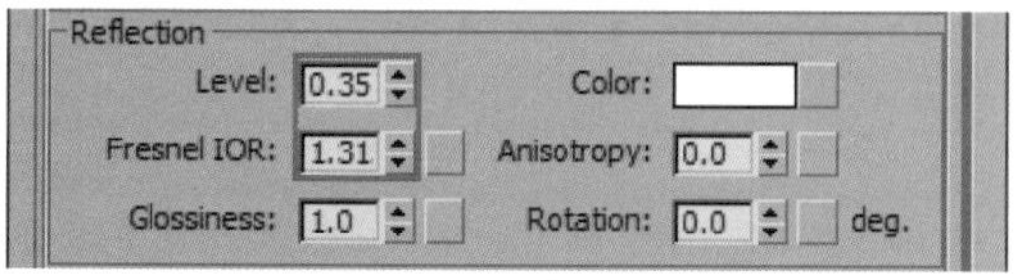

图 14.257 Reflection（反射）属性相关选项设置

将 Refraction（折射）属性下的 Level（级别）选项参数设置为 1.0，将 IOR（折射率）选项参数设置为 1.31，最后将 Color（颜色）选项设置为红色，如图 14.258 所示。

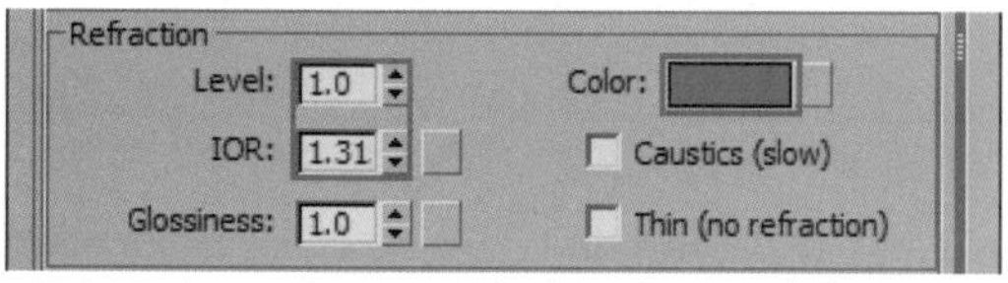

图 14.258 Refraction（折射）属性相关选项设置

Refraction（折射）属性下 Color（颜色）选项中所设置的红颜色 RGB 参数值如图 14.259 所示。

将 Absorption（吸收项）选项中的颜色设置为红颜色，并将 Distance（距离）选项参数设置为 20，如图 14.260 所示。

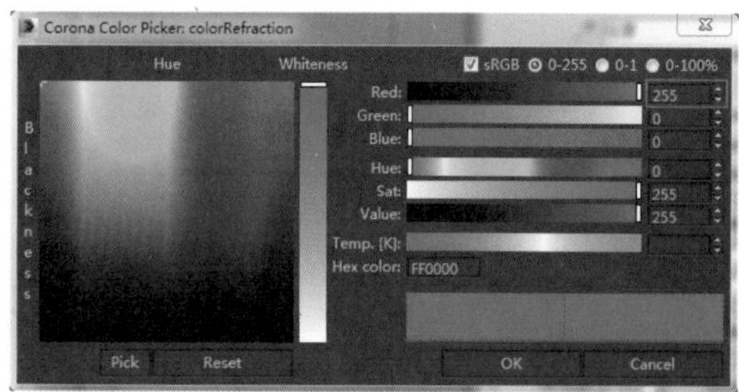

图 14.259 红颜色 RGB 参数值

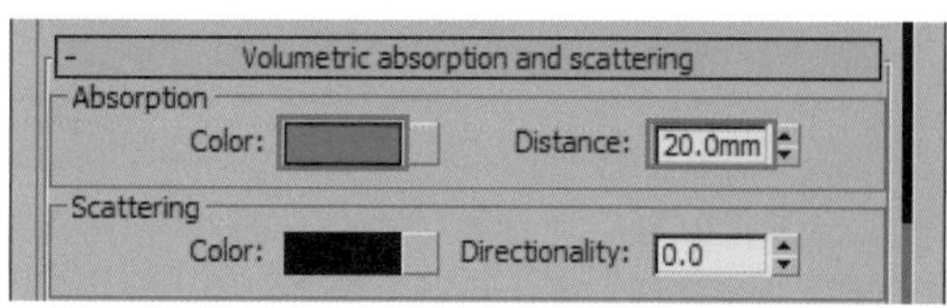

图 14.260 Absorption（吸收项）选项相关设置

Absorption（吸收项）选项中所设置的红颜色 RGB 参数值如图 14.261 所示。

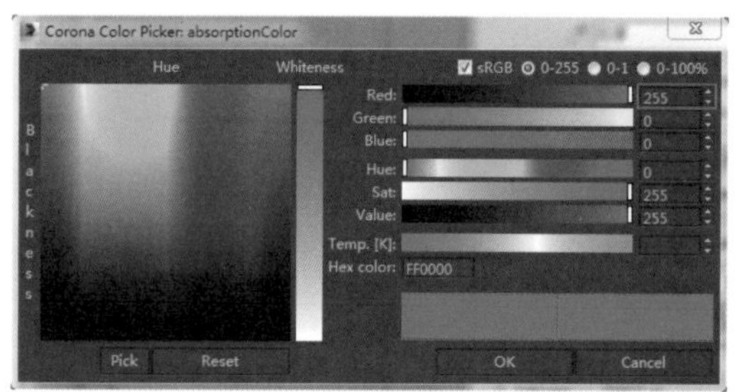

图 14.261 Absorption（吸收项）中的颜色 RGB 参数

通过上述操作设置，最后完成的红酒材质效果如图 14.262 所示。

图 14.262 红酒材质球效果

14.7.5 啤酒材质

按 M 键打开 Material Editor（材质编辑器），选择一个材质球，将其命名为“啤酒”后，单击 Standard（标准）按钮，如图 14.263 所示。

图 14.263 Standard（标准）按钮

在弹出的 Material/Map Browser（材质 / 贴图浏览器）面板中，选择 CoronaLayeredMtl（层材质），如图 14.264 所示。

- Corona
CoronaLayeredMtl
CoronaLightMtl
CoronaMtl
CoronaPortalMtl
CoronaRaySwitchMtl
CoronaShadowCatcherMtl
CoronaVolumeMtl

图 14.264 选择 CoronaLayeredMtl（层材质）

切换到 CoronaLayeredMtl（层材质）面板，首先在 Base mtl（基础材质）选项中添加以 beer（啤酒）命名的 CoronaMtl（标准材质），如图 14.265 所示。

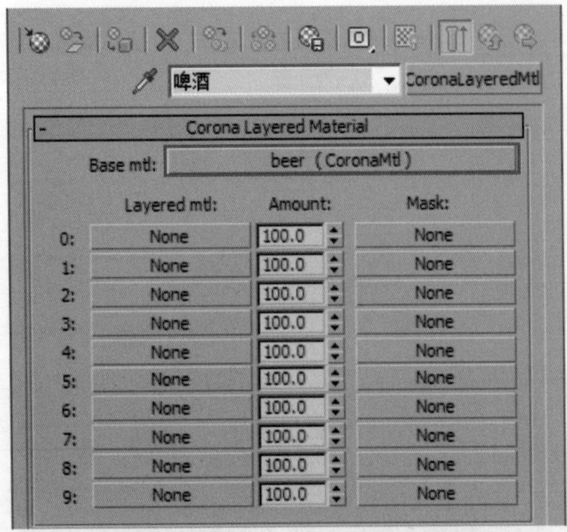

图 14.265 Base mtl（基础材质）选项设置

首先设置基础材质 Diffuse（漫反射）属性中的 Color（颜色）选项如图 14.266 所示。

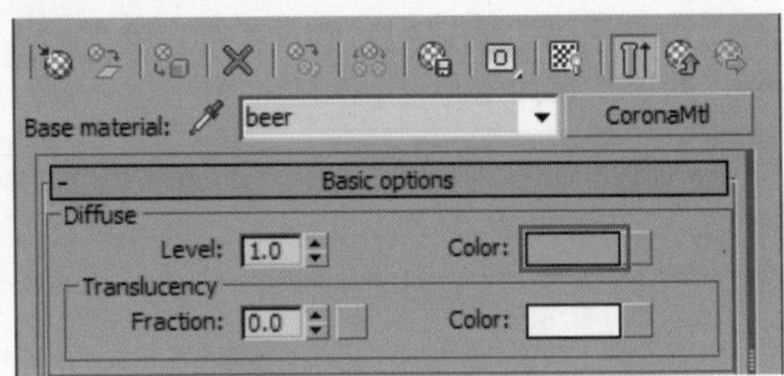

图 14.266 Color（颜色）选项设置

将 Color（颜色）选项中的颜色设置为深黄色，具体的颜色 RGB 参数值如图 14.267 所示。

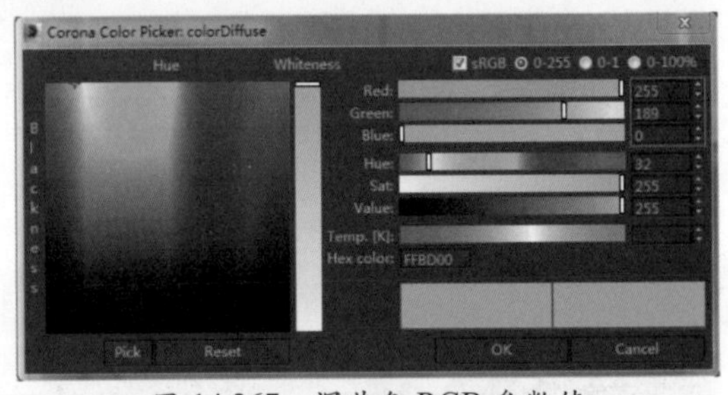

图 14.267 深黄色 RGB 参数值

设置 Reflection（反射）属性下的 Level（级别）选项参数为 1.0，将 Fresnel IOR（菲涅尔反射率）选项参数设置为 1.34，如图 14.268 所示。

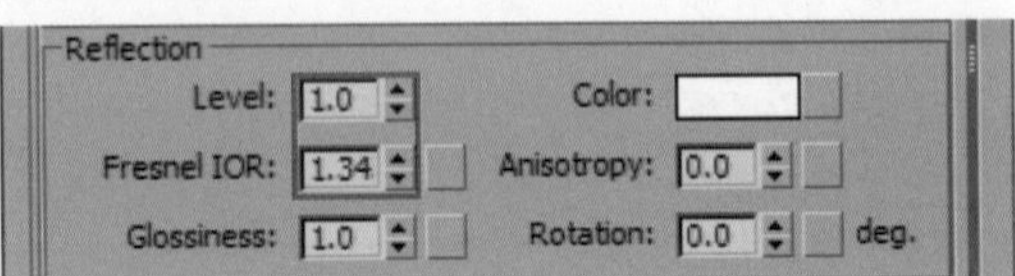

图 14.268 Reflection（反射）属性相关选项设置

设置 Refraction（折射）属性下的 Level（级别）选项参数为 1.0，将 IOR（折射率）选项参数设置为 1.34，如图 14.269 所示。

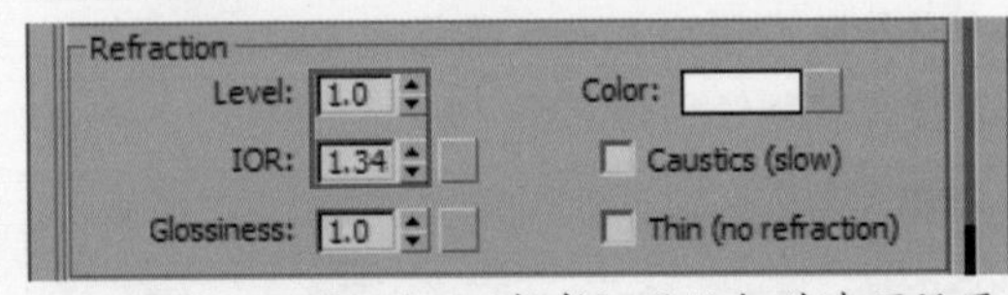

图 14.269 Refraction（折射）属性相关选项设置

设置 Absorption（吸收项）属性中的 Color（颜色）选项以及将 Distance（距离）选项参数设置为 20，如图 14.270 所示。

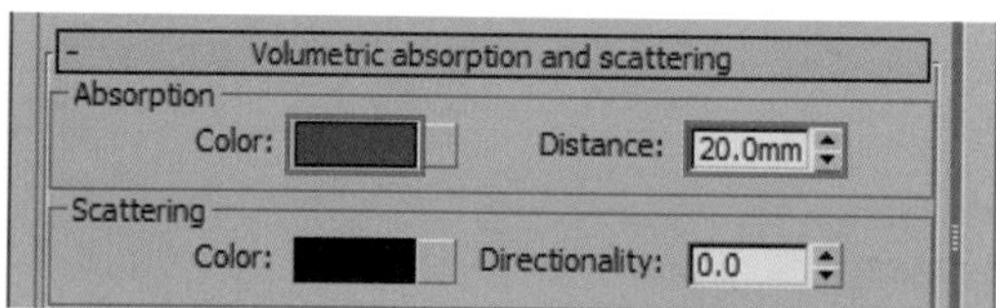

图 14.270　Absorption（吸收项）选项相关参数设置

Color（颜色）选项中所设置的颜色 RGB 参数值如图 14.271 所示。

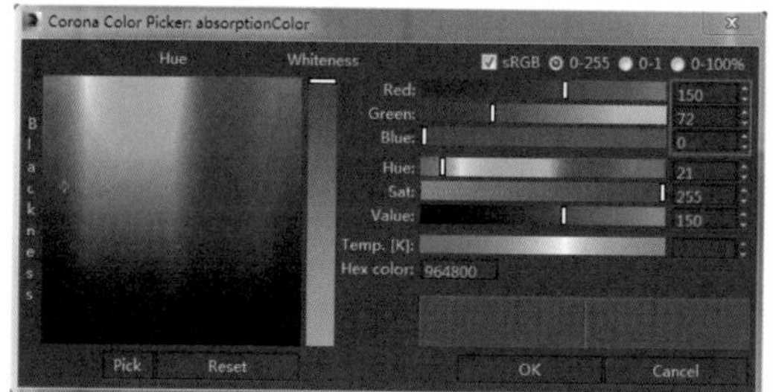

图 14.271　Color（颜色）选项中的颜色参数

回到 CoronaLayeredMtl（层材质）面板，在 Layered mtl（层材质）选项当中添加以 foam（泡沫）命名的 CoronaMtl（基础材质），如图 14.272 所示。

图 14.272　Layered mtl（层材质）选项设置

设置 foam（泡沫）材质的反射属性，将 Level（级别）选项参数设置为 1.0，将 Fresnel IOR（菲涅尔反射率）选项参数设置为 1.34，并在 Color（颜色）选项中添加一张贴图，如图 14.273 所示。

添加在 Reflection（反射）属性下 Color（颜色）选项中的单色泡沫纹理贴图，如图 14.274 所示。

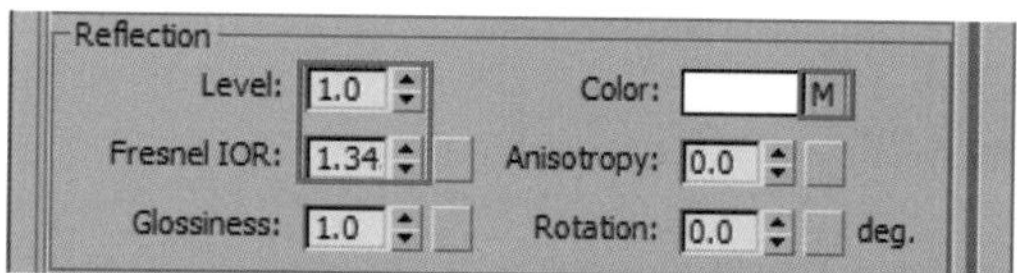

图 14.273　Reflection（反射）属性相关选项设置

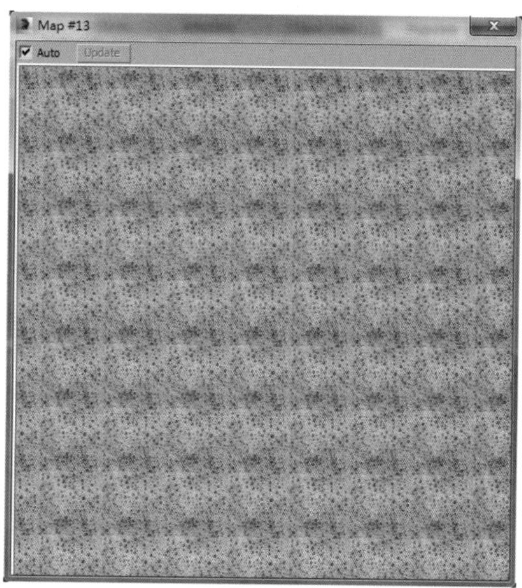

图 14.274　单色泡沫纹理贴图

同样该泡沫纹理贴图，也要被添加到 Scattering（散射）属性下的 Color（颜色）选项中，如图 14.275 所示。

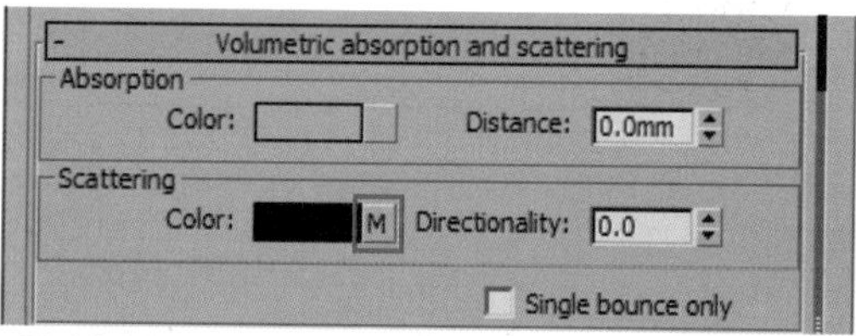

图 14.275　Scattering（散射）属性相关选项设置

最后再一次将该泡沫纹理贴图复制到 Maps（贴图）卷展栏下面的 Bump（凹凸）选项中，并设置 Amount（数量）参数值为 -1.0，如图 14.276 所示。

上述讲的相关材质完成后，再一次回到 CoronaLayeredMtl（层材质）的主面板中，在 Mask（遮罩）选项中添加一张 3DS MAX 自带的程序贴图 Gradient Ramp（渐变梯度）贴图，如图 14.277 所示。

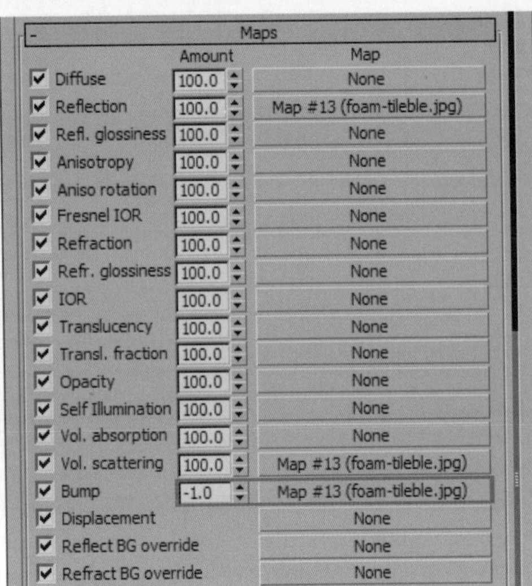

图 14.276 Bump（凹凸）选项设置

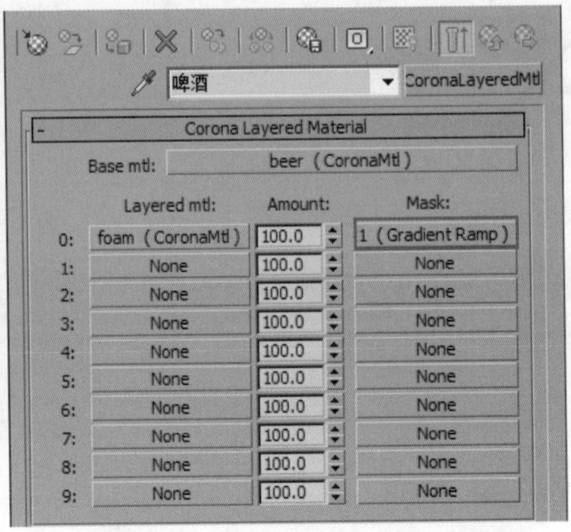

图 14.277 Mask（遮罩）选项设置

Gradient Ramp（渐变梯度）贴图内部相关选项设置如图 14.278 所示。

完成 Gradient Ramp（渐变梯度）贴图的相关选项设置后，也意味着啤酒材质调节完成，最后材质效果如图 14.279 所示。

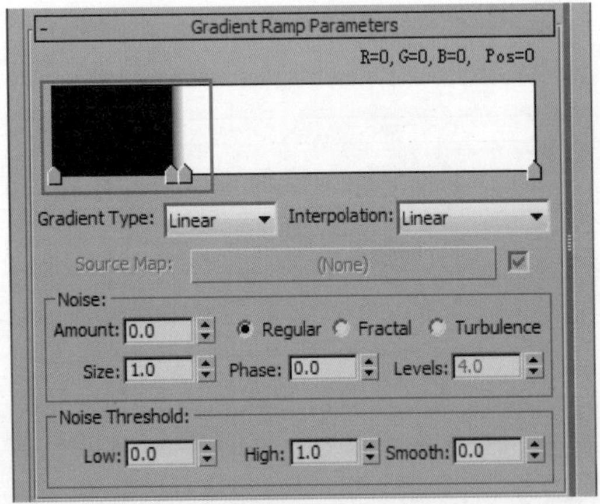

图 14.278 Gradient Ramp（渐变梯度）贴图相关选项设置

图 14.279 啤酒材质球效果

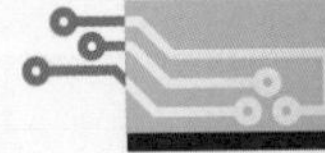

14.8 本章小结

本章主要是为读者提供不同属性材质的调节方法，以便在应用时有参考的依据。本章所讲解的材质有玻璃、金属、布料、皮革等，这些材质都是在室内空间中常见的场景属性材质，在设置材质时，可以多参考本章中的材质调节流程以及相关属性参数的设置，以便在设置材质方面打好基础。

第 15 章

光线延伸

◆ 本章学习目标

◎ 掌握灯光系统
◎ 明确灯光作用

任何的一款渲染器，都有一些常用与好用的灯光组合方式，这些常用与好用的灯光组合方式运用的时间长了，就被表现师们统称为“灯光系统”。

灯光系统可以由不同类型的灯光选项组合而成，例如：三灯光法、五灯光法等。

15.1 Corona 灯光系统

CoronaRender 是一款写实级别的渲染器，因此渲染器中的灯光对真实世界中的光线模拟效果非常逼真，仅一盏或两盏灯光就可以将较大的空间照得雪亮，当然这也需要相关的参数选项配合。

对于 Corona 渲染器的灯光系统，使用内部自带的标准灯光即可，相信经过之前灯光章节的学习后不难得知，CoronaLihgt（标准灯光）内部自带了很多灯光类型，通过这些不同的灯光类型就可以搭配出不同的灯光组合，以对应不同风格和不同功能的室内装饰。

常用的 Corna 灯光系统组合之一为 CoronaSky（天空）贴图与 CoronaSun（太阳光 ）组合，如图 15.1 所示。

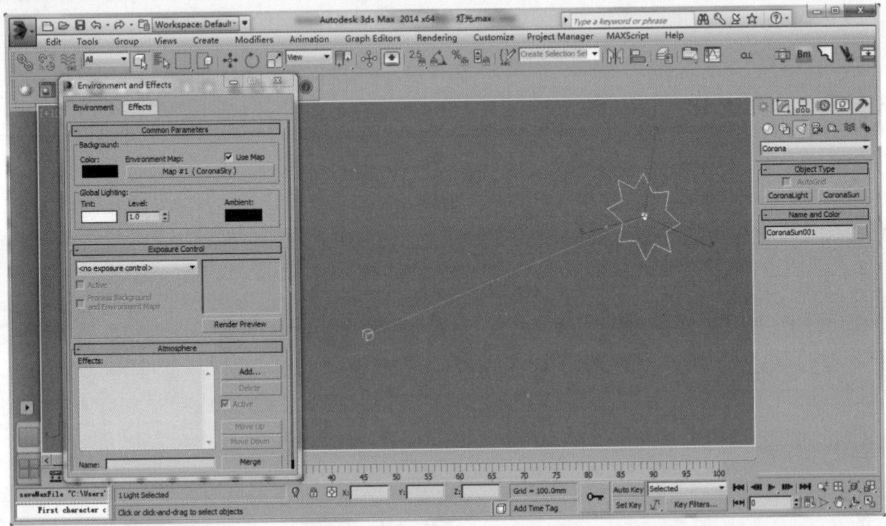

图 15.1 Corna 灯光系统组合

CoronaSky（天空）贴图与 CoronaSun（太阳光）组合的灯光系统，常用于模拟室内的白天与夕阳效果，其中 CoronaSky（天空）贴图用于控制空间的环境光和整体空间的色彩倾向性，例如：冷色、暖色，而 CoronaSun（太阳光）用于控制主光源的照射角度、色彩、强度等，并且这些选项也会影响室内景别，如图 15.2 所示。

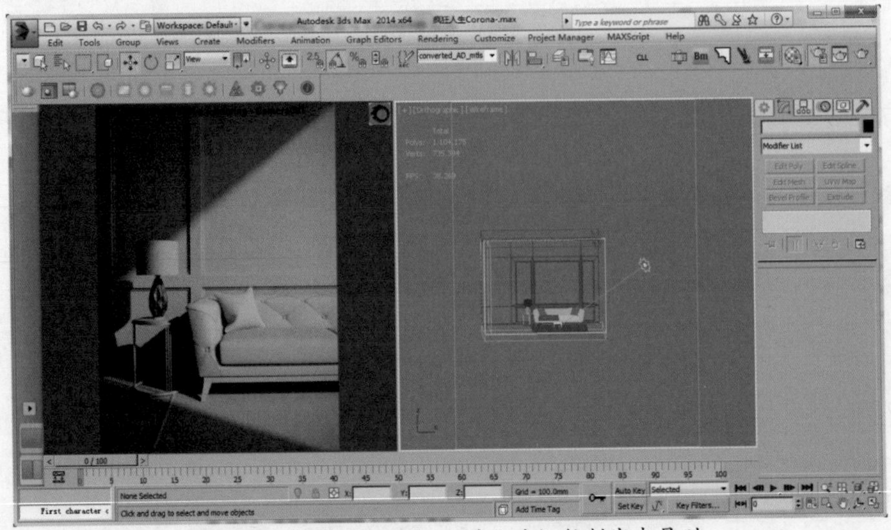

图 15.2 使用 CoronaSun（太阳光）控制室内景别

本章之所以从 CoronaSky（天光）贴图与 CoronaSun（太阳光）组合的灯光系统讲起，主要是因为该灯光组合方式可以做出不同的变化。

该灯光系统可以根据实际工作的场景内容做一些加法与减法，在灯光系统当中添加或者减少所要使用的灯光选项，例如：场景内有一盏台灯，就可以根据场景的实际情况加入可模拟台灯的“球形灯光”，如图 15.3 所示。

图 15.3　创建的球形灯光

创建的附加灯光不仅可以体现场景当中的模型功能，同时也可以为室内空间增添一些氛围，但需要注意，附加的灯光强度不要过强，尤其是不能超过或者接近主光源的灯光强度，如果超过或者接近图像的对比度与结构，细节将变得模糊，从而导致图面灰、平、闷，如图 15.4 所示。

图 15.4　灰、平、闷的图像效果

如果出现灰、平、闷的图像效果，最快的解决方法是使用 Corona 渲染器自带的“对比度”控制器，如图 15.5 所示。

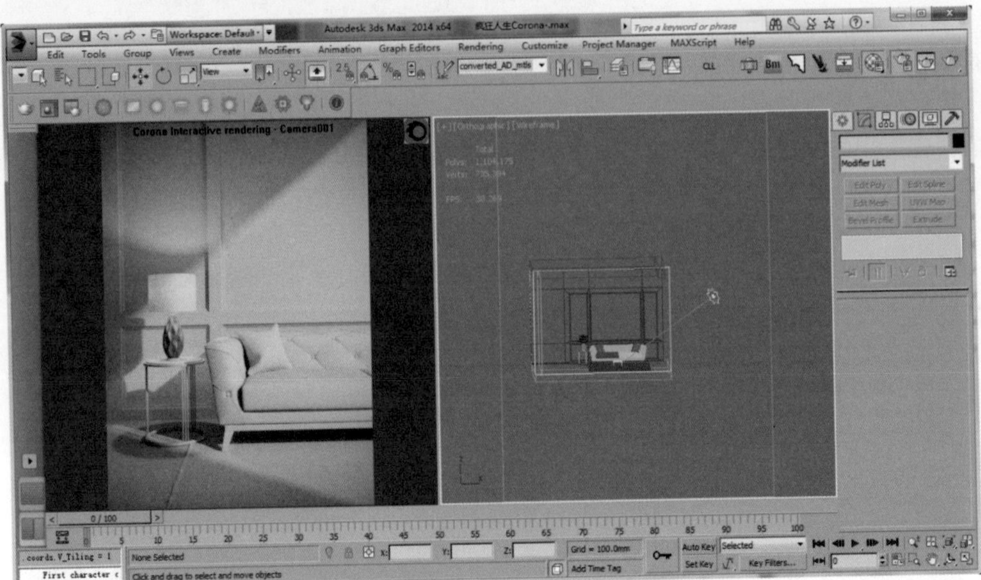

图 15.5 调节“对比度”后的图像效果

15.2 Max 灯光系统

除了上述讲解的 Corona 灯光系统外，如果习惯于使用 3DS MAX 灯光的话，推荐使用 3DS MAX 系统自带 DayLight（天光），如图 15.6 所示。

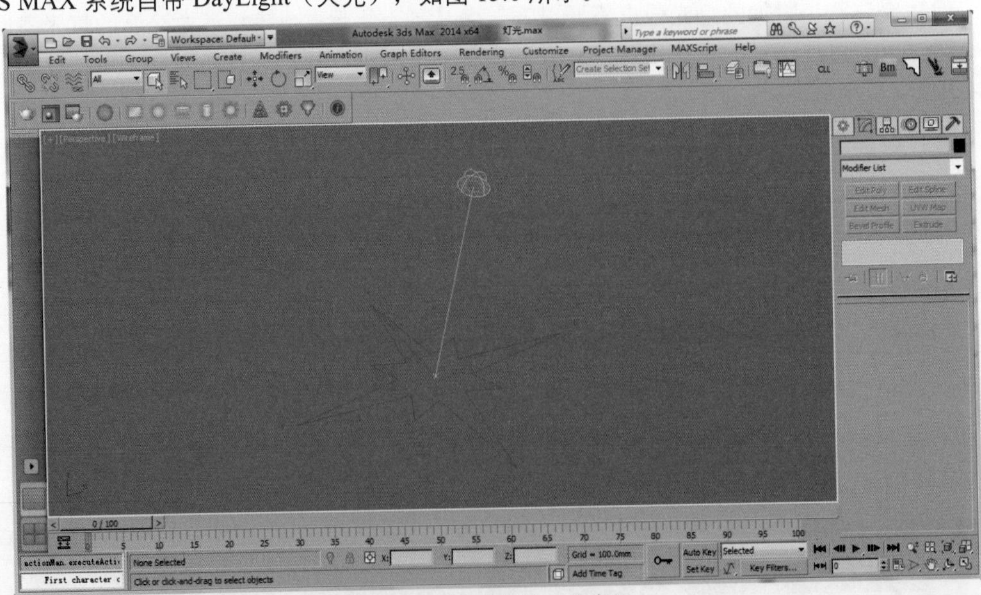

图 15.6 DayLight（天光）

DayLight（天光）在灯光创建面板中是找不到的，DayLight（天光）只存在系统面板中，也是人们常说的“齿轮面板”。

在创建该灯光时读者切记要选择创建 DayLight 而不是 SunLight，如图 15.7 所示，这两个灯光项非常的相似，仅有一些少量的参数选项是不同的，因此再次提醒一下读者。

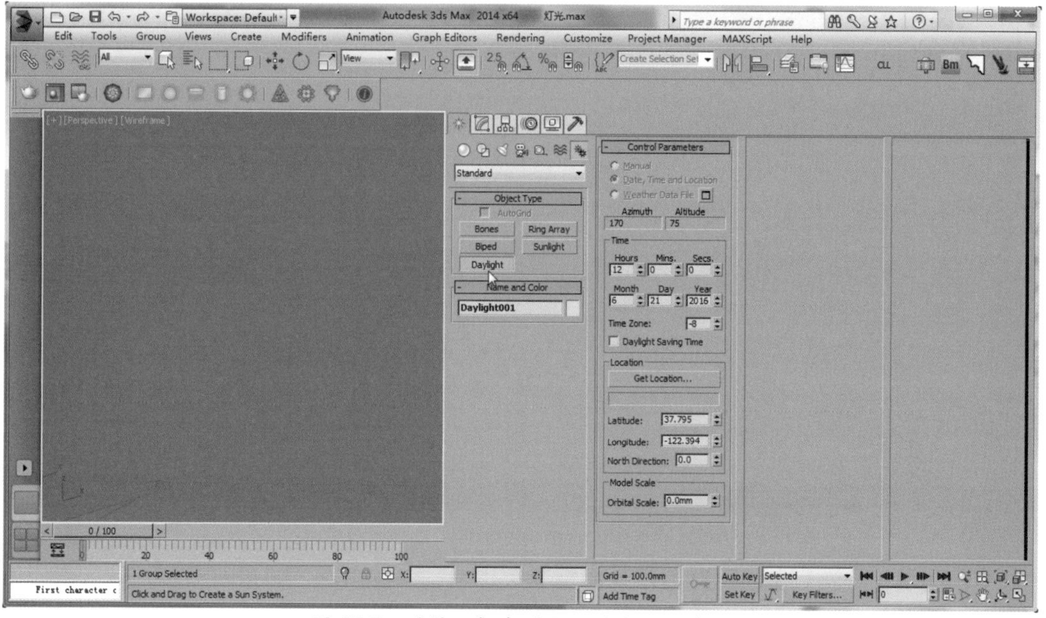
图 15.7　系统面板中的 DayLight（天光）

DayLight（天光）仅需要设置一下当前使用的灯光模式，因为 DayLight（天光）在创建时可以同创建出 Sunlight（太阳光）与 Skylight（天光）两盏灯光，简单地说这两盏灯光默认都集合在 DayLight（天光）中，默认创建时就会同时将这两盏灯光在场景中创建出来，如图 15.8 所示。

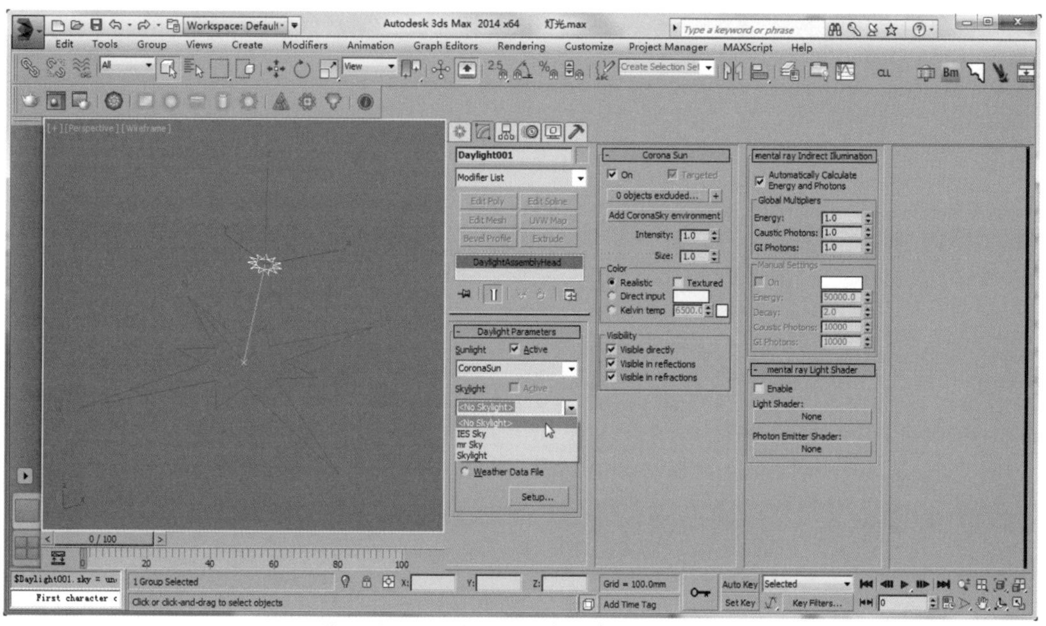
图 15.8　DayLight（天光）中的灯光选项

关闭 DayLight（天光）中的 SkyLight（天光）选项，之所以关闭，是因为 SkyLight（天光）选项对场景的调节与控制方面非常不便，建议使用 Corona 渲染器自带的 Sky 贴图，如果想在 DayLight（天光）中快速加载 CoronaSky（天空）贴图，可以直接单击 DayLight（天光）中的 Add CoronaSky environment（添加天空环境）按钮，如图 15.9 所示。

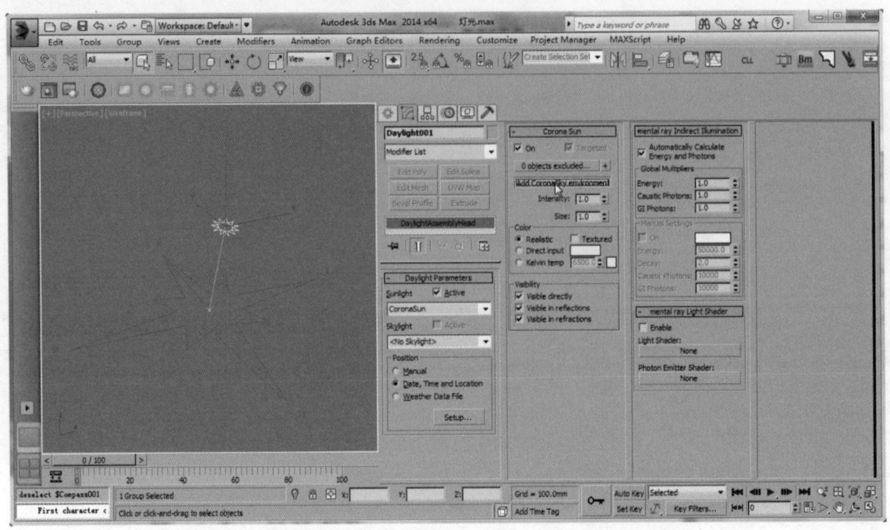

图 15.9　Add CoronaSky environment（添加天空环境）按钮

DayLight（天光）在创建时的灯光图标其实也是一个技术点，如果对 DayLight（天光）特性不熟悉的读者朋友，在创建 DayLight（天光）初期时非常不容易掌握，因此需要多练习，而且灯光图标也是有参数选项的，如图 15.10 所示。

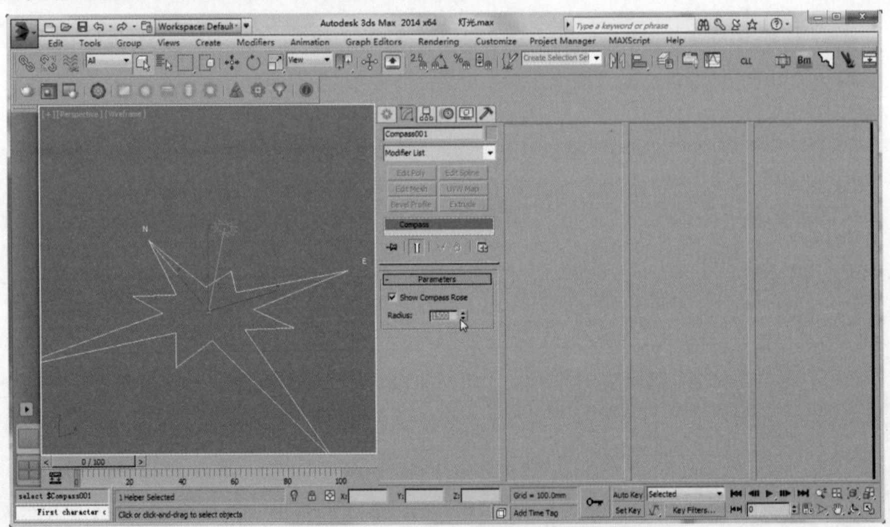

图 15.10　灯光图标的参数选项

15.3　本章小结

本章讲解了 Corona 渲染器和 Max 灯光在照明方面的配合与变化，目的是可以了解更多在灯光方面的技术点，如果想做一些室内日景方面的效果，使用 DayLight（天光）也是一个非常不错的选择，对 DayLight（天光）不熟悉的要多去练习，以便掌握灯光的属性和特性。相信读者不难发现，Corona 的灯光系统是多灯光的一种变形，重点在于掌握灯光巧妙的转换以及功能匹配。希望通过本章节的学习，可以开拓思路，以便提高自己在灯光方面的造诣。

第 16 章

Corona 1.5 新加功能

◆ 本章学习目标

◎ 了解 Corona 新功能
◎ 掌握 Corona 新功能
◎ 分析新加功能的重点

本章主要讲解 1.5 版本当中的新加功能项以及具体的常用选项参数，以便可以更全面地掌握 Corona 渲染器，希望学习后多做练习以掌握新加功能项。

16.1 灯光混合

Corona 渲染器 1.5 版本中加入的灯光混合功能非常强大，同时也是 Corona 渲染器独有的功能项。通过“灯光混合”功能项可以在一张渲染完成的图像中，根据需要任意调节灯光强度和色彩以及控制室内景别等，如图 16.1 所示。

图 16.1 室内的不同景别

手动灯光混合

所谓的手动灯光混合，读者可以理解为自定义控制“灯光混合”功能项，灯光混合除了自动的方式外，也可以通过手动来自定义灯光混合中的各选项，例如：数量、降噪、操作等，灯光混合的手动自定义需要通过“渲染元素”面板中的 LightMix（灯光混合引擎）和 LightSelect（选择灯光）元素，如图 16.2 所示。

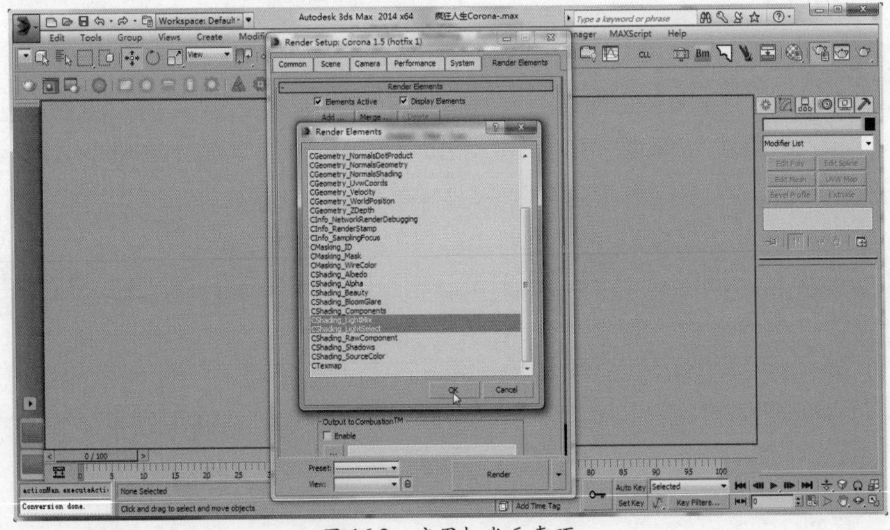

图 16.2 应用灯光元素项

灯光元素命名

加载所需要的“灯光混合”元素应用项后，修改一下 LightSelect（选择灯光）元素的名称，这样便于后期的调整，同时也可以根据规范的名称快速并精准地控制灯光，如图 16.3 所示。

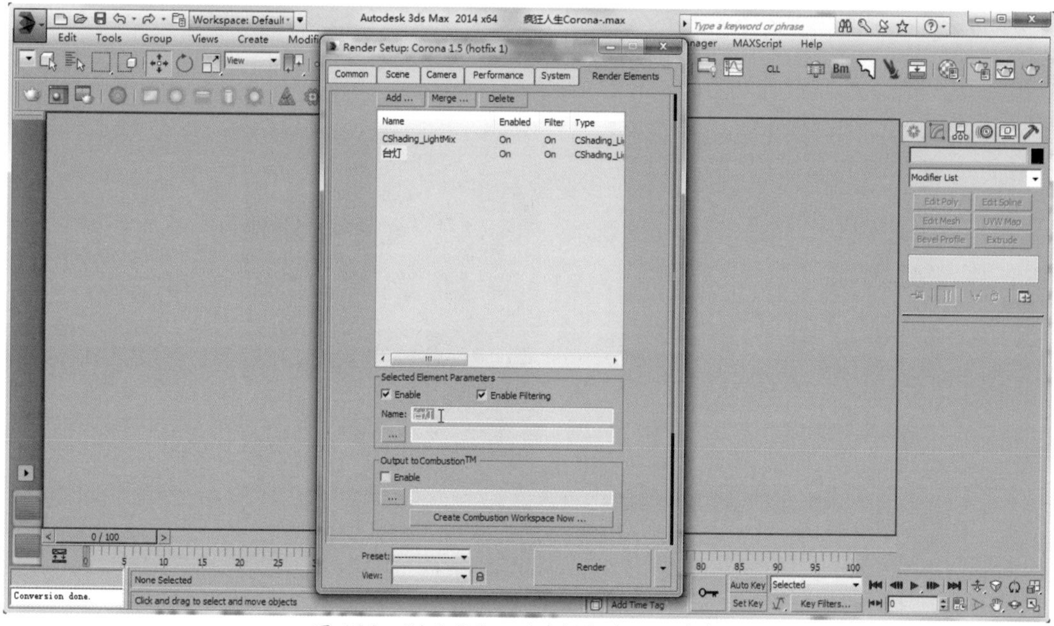

图 16.3 LightSelect（选择灯光）元素命名

场景灯光加载

LightSelect（选择灯光）元素中有具体加载场景中的灯光的面板，加载灯光的方法也非常简单，先选择场景灯光，然后单击 LightSelect（选择灯光）元素内的“+”按键即可完成灯光加载，如图 16.4 所示。

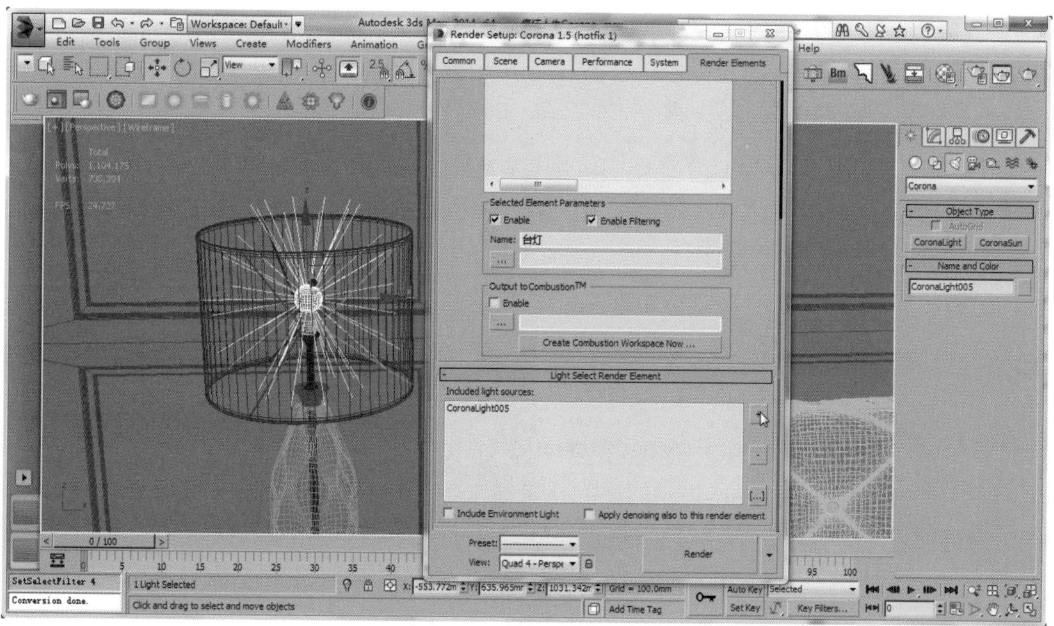

图 16.4 加载场景灯光

混合调节设置

当设置好相关的灯光元素后，单击“渲染”按键，可以在弹出的“帧缓存”窗口中查看 LightMix（灯光混合）效果的图像，而 LightMix（灯光混合）在“帧缓存”窗口中的名称为 CShading_LightMix，如图 16.5 所示。

图 16.5 CShading_LightMix 元素

通过 LightMix（灯光混合）中的选项参数与颜色，便可以对图像中的灯光强度以及颜色进行二次修改，建议可以先从简单的颜色进行调节设置，以便更好地进一步了解内部功能选项，如图 16.6 所示。

图 16.6 设定台灯颜色为黄色

LightMix（灯光混合）的调节面板中，除了自定义的灯光选项以外，还有一些默认的功能选项，例如：Rest unassigned（其他未赋值）、Reset colors（恢复颜色）选项等等，同时通过所对应的选项参数来控制效果的变化，如图 16.7 所示。

图 16.7　设置台灯强度参数值

如果想要切换回默认渲染器图像时，可以直接通过“帧缓存”窗口中的元素切换，选择为 BEAUTY（初始）元素即可，如果想要切换回 LightMix（灯光混合），操作方法相同，如图 16.8 所示。

图 16.8　切换不同的图像元素

除了上述所讲解的元素图像以外，还有对应灯光名称的图像元素，例如：台灯等。如果 LightMix（灯光混合）内的灯光元素越多，帧缓存中的灯光元素图像也越多，但需要注意元素图像越多，渲染的时间也会增加，如图 16.9 所示。

图 16.9 台灯元素图像

关闭灯光混合

如果想关闭 LightMix（灯光混合）功能，同样是需要在渲染元素面板中进行设置，在渲染元素面板下将所有与 LightMix（灯光混合）的相关元素选项都删除即可关闭，如图 16.10 所示。

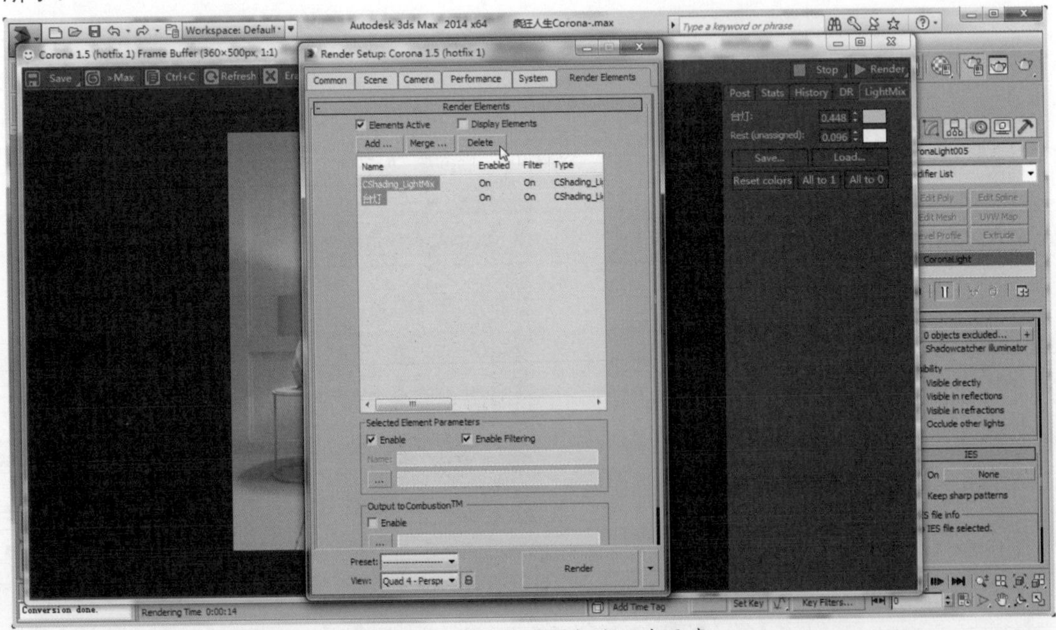

图 16.10 删除相关的灯光混合元素

将渲染元素面板下面与 LightMix（灯光混合）相关的功能元素都删除后，在帧缓存窗口中的 LightMix（灯光混合）工具面板中就不会出现任何的设置与参数选项，取而代之的只有一些文字说明，如图 16.11 所示。

图 16.11　LightMix（灯光混合）工具面板

16.2　颜色速查

LUT（颜色速查）在之前的章节中也有提及，相信读者一定还有印象，LUT（颜色速查）不仅可以在交互式渲染中使用，同时在帧缓存中也可以应用。具体的使用方法这里就不做二次讲解了，相信通过前面章节的讲解，已完全掌握了该功能项的应用。LUT（颜色速查）是 Corona 渲染器 1.5 版本中的新加功能，其他版本的 Corona 渲染器是没有该功能项的，如图 16.12 所示。

图 16.12　LUT（颜色速查）预设

16.3 光晕与眩光

除了前面所讲解的 LightMix（灯光混合）与 LUT（颜色速查）以外，Bloom（光晕）与 Glare（眩光）也是 Corona 渲染器 1.5 版本中新加的另一项强大功能。

在效果与渲染速度方面非常真实与快速，而且在设置选项方面也较为的单一，保持较多的默认选项参数就可以达到非常真实的效果。

光晕功能项

Corona 渲染器的光晕效果是模拟真实世界当中的光晕效果，它是物理无偏的，而且在操控性方面也是比较强的。“光晕”虽然不能随意地自定义颜色，但可以对颜色进行偏移设置，以达到色彩上的变化效果，模拟出绚丽的色彩，如图 16.13 所示。

图 16.13　光晕效果

Bloom and Glare（光晕与眩光）卷展栏中的 Bloom intensity（光晕强度）用于控制光晕效果的亮度，该选项参数值越高亮度越大。但需要注意，光晕效果是由场景中较亮的区域产生的，比如曝光的局部图像、高亮的台灯等等，如图 16.14 所示。

图 16.14　带有光晕效果的台灯

不难发现，在使用光晕效果时，用 Corona 渲染器自带的交互式渲染是最方便的，但需要注意的是，在交互式渲染中，光晕效果非常容易产生卡顿现象，因此如果出现此类问题，可以尝试着将参数调高，测试效果的参数范围和亮度后，再调回之前正常的参数值，如图 16.15 所示。

图 16.15　在交互式渲染中 Bloom intensity 参数测试光源效果与范围

Bloom（光晕）在应用选项方面除了上述讲解的亮度选项以外，还有一个常用功能选项，就是 Color intensity（颜色强度）选项，该选项用于控制光晕颜色的变化，该选项参数最大值为 1.0，如图 16.16 所示。

图 16.16　Color intensity（颜色强度）选项

Threshold（临界值）是在 Bloom and Glare（光晕与眩光）功能中常用的选项，该项用于控制“光晕”与“眩光”这两个特效的效果范围。同时 Threshold（临界值）也可以用于压制“光晕”或“眩光”的亮度，如图 16.17 所示。

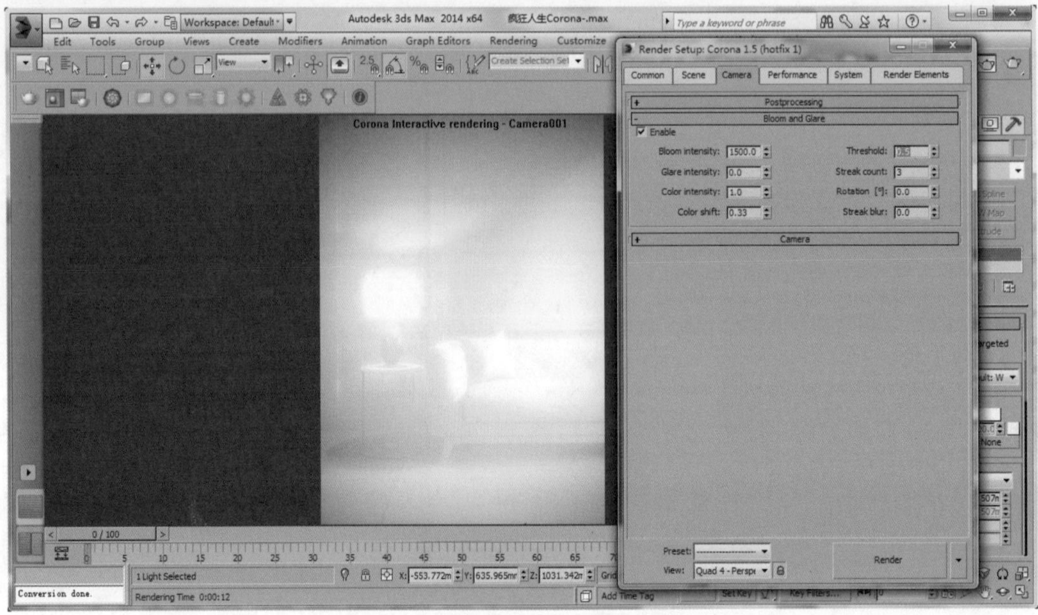

图 16.17　Threshold（临界值）选项

眩光功能项

Glare（眩光）与 Bloom（光晕）在基础原理上是相同的，只是在形态上存在着不同的形式。Bloom（光晕）与 Glare（眩光）效果是可以叠加使用的，因为在一张渲染图像中可以同时使用这两项特效，而且前面讲解的 Threshold（临界值）和 Color intensity（颜色强度）也可以应用在 Glare（眩光）功能项中，如图 16.18 所示。

图 16.18　眩光效果

Glare intensity（眩光强度）选项为 Glare（眩光）的主要控制选项，该选项不仅可以控制 Glare（眩光）效果的产生，还可以控制亮度强度，如图 16.19 与图 16.20 所示。

图 16.19　Glare intensity（眩光强度）参数为 350 的效果

图 16.20　Glare intensity（眩光强度）参数为 3500 的效果

Streak count（条纹数量）选项用于控制 Glare（眩光）的条纹数量，如图 16.21 所示。

图 16.21 设置 Streak count（条纹数量）选项效果

Rotation（旋转）用于控制 Glare（眩光）的条纹旋转角度，如图 16.22 所示。

图 16.22 Rotation（旋转）条纹效果

Glare（眩光）最后的控制选项为 Streak blur（条纹模糊）选项，用于控制 Glare（眩光）条纹的模糊效果，一般很少调节该选项，如图 16.23 所示。

图 16.23 Streak blur（条纹模糊）参数为 0.2 的图像效果

16.4 快捷工具

Corona 渲染器 1.5 版本中最为直观的新加功能，是在交互式渲染中的快捷工具，该工具以 Corona 图标作为样式标记，如图 16.24 所示。

图 16.24 快捷工具

该快捷工具内部包含了 4 个操作命令，每个命令功能都非常的实用，如图 16.25 所示。

图 16.25　快捷工具内的命令选项

16.5　本章小结

读者将本章所讲解的新加功能项内容掌握即可，尤其是 LightMix（灯光混合）功能，在制作不同的室内景别时非常的适合，不仅方便快捷，而且操作性方面也是不错的。本章中讲解的新加功能常用选项不难理解，多加练习便可以掌握。

第 17 章

经验书信

◆ **本章学习目标**

◎ 如何学习
◎ 思维拓展
◎ 心得经验

17.1 如何学表现

大自然非常的奇妙，我们虽然置身在当中但依旧对它有诸多的不解，它可以孕育生命也可以塑造那些让人为之震撼的美景，大自然是人类最早的美术启蒙老师，无时无刻都在教授它那渊博的艺术知识。

1. 灵感的来源

不论是在十三世纪文艺复兴时期的意大利还是在二十一世纪的时尚之都巴黎，多少创意和作品来源“灵感”这两个字。灵感来自生活、源于自然，是人类思维想象能力的激发创造，如：绘画、设计、创意、歌曲等等，就连我们每天工作的内容都与之相关。表现图属于绘画所涵盖的范围或者说是属于新兴的绘画形势，它的优势在于可以让人们在短时间内将头脑中的想象具象化，多应用于创意类设计方面。在实际的工作中表现艺术家们不可能亲身远赴哪个山林或者田野之间去思考去观察，几乎都是通过对摄影素材以及摄像影片的研究参考临摹来激发表现图绘制的灵感。

2. 取材之地

表现图后期使用的合成素材主要源自于摄影素材以及影片截帧，但需要注意这两者必须是高清的图像才可以。摄影素材的最好选择由单反相机所拍摄的高清照片，在照片内容的选材上应以人物、动物、树木等现实生活中常见物为主。我们对这样的照片进行抠像、整理、分类，最后成为一套高质量的合成素材，

3. 膜拜光影

大自然当中的光影瞬息万变，例如：晚霞、日出、北极光等等，这些都无不让人为之感叹。人类通过对自然界的观察总结出一套灯光理论，我们称之为自然光理论，并且应用到各行各业，而表现行业就是其中之一。对于光线的参考主要注意光线方向、阴影的虚实、光线的颜色以及灯光的强度，这些方面会间接性的影响着阴影。虽然在现实中是没有办法对阴影的强度进行控制的，但在表现艺术中可以对阴影属性进行编辑，因为我们要表现的艺术是源于生活但是要高于生活的，这就是我们对光源膜拜的初衷。

4. 选择景别

景别在表现图中占有很大的比重，日景是多数表现艺术家最爱选择的景别之一，但是绘画难度较大，除此之外夜景也是经常选择绘画的景别。在景别的选择上不单单是由表现艺术家们决定，表现的主体才是最终的决断者。如果表现的主体为室内商业，夜景无疑是最好的选择。如果是居家空间的表现日景是最好的选择，因为使用日景来表现室内空间符合人们心中的感受，简单地说人们并不反感日景空间，而且日景的自然光可以表现出室内空间各处的细节，清晰便于场景空间的塑造以及还原材质在真实环境中的样式与质地。

5. 心理映射

在自然界这个大环境中待久了很容易形成一种观念意识，这对表现的评判以及绘画有很大的帮助。举个简单的例子：把花朵变成红色、黄色、白色、粉色、紫色等都没有任何的问题，但是如何把它变成黑色或者绿色就出现问题了，因为会有人质疑其真实性与可行性等。这是因为黑色或绿色的花朵在人们印象中没有一个具象的样子。当然这是在现实中的情况，而在

艺术世界却好一些。但是在绘画表现时也需要尽量与现实世界相靠拢，尤其是在绘制商业图时往往都依照现实中的物体形态。

17.2 本章小结

本章的主要内容是教会读者如何快速找到绘图的灵感和一些心得感受。章节中每一小段都是笔者对表现的见解以及对自然界表现的剖析，尤其是章节中“选择景别”小段，是笔者根据行业需求和多年的绘图经验总结而得出的实践理论，并且在绘画风格上也以人们观念意识的形式理论为主导向读者阐明倾向，希望读者能理解所写内容的含义。